NCS
교육 과정　기계분야 자격 시험 공통과목

기계기능사학과

기계기능사시험연구회 엮음

 일 진 사

개정판을 내면서

그동안 우리나라의 과학기술은 황무지에서 출발하여 세계를 놀라게 할 만큼 눈부시게 발전하였다. 특히 경이로운 것은 수백 년 동안 앞섰던 선진국의 기술을 극복하고 4차 산업을 활용한 미래 기술을 우리 기술인이 만들어가고 있다는 사실이다. 이러하듯 능력과 자질을 갖춘 기술인의 양성이야말로 선진 국가의 가장 중요한 자산임을 잊지 말아야 할 것이다.

이 책은 1978년에 처음으로 출판되어, 수많은 독자들로부터 뜨거운 성원과 격려를 받아왔다. 이후 매년 새로운 기술과 내용을 추가하고 수정하면서 늘 새로운 책으로 독자 곁을 지켜왔다.

2022년 새롭게 출판된 이 책은 NCS 교육 과정의 개편과 새롭게 바뀐 국가기술 자격검정 시험기준에 맞추어 내용을 보완하였고, 수십 년간의 기출문제를 면밀히 분석하여 오래되어 출제되지 않는 과거의 문제는 삭제하고 최근에 추가되는 신기술 관련 문제를 자세하게 설명하였다.

일진사의 **기계기능사학과**는 수험생들이 공부하기 쉽게 전체 목차를 구성하고 2색 컬러로 편집하였다.

● 특성화 고등학교 교과서와 NCS 교육 과정을 분석하여 체계적으로 정리하였고, 능력 평가나 자격증 준비에 필요 이상으로 시간을 낭비하지 않도록 하였다.
● 이론을 학습하고 이어서 연관성 있는 문제를 풀어봄으로써 수험자가 난해한 내용을 쉽게 이해할 수 있도록 구성하였다.
● 용어는 새로 개정된 외래어표기법에 따랐고, 부록에는 CBT 대비 실전문제를 수록하여 스스로 점검하고 출제 경향을 파악할 수 있도록 하였다.

앞으로도 계속 더 나은 책이 되도록 다듬고 보완할 것을 약속드리며, 이 책이 나오기까지 불철주야 노력을 해 주신 이모세 교수님께 진심으로 감사드린다.

끝으로, 수험생 여러분의 앞날에 합격의 영광이 있기를 기원하며, 나아가 우리 기술을 선도할 우수한 기술인이 되길 희망한다.

기계기능사시험연구회 씀

차례 CONTENTS

제2편 　　　　　　　　　　　　　　　　　　**기계 재료**

제5편   안전 관리

부록   CBT 대비 실전문제

제1편

기계 가공법
(기계 공작법)

제1장 절삭 이론

1. 기계 공작 일반

1-1 절삭 가공의 종류

(1) 절삭 가공 방법의 종류

① **선삭** : 선반(lathe)을 사용하여 공작물의 회전 운동과 바이트의 직선 이송 운동에 의하여 바깥지름과 안지름의 정면 가공과 나사 가공 등을 하는 가공법을 말한다[그림 (a)].

② **평삭** : 평삭은 셰이퍼나 플레이너, 슬로터에 의한 가공법으로 바이트 또는 공작물의 직선 왕복 운동과 직선 이송 운동을 하면서 절삭하는 가공법이며, 절삭 행정과 급속 귀환 행정이 필요하다[그림 (b)].

③ **밀링(milling)** : 밀링 머신에 의하여 가공하는 방법으로 원주형에 많은 절삭날을 가진 공구의 회전 절삭 행정과 공작물의 직선 이송 운동의 조합으로 평면, 측면, 기어, 모방 절삭 등을 할 수 있다[그림 (c)].

④ **구멍 뚫기** : 드릴링이라고도 하며 드릴 머신에 의하여 드릴 공구의 회전 상하 직선 운동으로 가공물에 구멍을 뚫는 가공법이다[그림 (d)].

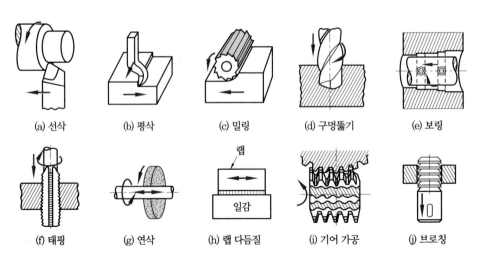

(a) 선삭　　(b) 평삭　　(c) 밀링　　(d) 구멍뚫기　　(e) 보링

(f) 태핑　　(g) 연삭　　(h) 랩 다듬질　　(i) 기어 가공　　(j) 브로칭

공작 기계의 대표적인 작업

⑤ **보링(boring)** : 드릴링된 구멍을 보링 바(boring bar)에 의해 좀더 크고 정밀하게 가공하는 방법으로, 여기에 사용하는 기계를 보링 머신이라 한다[그림 (e)].

⑥ **태핑(tapping)** : 뚫린 구멍에 나사를 가공하는 방법으로 대량 나사 절삭이 필요한 경우 전용 태핑 머신을 사용하면 편리하다[그림 (f)].

⑦ **연삭(grinding)** : 입자에 의한 가공으로 연삭 숫돌에 고속 회전 운동을 주어 입자 하나하나가 절삭날의 역할을 하면서 가공하게 된다[그림 (g)].

⑧ **래핑(lapping)** : 미립자인 랩(lap)제를 사용하여 초정밀 가공을 하는 방법으로 습식법과 건식법이 있으며, 래핑 머신을 사용하면 편리하다[그림 (h)].

⑨ **기타** : 기어 가공, 브로치 가공, 호닝 등이 있다.

핵심문제

1. 보링 바이트는 어느 때 사용하는가?
  ① 나사를 깎기 전에 일단 공작물을 한 번 가공하는 데 사용한다.
  ② 뚫린 구멍을 크게 하거나 내면을 다듬질하는 데 사용한다.
  ③ 공작물을 거칠게 깎을 때 사용한다.
  ④ 공작물의 끝면 가공에 사용한다.   **정답** ②

2. 공작물은 회전시키고 절삭 공구는 전후 좌우 이송하는 공작 기계는?
  ① 밀링 머신   ② 드릴링 머신   ③ 선반   ④ 연삭기   **정답** ③

3. 비절삭 가공법의 종류로만 바르게 짝지어진 것은?
  ① 선반 작업, 줄 작업
  ② 밀링 작업, 드릴 작업
  ③ 소성 작업, 용접 작업
  ④ 연삭 작업, 탭 작업   **정답** ③
  해설 비절삭 가공이란 절삭 가공에 의한 절삭 칩이 발생되지 않는 가공이다.

1-2 공작 기계의 종류

(1) 공작 기계의 3대 기본 운동

① **절삭 운동(cutting motion)** : 공작 기계는 절삭 공구로서 일감을 깎는 기계이고, 절삭 운동은 절삭 공구가 가공물의 표면을 깎는 운동을 말한다. 일반적으로 절삭은 회전 운동

과 직선 운동 또는 이 두 운동이 복합된 형식의 운동이 있고, 운동 방식에 따라 공작 기계의 형식도 달라진다. [그림]에서 $O-y$ 방향으로 깎은 깊이를 절삭 깊이, 깎인 부스러기를 칩(chip), $O-x$ 방향을 절삭 방향이라 한다.

② **이송 운동(feed motion)** : 절삭 운동과 함께 절삭 위치를 바꾸는 것으로 공구 또는 일감을 이동시키는 운동이다. [그림]에서처럼 $O-z$ 방향으로 s만큼 이동시키면서 절삭을 반복하는 것을 말한다. 이송 속도는 절삭 운동 1회전 또는 1왕복당 이송량(mm 또는 inch)으로 표시한다.

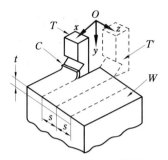

T : 바이트 　T' : 제2회 절삭 위치
W : 공작물 　C : 절삭 칩 　t : 절삭 깊이
x : 절삭 방향 　y : 절삭 깊이
z : 이송 방향 　s : 절삭 폭

절삭 운동과 이송 운동

참고 　**절삭 운동의 3가지 방법**

① 공구는 고정하고 가공물을 운동시키는 절삭 운동
② 가공물을 고정하고 공구를 운동시키는 절삭 운동
③ 가공물과 공구를 동시에 운동시키는 절삭 운동

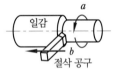

a : 스핀들에 의한 회전 운동
b : 베드 안내면의 직선 운동

(a) 회전 운동과 직선 운동

a : 베드 안내면의 직선 운동
b : 가로축 안내면의 직선 운동

(b) 직선 운동과 직선 운동
(a는 절삭 운동, b는 이송 운동)

a : 스핀들에 의한 회전 운동
b : 스핀들에 의한 회전 운동

(c) 회전 운동과 회전 운동

공작 기계의 기본 절삭 운동

③ **조정 운동(위치 결정 운동)** : 일감을 깎기 위해서는 공구의 고정, 일감의 설치, 제거, 절삭 깊이 등의 조정이 필요하다. 이와 같은 조작은 보통 절삭 작업 중에는 하지 않지만, 최근에는 운전을 멈추지 않고 자동으로 조정하는 방법도 사용하고 있다.

(2) 공작 기계의 종류

① 절삭 운동에 의한 분류

㈎ 공구에 절삭 운동을 주는 기계 : 드릴링 머신, 밀링, 연삭기, 브로칭 머신

㈏ 일감에 절삭 운동을 주는 기계 : 선반, 플레이너

㈐ 공구 및 일감에 절삭 운동을 주는 기계 : 연삭기, 호빙 머신, 래핑 머신

② 사용 목적에 의한 분류

㈎ 일반 공작 기계 : 선반, 수평 밀링, 레이디얼 드릴링 머신(소량 생산에 적합)

㈏ 단능 공작 기계 : 바이트 연삭기, 센터링 머신, 밀링 머신(간단한 공정 작업에 적합)

㈐ 전용 공작 기계 : 모방 선반, 자동 선반, 생산형 밀링 머신(특수한 모양, 치수의 제품 생산에 적합)

㈑ 만능 공작 기계 : 1대의 기계로 선반, 드릴링 머신, 밀링 머신 등의 역할을 할 수 있는 기계

핵심문제

1. 일감이 1회전하는 사이에 측면으로 바이트가 이동하는 거리를 무엇이라 하는가?

① 절삭량 ② 이송량

③ 회전량 ④ 회전 속도 **정답** ②

2. 공작기계를 가공 능률에 따라 분류할 때 전용 공작기계에 해당하는 것은?

① 가공하려는 공작물이 소량인 경우에는 능률적이지만 동일 부품의 대량 생산에는 적당하지 않다.

② 특정한 모양이나 같은 치수의 제품을 대량 생산하는 데 적합하도록 만든 공작기계이다.

③ 단순한 기능의 공작기계로서, 한 가지의 가공만을 할 수 있는 기계를 말한다.

④ 여러 가지 작업을 순서대로 할 수 있지만 대량 생산 체제에서는 적합하지 않다. **정답** ②

3. 선반에서 일감 1회전하는 동안, 바이트가 길이 방향으로 이동하는 거리는?

① 회전력 ② 주분력

③ 피치 ④ 이송 **정답** ④

해설 반에서는 이송량이 작을수록 매끄러운 가공면을 얻을 수 있다.

1-3 절삭 조건

기계 가공 시에는 공구와 가공물 사이에 상대 운동을 하게 되는데, 이때 가공물이 단위 시간에 공구의 인선을 통과하는 원주 속도 또는 선속도를 절삭 속도라고 하며 공작 기계의 동력을 결정하는 요소이다.

[절삭 깊이×이송]이 일정하다면 절삭 속도가 클수록 절삭량도 증가한다.

① **절삭 속도의 단위** : m/min, ft/min

② **절삭 속도와 회전수 계산 공식**

(가) 절삭 속도를 구하는 공식

$$V = \frac{\pi DN}{1000} [\text{m/min}]$$

여기서, V : 절삭 속도(m/min), N : 가공물 회전수(rpm)

D : 가공물의 지름(mm : 선반일 경우)

(나) 회전수를 구하는 공식

$$N = \frac{1000V}{\pi D} [\text{rpm}]$$

여기서, V : 절삭 속도(m/min), N : 공구의 회전수(rpm)

D : 회전하는 공구의 지름(mm : 밀링, 드릴 연삭의 경우)

③ **이송의 단위**

(가) 회전운동을 하며 절삭할 때 : mm/rev

(나) 직선운동을 하며 절삭할 때 : mm/min

(다) 왕복운동을 하며 절삭할 때 : mm/stroke

핵심문제

1. 다음 중에서 절삭 깊이×이송이 일정할 때 절삭 속도가 크면 절삭량은?

① 증가한다.   ② 저하한다.

③ 일정하다.   ④ 알 수 없다.   **정답** ①

해설 절삭 속도가 크면 절삭량은 증가한다. 그리고 절삭 깊이와 절삭 속도는 반비례한다.

2. 절삭 속도 $V = \dfrac{\pi dn}{1000}$ 에서 d를 사용하는 기계에 따라 표시한 것 중 잘못된 것은?

① 드릴−공작물 지름   ② 선반−공작물 지름

③ 밀링−커터의 지름   ④ 리밍−리머 지름   **정답** ①

3. 절삭 속도를 나타내는 단위는?

① m/min   ② ft/cm²   ③ cm²/h   ④ in²/s   **정답** ①

4. 선반 가공의 경우 절삭 속도가 120m/min이고 공작물의 지름이 60mm일 경우 회전수는 약 몇 rpm으로 하여야 하는가?

① 637   ② 1637   ③ 64   ④ 164   **정답** ①

해설 $N[\text{rpm}] = \dfrac{1000v[\text{m/min}]}{\pi d[\text{mm}]} = \dfrac{1000 \times 120}{3.14 \times 60} = 637\text{rpm}$

1-4 절삭 저항의 3분력

절삭 중에 받는 저항에는 주분력, 배분력, 이송 분력(횡분력)의 3가지가 있다. 절삭 저항은 스트레인 게이지로 측정할 수 있다.

(1) 주분력

절삭 방향과 평행하는 분력을 말하며 공구의 절삭 방향과는 반대 방향으로 작용한다. 배분력·횡분력보다 현저히 크며 공구 수명과 관계가 깊다(그림에서 P_1).

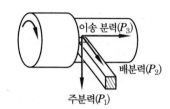

절삭저항

(2) 배분력

절삭 깊이에 반대 방향으로 작용하는 분력(그림에서 P_2)이며, 주분력에 비해 매우 작지만 바이트가 파손되는 순간에는 현저히 크다.

(3) 이송 분력

이송 방향과 반대 방향으로 작용하는 분력으로 횡분력이라고도 한다(그림에서 P_3).

핵심문제

1. 다음 절삭 저항 중 가장 큰 분력은?

① 주분력   ② 횡분력   ③ 이송 분력   ④ 배분력   **정답** ①

---

2. 절삭 공구

2-1 절삭 공구와 공구 재료

(1) 절삭 공구(cutting tool)

① **바이트** : 선반. 셰이퍼, 슬로터, 플레이너 등에서 사용하는 공구이다.

② **드릴(drill)** : 드릴링 머신에서 구멍을 뚫는 공구로서 ϕ13mm까지는 탁상 드릴링 머신의 척(chuck)에 끼워서 사용하고 드릴의 표준 선단각은 118°이다.

③ **커터(cutter)** : 밀링 머신에서 절삭 공구로 사용되며, 회전 절삭 운동을 한다.

④ **연삭 숫돌** : 연삭 입자를 결합재로 결합시켜 굳힌 것으로 고속 강력 절삭에 편리하다.

⑤ **탭, 리머, 보링 바** : 구멍에 나사를 내는 공구를 탭, 드릴 구멍을 정밀하게 다듬는 공구를 리머, 구멍을 더욱 크고 정밀하게 넓히는 공구를 보링 바라 한다.

(2) 공구의 수명

공구의 수명이란 새로 연마한 공구를 사용하여 동일한 가공물을 일정한 조건으로 절삭을 시작하여 더 이상 깎여지지 않을 때까지 절삭한 시간으로 표시한다. 드릴의 경우는 절삭한 구멍 길이의 총계, 또는 더 이상 깎여지지 않을 때까지의 가공물 개수로 표시하기도 한다.

① **절삭 속도와 공구 수명 관계** : 절삭 속도와 공구 수명 사이에는 다음 식이 성립된다.

$$VT^{\frac{1}{n}} = C$$

여기서, V : 절삭 속도(m/min), C : 상수, T : 공구 수명(min)

$\frac{1}{n}$: 지수. 보통의 절삭 조건 범위에서는 $\frac{1}{10} \sim \frac{1}{5}$의 값

② **공구 수명과 절삭 온도의 관계** : 공작물과 공구의 마찰열이 증가하면 공구의 수명이 감소되므로 공구 재료는 내열성이나 열전도도가 좋아야 하는 것은 물론이며, 온도 상승이 생기지 않도록 하는 방법도 공구 수명 연장의 한 방법이다. 고속도강은 600℃ 이상에서 급격히 경도가 떨어지며 공구 수명이 떨어진다.

③ **공구 수명 판정 방법**

㈎ 공구 날끝의 마모가 일정량에 달했을 때

㈏ 완성 가공면 또는 절삭 가공한 직후에 가공 표면에 광택이 있는 색조나 반점이 생길 때

㈐ 완성 가공된 치수의 변화가 일정 허용범위에 이르렀을 때

㈑ 절삭 저항의 주분력에는 변화가 없으나 배분력 또는 횡분력이 급격히 증가하였을 때

(3) 절삭 공구 재료

① **공구 재료의 구비 조건**

㈎ 피절삭재보다 굳고 인성이 있을 것

㈏ 절삭 가공 중 온도 상승에 따른 경도 저하가 적을 것

㈐ 내마멸성이 높을 것

㈑ 쉽게 원하는 모양으로 만들 수 있을 것

㈒ 값이 쌀 것

② **공구 재료**

㈎ 탄소 공구강(STC)

㉮ 탄소량 0.6~1.5% 정도이며, 탄소량에 따라 1~7종으로 분류되고, 1.0~1.3% C를 함유한 것이 많이 쓰인다.

ⓒ 열처리가 쉽고 값이 싸나 경도가 떨어져 고속 절삭용으로는 부적당하다.

ⓓ 용도는 바이트, 줄, 펀치, 정 등에 쓰인다.

(나) 합금 공구강(STS)

ⓐ 탄소강에 합금 성분인 W, Cr, W-Cr 등을 1종 또는 2종을 첨가한 것으로 STS 3, STS 5, STS 11종이 많이 사용된다.

ⓑ 700~850℃에서 급랭 담금질하고 200℃ 정도에서 뜨임하여 취성을 방지하여 내절삭성과 내마멸성이 좋다.

ⓒ 용도는 바이트, 냉간, 인발, 다이스, 띠톱, 탭 등에 쓰인다.

(다) 고속도강(SKH)

ⓐ 대표적인 것으로 W 18-Cr 4-V1이 있고, 표준 고속도강(하이스 ; H.S.S)이라고도 하며, 600℃ 정도에서 경도 변화가 있다.

ⓑ 담금질 온도는 1250~1300℃에서, 유랭 560~660℃에서 뜨임하여 사용한다.

ⓒ 용도는 강력 절삭 바이트, 밀링 커터, 드릴 등에 쓰인다.

(라) 주조 경질 합금

ⓐ C-Co-Cr-W을 주성분으로 하며 스텔라이트(stellite)라고도 한다.

ⓑ 800℃에서도 경도 변화가 없고 주용도는 Al합금, 청동, 황동, 주철, 주강, 절삭에 쓰인다.

ⓒ 용융 상태에서 주형에 주입 성형한 것으로, 고속도강 몇 배의 절삭 속도를 가지며 열처리가 필요 없다.

(마) 초경합금

ⓐ W, Ti, Ta, Mo, Co가 주성분이며 고온에서 경도 저하가 없고 고속도강의 4배의 절삭 속도를 낼 수 있어 고속 절삭에 널리 쓰인다.

ⓑ 초경 바이트 스로 어웨이 타입의 특징

• 재연삭이 필요 없으나 공구비가 비싸다.   • 공장 관리가 쉽다.

• 취급이 간단하고 가동률이 향상된다.   • 절삭성이 향상된다.

(바) 세라믹 : 세라믹 공구는 무기질의 비금속 재료를 고온에서 소결한 것으로 최근 그 사용이 급증하고 있다. 세라믹 공구로 절삭할 때는 선반에 진동이 없어야 하며, 고속 경절삭에 적당하다.

ⓐ 세라믹의 특징

• 경도는 1200℃까지 거의 변화가 없다(초경합금의 2~3배 절삭).

• 내마모성이 풍부하여 경사면 마모가 적다.

• 금속과 친화력이 적고 구성 인선이 생기지 않는다(절삭면이 양호).

• 원료가 풍부하여 다량 생산이 가능하다.

  ④ 세라믹의 결점
- 인성이 작아 충격에 약하다.
- 열 전도율이 낮아 내열 충격에 약하다.
- 팁의 땜이 곤란하다.
- 냉각제를 사용하면 쉽게 파손한다.

 (사) 다이아몬드(diamond) : 다이아몬드는 내마모성이 뛰어나 거의 모든 재료 절삭에 사용된다. 그 중에서도 경금속 절삭에 매우 좋으며, 시계, 카메라, 정밀기계 부품 완성에 많이 사용된다.

다이아몬드의 장·단점

장점	단점
㉮ 경도가 크고 열에 강하며, 고속 절삭용으로 적당하고, 수명이 길다. ㉯ 잔류응력이 적고 절삭면에 녹이 생기지 않는다. ㉰ 구성 인선이 생기지 않기 때문에 가공면이 아름답다.	㉮ 바이트가 비싸다. ㉯ 대단히 부서지기 쉬우므로 날끝이 손상되기 쉽다. ㉰ 기계 진동이 없어야 하므로 기계 설치비가 많이 든다. ㉱ 전문적인 공장이 아니면 바이트의 재연마가 곤란하다.

핵심문제

1. 절삭 공구 수명의 설명 중 틀린 것은?
 ① 절삭 속도가 느리면 길어진다.
 ② 이송이 느리면 길어진다.
 ③ 공구 경도가 높으면 짧아진다.
 ④ 공구 수명의 판정은 날끝의 마멸 정도로 정한다.   **정답** ③
 해설 절삭 속도와 공구 수명은 서로 반비례한다. 즉, $TV^{\frac{1}{n}} = C$이다.

2. 절삭 공구 재료의 구비 조건으로 틀린 것은?
 ① 피절삭제보다 연하고 인성이 있을 것
 ② 절삭 가공 중에 온도 상승에 따른 경도 저하가 적을 것
 ③ 내마멸성이 높을 것
 ④ 쉽게 바라는 모양으로 만들 수 있을 것   **정답** ①
 해설 공구는 깎으려는 재질보다 강한 것이어야 한다.

3. 다음 절삭 중 고온에서 경도가 제일 큰 것은?
 ① 탄소 공구강 ② 고속도강 ③ 초경질 합금 ④ 세라믹 **정답** ④

2-2   바이트의 모양과 종류

(1) 바이트의 모양 및 각부 명칭

① **경사면** : 바이트에서 칩이 흐르는 면. 경사각이 클수록 절삭저항이 작아진다.

② **여유면** : 바이트의 절삭날 이외의 부분이 공작물과 닿지 않도록 하기 위해 전면이나 측면에 여유를 준다.

③ **칩 브레이커** : 절삭 시 발생되는 칩을 짧게 끊어주는 장치. 칩이 끊기지 않고 연속적으로 길어지면 작업자가 다칠 수 있으므로 작업안전을 위해 중요하다.

④ **노즈 반경** : 주절삭날과 부절삭날이 만나는 모서리부분이 부서지지 않게 한다. 노즈 반경이 크면 공구의 수명은 길어지지만 절삭저항이 증가하고 떨림이 발생할 수 있다.

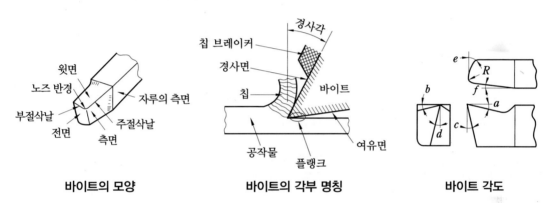

| 바이트의 모양 | 바이트의 각부 명칭 | 바이트 각도 |

바이트 각도의 명칭

각도명	기호	의미	작용
측면 경사각 (side rake angle)	b	자루의 중심선과 수직인 면상에 나타나는 경사면과 밑면에 평행인 평면이 이루는 각(6°)	• 절삭 저항의 증감을 결정한다. • 칩의 유동 방향을 결정한다. • 크레이터 마모의 가감을 결정한다. • 날의 강도를 결정한다.
전방 경사각 (front rake angle)	a	자루의 중심선을 포함하는 수직인 단면상에 나타나는 경사면과 밑면에 평행인 평면과 이루는 각(6°)	• 칩의 유출 방향을 결정한다. • 떨림의 방지 등 절삭 안정성과 관계된다. • 다듬질면의 거칠기를 결정한다. • 날의 강도를 결정한다.
전방각 (front angle)	e	부절삭날과 자루의 중심선과 수직인 면이 이루는 각	• 떨림의 방지 등의 절삭 안정성과 관계된다. • 다듬질면의 거칠기를 결정한다. • 날의 강도를 결정한다. • 칩의 배출성을 결정한다.

전방 여유각 (front clearance angle)	c	바이트의 선단에서 그은 수직 선과 여유면과의 사이 각도 (5~10°)	• 날의 강도를 결정한다. • 다듬질면의 거칠기를 결정한다.
측면 여유각 (side clearance angle)	d	측면 여유면과 밑면에 수직인 직선이 형성하는 각(6°)	• 공구의 수명을 좌우한다.
측면각 (side cutting edge angle)	f	주절삭날과 자루의 측면이 이 루는 각	• 날의 강도를 결정한다. • 날끝의 온도 상승을 완화한다. • 절삭 저항의 증감을 결정한다.
노즈 반경 (nose radius)	R	주절삭날과 부절삭날이 만나 는 곳의 곡률 반경(0.8mm)	• 다듬질면의 거칠기를 결정한다. • 날끝의 강도를 좌우한다.

(2) 바이트 날의 손상

바이트 날의 손상의 형태는 다음 표와 같다.

바이트 날 부분 손상의 대표적 형태

날 손상의 분류	날의 선단에서 본 그림	날 손상으로 생기는 현상
날의 결손 (치핑(chipping) 이라고도 함.)		바이트와 일감과의 마찰 증가로 다음 현상이 생 긴다. ① 절삭면의 불량 현상이 생긴다. ② 다듬면 치수가 변한다(마모, 압력 온도에 의 하여).
여유면 마모 (플랭크 마모(flank wear) 라고도 함.)		③ 소리가 나며 진동이 생길 수 있다. ④ 불꽃이 생긴다. ⑤ 절삭 동력이 증가한다.
경사면 마모 (크레이터 마모 (cratering)라고도 함.)		처음에는 바이트의 절삭 느낌이 좋지만 그 후 시 간이 경과함에 따라 손상이 심해진다. ① 칩의 꼬임이 작아져서 나중에는 가늘게 비산 한다. ② 칩의 색이 변하고 불꽃이 생긴다. ③ 시간이 경과하면 날의 결손이 된다.

핵심문제

1. 노즈 반경이 크면 어떤 현상이 일어나는가?

① 떨림 발생

② 절삭 저항 감소

③ 절삭 깊이 증가

④ 날의 수명 감소   **정답** ①

2. 바이트에서 경사각을 크게 하면 전단각과 칩은 어떻게 되는가?

① 전단각은 작아지고 칩은 두껍고 짧다.

② 전단각은 커지고 칩은 얇게 된다.

③ 전단각과 칩이 모두 커진다.

④ 전단각과 칩이 얇아진다.   **정답** ②

해설 그림과 같이 바이트로 절삭을 하면 경사각과 전단각은 서로 비례하며, 칩은 경사각이 클수록 두께가 얇아진다.

3. 바이트의 공구각 중 바이트와 공작물과의 접촉을 방지하기 위한 것은?

① 경사각   ② 절삭각

③ 여유각   ④ 날끝각   **정답** ③

4. 절삭 작업에서 충격에 의해 급속히 공구인선이 파손되는 현상은?

① 치핑

② 플랭크 마모

③ 크레이터 마모

④ 온도에 의한 파손   **정답** ①

2-3 절삭 칩의 생성과 구성 인선

(1) 절삭 칩의 생성

절삭 칩은 공구의 모양, 일감의 재질, 절삭 속도와 깊이, 절삭유제의 사용 유무 등에 따라 그 모양이 달라지며 그 형태와 발생 원인, 특징은 다음 [표]와 같다.

절삭 칩의 발생 원인과 특징

칩의 모양		발생 원인	특징(칩의 상태와 다듬질면, 기타)
유동형 칩		① 절삭 속도가 클 때 ② 바이트 경사각이 클 때 ③ 연강, Al 등 점성이 있고 연한 재질일 때 ④ 절삭 깊이가 낮을 때 ⑤ 윤활성이 좋은 절삭제의 공급이 많을 때	① 칩이 바이트 경사면에 연속적으로 흐른다. ② 절삭면은 광활하고 날의 수명이 길어 절삭 조건이 좋다. ③ 연속된 칩은 작업에 지장을 주므로 적당히 처리한다(칩 브레이커 등에 이용).
전단형 칩		① 칩의 미끄러짐 간격이 유동형보다 약간 커진 경우 ② 경강 또는 동합금 등의 절삭각이 크고(90°가깝게) 절삭 깊이가 깊을 때	① 칩은 약간 거칠게 전단되고 잘 부서진다. ② 전단이 일어나기 때문에 절삭력의 변동이 심하게 반복된다. ③ 다듬질면은 거칠다(유동형과 열단형의 중간).
열단 (긁기)형 칩		① 경작형이라고도 하며 바이트가 재료를 뜯는 형태의 칩 ② 극연강, Al합금, 동합금 등 점성이 큰 재료의 저속 절삭 시 생기기 쉽다.	① 표면에서 긁어낸 것과 같은 칩이 나온다. ② 다듬질면이 거칠고, 잔류 응력이 크다. ③ 다듬질 가공에는 아주 부적당하다.
균열형 칩		메진 재료(주철 등)에 작은 절삭각으로 저속 절삭을 할 때에 나타난다.	① 날이 절입되는 순간 균열이 일어나고, 이것이 연속되어 칩과 칩 사이에는 정상적인 절삭이 전혀 일어나지 않으며 절삭면에도 균열이 생긴다. ② 절삭력의 변동이 크고, 다듬질면이 거칠다.

주 절삭각 = 90° − 경사각(α)

(2) 구성 인선(built up edge)

연강, 스테인리스강, 알루미늄처럼 바이트 재료와 친화성이 강한 재료를 절삭할 경우, 절삭된 칩의 일부가 날 끝부분에 부착하여 대단히 굳은 퇴적물로 되어 절삭날 구실을 하는 것을 구성 인선이라 한다.

① **구성 인선의 발생 주기** : 발생 – 성장 – 분열 – 탈락 과정을 반복하며, $\dfrac{1}{10} \sim \dfrac{1}{200}$초를 주기적으로 반복한다.

② **구성 인선의 장·단점**

㈎ 치수가 잘 맞지 않으며 다듬질면을 나쁘게 한다.

㈏ 날 끝의 마모가 크기 때문에 공구의 수명을 단축한다.

㈐ 표면의 변질층이 깊어진다.

㈑ 날 끝을 싸서 날을 보호하며, 경사각을 크게 하여 절삭열의 발생을 감소시킨다.

③ **구성 인선의 방지책**

㈎ 30°이상 바이트의 전면 경사각을 크게 한다.

㈏ 120m/min 이상 절삭 속도를 크게 한다(임계 속도).

㈐ 윤활성이 좋은 윤활제를 사용한다.

㈑ 절삭 속도를 극히 낮게 한다.

㈒ 절삭 깊이를 줄인다.

㈓ 이송 속도를 줄인다.

구성 인선

핵심문제

1. 칩 브레이커의 역할은?

① 연속 칩 발생　　　　　　　② 연속 칩 절단

③ 칩 두께 증가　　　　　　　④ 칩 두께 감소　　　　　　**정답** ②

2. 연한 재질의 일감을 고속 절삭할 때 생기는 칩의 형태는?

① 유동형　　　② 균열형　　　③ 열단형　　　④ 전단형　　　**정답** ①

3. 빌트 업 에지(built up edge)의 발생을 감소시키기 위한 내용 중 틀린 것은?

① 공구의 윗면 경사각을 크게 한다.　　② 절삭 속도를 크게 한다.

③ 절삭 깊이를 크게 한다.　　　　　　④ 윤활성이 좋은 절삭유제를 사용한다.　**정답** ③

해설 빌트 업 에지는 구성인선(構成刃先)이라고도 한다. 원인은 절삭열에 의한 용착이므로 빌트 업 에지를 억제하려면 절삭 깊이를 줄여야 한다.

4. 빌트업 에지(built-up edge)가 나타나는 칩의 생성 모양은?

① 유동형　　　② 전단형　　　③ 열단형　　　④ 균열형　　　**정답** ①

해설 유동형 칩이 나타날 때 공구 날 끝에 빌트업 에지가 나타난다.

3. 절삭제 및 윤활제

3-1 절삭제

(1) 절삭유

일감의 가공면과 공구 사이에는 절삭 및 전단 작용에 의해서 온도가 상승하여 나쁜 영향을 주게 된다. 이와 같은 나쁜 영향을 방지하기 위하여 절삭유를 사용한다.

① 절삭유의 작용과 구비 조건

절삭유의 작용	절삭유의 구비 조건
㉮ 냉각 작용 : 절삭공구와 일감의 온도 상승을 방지한다. ㉯ 윤활 작용 : 공구날의 윗면과 칩 사이의 마찰을 감소한다. ㉰ 세척 작용 : 칩을 씻어 버린다.	㉮ 칩 분리가 용이하여 회수하기가 쉬워야 한다. ㉯ 기계에 녹이 슬지 않아야 한다. ㉰ 위생상 해롭지 않아야 한다.

② 절삭유 사용 시 장점

(가) 절삭 저항이 감소하고, 공구의 수명을 연장한다.

(나) 다듬질면의 상처를 방지하므로 다듬질면이 좋아진다.

(다) 일감의 열 팽창 방지로 가공물의 치수 정밀도가 좋아진다.

(라) 칩의 흐름이 좋아지기 때문에 절삭 작용을 쉽게 한다.

(2) 절삭유의 종류

① 수용성 절삭유

(가) 알칼리성 수용액 : 냉각 작용이 큰 물에 방청을 목적으로 알칼리를 가한 것으로 냉각과 칩의 흐름을 쉽게 하며, 주로 연삭 작업에 사용한다.

(나) 유화유 : 냉각 작용 및 윤활 작용이 좋아 절삭 작업에 널리 사용하는 것으로 물에 원액을 혼합하여 사용한다. 절삭용은 10~30배, 연삭용은 50~100배로 혼합하여 사용한다. 색깔은 광물성 기름을 비눗물에 녹인 것으로 유백색 색깔을 띠고 있다.

② 불수용성 절삭유

(가) 광물유 : 머신유, 스핀들유, 경유 등을 말하며, 윤활 작용은 크나 냉각 작용은 작으므로 경절삭에 쓰인다.

㈏ 동식물유(지방유) : 라드유, 고래기름, 어유, 올리브유, 면실유, 콩기름 등이 있으며 광물성보다 점성이 높으므로 유막의 강도는 크나 냉각 작용은 좋지 않으며 중절삭용에 쓰인다.

㈐ 혼합유(광물성유+동식물유) : 작업 내용에 따라 혼합 비율을 달리하여 사용하며 냉각 작용과 윤활 작용으로 만들어 사용한다.

㈑ 극압유 : 절삭 공구가 고온, 고압 상태에서 마찰을 받을 때 사용하는 것으로 윤활 목적으로 사용한다. 광물유, 혼합유 극압 첨가제로 황(S), 염소(Cl), 납(Pb), 인(P) 등의 화합물을 첨가한다.

핵심문제

1. 광유에 비눗물을 가한 것으로 널리 쓰이는 것은?

① 알칼리성 수용액

② 유화유

③ 광물유

④ 동식물유　　　　　　　　　　　　　　　　　　　　　　　**정답** ②

2. 저속 중절삭을 할 때에는 어떤 절삭유를 사용하면 좋은가?

① 윤활성이 좋은 것

② 방청성이 좋은 것

③ 냉각성이 큰 것

④ 점성이 작은 것　　　　　　　　　　　　　　　　　　　　**정답** ①

해설 절삭제의 선택

㉠ 저속 경절삭 : 절삭유 효과의 기대가 적으므로 사용하지 않아도 좋다.

㉡ 저속 중절삭 : 윤활성에 중점을 둔 절삭유를 택한다.

㉢ 고속 경절삭 : 냉각성에 중점을 두나 어느 정도 윤활성이 있어야 한다.

㉣ 고속 중절삭 : 냉각성과 윤활성이 동시에 요구된다.

3. 절삭유제의 3가지 주된 작용에 속하지 않는 것은?

① 냉각작용

② 세척작용

③ 윤활작용

④ 마모작용　　　　　　　　　　　　　　　　　　　　　　　**정답** ④

해설 절삭유제는 공구의 마모를 억제하는 작용을 한다.

3-2 윤활제

(1) 윤활제(lubricant)

① **윤활 작용** : 윤활 작용이란 고체 마찰을 유체 마찰로 바꾸어 동력 손실을 줄이기 위한 것이며 이때 사용하는 것이 윤활제이다. 윤활에 사용되는 윤활제로는 액체(광물유, 동식물유 등), 반고체(그리스 등), 고체(흑연, 활석, 운모 등)가 있다.

② **윤활제의 구비 조건**

   (가) 사용 상태에서 충분한 점도를 유지할 것

   (나) 한계 윤활 상태에서 견딜 수 있는 유성(油性)이 있을 것

   (다) 산화나 열에 대하여 안정성이 높을 것

   (라) 화학적으로 불활성이며 깨끗하고 균질할 것

   (마) 온도 변화에 따른 점도 변화가 적을 것

③ **윤활의 목적**

   (가) 윤활 작용 : 두 금속 상호간의 상대 운동 부분의 마찰면에 유막(oil film)을 형성하여 마찰, 마모 및 용착을 막는다.

   (나) 냉각 작용 : 마찰면의 마찰열을 흡수한다.

   (다) 밀폐 작용 : 밖에서 들어가는 먼지 등을 막는다(그리스 등). 피스톤링과 실린더 사이에 유막을 형성하여 가스의 누설 방지 등 밀봉 작용을 한다.

   (라) 청정 작용 : 윤활제가 마찰면의 고형 물질을 청정하게 하여 녹스는 것을 방지한다.

④ **윤활 상태**

   (가) 완전 윤활 : 유체 윤활이라고도 하며 충분한 양의 윤활유가 존재할 때 접촉면에 두 금속면이 분리되는 경우를 말한다.

   (나) 불완전 윤활 : 상당히 얇은 유막으로 쌓여진 두 물체간의 마찰로 상대 속도나 점성은 작아지지만 충격이 가해질 때 유막이 파괴되는 정도의 윤활로 경계 윤활이라고도 한다.

   (다) 고체 윤활 : 금속간의 마찰로 발열, 용착 등이 생기는 윤활로 절대 금지해야 한다. 극압윤활이라고도 한다.

⑤ **윤활제의 종류**

   (가) 액체 윤활제 : 광물성유와 동식물유성가 있으며 점도, 유동성은 동물성유가 우수하고, 고온에서의 변질이나 금속의 내부식성은 광물성유가 우수하다.

   (나) 고체 윤활제 : 흑연, 활석, 비누돌, 운모 등이 있으며 그리스(grease)는 반 고체유이다.

   (다) 특수윤활제 : P(인), S(황), Cl(염소) 등의 극압제를 첨가한 극압 윤활유와 응고점이 −35~50℃인 부동성 기계유, 내한(耐寒)이나 내열(耐熱)에 우수한 실리콘유 등이 있다.

⑥ 급유 방법

㈎ 적하 급유 : 마찰면이 넓거나 시동횟수가 많을 때 저속 및 중속축의 급유

㈏ 분무 급유 : 액체 상태의 기름에 압축공기를 이용하여 분무시켜 공급. 고속 연삭기, 고속 드릴용

㈐ 강제 급유 : 순환 펌프를 사용하여 급유, 고속 회전 시 베어링의 냉각효과에 경제적인 방법

㈑ 담금 급유 : 윤활유 속에 마찰부 전체가 잠기도록 하여 급유

㈒ 기타 : 그 밖에 핸드 급유, 오일링 급유 등이 있다.

핵심문제

1. 오일이 금속의 마찰면에 윤활 피막을 이루는 성질은?

① 점성
② 유성
③ 방기성
④ 유동성   **정답** ②

2. 압력과 양을 조절하여 펌프의 힘으로 급유하는 방법은?

① 강제 급유식
② 튀김 급유식
③ 적하 급유식
④ 패드 급유식   **정답** ①

3. 윤활제의 구비 조건이 아닌 것은?

① 온도 변화에 따른 점도의 변화가 클 것
② 한계 윤활 상태에서 견딜 수 있는 유성이 있는 것
③ 산화나 열에 대하여 안정성이 높을 것
④ 화학적으로 불활성이며 깨끗하고 균질할 것   **정답** ①

제2장 선반 가공법

1. 선반의 종류와 구조

1-1 선반의 종류와 특징 및 용도

선반이란, 공작물을 주축에 고정하여 회전하고 있는 동안 바이트에 이송을 주어 외경 절삭, 보링, 절단, 단면 절삭, 나사 절삭 등의 가공을 하는 공작 기계이다.

선반의 종류와 특징

선반의 종류	특징
보통 선반 (engine lathe)	가장 일반적으로 베드, 주축대, 왕복대, 심압대, 이송 기구 등으로 구성되며, 주축의 스윙을 크게 하기 위하여 주축 밑부분의 베드를 잘라낸 절락(切落) 선반도 있다.
탁상 선반 (bench lathe)	탁상 위에 설치하여 사용하도록 되어 있는 소형의 보통 선반. 구조가 간단하고 이용 범위가 넓으며, 시계 · 계기류 등의 소형물에 쓰인다.
모방 선반 (copying lathe)	제품과 동일한 모양의 형판에 의해 공구대가 자동으로 이동하며, 형판과 같은 윤곽으로 절삭하는 선반으로 형판 대신 모형이나 실물을 이용할 때도 있다.
터릿 선반 (turret lathe)	보통 선반의 심압대 대신 여러 개의 공구를 방사상으로 설치하여 공정 순서대로 공구를 차례대로 사용할 수 있도록 되어 있는 선반. 터릿은 모양에 따라 6각형과 드럼형이 있으나 6각형이 주로 쓰이며, 형식에 따라 램형(소형 가공)과 새들형(대형 가공)이 있다. 사용되는 척은 콜릿 척이다.
공구 선반 (tool room lathe)	주로 절삭 공구 또는 공구의 가공에 사용되는 정밀도가 높은 선반. 호브, 밀링 커터나 탭의 공구 여유각을 깎아낼 수 있는 릴리빙 장치가 부속되어 있어 릴리빙 선반이라고도 한다.
차륜 선반(wheel lathe)	철도 차량 차륜의 바깥 둘레를 절삭하는 선반
차축 선반(axle lathe)	철도 차량의 차축을 절삭하는 선반
나사 절삭 선반 (thread cutting lathe)	나사를 깎는 데 전문적으로 사용되는 선반

리드 스크루 선반 (lead screw cutting lathe)	주로 공작 기계의 리드 스크루를 깎는 선반으로 피치 보정 기구가 장치되어 있다.
자동 선반 (automatic lathe)	공작물의 고정과 제거까지 자동으로 하며, 터릿 선반을 개량한 것으로 대량 생산에 적합하다.
다인 선반 (multi cut lathe)	공구대에 여러 개의 바이트가 부착되어 이 바이트의 전부 또는 일부가 동시에 절삭 가공을 한다.
NC 선반 (numerical control lathe)	정보의 명령에 따라 절삭 공구와 새들의 운동을 제어하도록 만든 선반으로 자기 테이프, 수치적인 부호의 모양으로 되어 있는 선반
정면 선반 (face lathe)	외경은 크고 길이가 짧은 가공물의 정면을 깎는다. 면판이 크며, 공구대가 주축에 직각으로 광범위하게 움직이는 선반이다. 보통 공구대가 2개이고 리드 스크루가 없다.
수직 선반 (vertical lathe)	주축이 수직으로 되어 있으며, 대형이나 중량물에 사용된다. 공작물은 수평면에서 회전하는 테이블 위에 장치하고, 공구대는 크로스 레일(cross rail) 또는 칼럼상을 이송 운동한다. 보링 가공이 가능하여 수직 보링 머신이라고도 한다.
롤 선반(roll turning lathe)	압연용 롤러를 가공한다.

핵심문제

1. 밀링 커터나 탭의 공구 여유각 작업을 할 때 사용하는 선반은?

① 수직 선반　　　② 터릿 선반　　　③ 릴리빙 선반　　　④ 다인 선반　　**정답** ③

해설 수직 선반은 바이트의 움직임이 칼럼 위를 상하로 이송하면서 가공되며, 터릿 선반은 터릿 베드가 있고 여기에 각종 바이트 및 공구를 고정시켜 순차적으로 작업을 한다. 공구 여유각 작업을 할 수 있는 공구 선반을 릴리빙 선반이라고 한다.

2. 다음 중 터릿 선반의 장점이 아닌 것은?

① 동일 제품 가공 시 드릴링 및 연삭 작업 가능　②공구 교체 시간 단축
③ 절삭 공구를 방사형으로 장치　　　　　　　　④ 대량 생산에 적합　　**정답** ①

해설 터릿 선반에서는 연삭 작업을 하지 않는 것이 보통이다.

3. 대량 생산에 사용되는 것으로서 재료의 공급만 하여 주면 자동적으로 가공되는 선반은?

① 자동 선반　　　② 탁상 선반　　　③ 모방 선반　　　④ 다인 선반　　**정답** ①

해설 탁상 선반은 시계 부속 등 작고 정밀한 공작물 가공에 편리하고, 모방 선반은 형판에 따라 바이트대가 자동적으로 절삭 및 이송을 하면서 형판과 닮은 공작물을 가공하며, 다인 선반은 공구대에 여러 개의 바이트를 장치하여 한꺼번에 여러 곳을 가공하게 한 선반이다.

1-2 선반의 각부 명칭 및 구조

(1) 선반의 구조와 기능

선반은 주축대, 심압대, 왕복대, 베드의 4개 주요부와 그밖의 부분으로 구성되어 있다.

① **주축대(head stock)** : 선반의 가장 중요한 부분으로서 공작물을 지지, 회전 및 변경을 하거나 또는 동력 전달을 하는 일련의 기어 기구로 구성되어 있다.

② **왕복대 (carriage)** : 왕복대는 베드 위에 있으며, 바이트 및 각종 공구를 설치한 공구대를 평행하게 전후, 좌우로 이송시키며, 새들과 에이프런으로 구성되어 있다.

　㈎ 새들(saddle) : H자로 되어 있으며, 베드면과 미끄럼 접촉을 한다.

　㈏ 에이프런(apron) : 자동장치, 나사 절삭 장치 등이 내장되어 있으며, 왕복대의 전면, 즉 새들 앞쪽에 있다.

　㈐ 하프 너트(half nut) : 나사 절삭 시 리드 스크루와 맞물리는 분할된 너트(스플리트 너트)이다.

　㈑ 체이싱 다이얼(chasing dial) : 나사 절삭 시 하프 너트를 닫는 시점을 지시해주는 눈금판이다.

　㈒ 복식 공구대 : 임의의 각도로 회전시키면 테이퍼 절삭을 할 수 있다.

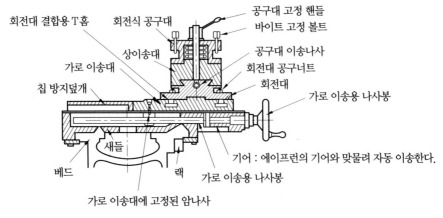

공구대의 단면도

③ **심압대(tail stock)** : 심압대는 오른쪽 베드 위에 있으며, 작업 내용에 따라서 좌우로 움직이도록 되어 있다. 구멍은 모스 테이퍼로 되어 있어서 드릴이나 센터의 섕크(shank) 부분을 끼울 수 있다.

④ **베드(bed)** : 베드는 주축대, 왕복대, 심압대 등 주요한 부분을 지지하고 있는 곳으로 절삭력 및 중량을 충분히 견딜 수 있도록 강성 정밀도가 요구된다. 베드의 재질은 고급주철, 칠드주철 또는 미하나이트 주철, 구상 흑연 주철을 많이 사용하고 있다.

(a) 영식 베드   (b) 미식 베드   (c) 절충식 베드

베드의 종류

선반 베드의 종류

구 분	수압 면적	단면 모양	용도	사용 범위
영식	크다	평면	강력 절삭용	대형 선반
미식	작다	산형	정밀 절삭용	중·소형 선반

⑤ **이송 장치** : 왕복대의 자동 이송이나 나사 절삭 시 적당한 회전수를 얻기 위해 주축에서 운동을 전달받아 이송축 또는 리드 스크루까지 전달하는 장치를 말한다.

(2) 선반의 각부 명칭

선반의 각부 명칭은 다음 [그림]과 같다.

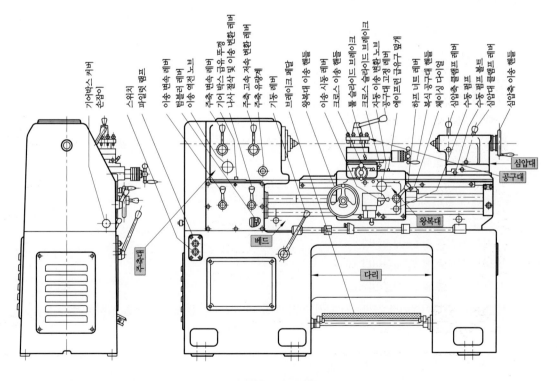

선반의 각부 명칭

(3) 선반의 크기 표시

선반은 다음과 같은 크기로 그 규격을 정하고 있다.

① **스윙(swing)** : 베드상의 스윙 및 왕복대상의 스윙을 말한다. 즉, 물릴 수 있는 공작물의 최대 지름을 말한다. 스윙은 센터와 베드면과의 거리의 2배이다.

② **양 센터간의 최대 거리** : 라이브 센터(live center)와 데드 센터(dead center)간의 거리 로서 공작물의 길이를 말한다.

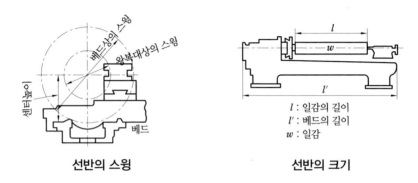

선반의 스윙   선반의 크기

l : 일감의 길이
l' : 베드의 길이
w : 일감

핵심문제

1. 선반의 구조에서 심압대에 대한 설명으로 틀린 것은?

① 심압축은 고속 회전한다.

② 드릴 작업을 할 때 사용한다.

③ 심압축의 끝은 모스 테이퍼로 되어 있다.

④ 베드 위의 임의의 위치에 고정할 수 있다.   **정답** ①

해설 심압대의 축에는 테이퍼 구멍이 있어서 드릴이나 센터를 끼울 수 있다. 앞뒤로 이동이 가능 하나 회전하지는 못한다.

2. 선반에 부착된 체이싱 다이얼(chasing dial)의 용도는?

① 드릴링 할 때 사용한다.

② 널링 작업을 할 때 사용한다.

③ 나사 절삭을 할 때 사용한다.

④ 모방 절삭을 할 때 사용한다.   **정답** ③

해설 체이싱 다이얼이란 선반에서 나사 절삭을 할 때 하프너트를 닫는 시점을 지시해 주는 눈금 판이다.

3. 선반 심압대 축 구멍의 테이퍼 형태는?

① 쟈르노 테이퍼   ② 브라운 샤프형 테이퍼

③ 쟈곱스 테이퍼   ④ 모스 테이퍼   **정답** ④

1-3 선반의 부속 장치

(1) 면판(face plate)

면판은 척을 떼어내고 부착하는 것으로 공작물의 모양이 불규칙하거나 척에 물릴 수 없을 때 사용한다. 특히 엘보 가공 시 많이 사용한다. 이 때는 반드시 밸런스를 맞추는 다른 공작물을 설치하여야 한다. 공작물 고정 시 앵글 플레이트와 볼트를 이용한다.

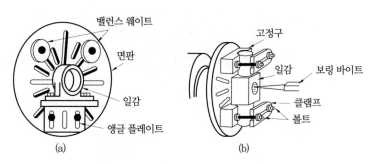

면판과 고정구에 의한 일감 고정

(2) 회전판(driving plate)

양 센터 작업 시 사용하는 것으로 일감을 돌리개에 고정하고 회전판에 끼워 작업한다.

(3) 돌리개(lathe dog)

양 센터 작업 시 사용하는 것으로 각종 형태는 다음 [그림]과 같으며, 굽힌 돌리개를 가장 많이 사용한다.

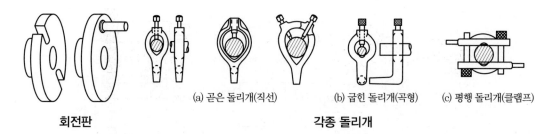

(4) 센터(center)

양 센터 작업 시 또는 주축쪽은 척으로 고정하고, 심압대 쪽은 센터로 지지할 경우 사용한다. 센터는 양질의 탄소공구강 또는 특수공구강으로 만들며, 보통 $60°$의 각도가 쓰이나 중량물 지지에는 $75°$, $90°$가 쓰이기도 한다. 센터는 자루부분이 모스 테이퍼로 되어 있으며, 모스 테이퍼는 0~7번까지 있다.

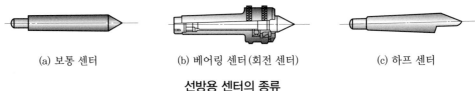

(a) 보통 센터   (b) 베어링 센터(회전 센터)   (c) 하프 센터

선반용 센터의 종류

① 중심 구하기
  ㈎ 사이드 퍼스에 의한 방법
  ㈏ 콤비네이션 세트에 의한 방법
  ㈐ 서피스 게이지에 의한 방법

② 센터 구멍 : 센터 구멍은 일감의 중심과 센터 구멍의 중심이 일치하여야 한다. 중심을 구한 후 센터 드릴에 의해 구멍을 뚫거나 기타 방법에 의한다.

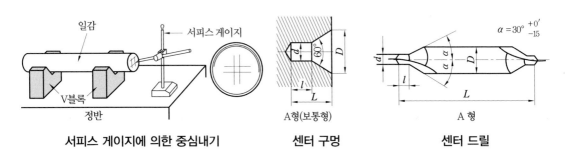

서피스 게이지에 의한 중심내기   센터 구멍   센터 드릴

(5) 심봉(mandrel)

정밀한 구멍과 직각 단면을 깎을 때 또는 외경과 구멍이 동심원이 필요할 때 사용하는 것이다. 심봉의 종류는 단체 심봉, 팽창 심봉, 나사 심봉, 원추 심봉 등이 있다.

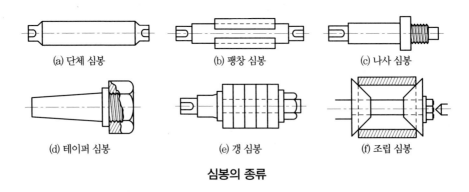

(a) 단체 심봉   (b) 팽창 심봉   (c) 나사 심봉

(d) 테이퍼 심봉   (e) 갱 심봉   (f) 조립 심봉

심봉의 종류

참고
- 표준 심봉의 테이퍼 : 1/100, 1/1000
- 심봉의 호칭경 : 작은 쪽의 지름

(6) 척(chuck)의 종류와 특징

일감을 고정할 때 사용하며, 고정 방법에는 조(jaw)에 의한 기계적인 방법과 전기적인 방법이 있다.

① 단동식 척(independent chuck)

(개) 강력 조임에 사용하며, 조가 4개 있어 4번 척이라고도 한다.

(나) 원, 사각, 팔각 조임 시에 용이하다.

(대) 조가 각자 움직이며, 중심 잡는데 시간이 걸린다.

(래) 편심 가공 시 편리하다.

(매) 가장 많이 사용한다.

단동 척

② 연동 척(universal chuck ; 만능 척)

(개) 조가 3개이며, 3번 척, 스크롤 척이라 한다.

(나) 조 3개가 동시에 움직인다.

(대) 조임이 약하다.

(래) 원, 3각, 6각봉 가공에 사용한다.

(매) 중심을 잡기 편리하다.

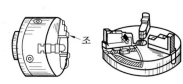

연동 척

③ 마그네틱 척(magnetic chuck ; 전자 척, 자기 척)

(개) 직류 전기를 이용한 자화면이다.

(나) 필수 부속장치 : 탈 자기장치

(대) 강력 절삭이 곤란하다.

(래) 사용 전력은 200~400W이다.

④ 공기 척(air chuck)

(개) 공기 압력을 이용하여 일감을 고정한다.

(나) 균일한 힘으로 일감을 고정한다.

(대) 운전 중에도 작업이 가능하다.

(래) 조의 개폐 신속

⑤ 콜릿 척(collet chuck)

(개) 터릿 선반이나 자동 선반에 사용된다.

(나) 직경이 적은 일감에 사용한다.

(대) 중심이 정확하고, 원형재, 각봉재 작업이 가능하다.

(래) 다량 생산에 가능하다.

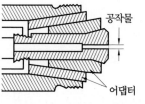

콜릿 척

(7) 특수 가공 장치

① **모방 절삭 장치** : 제품과 동일한 모형을 갖는 형판을 만들어 모방 절삭 장치의 촉침을 접촉한 후 이동시키면 바이트가 모형에 따라 움직이면서 서서히 절삭하도록 되어 있다.

② **테이퍼 절삭 장치** : 모방 절삭 장치의 원리로 테이퍼 절삭 장치를 설치, 가이드로 안내되면 공구대가 따라 움직이고, 가이드 끝에는 각도 눈금이 있어 적당한 각도로 회전하도록 되어 있다.

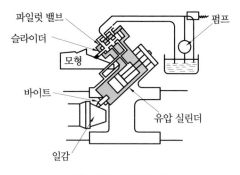

모방 절삭 장치의 구조

(8) 방진구(work rest)

지름이 작고 긴 공작물을 절삭할 때 생기는 떨림을 방지하기 위한 장치이며, 보통 지름에 비해 길이가 20배 이상 길 때 쓰인다. 이동식과 고정식이 있다.

① **이동식 방진구** : 왕복대에 설치하여 긴 공작물의 떨림을 방지. 왕복대와 같이 움직인다 (조의 수 : 2개).

② **고정식 방진구** : 베드면에 설치하여 긴 공작물의 떨림을 방지해 준다(조의 수 : 3개).

③ **롤 방진구** : 고속 중절삭용

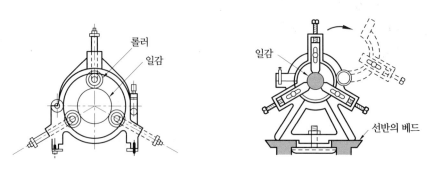

고정식 방진구

핵심문제

1. 긴 공작물을 절삭할 경우 사용하는 방진구 중 이동형 방진구는 어느 부분에 설치하는가?

① 심압대　　　　　② 왕복대　　　　　③ 베드　　　　　④ 주축대　　　**정답** ②

　해설 이동형 방진구는 왕복대에, 고정형 방진구는 베드에 설치하여 사용한다.

2. 대형 공작물의 센터 각도로 적당한 것은 어느 것인가?

① 75°　　　　　② 60°　　　　　③ 120°　　　　　④ 150°　　　**정답** ①

　해설 공작물의 중량 100kg 이하에는 60°, 100kg 이상인 대형 공작물에는 75°, 90°의 것이 쓰인다.

3. 단동 척의 조는 몇 개인가?

① 2개　　　　　② 3개　　　　　③ 4개　　　　　④ 6개　　　**정답** ③

2. 선반 작업

2-1　선반 가공의 종류

① 외경 절삭(turning)　　　　　② 내경 절삭(boring)
③ 테이퍼 절삭(taper turning)　　④ 단면 절삭(facing)
⑤ 총형 절삭(formed cutting)　　⑥ 구멍 뚫기(drilling)
⑦ 모방 절삭(copying)　　　　　⑧ 절단 작업(cutting)
⑨ 나사 절삭(threading)　　　　⑩ 리밍(reaming)
⑪ 광내기 작업(polishing)　　　⑫ 널링(knurling)
⑬ 편심 작업

 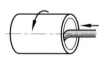

(a) 외경 절삭　　(b) 내경 절삭　　(c) 테이퍼 절삭　　(d) 단면 절삭　　(e) 총형 절삭

(f) 드릴링(구멍 뚫기)　　(g) 절단　　(h) 나사 절삭　　(i) 측면 절삭　　(j) 널링

선반 작업의 종류

(1) 테이퍼 절삭 작업(taper cutting work)

선반 작업으로 테이퍼를 깎는 방법에는 심압대 편위법, 복식 공구대 이용법, 테이퍼 절삭 장치 이용법, 총형 바이트에 의한 법이 있다. 테이퍼 $T = \dfrac{(D-d)}{L}$ 이다.

① **심압대를 편위시키는 방법** : 심압대를 선반의 길이 방향에 직각 방향으로 편위시켜 절삭하는 방법이다. 이 방법은 공작물이 비교적 길고 테이퍼가 작을 때 사용한다.

> **참고**   심압대를 작업자 앞으로 당기면 심압대축 쪽으로 가공 지름이 작아지고, 뒤쪽으로 편위시키면 주축대축 쪽으로 가공 지름이 작아진다.

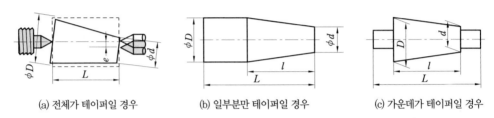

(a) 전체가 테이퍼일 경우   (b) 일부분만 테이퍼일 경우   (c) 가운데가 테이퍼일 경우

심압대를 편위시켜 테이퍼 절삭

위의 [그림]에서 편위량 e는 다음과 같다.

(a) $e = \dfrac{D-d}{2}$ (전체가 테이퍼일 경우)

(b) $e = \dfrac{L(D-d)}{2l}$ (일부분만 테이퍼일 경우)

(c) $e = \dfrac{(D-d)L}{2l}$ (가운데가 테이퍼일 경우)

② **복식 공구대 회전법** : 베벨 기어의 소재와 같이 비교적 크고 길이가 짧은 경우에 사용되며, 손으로 이송하면서 절삭하는데, 복식 공구대 회전각도는 다음 식으로 구한다.

$$\tan = \frac{\alpha}{2} = \tan\theta = \frac{D-d}{2L}$$

복식 공구대 회전에 의한 테이퍼 절삭

③ **테이퍼 절삭 장치(taper attachment) 이용법** : 전용 테이퍼 절삭 장치를 만들어 테이퍼 절삭을 하는 방법이며, 이송은 자동 이송이 가능하고, 절삭 시에 안내판 조정, 눈금 조정을 한 후 자동 이송시킨다. 심압대 편위법보다 넓은 범위의 테이퍼 가공이 가능하며, 공작물 길이에 관계없이 같은 테이퍼 가공이 가능하다.

④ **총형 바이트에 의한 법** : 테이퍼용 총형 바이트를 이용하여 비교적 짧은 테이퍼 절삭을 하는 방법이다.

(2) 나사 절삭

① **나사 절삭의 원리** : 공작물이 1회전하는 동안 절삭되어야 할 나사의 1피치만큼 바이트를 이송시키는 동작을 연속적으로 실시하면 나사가 절삭된다. 다음 [그림]은 나사의 절삭 원리를 나타낸 것으로 주축의 회전이 중간축을 지나 리드 스크루 축에 전달되며, 리드 스크루 축은 하프 너트를 통하여 왕복대에 이송을 주어 절삭된다.

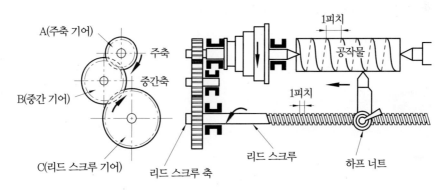

나사 절삭 원리

핵심문제

1. 선반의 이송 핸들의 리드 스크루의 리드는 4mm이고, 이에 연결된 마이크로 핸들은 100등분되었을 때, 이 핸들을 돌려서 눈금이 25개 움직였다면 왕복대의 이동량은?

① 0.04mm ② 0.025mm ③ 1mm ④ 0.2mm   **정답** ③

해설 핸들 한 눈금의 간격은 $4 \times \frac{1}{100}$ mm=0.04mm이므로, 25눈금이 움직였다면 $0.04 \times 25 = 1$mm

2. 선반으로 주철의 흑피를 깎는 요령 중 가장 알맞은 방법은?

① 절삭 깊이를 얇게 한 후 이송은 느리게 한다.
② 절삭 깊이를 얇게 한 후 이송을 빠르게 한다.
③ 절삭 깊이를 깊게 하여 깎는다.
④ 절삭 깊이를 얇게 하여 몇 번으로 나누어 깎는다.   **정답** ③

해설 주철의 흑피는 단단하고 거칠기 때문에 절삭 깊이를 크게 하는 것이 보통이다.

3. 선반에서 다음과 같은 테이퍼를 절삭하려고 할 때 편위량은?

① 9.0

② 10.2

③ 12.5

④ 14.3

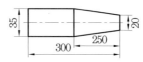

정답 ①

해설 편위량$(e) = \dfrac{L(D-d)}{2l} = \dfrac{300(35-20)}{2 \times 250} = 9.0\,\mathrm{mm}$

2-2 선반의 가공 시간

가공물의 길이를 $L[\mathrm{mm}]$, 주축의 회전수 $n\,[\mathrm{rpm}]$, 이송 $f[\mathrm{mm/rev}]$이라고 하면, 1회 가공시간은 $T = \dfrac{L}{n \cdot f}$ 이다.

핵심문제

1. 선반의 이송 단위 중에서 1회전당 이송량의 단위는?

① mm/rev   ② mm/min   ③ mm/stroke   ④ mm/s   **정답** ①

2. 지름이 100mm인 연강을 회전수 300 r/min(=rpm), 이송 0.3mm/rev, 길이 50mm를 1회 가공할 때 소요되는 시간은 약 몇 초인가?

① 약 20초   ② 약 33초   ③ 약 40초   ④ 약 56초   **정답** ②

해설 회전수가 $300\,\mathrm{rev/min}$이고 이송이 $0.3\ \mathrm{mm/rev}$이므로 매초당 이송량을 계산하면,

$\dfrac{300\,\mathrm{rev}}{1\,\mathrm{min}} \times \dfrac{1\,\mathrm{min}}{60\,\mathrm{s}} \times \dfrac{0.3\,\mathrm{mm}}{1\,\mathrm{rev}} = 1.5\,\mathrm{mm/s}$이다.

이러한 속도로 길이 50mm를 가공하려면 $\dfrac{50\,\mathrm{mm}}{1.5\,\mathrm{mm/s}} = 33.3\,\mathrm{s}$이 소요된다.

3. 선반에서 주축회전수를 1200rpm, 이송속도 0.25mm/rev으로 절삭하고자 한다. 실제 가공길이가 500mm라면 가공에 소요되는 시간은 얼마인가?

① 1분 20초   ② 1분 30초

③ 1분 40초   ④ 1분 50초   **정답** ③

해설 $T = \dfrac{l}{nf} = \dfrac{500}{1200 \times 0.25} = 1.66$분 0.66분$\times 60 = 39.6$초이므로 1분 40초이다.

제3장

밀링 가공법

1. 밀링 머신의 개요

1-1 밀링 머신의 종류 및 특성과 용도

밀링 머신(milling machine)이란 원판 또는 원통체의 외주면이나 단면에 다수의 절삭날을 가진 공구(커터)에 회전 운동을 주어 평면, 곡면 등을 절삭하는 기계를 말하며, 그 응용 범위가 매우 넓다.

(1) 밀링 머신의 종류

① **니형 밀링 머신** : 칼럼의 앞면에 미끄럼면이 있으며 칼럼을 따라 상하로 니(knee)가 이동하며, 니 위를 새들과 테이블이 서로 직각 방향으로 이동할 수 있는 구조로 수평형, 수직형, 만능형 밀링 머신이 있다.

② **베드형 밀링 머신** : 일명 생산형 밀링 머신이라고도 하는데 용도에 따라 수평식, 수직식, 수평 수직 겸용식이 있다. 사용 범위가 제한되지만 대량 생산에 적합한 밀링 머신이다.

③ **보링형 밀링 머신** : 구멍깎기(boring) 작업을 주로 하는 것으로 보링 헤드에 보링 바(bar)를 설치하고 여기에 바이트를 끼워 보링 작업을 한다.

④ **평삭형 밀링 머신** : 플레이너의 바이트 대신 밀링 커터를 사용한 것으로 테이블은 일정한 속도로 저속 이송을 한다. 단순한 평면, 엔드밀에 의한 측면 및 홈 가공 등의 작업에 주로 쓰인다.

(2) 니형 밀링 머신의 구성

① **칼럼(column)** : 밀링 머신의 본체로서 앞면은 미끄럼면으로 되어 있으며, 아래는 베이스를 포함하고 있다. 미끄럼면은 니를 상하로 이동할 수 있도록 되어 있으며, 베이스와 니 사이에 잭 스크루를 지지하고 있어 니의 상하 이송이 가능하도록 되어 있다.

② **오버 암(over arm)** : 칼럼의 상부에 설치되어 있는 것으로 플레인 밀링 커터용 아버(arbor)를 아버 서포터가 지지하고 있다. 아버 서포터는 임의의 위치에 체결하도록 되어 있다.

③ **니(knee)** : 니는 칼럼에 연결되어 있으며 위에는 테이블을 지지하고 있다. 또한 니는 테이블의 좌우, 전후, 상하를 조정하는 복잡한 기구가 포함되어 있다.

④ **새들(saddle)** : 새들은 테이블을 지지하며, 니의 상부 미끄럼면 위에 얹혀 있어 그 위를 앞뒤 방향으로 미끄럼 이동하는 것으로서 윤활 장치와 테이블의 어미나사 구동 기구를 속에 두고 있다.

⑤ **테이블** : 공작물을 직접 고정하는 부분이며, 새들 상부의 안내면에 장치되어 수평면을 좌우로 이동한다.

니형 밀링 머신

(3) 니형 밀링 머신의 크기

① **테이블의 이동량** : 테이블의 이동량(전후×좌우×상하)을 번호로 표시하며 0번~5번까지 번호가 클수록 이동량도 크다.

② **테이블 크기** : 테이블의 길이×폭

③ 테이블 위에서 주축 중심까지 거리

핵심문제

1. 밀링 머신의 주 절삭 작업은?

① 나사 가공   ② 연삭 가공

③ 평면 가공   ④ 태핑   **정답** ③

2. 다음 중 니형 밀링 머신에서 테이블은 어느 곳에 위치하는가?

① 칼럼 윗면

② 니의 윗면

③ 오버 암 옆면

④ 새들 윗면   **정답** ④

3. 밀링 머신의 크기를 나타내는 호칭의 기준은?

① 칼럼의 길이

② 스핀들의 지름

③ 테이블의 이동량

④ 절삭 능력   **정답** ③

1-2 밀링 절삭 조건

(1) 절삭 방법

① **상향 절삭** : 공구의 회전 방향과 공작물의 이송이 반대 방향인 경우
② **하향 절삭** : 공구의 회전 방향과 공작물의 이송이 같은 방향인 경우

(a) 상향 절삭   (b) 하향 절삭

절삭 방향

③ **절삭의 합성** : 상향 절삭과 하향 절삭이 합성인 경우
④ **절삭 방향의 특징** : 절삭 방향에 따라 각각 장단점이 있으며, 다음 [표]와 같다.

상향 절삭	하향 절삭
㉮ 칩이 잘 **빠져나와** 절삭을 방해하지 않는다. ㉯ 백래시가 제거된다. ㉰ 공작물이 날에 의하여 끌려 올라오므로 확실히 고정해야 한다. ㉱ 커터의 수명이 짧다. ㉲ 동력 소비가 크다. ㉳ 가공면이 거칠다.	㉮ 칩이 잘 **빠지지** 않아 가공면에 흠집이 생기기 쉽다. ㉯ 백래시 제거 장치가 필요하다. ㉰ 커터가 공작물을 누르므로 공작물 고정에 신경 쓸 필요가 없다. ㉱ 커터의 마모가 적다. ㉲ 동력 소비가 적다. ㉳ 가공면이 깨끗하다.

(2) 절삭 속도

① **절삭 속도 계산식**

$$V = \frac{\pi DN}{1000}[\text{m/min}]$$

여기서, V: 절삭 속도 D: 밀링 커터의 지름(mm) N: 밀링 커터의 1분간 회전수(rpm)

가령, 지름 150mm의 밀링 커터를 매분 220회전시켜 절삭하면 그 절삭 속도는

$$V = \frac{\pi \times 150 \times 220}{1000} = 103.5\,\text{m/min}$$

② **절삭 속도의 선정**

㉮ 공구 수명을 길게 하려면 절삭 속도를 낮게 정한다.

㈏ 같은 종류의 재료에서 경도가 다른 공작물의 가공에는 브리넬 경도를 기준으로 하면 좋다.

㈐ 처음 작업에서는 기초 절삭 속도에서 절삭을 시작하여 서서히 공구 수명의 실적에 의해서 절삭 속도를 상승시킨다.

㈑ 실제로 절삭해 보고 커터가 쉽게 마모되면 즉시 속도를 낮춘다(커터의 회전을 늦춘다).

㈒ 좋은 다듬질면이 필요할 때에는 절삭 속도는 **빠르게** 하고 이송은 늦게 한다(능률은 저하한다).

(3) 이송량

밀링 커터의 날수 Z, 커터의 회전수 n[rpm], 커터날 1개에 대한 이송량을 f_z[mm]라고 하면,

$$f_z = \frac{f_r}{Z} = \frac{f}{Zn}\,[\text{mm/날}], \quad f = f_z \cdot Z \cdot n$$

단, f_r은 커터 1회전에 대한 이송(mm/rev)

핵심문제

1. 밀링 작업 시 절삭 속도의 선정 방법이다. 아닌 것은?

① 공구 수명을 길게 하려면 속도를 낮게
② 같은 종류의 재질은 브리넬 경도를 기준으로 선정
③ 다듬질면을 얻을 때는 절삭 속도를 빠르게, 이송은 늦게
④ 커터 마모가 심하면 속도를 높게   **정답** ④

2. 밀링 커터의 날 수 12개, 1날당 이송량 0.15mm, 회전수가 780rpm일 때 이송량은 얼마인가?

① 약 800mm/min
② 약 1000mm/min
③ 약 1200mm/min
④ 약 1400mm/min   **정답** ④

해설 $f = f_z \cdot Z \cdot n = 0.15 \times 12 \times 780 = 1400\text{mm/min}$

3. 밀링 작업에서 하향 절삭과 비교한 상향 절삭의 특징으로 올바른 것은?

① 절삭력이 상향으로 작용하여 고정이 불리하다.
② 가공할 때 충격이 있어 높은 강성이 필요하다.
③ 절삭날의 마멸이 적고 공구 수명이 길다.
④ 백래시를 제거하여야 한다.   **정답** ①

2. 밀링 커터

2-1 밀링 커터의 종류와 용도

(1) 평면 커터(plain cutter)

원주면에 날이 있고 회전축과 평행한 평면 절삭용이며, 고속도강, 초경합금으로 만든다.

(2) 측면 커터(side cutter)

원주 및 양측면에 날이 있고 평면과 측면을 동시 절삭할 수 있어 단 달린 면, 또는 홈 절삭에 쓰인다.

(3) 정면 커터(face milling cutter)

① **재질** : 본체는 탄소강, 팁은 초경팁을 경납 또는 기계적으로 고정한다.
② **용도** : 평면 가공, 강력 절삭을 할 수 있다.

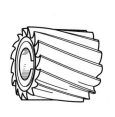

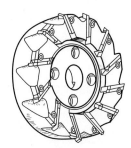

평면 커터   측면 커터   정면 커터

(4) 엔드밀(end mill)

① **용도** : 드릴이나 리머와 같이 일체의 자루를 가진 것으로 평면 구멍 등을 가공할 때 쓰인다.

② **자루 모양** : 샹크의 모양이 곧은 것과 테이퍼부로 되어 있다.

③ **날 수** : 2날, 3날, 4날, 6날, 8날, 12날

④ **엔드밀의 종류** : 평 엔드밀(홈, 측면, 평면), 볼 엔드밀(금형 가공용)

(a) 평 엔드밀   (b) 볼 엔드밀   (c) 황삭 엔드밀

엔드밀의 종류

(5) 총형 커터(formed cutter)

① 재질 : 고속도강, 초경합금

② 용도 : 기어 가공, 드릴의 홈 가공, 리머, 탭 등 형상 가공에 쓰인다.

③ 종류 : 볼록 커터(convex milling cutter), 오목 커터(concave milling cutter), 인벌류트 커터 (involute gear cutter)

(6) 각형 커터(angular cutter)

① 재질 : 고속도강, 초경합금

② 용도 : 각도, 홈, 모따기 등에 쓰인다.

③ 종류 : 등각 밀링 커터, 부등각 밀링 커터, 편각 커터

(7) 메탈 슬리팅 소(metal slitting saw)

① 재질 : 고속도강, 초경합금

② 용도 : 절단, 홈파기

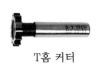
T홈 커터

메탈 슬리팅 소

(8) T홈 커터(T-slot cutter)

① 재질 : 고속도강, 초경합금

② 용도 : T홈 가공

더브테일 커터

(9) 더브테일 커터(dove tail cutter)

① 재질 : 고속도강

② 용도 : 더브테일 홈 가공, 기계 조립 부품에 많이 사용된다.

각형 커터(앵귤러 커터)

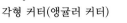
총형 커터

밀링 커터의 종류

핵심문제

1. 평면 절삭에 적당한 커터는?

① 플레인 커터　　② 사이드 커터　　③ 메탈 소　　④ 엔드밀　　**정답** ①

2. 수직면과 폭이 좁은 평면을 깎을 때 다음 중 어느 커터가 적당한가?

① 평면 커터　　② 정면 커터　　③ 각 커터　　④ 엔드밀　　**정답** ④

3. 재료 절단용으로 사용하는 커터는?

① 플레인 커터　　② 메탈 소　　③ 사이드 커터　　④ 총형 커터　　**정답** ②

밀링 커터의 각도

(1) 날의 각부 명칭

① **경사각** : 절삭날과 커터의 중심선과의 각도를 경사각이라 한다.

② **여유각** : 커터의 날 끝이 그리는 원호에 대한 접선과 여유면과의 각을 여유각이라 한다. 일반적으로 재질이 연한 것은 여유각을 크게, 단단한 것은 작게 한다.

③ **비틀림각** : 비틀림각은 인선의 접선과 커터 축이 이루는 각도이다.

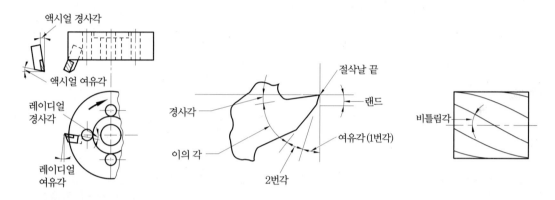

정면 밀링 커터의 주요 공구각   평면 밀링 커터의 주요 공구각

핵심문제

1. 다음은 플레인 커터에 대한 사항이다. 해당 없는 것은?

① 여유각   ② 경사각   ③ 입도   ④ 랜드   **정답** ③

2-3 분할대와 분할 작업

분할대의 사용 목적으로는 첫째, 공작물의 분할 작업(스플라인 홈작업, 커터나 기어 절삭 등), 둘째, 수평, 경사, 수직으로 장치한 공작물에 연속 회전 이송을 주는 가공 작업(캠 절삭, 비틀림 홈 절삭, 웜 기어 절삭 등) 등이 있다.

(1) 분할대의 종류와 특성

① **분할대의 분류**

⑺ 직접 분할대 : 분할 수가 적은 것으로 단순 직선 절삭

(나) 만능 분할대 : 직선 및 구배 절삭, 비틀림 절삭

(다) 광학적 분할대 : 광학적인 원리에 의해 직접 분할

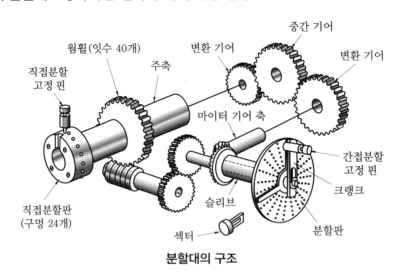

분할대의 구조

② **밀워키형 만능 분할대**

(가) 미국 카이비 엔드 트레커사 제품으로서 구조는 신시내티형과 거의 같다.

(나) 크랭크 핸들과 주축이 하이포이드 기어에 의하여 구성되어 있다. 기어의 잇수는 100 매이며, 20장의 피니언에 의해 전달된다.

(다) 주축 테이퍼는 내셔널 테이퍼 No.50을 갖고 있다.

(라) 분할판은 2장 표준의 것은 2~100까지 분할, 차동 분할은 500까지 분할이 가능하다.

③ **브라운 샤프형 만능 분할대**

(가) 분할판 3장을 사용한다.

(나) 주축 끝을 수평 이하 5°에서 수직을 넘어 100°까지 임의의 각도로 선회한다.

(다) 주축의 직접 분할에 쓰이는 24등분된 핀 구멍이 있다.

(라) 분할판 표준형

- 제1매 : 15, 16, 17, 18, 19, 20
- 제2매 : 21, 23, 27, 29, 31, 33
- 제3매 : 37, 39, 41, 43, 47, 49

(마) 단순 분할, 차동 분할 730까지 분할 가능

(2) 분할대의 구조

신시내티형 분할대의 구조는 브라운 샤프형과 같이 주축에 40개의 이를 가진 웜 기어가 고정되어 있고, 웜 축에는 1줄의 웜이 있어 웜 축을 1회전시키면 주축은 $\frac{1}{40}$회 회전한다.

즉 웜을 40회전시키면 분할대 주축은 1회전한다. 따라서 공작물이 $\frac{1}{N}$ 회전하게 되면 핸들은 $\frac{40}{N}$ 회전시켜야 하므로 분할 크랭크 핸들의 회전수 n은 다음과 같다.

$$n = \frac{40}{N}$$

여기서, N은 분할수이다.

① **분할판** : 분할하기 위하여 판에 일정한 간격으로 구멍을 뚫어 놓은 판을 말한다.
② **섹터** : 분할 간격을 표시하는 기구이다.
③ **선회대** : 주축을 수평에서 위로 110°, 아래로 10°로 경사시킬 수 있다.

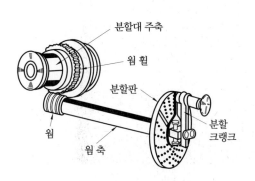

신시내티형 분할대의 구조

만능 분할대

(3) 만능 분할대를 이용한 분할 작업방법

분할대는 분할 작업 및 속도 변위가 요구될 때, 즉 기어나 드릴 홈을 깎을 때 이용되며 분할법은 다음과 같다(브라운 샤프형 분할대를 기준).

① **직접 분할법(direct dividing method)** : 직접 분할법은 주축 앞 부분에 있는 24개의 구멍을 이용하여 분할하는 방법으로 24의 약수인 2, 3, 4, 6, 8, 12, 24로 등분할 수 있다 (7종 분할이 가능).

> **예제1** 원주를 8등분하시오.

> **해설** 24÷8=3, 즉 3구멍씩 회전시켜 가며 절삭하면 원주는 8등분된다.

② **간접 분할법(indirect dividing method)**
　㉮ **단식 분할법(simple dividing)** : 단식 분할법은 분할판과 크랭크를 사용하여 분할하는 방법으로 다음과 같이 할 수 있다. 그림 [신시내티형 분할대의 구조]와 같은 구조의 분할 장치를 이용하면 된다. 그림에서 보는 것과 같이 인덱스 크랭크를 1회전시키면 인

덱스 스핀들에 붙어 있는 잇수 40의 웜 휠이 $\frac{1}{40}$ 회전한다. 다시 말해 인덱스 크랭크 40회전에 웜 휠(인덱스 스핀들도 같음.)이 1회전한다. 따라서 필요한 분할수 계산은 다음과 같다. 또한 분할판의 종류와 구멍 수는 다음 [표]와 같다.

$$n = \frac{R}{N} = \frac{40}{N} \text{(브라운 샤프형과 신시내티형)}$$

$$n = \frac{R}{N} = \frac{5}{N} \text{(밀워키형)}$$

여기서, n은 핸들의 회전수, N은 분할수이다. R은 웜 기어의 회전비이다.

분할판의 종류와 구멍 수

종류	분할판	구멍 수
브라운 사프형	No. 1	15, 16, 17, 18, 19, 20
	No. 2	21, 23, 27, 29, 31, 33
	No. 3	37, 39, 41, 43, 47, 49
신시내티형	앞면	24, 25, 28, 30, 34, 37, 38, 39, 40, 42, 43
	뒷면	46, 47, 49, 51, 53, 54, 57, 58, 59, 62, 66
밀워키형	앞면	100, 96, 92, 84, 72, 66, 60
	뒷면	98, 88, 78, 76, 68, 58, 54

㈏ 차동 분할법(differential dividing) : 차동 분할법은 단식 분할이 불가능한 경우에 차동 장치를 이용하여 분할하는 방법이다. 이때 사용하는 변환 기어의 잇수로는 24(2개), 28, 32, 40, 48, 56, 64, 72, 86, 100이 있다.

㉮ 분할수 N에 가까운 수로 단식 분할할 수 있는 N'를 가정한다.

㉯ 가정수 N'로 등분하는 것으로 하고 분할 크랭크 핸들의 회전수 n을 구한다.

$$n = \frac{40}{N'}$$

㉰ 변환 기어의 차동비 i를 구한다.

$$i = 40 \times \frac{N'-N}{N'} = \frac{S}{W} \quad\cdots\cdots\cdots\cdots \text{2단}$$

$$i = 40 \times \frac{N'-N}{N'} = \frac{S \times B}{W \times A} \quad\cdots\cdots\cdots \text{4단}$$

㉱ 여기서, 차동비가 +값일 때에는 중간 기어 1개, −값일 때에는 중간 기어 2개를 사용한다.

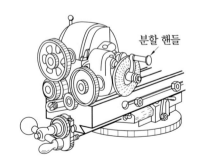

분할 핸들

차동 분할 장치

예제2	원주를 239등분하시오.

해설 ① $N'=240$으로 하면 분할판의 구명 수와 크랭크 회전수 n은

$$n=\frac{40}{N'}=\frac{40}{240}=\frac{1}{6}=\frac{3}{18}$$

② 변환 기어 계산

$$\frac{S}{W}=\frac{40(N'-N)}{N'}=\frac{40(240-239)}{240}=\frac{40}{240}=\frac{4}{24}=\frac{1\times4}{3\times8}=\frac{1\times24}{3\times24}\times\frac{4\times6}{8\times6}=\frac{24\times24}{72\times48}$$

즉, $W=72$, $A=48$, $S=24$, $B=24$로 한다.

중간 기어는 $N'-N>0$이므로 같은 방향으로 돌도록 1개를 사용한다.

예제3	브라운 샤프형 분할대를 사용하여 잇수가 92개인 스퍼 기어를 절삭하려 할 때, 분할 크랭크의 회전수를 구하시오.

해설 $n=\dfrac{40}{N}=\dfrac{40}{92}=\dfrac{10}{23}$

즉, 분할핀 No.2, 23 구명짜리를 사용하여 10구명씩 회전시켜 절삭한다.

(다) 섹터의 사용 : 분할 구명의 위치를 기억하고 움직이는 구명 수를 세는 것은 번거롭다. 이때 섹터를 사용하면 쉽게 해결할 수 있다.

(라) 각도 분할법 : 분할에 의해서 공작물의 원둘레를 어느 각도로 분할할 때에는 단식 분할법과 마찬가지로 분할판과 크랭크 핸들에 의해서 분할한다.

다음은 신시내티형 분할대에 대한 설명이다.

분할대의 주축이 1회전하면 360°가 되며, 크랭크 핸들의 회전과 분할대 주축과의 비는 40:1이므로 주축의 회전 각도는 다음과 같다.

$$\frac{360°}{40}=9°$$

여기서, n : 구하고자 하는 분할 크랭크의 회전수, D : 분할 각도라 하면, $n=\dfrac{D°}{9°}$가 된다.

이상의 공식은 (°)로 나타낸 것이며, 분(′)과 초(″) 단위로 환산하면 다음과 같다.

$$n=\frac{D}{9\times60}=\frac{D'}{540'},\ n=\frac{D}{9\times60\times60}=\frac{D''}{32400''}$$

가령, 54서클의 분할판 1피치의 각도(分)를 보기로 하면, 분할대 주축의 회전 각도는 다음과 같다.

$$D'=\frac{540}{54}=10'$$

핵심문제

1. 분할대를 이용하여 원주를 7등분하고자 한다. 브라운 샤프형의 21구멍 분할판을 사용하여 단식 분할하면?

① 5회전하고 3구멍씩 전진시킨다.

② 3회전하고 7구멍씩 전진한다.

③ 3회전하고 5구멍씩 전진시킨다.

④ 5회전하고 15구멍씩 전진한다.   **정답** ④

해설 $n = \dfrac{40}{N} = \dfrac{40}{7} = 5\dfrac{5}{7}$ 이므로 브라운 샤프형 No.2 분할에서 7의 3배인 21이 있으므로 $\dfrac{5}{7} = \dfrac{15}{21}$ 가 된다. 즉, 21구멍의 분할판을 써서 크랭크를 5회전하고 15구멍씩 돌리면 7등분이 된다.

2. 원판 주위에 5°의 눈금을 넣으려 할 때 사용하는 분할판은 어느 것인가? (단, 브라운 샤프형 이다.)

① 15구멍   ② 21구멍

③ 27구멍   ④ 41구멍   **정답** ③

해설 각도의 분할에는 단식 분할법을 응용하는 경우와 각도 분할 장치를 사용하는 2가지 방법이 있다. 단식 분할법은 분할 핸들을 40회전하면 주축은 1회전하므로, 분할 핸들을 1회전하면 주축 공작물은 $\dfrac{360°}{40} = 9°$ 회전한다.

$$\therefore n = \dfrac{A°}{9} \ (A°: \text{분할하고자 하는 각도})$$

$$n = \dfrac{5°}{9} = \dfrac{15}{27}$$

즉, 브라운 샤프형 No.2의 27구멍판을 사용하여 15구멍씩 돌린다.

3. 브라운 샤프형 분할대의 인덱스 크랭크를 1회전시키면 주축은 몇 회전하는가?

① 40회전   ② $\dfrac{1}{40}$ 회전

③ 24회전   ④ $\dfrac{1}{24}$ 회전   **정답** ②

해설 인덱스 크랭크 1회전에 웜이 1회전하고, 웜 기어가 $\dfrac{1}{40}$ 회전(웜 기어 잇수가 40개이므로)하며 스핀들의 회전 각도는 9°이다.

제4장

연삭 가공법

1. 각종 연삭기

1-1 연삭 가공

(1) 개 요

연삭 작업은 여러 가지 모양의 연삭 숫돌을 고속으로 회전시켜 이것을 공구로 사용하여 가공물(공작물)에 상대 운동을 시켜 정밀하게 가공하는 작업을 말하며, 이에 사용되는 기계를 연삭기(그라인딩 머신 : grinding machine)라 한다.

(2) 연삭 가공의 이점

① 입자는 단단한 광물질이기 때문에 초경합금이나 담금질강, 주철, 구리 등의 금속류와 고무, 유리, 플라스틱, 석재에 이르기까지 연삭할 수가 있다.

② 선반이나 밀링 머신에 의해서 가공된 공작물보다 훨씬 정밀도가 높으며 우수한 다듬질 면을 능률적이고 경제적으로 만들 수가 있다. 특히 공구나 게이지류, 기타 담금질로 경화된 부품의 다듬질에는 연삭 가공이 가장 효과적이다.

1-2 각종 연삭기의 특징 및 용도

(1) 원통 연삭기(cylindrical grinder)

원통 연삭기는 연삭 숫돌과 가공물을 접촉시켜 연삭 숫돌의 회전 연삭 운동과 공작물의 회전 이송 운동에 의하여 원통형 공작물의 외주 표면을 연삭 다듬질하는 기계이다.

① **연삭 이송 방법**

㉮ 테이블 이동형 : 노튼 방식이라고도 하며, 소형 공작물의 연삭에 적당하고 숫돌은 회전 운동, 공작물은 회전, 좌우 직선 운동을 한다.

㈜ 숫돌대 왕복형 : 랜디스 방식이라고도 하며 대형 공작물의 연삭에 사용한다. 공작물은 회전 운동, 숫돌대는 수평 이송 운동을 한다.

㈐ 플런지 커트형 : 짧은 공작물의 전길이를 동시에 연삭하기 위하여 숫돌에 회전 운동만을 주며, 좌우 이송 없이 숫돌차를 절삭 깊이 방향으로 이송하는(윤곽 가공) 방식이다.

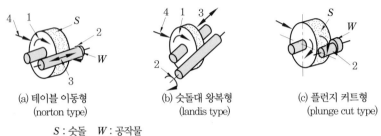

(a) 테이블 이동형
(norton type)

(b) 숫돌대 왕복형
(landis type)

(c) 플런지 커트형
(plunge cut type)

S : 숫돌   W : 공작물
1 : 절삭 운동   2 : 주 이송 운동   3 : 부 이송 운동   4 : 절삭 깊이 운동

원통 연삭기의 이송 방식

(2) 센터리스 연삭기(centerless grinding m/c)

① 원통 연삭기의 일종이며, 센터 없이 연삭 숫돌과 조정 숫돌 사이를 지지판으로 지지하면서 연삭하는 것으로, 조정 숫돌에 의해 공작물에 회전과 이송을 주어 연삭하며 통과·전후·접선 이용법이 있다.

② 용도에 따라 외면용, 내면용, 나사 연삭용, 단면 연삭용이 있다.

③ **이점**

㈎ 연속 작업이 가능하다.

㈜ 공작물의 해체·고정이 필요 없다.

㈐ 대량 생산에 적합하다.

㈑ 기계의 조정이 끝나면 초보자도 작업을 할 수 있다.

㈒ 고정에 따른 변형이 적고 연삭 여유가 작아도 된다.

㈓ 가늘고 긴 핀, 원통, 중공 등을 연삭하기 쉽다.

㈔ 센터나 척에 고정하기 힘든 것을 쉽게 연삭할 수 있다.

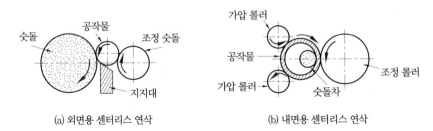

(a) 외면용 센터리스 연삭

(b) 내면용 센터리스 연삭

센터리스 연삭

(3) 내면 연삭기

① **용도** : 원통이나 테이퍼의 내면을 연삭하는 기계로서 구멍의 막힌 내면을 연삭하며, 단면 연삭도 가능하다.

② **연삭 방법**

(가) 보통형 연삭 : 공작물에 회전 운동을 주어 연삭한다.

(나) 플래니터리(planetary)형 : 공작물은 정지하고, 숫돌은 회전 연삭 운동과 동시에 공전 운동을 한다.

(a) 보통형   (b) 플래니터리형(유성형)

내면 연삭 방법

(4) 만능 연삭기(universal grinding m/c)

① **외관** : 원통 연삭기와 유사하나 공작물 주춧대와 숫돌대가 회전하고 테이블 자체의 선회 각도가 크며 또 내면 연삭 장치를 구비한 것이다.

② **용도** : 원통 연삭, 테이퍼, 플런지 커트 등의 원통과 측면의 동시 연삭이 가능하고 척 작업, 평면·내면 연삭이 가능하다.

③ **연삭 방법**

(가) 테이블 회전 연삭

(나) 숫돌대(주축대) 회전 연삭

(다) 내면 연삭 장치에 의한 내면 연삭

(라) 모방 숫돌 튜링 장치에 의한 모방 연삭

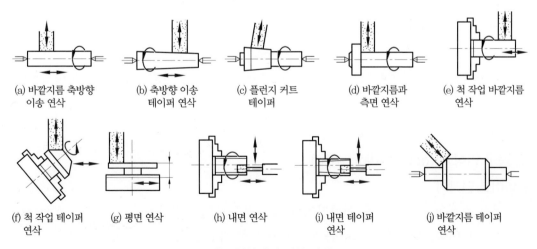

(a) 바깥지름 축방향 이송 연삭   (b) 축방향 이송 테이퍼 연삭   (c) 플런지 커트 테이퍼   (d) 바깥지름과 측면 연삭   (e) 척 작업 바깥지름 연삭

(f) 척 작업 테이퍼 연삭   (g) 평면 연삭   (h) 내면 연삭   (i) 내면 테이퍼 연삭   (j) 바깥지름 테이퍼 연삭

만능 연삭기의 연삭 가공

(5) 평면 연삭기(surface grinding m/c)

테이블에 T홈을 두고 마그네틱척, 고정구, 바이스 등을 설치하고 이곳에 일감을 고정시켜 평면 연삭을 하며, 테이블 왕복형과 테이블 회전형이 있다.

① **용도** : 평면 연삭, 각도 연삭, 성형 연삭

② **연삭 방식**

⑺ 숫돌의 원주면으로 연삭하는 형식

㉮ 수평축 긴 테이블형 : 주축은 수평이고 4각 테이블이 왕복하면서 숫돌축이 테이블 윗면에 평행하는 형식이다. [그림 (a)]

㉯ 수평축 원형 테이블형 : 주축은 수평, 테이블은 원형으로 회전하며 숫돌축이 테이블 윗면에 평행하는 형식이다. [그림 (b)]

⑻ 숫돌의 측면으로 연삭하는 형식

㉮ 수직축 긴 테이블형 : 주축은 수직, 테이블은 4각형이고 왕복 운동을 하며 숫돌축이 테이블 윗면에 수직한다.

㉯ 수직축 원형 테이블형 : 주축은 수직, 테이블은 원형이고 회전하며 숫돌축이 테이블 윗면에 수직한다. [그림 (c)]

㉰ 수평축 긴 테이블형 : 주축은 수평, 테이블은 4각형이고 왕복 운동을 하며 숫돌축이 테이블 윗면에 평행한다. [그림 (d)]

㉱ 수평축 원형 테이블형 : 주축은 수평, 테이블은 원형이고 회전하며 숫돌축이 테이블 윗면에 평행한다. [그림 (e)]

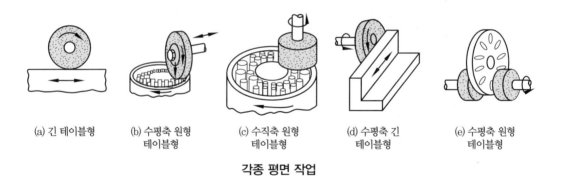

(a) 긴 테이블형 (b) 수평축 원형 테이블형 (c) 수직축 원형 테이블형 (d) 수평축 긴 테이블형 (e) 수평축 원형 테이블형

각종 평면 작업

(6) 공구 연삭기(tool grinding m/c)

① **바이트 연삭기**

⑺ 공작 기계의 바이트 전용 연삭기이며 기타 용도로도 쓰인다.

⑻ 바이트 이송, 절삭 깊이 조절은 작업자 손으로 가감한다.

② **드릴 연삭기** : 보통 드릴의 날끝 각, 선단 여유각 등 드릴 전문 연삭기이다.

③ **만능 공구 연삭기** : 여러 가지 부속 장치를 써서 드릴, 리머, 탭, 밀링 커터, 호브 등의 연삭을 하며 숫돌대, 공작물 설치대의 회전 및 상하 운동이 되는 연삭기이다.

④ **기타 특수 공구 연삭기** : 나사 연삭기, 기어 연삭기, 크랭크축 연삭기, 캠 연삭기, 롤러 연삭기 등이 있다.

평형 숫돌바퀴로 밀링 커터, 리머 등의 날을 연삭할 때에는 다음 [그림 (a)]와 같이 상향 연삭(up grinding) 방식과 [그림 (b)]의 하향 연삭(down grinding) 방식이 있다.

절삭날 받침을 커터의 중심과 일치시키고 숫돌대로 편심량을 조정한다. 편심거리는 다음과 같이 계산한다.

$$C = \frac{D}{2}\sin\gamma = 0.0088 D\gamma$$

여기서, C : 편심거리(mm), D : 여유각(도), γ : 숫돌바퀴의 지름(mm)

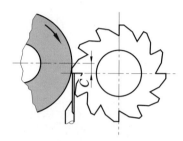
(a) 상향 연삭 방식

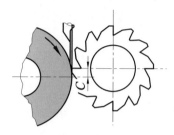
(b) 하향 연삭 방식

밀링 커터의 연삭법

핵심문제

1. 플래니터리형(유성형) 연삭기는 다음 중 어느 것에 해당되는가?

① 공작물 회전형　　② 공작물 고정형　　③ 테이블 왕복형　　④ 숫돌대 왕복형　　**정답** ②

2. 센터리스 연삭기에서 조정 연삭 숫돌(regulating wheel)의 기능을 가장 바르게 나타낸 것은?

① 일감의 회전과 이송　　　　　② 일감의 회전과 지지

③ 일감의 지지와 이송　　　　　④ 일감의 절삭량 조정　　**정답** ①

3. 원통 연삭기 중에서 공작물이 이동하도록 되어 있는 것은?

① 테이블 이동형　　　　　　　② 숫돌대 이동형

③ 숫돌대 전후 이송법　　　　　④ 총형 연삭기　　**정답** ①

해설 원통 연삭 방식은 트래버스 커트와 플런지 커트가 있는데, 트래버스 커트에는 공작물이 이동하는 테이블 이동형과 숫돌차가 이동하는 숫돌대 이동형이 있다.

4. 만능 공구 연삭기에서 지름 50mm의 밀링 커터를 연삭할 때 5°의 여유각을 갖기 위한 편심 거리는 약 몇 mm인가? (단, sin5°=0.0871로 계산한다.)

① 2.2mm　　　② 4.4mm　　　③ 8.7mm　　　④ 17.4mm　　**정답** ①

해설 $C = 0.0088 \times 50 \times 5 = 2.2$

2. 연삭 숫돌

2-1 연삭 숫돌의 구성

(1) 연삭 숫돌의 3요소

연삭 숫돌의 3요소는 숫돌 입자, 결합재, 기공을 말하며, 입자는 숫돌 재질을, 결합재는 입자를 결합시키는 접착제를, 기공은 숫돌과 숫돌 사이의 구멍을 말한다.

(2) 연삭 숫돌의 5대 성능 요소

숫돌바퀴는 숫돌 입자의 종류, 입도, 결합도, 조직, 결합재의 종류에 의하여 연삭 성능이 달라진다.

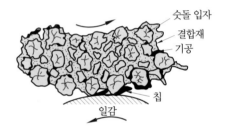

숫돌바퀴의 요소

① **숫돌 입자** : 인조산과 천연산이 있는데, 순도가 높은 인조산이 구하기 쉽기 때문에 널리 쓰이며 알루미나와 탄화규소가 많다.

㈎ 알루미나(Al_2O_3) : WA 입자와 A 입자가 있으며, 순도가 높은 WA는 담금질강으로, 갈색의 A는 일반 강재의 연삭에 쓰인다.

㈏ 탄화규소(SiC) : C 입자와 GC 입자가 있으며 암자색의 C 입자는 주철, 자석, 비철금속에 쓰이며, 녹색인 GC 입자는 초경합금의 연삭에 쓰인다.

숫돌 입자의 종류와 용도

연삭 숫돌		숫돌 기호	용도	비고
인조 연삭 숫돌	산화알루미늄 (Al_2O_3)	A 숫돌	중연삭용, 일반 강재, 가단 주철, 청동, 사포	갈색
		WA 숫돌	경연삭용, 담금질강, 특수강, 고속도강	백색
	탄화규소질(SiC)	C 숫돌	주철, 동합금, 경합금, 비철금속, 비금속	흑색
		CG 숫돌	경연삭용, 특수 주철, 칠드 주철, 초경합금, 유리	녹색
	탄화붕소질(BC)	B 숫돌	메탈 본드 숫돌, 일레스틱 본드 숫돌, D 숫돌의 대용, 래핑재	
	다이아몬드(MD)	D 숫돌	D 숫돌용	
천연 연삭 숫돌	다이아몬드(MD)	D 숫돌	메탈, 일레스틱 비트리파이드 숫돌, 석재, 유리, 보석 절단, 연삭, 각종 래핑제, 연질 금속, 절삭용 바이트, 초경합금 연삭	
	에머리, 가닛 프린트, 카보런덤		숫돌에는 사용하지 않고 연마재나 사포에 쓰임.	

② **입도(grain size)** : 입자의 크기를 번호(#)로 나타낸 것으로 입도의 범위는 #10~3000번이며, 번호가 커지면 입도는 고와진다. #10~220까지는 체로 분별하며, 그 이상의 것은 평균 지름의 μ으로 나타낸다. 다음 [표]는 입도의 표시이다.

숫돌의 입도

호칭	거친눈	보통눈	가는눈	아주 가는눈	극히 가는눈
입도	10, 12, 14, 16, 20, 24	30, 36, 46, 54, 60	70, 80, 90, 100 120, 150, 180, 200	240, 280, 320, 400 500, 600, 700, 800	1000, 1200, 1500 2000, 2500, 3000
용도	막다듬질	다듬질	경질다듬질	광내기	

③ **결합도(grade)** : 숫돌의 경도를 말하며 입자가 결합하고 있는 결합재 세기를 말한다.

결합도

결합도 번호	E, F, G	H, I, J, K	L, M, N, O	P, Q, R, S	T, U, V, W, X, Y, Z
호칭	극히 연함	연함	보통	단 단 함	극히 단단함

④ **조직(structure)** : 숫돌바퀴에 있는 기공의 대소 변화, 즉 단위 부피 중 숫돌 입자의 밀도 변화를 조직이라 한다.
　㈎ 거친 조직(W) : 숫돌 입자율 42% 미만
　㈏ 보통 조직(M) : 숫돌 입자율 42~50%
　㈐ 치밀 조직(C) : 숫돌 입자율 50% 이상

조직

입자의 밀도	조밀	보통	거침
KS 기호	C	M	W
노튼(norton) 기호	0, 1, 2, 3	4, 5, 6	7, 8, 9, 10, 11, 12
숫돌 입률(%)	62, 60, 58, 56 (56% 이상)	54, 52, 50 (50~54%)	48, 46, 44, 42, 40, 38(48% 미만)

주 숫돌 입률이란 숫돌 전용적에 대한 숫돌 입·용적의 백분율이다.

⑤ **결합재(bond)** : 숫돌을 성형하는 재료로서 연삭 입자를 결합시킨다.
⑥ **구비 조건**
　㈎ 결합력의 조절 범위가 넓을 것

(나) 열이나 연삭액에 안정할 것
(다) 적당한 기공과 균일한 조직일 것
(라) 원심력, 충격에 대한 기계적 강도가 있을 것
(마) 성형이 좋을 것

결합재의 종류와 용도

결합재의 종류		기호	재질	제조	용도
비트리파이드		V	장석점토	형에 넣어 성형하여 1300℃로 굽는다.	숫돌 전량의 80% 이상을 차지하며 거의 모든 재료의 연삭
실리케이트		S	규산소다 (물초자)	프레스 성형하여 적열로 소성한다.	주수 연삭, 물초자의 용출로 윤활성이 있으며 대형 숫돌을 만들고 절삭 공구나 연삭균열이 잘 일어나는 재료의 연삭
탄성 숫돌	고무	R	생고무 인조고무	고무 만드는 것과 같다.	얇은 숫돌, 절단용 쿠션의 작용이 있으며 유리면 다듬질
	레지 노이드	B	합성수지	합성수지의 제작과 동일하다.	강도가 커지고 안전 숫돌, 주물 덧쇠떼기, 빌릿의 흠 없애기, 석재 연삭
	셸락	E	천연 셸락	가열 압착한다.	고무 숫돌보다 탄성이 있으며, 유리면 다듬질에는 최고이다.
	폴리비닐 알코올	PVA	폴리비닐 알코올	PVA를 아세틸화하여 성형한다.	독특한 탄성 작용으로 연금속이나 목재 다듬질
메탈		M	연강, 은, 동, 황동, 니켈	금속분과 함께 소결 또는 연금속으로 압입한다.	초경합금, 세라믹 보석, 유리 등의 연삭

핵심문제

1. 초경합금의 연삭에 쓰이며 색깔이 녹색인 숫돌은?

① A 숫돌   ② B 숫돌   ③ GC 숫돌   ④ WA 숫돌   **정답** ③

해설 숫돌 재료를 크게 나누면, A, WA로 불리는 산화 알루미늄질 숫돌 재료와 C, GC로 불리는 탄화규소질 숫돌 재료가 있다.

2. 다음에서 숫돌의 자생 작용에 가장 크게 영향을 주는 것은?

① 입도   ② 입자의 종류   ③ 결합도   ④ 결합제의 종류   **정답** ③

3. 결합제의 표시 기호가 잘못된 것은?

① 비트리파이드 : V   ② 셀락 : E   ③ 실리케이트 : S   ④ 러버 : B   정답 ④

해설 러버(Rubber)는 R이고, B는 레지노이드를 표시한다.

4. 연삭 숫돌의 단위 체적당 연삭 입자의 수, 즉 입자의 조밀 정도를 무엇이라 하는가?

① 입도   ② 결합도   ③ 조직   ④ 입자   정답 ③

2-2 숫돌바퀴의 모양과 표시

(1) 바퀴의 모양

연삭 목적에 따라 여러 가지 모양으로 만들어져 왔으나 근래에 규격을 통일하였다.

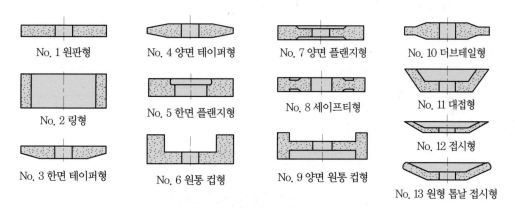

No. 1 원판형 No. 4 양면 테이퍼형 No. 7 양면 플랜지형 No. 10 더브테일형
No. 2 링형 No. 5 한면 플랜지형 No. 8 세이프티형 No. 11 대접형
No. 3 한면 테이퍼형 No. 6 원통 컵형 No. 9 양면 원통 컵형 No. 12 접시형
No. 13 원형 톱날 접시형

숫돌의 표준 모양

(2) 표시

숫돌바퀴를 표시할 때에는 구성 요소를 부호에 따라 일정한 순서로 나열한다.

숫돌의 표시법

WA	70	K	m	V	I호	A	205	×	19	×	15.88
숫돌입자	입도	결합도	조직	결합제	숫돌형상	연삭면형상	바깥지름		두께		구멍지름

핵심문제

1. WA 54L 6V의 연삭 숫돌 표시 기호에서 6은 무엇을 뜻하는가?

① 결합도가 높은 것을 표시한다.   ② 결합제가 메탈이다.

③ 숫돌 입자의 재질이 메탈이다.   ④ 조직이 중간 정도이다.   **정답** ④

> **해설** WA : 입자(종류), 54 : 입도(보통), L : 결합도(보통), 6 : 조직(보통), V : 결합제(비트리파이드)

2. 다음과 같은 숫돌 바퀴의 표시에서 숫돌 입자의 종류를 표시한 것은?

WA60KmV

① 60   ② m   ③ WA   ④ V   **정답** ③

> **해설** 연삭 숫돌의 표시법
>
> | 입자 | 입도 | 결합도 | 조직 | 결합제 |
> |---|---|---|---|---|
> | WA | 60 | K | m | V |

3. 연삭 숫돌의 기호 WA60KmV에서 '60'은 무엇을 나타내는가?

① 숫돌 입자   ② 입도   ③ 조직   ④ 결합도   **정답** ②

> **해설** 입도(grain size)란 연삭 입자의 크기를 말한다. 일반적으로 1인치당 체 눈의 개수로 표시하므로 숫자로 나타낸다.

3. 연삭 작업

3-1   연삭 가공의 일반 사항

(1) 연삭 숫돌의 드레싱

① **자생 작용** : 연삭 시 숫돌의 마모된 입자가 탈락되고 새로운 입자가 나타나는 현상을 말한다.

② **로딩(loading)** : 숫돌 입자의 표면이나 기공에 칩이 끼어 연삭성이 나빠지는 현상으로 눈메움이라고도 하며, 다음과 같은 경우에 발생한다.

   (가) 입도의 번호와 연삭 깊이가 너무 클 경우

   (나) 조직이 치밀할 경우

   (다) 숫돌의 원주 속도가 너무 느린 경우

③ **글레이징(glazing)** : 자생 작용이 잘 되지 않아 입자가 납작해지는 현상을 말하며, 이로 인하여 연삭열과 균열이 생긴다. 이 현상은 다음과 같은 경우에 발생한다(날의 무딤).

㈎ 숫돌의 결합도가 클 경우

㈏ 원주 속도가 클 경우

㈐ 공작물과 숫돌의 재질이 맞지 않을 경우

④ **드레싱(dressing)** : 글레이징이나 로딩 현상이 생길 때 강판 드레서 또는 다이아몬드 드레서(dresser)로 숫돌 표면을 정형하거나 칩을 제거하는 작업을 드레싱이라고 하며, 절삭성이 나빠진 숫돌의 면에 새롭고 날카롭게 입자를 발생시키는 것이다. 드레서는 강판(별꼴 드레서)이나 다이아몬드(입자봉 드레서)로 만든다.

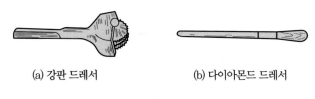

(a) 강판 드레서　　　　　　(b) 다이아몬드 드레서

드레서

(2) 트루잉(truing)

모양 고치기라고도 하며, 연삭조건이 좋더라도 숫돌바퀴의 질이 균일하지 못하거나 공작물이 영향을 받아 모양이 좋지 못할 때 일정한 모양으로 고치는 방법이다.

트루잉에 쓰는 공구는 다이아몬드 드레서를 많이 사용하고, 총형 연삭 시에는 숫돌을 일감의 반대 모양으로 성형하는 크러시 롤러(crush roller)를 사용하며, 흔히 드레싱과 병행하여 실시한다.

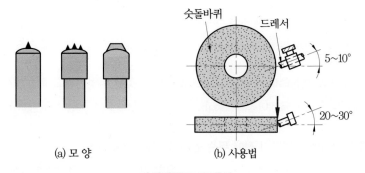

(a) 모양　　　　　　(b) 사용법

다이아몬드 드레서

(3) 연삭 숫돌 고정법

연삭 숫돌을 회전축에 고정할 때, 고정법이 불량하면 파손되거나 진동이 생겨 공작물에 충격을 주는 등의 사고가 일어나는 원인이 되므로 준수사항에 따라 고정하도록 한다.

① 설치 전에 홈·균열의 조사 : 육안 및 나무 해머로 두드려 그 음향으로 검사를 실시한다.

② 스핀들(축)의 턱에 내측 플랜지를 끼우고 종이 와셔(압지)나 고무판 와셔를 끼운 후 휠을 끼우고 외측에 와셔·플랜지·너트 순으로 조인다.

③ 너트는 숫돌차에 변형이 생기지 않을 정도로 조인다.

④ 숫돌바퀴의 구멍은 축 지름보다 0.1mm 정도 큰 것이 좋다.

⑤ 설치 후 3분 정도 공회전시켜 본다.

⑥ 받침대와 휠 간격은 3mm 이내로 해야 한다.

⑦ 받침대는 휠의 중심에 맞추어 단단히 고정한다.

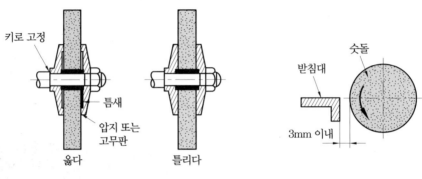

평면 연삭의 숫돌 설치   받침대의 간격

핵심문제

1. 연삭 숫돌의 입자 틈에 칩이 막혀 광택이 나며 잘 깎이지 않는 현상을 무엇이라고 하는가?

① 로딩   ② 드레싱   ③ 트루잉   ④ 글레이징   **정답** ①

2. 연삭 숫돌이 자동적으로 닳아 떨어져 새로운 입자가 생성되는 현상은?

① 드레싱(dressing)   ② 트루잉(truing)   ③ 글레이징(glazing)   ④ 자생 작용   **정답** ④

3. 연삭 숫돌의 외형을 수정하여 소정의 모양으로 만드는 것을 무엇이라고 하는가?

① 로딩(loading)   ② 글레이징(glazing)   ③ 드레싱(dressing)   ④ 트루잉(truing)   **정답** ④

4. 숫돌바퀴를 연삭기에 고정하기 전에 무슨 검사를 해야 하는가?

① 파괴 검사   ② X선 검사   ③ 음향 검사   ④ 초음파 검사   **정답** ③

5. 숫돌 바퀴 표면에서 눈 메움이나 무딤이 발생하면 절삭 상태가 불량해진다. 이때 숫돌 바퀴 표면에서 이러한 숫돌 입자를 제거하여 절삭능력을 좋게 하는 작업을 무엇이라 하는가?

① 드레싱   ② 글레이징   ③ 로딩   ④ 채터링   **정답** ①

제5장

기타 범용 기계 가공

1. 드릴링 · 보링 · 브로치

1-1 드릴링 머신

(1) 드릴링 머신의 종류

① **탁상 드릴링 머신(bench drilling machine)** : 소형 드릴링 머신으로서 주로 지름이 작은 구멍의 작업 시에 쓰이며, 공작물을 작업대 위에 설치하여 사용한다.

② **레이디얼 드릴링 머신(radial drilling machine)** : 비교적 큰 공작물의 구멍을 뚫을 때 쓰이며, 공작물을 테이블에 고정시켜 놓고 필요한 곳으로 주축을 이동시켜 구멍의 중심을 맞추어 사용한다.

③ **다축 드릴링 머신(multiple spindle drilling machine)** : 많은 구멍을 동시에 뚫을 때 쓰이며, 공정의 수가 많은 구멍의 가공에는 많은 드릴 주축을 가진 다축 드릴링 머신을 사용한다.

④ **직립 드릴링 머신(up-right drilling machine)** : 주축이 수직으로 되어 있고 기둥, 주축, 베이스, 테이블로 구성되어 있으며, 소형 공작물의 구멍을 뚫을 때 쓰인다. 크기는 스핀들(spindle)의 지름과 스윙으로 표시하며, 탁상 드릴 머신보다 크다.

⑤ **심공 드릴링 머신(deep hole drilling machine)** : 내연 기관의 오일 구멍보다 더 깊은 구멍을 가공할 때에 사용한다.

⑥ **다두 드릴링 머신(multi-head drilling machine)** : 나란히 있는 여러 개의 스핀들에 여러 가지 공구를 꽂아 드릴링, 리밍, 태핑 등을 연속적으로 가공한다.

(2) 드릴링 머신의 크기 표시

① 스윙, 즉 스핀들 중심부터 기둥까지 거리의 2배 정도가 된다.

② 뚫을 수 있는 구멍의 최대 지름으로 나타낸다.

③ 스핀들 끝부터 테이블 윗면까지의 최대 거리로 표시한다.

(3) 드릴링 머신으로 할 수 있는 작업

① **드릴링(drilling)** : 드릴링 머신의 주된 작업으로서 드릴을 사용하여 구멍을 뚫는 작업이다.

② **리밍(reaming)** : 드릴을 사용하여 뚫은 구멍의 내면을 리머로 다듬는 작업이다.

③ **태핑(tapping)** : 드릴을 사용하여 뚫은 구멍의 내면에 탭을 사용하여 암나사를 가공하는 작업이다.

④ **보링(boring)** : 드릴을 사용하여 뚫은 구멍이나 이미 만들어져 있는 구멍을 넓히는 작업이다.

⑤ **스폿 페이싱(spot facing)** : 너트 또는 볼트 머리와 접촉하는 면을 고르게 하기 위하여 깎는 작업이다.

⑥ **카운터 보링(counter boring)** : 볼트의 머리가 일감 속에 묻히도록 깊게 스폿 페이싱을 하는 작업이다.

⑦ **카운터 싱킹(counter sinking)** : 접시머리 나사의 머리 부분을 묻히게 하기 위하여 자리를 파는 작업이다.

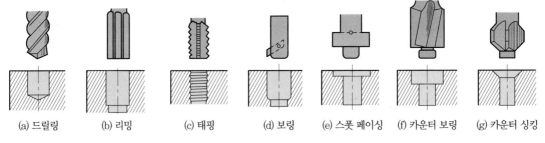

| (a) 드릴링 | (b) 리밍 | (c) 태핑 | (d) 보링 | (e) 스폿 페이싱 | (f) 카운터 보링 | (g) 카운터 싱킹 |

드릴링 머신으로 할 수 있는 작업

(4) 드릴의 각부 명칭

① **드릴 끝(drill point)** : 드릴의 끝 부분으로써 원뿔형으로 되어 있으며, 2개의 날이 있다.

② **날끝 각도(drill point angle)** : 드릴의 양쪽 날이 이루고 있는 각도를 날끝 각도 또는 선단 각도라고 하며, 보통 118° 정도이다. 단단한 재료일수록 크게 한다.

③ **날 여유각(lip clearance angle)** : 드릴이 재료를 용이하게 파고들어갈 수 있도록 드릴의 절삭날에 주어진 여유각을 절삭날각이라고 하며, 보통 10~15° 정도이다.

④ **비틀림각(angle of torsion)** : 드릴에는 두 줄의 나선형 홈이 있으며, 이것이 드릴축과 이루는 각도를 비틀림각이라고 한다. 일반적으로 비틀림각은 20~35° 정도이며, 단단한 재료에는 각도가 작은 것을, 연한 재료에는 큰 것을 사용한다.

⑤ **백 테이퍼(back taper)** : 드릴의 선단보다 자루 쪽으로 갈수록 약간씩 테이퍼가 되므로 구멍과 드릴이 접촉하지 않도록 한 테이퍼이다(끝에서 자루 쪽으로 0.025~ 0.5mm/ 100mm).

공작물의 재료와 드릴 날끝각과 여유각

공작물 재질	날끝각	절삭 여유각
일반재료	118°	12~15°
연강	90~120°	12°
경강	120~140°	10°
주철	90~118°	12~15°
구리	100°	12°
황동	118°	12~15°
고무파이버	60°	12°

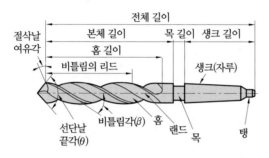 

드릴의 각부 명칭

⑥ **마진(margin)** : 예비 날의 역할 또는 날의 강도를 보강하는 역할을 한다.

⑦ **랜드(land)** : 마진의 뒷부분이다.

⑧ **웨브(web)** : 홈과 홈 사이의 두께를 말하며 자루 쪽으로 갈수록 두꺼워진다.

⑨ **탱(tang)** : 드릴 소켓이나 드릴 슬리브에 드릴을 고정할 때 사용하며, 테이퍼 샹크 드릴 맨 끝의 납작한 부분이다.

⑩ **시닝(thinning)** : 드릴이 커지면 웨브가 두꺼워져서 절삭성이 나빠지게 되면 치즐 포인트를 연삭할 때 절삭성이 좋아지는데, 이와 같은 것을 시닝이라 한다.

⑪ **드릴의 크기 표시** : 드릴 끝 부분의 지름을 mm 또는 inch로 표시하며 인치식의 작은 드릴의 경우 번호로 표시하기도 한다.

(5) 드릴의 부속품

① **드릴 척** : 직선 자루 드릴(ϕ 13 이하)을 고정하는 것으로서, 상부는 주축에 연결되고 드릴 고정은 드릴 핸들을 사용한다.

② **드릴 소켓** : 테이퍼 자루 드릴을 고정하는 것으로, 드릴 제거 시에는 소켓 중간부의 구멍에 쐐기를 박아 뺀다.

(6) 드릴의 절삭속도와 이송 및 가공시간

$$V = \frac{\pi D n}{1000}$$

여기서, V : 절삭속도(m/min), D : 드릴 지름(mm), n : 회전수(rpm)

$$T = \frac{t+h}{nf} = \frac{\pi D(t+h)}{1000 V f}$$

여기서, T : 가공시간(min), t : 구멍의 깊이(mm)

　　　　h : 드릴의 원추높이(mm), f : 드릴의 이송(mm/rev)

핵심문제

1. 비틀림 드릴 날끝의 표준 각도는?

① 118°　　　　② 100°　　　　③ 130°　　　　④ 170°　　　**정답** ①

2. 주축을 이동시키면서 대형의 공작물을 가공하기 편리한 드릴 머신은 어느 것인가?

① 탁상 드릴 머신　　　　　　② 직립 드릴 머신

③ 다축 드릴 머신　　　　　　④ 레이디얼 드릴 머신　　　**정답** ④

3. 드릴링 머신에 의한 가공 방법 중에서 육각 구멍 붙이 볼트, 둥근 머리 볼트의 머리를 공작물에 묻히게 하는 가공은?

① 카운터 싱킹　　② 리밍　　　　③ 카운터 보링　　④ 스폿 페이싱　　**정답** ③

4. 드릴 머신에서 스윙이란 무엇인가?

① 주축단에서 테이블 윗면까지의 길이　　② 주축단에서 베이스 윗면까지의 길이

③ 주축 중심에서 직주면까지의 길이의 두 배　④ 주축 중심에서 직주 중심까지의 길이　**정답** ③

5. 드릴의 지름 6mm, 회전수 400rpm일 때, 절삭 속도는?

① 6.0m/min　　　② 6.5m/min　　　③ 7.0m/min　　　④ 7.5m/min　　**정답** ④

해설 $V = \dfrac{\pi d n}{1000} = \dfrac{3.14 \times 6 \times 400}{1000} = 7.536 \text{m/min}$

6. 두께 30mm의 탄소강판에 절삭속도 20m/min, 드릴의 지름 10mm, 이송 0.2 mm/rev로 구멍을 뚫을 때 절삭 소요시간은 약 몇 분인가? (단, 드릴의 원추 높이는 5.8mm, 구멍은 관통하는 것으로 한다.)

① 0.11　　　　② 0.28　　　　③ 0.75　　　　④ 1.11　　　**정답** ②

해설 $T = \dfrac{\pi D L}{1000 v f} = \dfrac{3.14 \times 10 \times (30 + 5.8)}{1000 \times 20 \times 0.2} = 0.28$

1-2　보링 머신

(1) 보링 머신에 의한 가공

보링의 원리는 선반과 비슷하나 일반적으로 공작물을 고정하여 이송 운동을 하고 보링 공구를 회전시켜 절삭하는 방식이 주로 쓰인다.

이 기계는 보링을 주로 하지만 드릴링, 리밍, 정면 절삭, 원통 외면 절삭, 나사깎기(태핑), 밀링 등의 작업도 할 수 있다.

(2) 보링 머신의 종류

① **수평 보링 머신(horizontal boring machine)** : 주축대가 기둥 위를 상하로 이동하고, 주축이 동시에 수평 방향으로 움직인다. 공작물은 테이블 위에 고정하고 새들을 전후, 좌우로 이동시킬 수 있으며, 회전도 가능하므로 테이블 위에 고정한 공작물의 위치를 조정할 수 있다.

　보링 머신의 크기는 ㉮ 테이블의 크기 ㉯ 스핀들의 지름 ㉰ 스핀들의 이동 거리 ㉱ 스핀들 헤드의 상하 이동 거리 및 테이블의 이동 거리로 표시한다.

② **정밀 보링 머신(fine boring machine)** : 다이아몬드 또는 초경합금 공구를 사용하여 고속도와 미소 이송, 얕은 절삭 깊이에 의하여 구멍 내면을 매우 정밀하고 깨끗한 표면으로 가공하는 데 사용한다. 크기는 가공할 수 있는 구멍의 크기로 표시한다.

③ **지그 보링 머신(jig boring machine)** : 주로 일감의 한 면에 2개 이상의 구멍을 뚫을 때, 직교 좌표 XY 두 축 방향으로 각각 $2 \sim 10\mu$의 정밀도로 구멍을 뚫는 보링 머신이다. 크기는 테이블의 크기 및 뚫을 수 있는 구멍의 최대 지름으로 표시한다. 이 기계는 정밀도 유지를 위해 20℃ 항온실에 설치해야 한다.

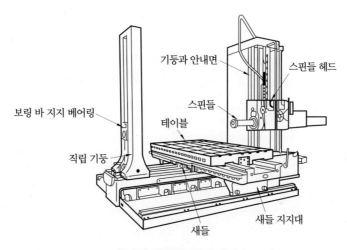

수평식 테이블 보링 머신

(3) 보링 공구

보링 작업 시 사용하는 공구는 다음과 같다.

① **보링 바이트(boring bite)** : 보링 바이트의 재질은 다이아몬드, 초경합금 등을 사용한다.

② **보링 바(boring bar)** : 보링 바이트를 장치하는 봉으로 주축에 고정하는 쪽은 모스 테이퍼로 되어 있으며, 반대쪽은 보링 바 지지대로 지지하고 그 사이에 바이트를 고정한다. 주축에만 고정하는 것은 보링 헤드라고도 한다.

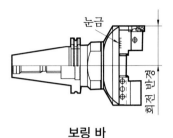

보링 바

(a) 외날 공구   (b) 양날 공구   (c) 판상 공구

보링용 절삭 공구

핵심문제

1. 다음 보링 머신 중에서 매우 빠른 절삭 속도를 주어 정밀도가 높은 가공면을 얻는 것은 어느 것인가?

① 지그 보링 머신　　② 정밀 보링 머신　　③ 수평 보링 머신　　④ 수직 보링 머신　　**정답** ②

2. 구멍을 넓히거나 구멍을 깨끗하게 가공할 때 사용하는 기계는?

① 드릴링 머신　　② 보링 머신　　③ 브로칭 머신　　④ 성형 롤러　　**정답** ②

3. 보링 머신에서 이미 뚫은 구멍을 필요한 크기나 정밀한 치수로 넓히는 작업에 사용되는 공구는?

① 면판　　② 돌리개　　③ 방진구　　④ 보링 바　　**정답** ④

해설 보링 바는 바이트의 반지름을 정밀하게 조절할 수 있다.

1-3 **브로치 작업(broaching)**

(1) 브로치 작업

브로치라는 공구를 사용하여 표면 또는 내면을 필요한 모양으로 절삭 가공하는 기계이다.

① **내면 브로치 작업** : 둥근 구멍에 키 홈, 스플라인 구멍, 다각형 구멍 등을 내는 작업을 말한다.
② **표면 브로치 작업** : 세그먼트(segment) 기어의 치형이나 홈, 특수한 모양의 면을 가공하는 작업을 말한다.

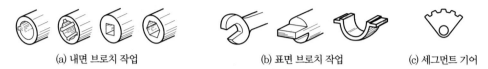

(a) 내면 브로치 작업   (b) 표면 브로치 작업   (c) 세그먼트 기어

내면 브로치 작업과 표면 브로치 작업

(2) 브로치의 각부 명칭

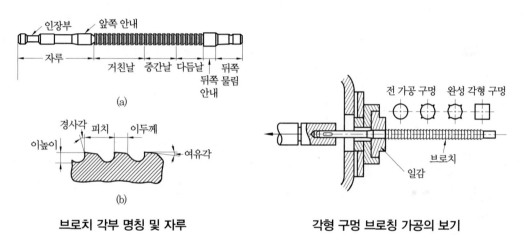

브로치 각부 명칭 및 자루   각형 구멍 브로칭 가공의 보기

(3) 절삭 속도 및 크기

① 절삭 속도는 5~10m/min이고, 후진 속도는 15~40m/min이다.
② 크기는 최대 인장력과 브로치를 설치하는 슬라이드의 행정 길이로 표시한다.

핵심문제

1. 각형 구멍, 키홈, 스플라인의 구멍 등을 다듬는 데 사용되고 제품 모양과 꼭 맞는 단면 모양을 한 공구를 한번 통과시켜 가공 완성하는 기계는?

① 호빙 머신   ② 기어 셰이퍼   ③ 브로칭 머신   ④ 보링 머신   **정답** ③

2. 브로칭 머신에 대한 설명 중 옳은 것은?

① 환봉의 외주를 만드는 기계이다.
② 구멍 내면에 키 홈을 깎는 기계이다.
③ 브로칭 머신으로 가공하려면 고속 회전으로 해야 한다.
④ 큰 평면을 가공하는 기계이다.   **정답** ②

2. 셰이퍼 · 플레이너 · 슬로터

2-1 셰이퍼(shaper)

일감을 테이블 위에 고정하고 좌우로 단속적으로 이송시키면서 램 끝에 바이트를 장치하여 왕복 운동을 하여 가공하는 기계로, 수평 · 수직 깎기, 각도 깎기, 홈파기 및 절단, 키홈 파기에 주로 쓰인다.

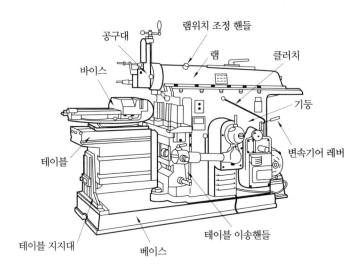

셰이퍼의 구조와 명칭

(1) 셰이퍼의 구조

① **급속 귀환 장치** : 절삭 행정 시보다 절삭을 하지 않는 귀환 행정 시 바이트가 빠르게 되돌아오는 장치로 다음 [그림]과 같이 큰 기어는 일정한 회전수로 회전한다.

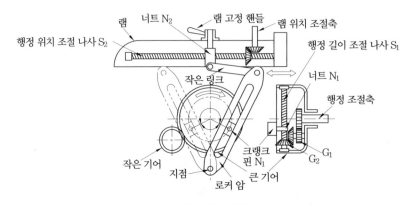

급속 귀환 장치

크랭크 핀은 큰 기어와 고정되었으므로 큰 기어가 회전하면 크랭크 핀도 회전하여 로커 암이 요동 운동을 한다. 이때 $\theta > \beta$의 관계가 성립된다. 즉, 귀환 행정 시의 각도 β가 절삭 행정 시 θ보다 작으므로 급속 귀환하게 된다.

② **램의 행정 조절** : 큰 기어에 고정된 크랭크 핀의 위치가 큰 기어의 중심과 가까워지면 행정은 작아지고 멀어지면 커진다. 바이트의 행정 길이는 일감의 길이 l보다 20~30mm 정도 길게 조절한다. 또 a를 b보다 다소 길게 한다.

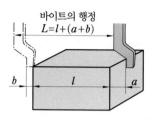

램의 행정(바이트 행정) 조절

핵심문제

1. 셰이퍼에서 끝에 공구 헤드가 붙어 있고 급속 귀환 운동 시 왕복 운동하는 부분을 말하는 것은?

① 크로스 레일   ② 램   ③ 하우징   ④ 테이블 폭   **정답** ②

해설 램(ram) : 셰이퍼나 슬로터에서 플레임의 안내면을 수평으로 또는 상하로 왕복 운동하는 부분으로서 공구대가 장치되며 급속 귀환 운동을 한다.

2. 셰이퍼의 램의 왕복 속도는 어떠한가?

① 일정하다.   ② 다르다.
③ 귀환 행정 시가 늦다.   ④ 절삭 행정 시가 빠르다.   **정답** ②

3. 셰이퍼의 램은 어느 방향으로 운동하는가?

① 길이와 좌우 방향   ② 상하 및 전후
③ 길이 방향   ④ 전후, 좌우 및 상하   **정답** ③

2-2 플레이너(planer)

플레이너는 비교적 큰 평면을 절삭하는 데 쓰이며 평삭기라고도 한다. 이것은 일감을 테이블 위에 고정시키고 수평 왕복 운동을 하며, 바이트는 일감의 운동 방향과 직각 방향으로 단속적으로 이송된다.

(1) 플레이너의 종류

① **쌍주식 플레이너** : 기둥이 2개가 있으며 대단히 견고하다. 그러나, 공작물의 폭에 제한을 받는다.

② **단주식 플레이너** : 기둥이 1개이며 쌍주식보다 견고하지 못하다. 절삭력은 약하지만 공작물의 제한을 받지 않는다.

(2) 플레이너의 구조

① 크기 표시

㈎ 테이블의 크기(길이×너비)

㈏ 공구대의 수평 및 위·아래 이동 거리

㈐ 테이블 윗면부터 공구대까지의 최대 높이로 표시

② 테이블 구동 기구

㈎ 벨트에 의한 레크 피니언 방식

㈏ 전자 마찰 클러치(magnetic friction clutch) 방식

㈐ 워드 레오나드(ward leonard) 방식

㈑ 유압 구동(hydraulic driven) 방식 : 절삭 행정은 3~50m/min, 귀환 행정은 5~70m/min. 무단 변속이 되며 운전 중 충격 감소, 진동 흡수의 장점이 있다.

핵심문제

1. 기둥이 베드의 한 쪽에만 있어서 넓은 공작물의 가공에 적합한 플레이너는?

① 단주식   ② 핏식   ③ 쌍주식   ④ 에지식   **정답** ①

2. 플레이너의 크기 표시 방법이 아닌 것은?

① 테이블의 상하 이동 거리   ② 테이블의 행정 길이

③ 횡주의 상하 이동 거리   ④ 테이블의 크기   **정답** ①

3. 견고하지만, 공작물의 폭에 제한을 받는 플레이너는?

① 단주식 플레이너   ② 쌍주식 플레이너

③ 벨트식 기구의 플레이너   ④ 유압식 플레이너   **정답** ②

2-3 슬로터(slotter)

(1) 슬로터 가공

슬로터(slotter)를 사용하여 바이트로 각종 일감의 내면을 가공하는 것이며, 수직 셰이퍼라고도 한다. 슬로터 가공은 다음 [그림]과 같다.

① 키 홈, 각으로 된 구멍을 가공하며 셰이퍼보
   다 능률이 좋다.
② 램의 운동 기구에는 로커 암과 크랭크를 사용
   한 것, 랙과 피니언을 사용한 것, 유압을 사용
   한 것 등이 있으며, 급속 귀환이 가능하다.

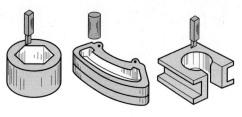

슬로터 가공의 보기

(2) 슬로터의 구조

① **크기 표시**

   ㈎ 램의 최대 행정
   ㈏ 테이블의 크기
   ㈐ 테이블의 이동 거리 및 원형 테이블의 지름

② **구조** : 슬로터의 모양은 [그림]과 같고 램은 적당한
   각도로 기울일 수 있으며, 경사면을 절삭할 수도 있
   다. 이송은 테이블에서 행하고, 테이블은 베이스 위
   에서 전후 좌우로 이송이 된다. 또, 원형 테이블은
   선회하므로 분할 작업이 되며, 내접 기어 등의 분할
   절삭이 가능하다.

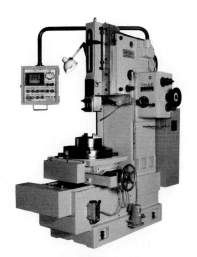

슬로터

핵심문제

1. 슬로터의 특징을 열거한 것 중 틀린 것은?

   ① 테이블의 전후, 좌우, 회전 이송이 가능하다.
   ② 절삭날이 상하 운동을 하므로 작업하기 쉽다.
   ③ 절삭 저항이 하향이므로 강력 절삭이 가능하다.
   ④ 절삭 운동은 공작물의 왕복 운동에 의한다.   **정답** ④

2. 슬로터에 대한 설명 중 틀린 것은?

   ① 램은 적당한 각도로 기울일 수 있다.
   ② 슬로터의 크기는 램의 최대 행정, 테이블의 크기, 테이블의 이동 거리 등으로 정한다.
   ③ 테이블은 베드 위에서 전후, 좌우로 이송된다.
   ④ 슬로터는 급속 귀환 장치가 없다.   **정답** ④

3. 슬로터에서 원주를 분할할 때 다음 중 주로 어느 부속 장치를 사용하는가?

   ① 만능 분할대   ② 차동 장치
   ③ 원형 테이블   ④ 만능 척   **정답** ③

제6장 기어 가공

1. 기어 가공법

1-1 기어 가공법의 종류

(1) 총형 공구에 의한 법(formed cutter process)

성형법이라고도 하며 기어 치형에 맞는 공구를 사용하여 기어를 깎는 방법이며, 총형 바이트 사용법은 셰이퍼, 플레이너, 슬로터에서, 총형 커터에 의한 방법은 밀링에서 사용한다. 최근 전문 기어 절삭기의 등장으로 소규모 업체에서만 쓰인다.

(2) 형판(template)에 의한 법

모방 절삭법이라고도 하며 형판을 따라서 공구가 안내되어 절삭하는 방법으로 대형 기어 절삭에 쓰인다.

(3) 창성법

가장 많이 사용되고 있으며 인벌류트 곡선을 그리는 성질을 응용하여 기어를 깎는 방법으로 절삭할 기어와 같은 정확한 기어 절삭 공구인 호브, 랙 커터, 피니언 커터 등으로 절삭한다. 창성법에 의한 기어 절삭은 공구와 소재가 상대 운동을 하여 기어를 절삭한다.

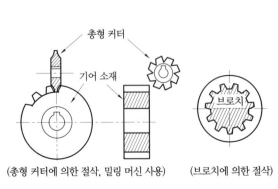

(총형 커터에 의한 절삭, 밀링 머신 사용) (브로치에 의한 절삭)

(a) 성형법(총형 공구 사용법)

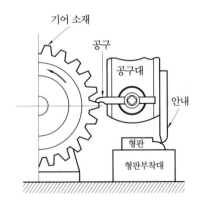

(b) 형판법

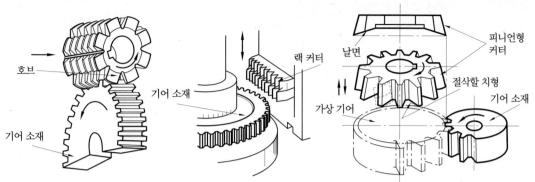

(호브에 의한 절삭, 호빙 머신 사용)　(랙 커터에 의한 절삭, 기어 셰이퍼 사용)　(피니언 커터에 의한 절삭, 기어 셰이퍼 사용)

(c) 창성법

기어 가공법의 종류

핵심문제

1. 다음 그림과 같은 요령으로 절삭하는 방법은?

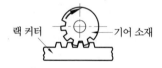

① 창성법 　　　　　　　　　　② 형판법
③ 성형법 　　　　　　　　　　④ 선반 가공법 　　　**정답** ①

해설 창성법(generating process) : 인벌류트 곡선의 성질을 이용하여 행하며, 거의 모든 기어가 이 방법에 의한다.

2. 기어 셰이퍼의 기어 절삭법은?

① 성형법
② 형판법
③ 모형법
④ 창성법 　　　　　　　　　　　　　　　　　　　　**정답** ④

3. 호빙 머신에서 사용하는 기어 절삭 방법은?

① 창성법
② 총형 커터에 의한 법
③ 형판에 의한 법
④ 랙 커터에 의한 법 　　　　　　　　　　　　　　　**정답** ①

1-2 기어 절삭기의 종류

(1) 호빙 머신(hobbing machine)

절삭 공구인 호브(hob)와 소재를 상대 운동시켜 창성법으로 기어 이를 절삭한다. 호브의 운동에는 호브의 회전 운동, 소재의 회전 운동, 호브의 이송 운동이 있다. 호브에서 깎을 수 있는 기어는 스퍼 기어, 헬리컬 기어, 스플라인 축 등이며, 베벨 기어는 절삭할 수 없다.

(2) 기어 셰이퍼(gear shaper)

절삭 공구인 커터에 왕복 운동을 주어 기어를 창성법으로 절삭하는 기어 절삭이다. 이 기계는 커터에 따라 2가지가 있다. 즉 피니언 커터를 사용하는 펠로스 기어 셰이퍼(fellous gear shaper)와 랙 커터를 사용하는 마그식 기어 셰이퍼(maag gear shaper)가 있다. 또한 스퍼 기어만 절삭하는 것과 헬리컬 기어만 절삭하는 것이 있다.

① 펠로스 기어 절삭기

㈎ 피니언 커터를 사용하는 대표적인 기어 절삭기이다.

㈏ 소재와 커터 사이에 기어가 물리는 것처럼 절삭(창성)된다(커터 축의 상하 운동으로 절삭).

㈐ 원주 방향 이송량과 소재에 깊이를 주는 반지름 방향 이송량이 변환 기어에 의해 주어진다.

㈑ 커터의 회전 운동 및 절삭 깊이 이송, 기어 소재의 회전, 소재와 커터의 분리 운동으로 각각 운동한다.

② 사이크스 기어 셰이퍼

㈎ 두개의 수평한 피니언 커터에 의하여 기어 절삭이 된다.

㈏ 주로 더블 헬리컬 기어, 스퍼 기어 가공에 이용된다.

㈐ 창성 운동은 펠로스 기어 절삭기와 동일하다.

③ 마그식 기어 셰이퍼

㈎ 랙 커터 사용법에 의해 기어 절삭을 하는 기계이다.

㈏ 커터가 절삭을 위해 왕복 운동을 하며, 기어 소재는 회전 미끄럼 운동을 한다.

④ 선더랜드 기어 셰이퍼 : 수평형이고 두 개의 랙 커터를 사용하여 2중 헬리컬 기어 절삭에 사용된다. 마그식 기어 셰이퍼와 원리는 비슷하다.

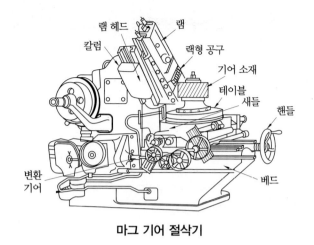

마그 기어 절삭기

(3) 기어 셰이빙 머신

① 셰이빙 커터

㈎ 칩이 다른 절삭 가공과 달리 대단히 작으며, 강제적인 창성 운동이 없다.

㈏ 랙형과 피니언형이 있으며 잇면에는 가는 홈붙이 날이 새겨져 있다.

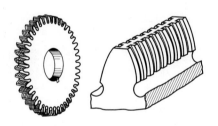

셰이빙 커터

② 셰이빙 작업의 이점

㈎ 치형과 편심이 수정된다.

㈏ 피치가 고르며 물림이 정확해진다.

㈐ 기어의 내마멸성이 향상된다.

(4) 베벨 기어 절삭기

베벨 기어 절삭에는 성형법, 형판법, 창성법 등이 사용된다. 그 중에서 창성법이 가장 널리 사용되며, 미국의 Gleason 사에서 개발한 그리슨식 기어 절삭기가 대표적이다.

핵심문제

1. 호빙 머신으로 가공이 안 되는 것은?
① 평기어   ② 베벨 기어
③ 웜기어   ④ 헬리컬 기어   **정답** ②

2. 셰이빙 커터에 대한 설명 중 틀린 것은?
① 보통 고속도강으로 만든다.
② 커터의 잇면에 있는 홈의 폭은 0.7~1mm 정도이다.
③ 셰이빙 커터의 모든 형태는 피니언 형이다.
④ 셰이빙 커터의 피치와 치형은 정확해야 한다.   **정답** ③

해설 셰이빙 커터 : 고속도강으로 만들고 열처리한 후 연삭하여 다듬는 것으로 피니언형과 랙형
      이 있다.

3. 베벨 기어 절삭기의 대표적인 것은?
① 펠로스 기어 셰이퍼
② 마그식 기어 셰이퍼
③ 기어 셰이빙 머신
④ 그리슨식 기어 절삭기   **정답** ④

해설 그리슨식 기어 절삭기 : 창성법에 의하여 베벨 기어를 절삭하는 것으로서 기어 소재는 크라
      운 기어에 물려서 돌아가는 세그먼트 기어 축에 장치되어 왕복 운동하는 커터에 의하여 절
      삭된다.

4. 피니언 커터를 사용하여 기어 절삭을 하는 대표적인 공작 기계는?
① 펠로스 기어 셰이퍼
② 그리슨식 기어 셰이퍼
③ 기어 셰이빙
④ 마그식 기어 셰이퍼   **정답** ①

해설 피니언 커터를 사용하는 것은 펠로스식으로 외접 및 내접 기어도 절삭할 수 있고 커터와 공
      작물이 상대 운동을 한다.

5. 기어 셰이퍼에 사용되는 커터는?
① 피니언 커터   ② 단인 커터
③ 테이퍼 호브   ④ 호브   **정답** ①

6. 그리슨식 기어 절삭에 알맞은 기어는 다음 중 어느 것인가?
① 스퍼 기어   ② 스파이럴 베벨 기어
③ 내접 기어   ④ 장구형 웜 기어   **정답** ②

제7장 정밀 입자 가공 및 특수 가공

1. 정밀 입자 가공

(1) 호닝(honing)

보링, 리밍, 연삭 가공 등을 끝낸 원통 내면의 정밀도를 더욱 높이기 위하여 막대 모양의 가는 입자의 숫돌을 방사상으로 배치한 혼(hone)으로 다듬질하는 방법을 호닝(honing)이라 한다.

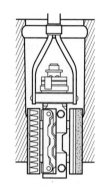

호닝

① **치수 정밀도** : $3 \sim 10\mu$ 정도이며 다듬질 호닝 여유는 $0.005 \sim 0.025$ mm이다.

② **사용 숫돌** : GC 또는 WA의 숫돌 재질로 열처리강에는 J~M, 연강에는 K~N, 주철, 황동에는 J~N 정도의 결합도가 쓰인다.

③ **호닝 속도** : 원주 속도 $40 \sim 70\text{m/min}$, 왕복 속도 원주 속도의 $\dfrac{1}{2} \sim \dfrac{1}{5}$ 정도

④ **호닝 가공** : 호닝에서 공작액을 사용하는 것은 칩과 숫돌 입자의 제거, 발열 방지를 위해 쓰인다. 공작액으로는 주철은 등유, 강은 등유+황화유, 청동은 라드유를 사용한다.

(2) 슈퍼 피니싱(super finishing)

숫돌 입자가 작은 숫돌로 일감을 가볍게 누르면서 축 방향으로 진동을 주는 것으로 변질층 표면 깎기, 원통 외면, 내면, 평면을 다듬질할 수 있다.

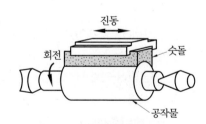

슈퍼 피니싱의 원리

① **특징** : 연삭 흠집이 없는 가공을 할 수 있다.

② **숫돌의 너비** : 일감 지름의 60~70% 정도이며, 길이는 일감의 길이와 같은 정도로 한다.

③ **숫돌의 진폭과 진동수** : 진폭은 1.5~5mm이며 진동수는 진폭 1.5mm일 때 매초 500회, 진폭 5mm일 때 100회 정도이다.

④ **일감의 원주 속도** : 거친 다듬질은 $5 \sim 10\text{m/min}$, 정밀 다듬질에서는 $15 \sim 30\text{m/min}$ 정도이다.

⑤ **가공 표면 정밀도** : 0.1μ 정도이며 $0.1{\sim}0.3\mu$ 정도가 보통이다.

⑥ **가공액** : 숫돌면의 세척작용과 윤활작용을 목적으로 석유, 경유를 주로 사용한다. 기계
유, 스핀들유를 혼합하여 사용하기도 한다.

(3) 랩 작업(lapping)

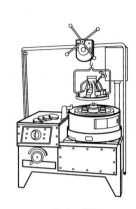

랩과 일감 사이에 랩제를 넣어 서로 누르고 비비면서 다듬는 방
법이다.

① **랩제** : 탄화규소, 산화 알루미늄, 산화철, 다이아몬드 미분, 랩
판의 재료이다.

② **랩 작업**

㈎ 습식법 : 거친 래핑에 쓰이며 경유나 그리스 기계유, 중유 등
에 랩제를 혼합하여 쓴다.

㈏ 건식법 : 래핑제를 래핑액과 함께 랩에 칠해서 사용한다. 흠이
있으면 흠이 발생하는 원인이 되므로 흠이 없는 것을 사용해야
한다.

래핑 머신

③ **특징** : 정밀도가 향상되며, 다듬질면은 내식성, 내마멸성이 높다.

④ 래핑 여유 $0.01{\sim}0.02$mm 정도, 가공 표면 거칠기 $0.025{\sim}0.0125\mu$ 정도, 랩은 저속에
서 가공이 빠르며, 고속에서 면이 아름답다.

핵심문제

1. 호닝 머신에서 내면 가공 시 공작물에 대해 혼은 어떤 운동을 하는가?

① 직선 왕복 운동

② 회전 운동

③ 상하 운동

④ 회전 및 직선 왕복 운동 **정답** ④

2. 가공면에 기름숫돌을 접촉시킨 후 진동을 주어 가공하는 방법은?

① 호닝 ② 래핑

③ 슈퍼 피니싱 ④ 버핑 **정답** ③

3. 다음 중 가공 후 가장 높은 정밀도를 얻을 수 있는 것은?

① 호닝 ② 슈퍼 피니싱

③ 래핑 ④ 버핑 **정답** ③

2. 특수 가공

(1) 전해 연마(electrolytic polishing)

전해액에 일감을 양극으로 전기를 통하면 표면이 용해 석출되어 공작물의 표면이 매끈하도록 다듬질하는 것을 말한다.

① 장점

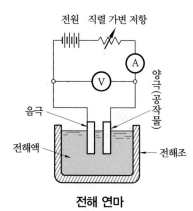

㈎ 가공 표면의 변질층이 생기지 않는다.

㈏ 복잡한 모양의 연마에 사용한다.

㈐ 광택이 매우 좋으며, 내식·내마멸성이 좋다.

㈑ 면이 깨끗하고 도금이 잘 된다.

㈒ 설비가 간단하고 시간이 짧으며 숙련이 필요 없다.

② 단점

㈎ 불균일한 가공 조직이나 두 종류 이상의 재질은 다듬질이 곤란하다.

㈏ 연마량이 적어 깊은 상처는 제거하기가 곤란하다.

전해 연마

③ 용도 : 드릴 홈, 주사침, 반사경, 시계의 기어 등의 연마에 응용

(2) 전해 연삭

전해 연마에서 나타난 양극 생성물을 연삭 작업으로 갈아 없애는 가공법을 전해 연삭(electrolytic grinding)이라 한다.

① 초경합금 등 경질 재료 또는 열에 민감한 재료 등의 가공에 적합하다.

② 평면, 원통, 내면 연삭도 할 수 있다.

③ 가공 변질이 적고 표면 거칠기가 좋다.

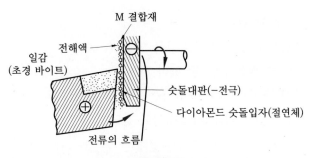

전해 연삭

(3) 화학적 가공

① 용삭 가공

㈎ 일감을 가공액에 넣어 녹여내는 가공법이며 녹이지 않을 부분에는 방식 피막으로 씌워야 한다.

㈏ 가공액 : 염화제이철, 인산, 황산, 질산, 염산 등이 이용된다.

㈐ 방식 피막액 : 네오프렌, 경질염화비닐, 에폭시 레진이 들어 있는 래커를 사용한다.

㈑ 가공법 : 잘라내기, 살빼기, 눈금새기기 등의 방법이 있다.

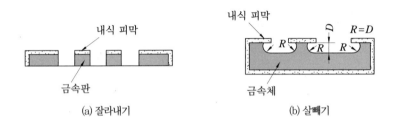

용삭 가공

② 화학 연마 : 공작물의 전면을 일정하도록 용해하여 두께를 얇게 하거나, 표면의 작은 요철부의 오목부를 녹이지 않고 볼록부를 신속히 용융시키는 방법이며, 경험과 숙련이 필요하다. 화학 연마가 가능한 금속은 구리, 황동, 니켈, 모넬 메탈, 알루미늄, 아연 등이다.

(4) 버핑(buffing)

직물, 피혁, 고무 등으로 만든 원판 버프를 고속 회전시켜 광택을 내는 가공법으로, 복잡한 모양도 연마할 수 있으나 치수, 모양의 정밀도는 더 이상 좋게 할 수 없다.

(5) 액체 호닝(liquid honing)

압축 공기를 사용하여 연마제를 가공액과 함께 노즐을 통해 고속 분사시켜 일감 표면을 다듬는 가공법이다.

액체 호닝의 장점은 다음과 같다.

① 단시간에 매끈하고 광택이 없는 다듬질면을 얻을 수 있다.

② 피닝 효과가 있고 피로한계를 높일 수 있다.

③ 복잡한 모양의 일감에 대해서도 간단히 다듬질할 수 있다.

④ 일감 표면에 잔류하는 산화피막과 거스러미를 간단히 제거할 수 있다.

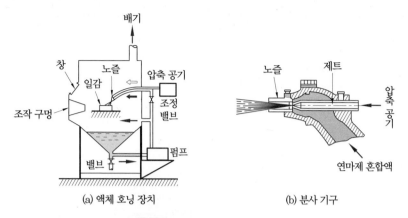

(a) 액체 호닝 장치　　　(b) 분사 기구

액체 호닝의 분사기구와 그 장치

(6) 초음파 가공(supersonic waves machining)

초음파 진동수로 기계적 진동을 하는 공구와 공작물 사이에 숫돌 입자, 물 또는 기름을 주입하면 숫돌 입자가 일감을 때려 표면을 다듬는 방법이다. 유리, 도기, 수정, 세라믹, 초경질합금 등에 구멍뚫기, 홈파기, 특수형상가공 등을 할 수 있다.

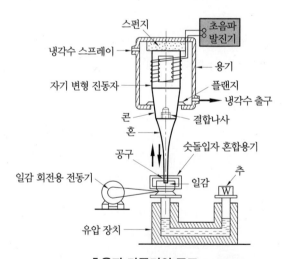

초음파 가공기의 구조

① **표면 거칠기** : 1μ, 10μ과 0.2μ 이하로 쉽게 가공할 수 있다.
② **공구의 재질** : 황동, 연강, 피아노선, 모넬 메탈(monel metal)
③ **정압력의 크기** : $200{\sim}300g/mm^2$

(7) 방전 가공(electric spark machining)

일감과 공구 사이 방전을 이용해 재료를 조금씩 용해하면서 제거하는 가공법이다.

① **가공 재료** : 초경합금, 담금질강, 내열강 등의 절삭 가공이 곤란한 금속을 쉽게 가공할
  수 있다.
② **가공액** : 기름, 물, 황화유
③ **가공 전극** : 구리, 황동, 흑연

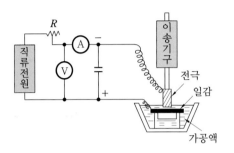

콘덴서 방전 방법

(8) 입자 벨트 가공

① **숫돌 입자** : 주철에는 A, 강철에는 WA, 비금속에는 C, 초경합금에는 GC 입자를 사용
  한다.
② **숫돌 입도** : 거친 가공은 100번 이하, 정밀 다듬질은 200~400번 정도이다.
③ **벨트 속도** : 1000~2000m/min이다.

(9) 쇼트 피닝(shot peening)

① 쇼트 볼을 가공면에 고속으로 강하게 두드려 금속 표면층의 경도와 강도 증가로 피로한
  계를 높여주는 가공법이며, 피닝 효과라 한다.
② 스프링, 기어, 축 등 반복 하중을 받는 기계 부품에 효과적이다.

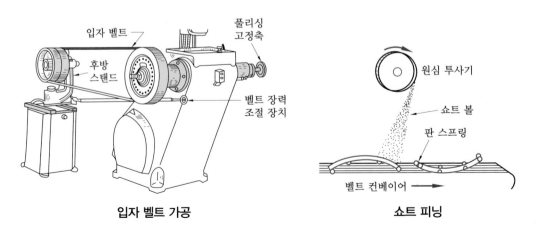

입자 벨트 가공   **쇼트 피닝**

핵심문제

1. 전해 연마의 설명 중 맞는 것은?

① 숫돌이나 숫돌 입자를 사용한다.

② 전기 도금법을 말한다.

③ 교류를 사용하여 연마한다.

④ 인산이나 황산 등의 전해액 속에서 전기 도금의 반대 방법으로 한다.　　**정답** ④

2. 전해 연삭의 장점이 아닌 것은?

① 가공 속도가 크다.　　　　　　　　② 복잡한 면의 정밀 가공이 가능하다.

③ 가공에 의한 표면 균열이 생기지 않는다.　④ 치수 정밀도가 좋지 않다.　　**정답** ④

3. 용삭 가공에서 녹이지 않을 부분에는 어떻게 해야 하는가?

① 진흙을 바른다.　　　　　　　　　② 아연을 입힌다.

③ 방식 피막을 한다.　　　　　　　　④ 염산에 담근다.　　**정답** ③

4. 담금질된 강, 수정, 유리 등을 초음파로 가공하는 것을 무엇이라 하는가?

① 방전 가공　　　② 전해 연마　　　③ 초음파 가공　　　④ 쇼트 피닝　　**정답** ③

5. 버핑(buffing)의 사용 목적이 아닌 것은?

① 녹 제거　　　　　　　　　　　　② 공작물 표면의 광택을 내기 위하여

③ 치수 정밀도를 높이기 위하여　　　④ 공작물 표면을 매끈하게 하기 위하여　　**정답** ③

6. 쇼트 피닝 가공을 하면 어떤 이점이 있는가?

① 가공 시간 단축　　　　　　　　　② 가공면에 광택이 생긴다.

③ 경도와 피로강도 증가　　　　　　④ 정밀한 치수를 얻을 수 있다.　　**정답** ③

7. 방전 가공에서 가공액의 역할이 아닌 것은 어느 것인가?

① 가공열을 냉각시킨다.　　　　　　② 가공칩의 제거 작용을 한다.

③ 방전할 때 생기는 용융 금속을 비산시킨다.　④ 가공 부분에 변질층을 제거한다.　　**정답** ④

8. 액체 호닝의 설명으로 적당한 것은?

① 기어를 전문으로 다듬질하는 방법

② 혼에 기름을 주어 호닝하는 방법

③ 연삭제에 기름을 넣어 만든 혼으로 가공하는 방법

④ 연삭제를 용액에 혼합하여 큰 속도로 가공면에 분사하는 방법　　**정답** ④

해설 연삭제(탄화규소, 산화크롬, 용융 알루미늄 등)를 용액에 섞어서 가공의 표면에 분사하여 가공하는 방법을 액체 호닝이라고 한다.

제8장

NC 공작 기계

1. NC 공작 기계

1-1 NC 공작 기계의 개요

(1) NC의 정의

NC란 Numerical Control의 약자로서 수치 제어란 뜻으로 KSB 0125에 규정되어 있으며, 공작물에 대한 공구 경로, 그 밖의 가공에 필요한 작업 공정 등을 그것에 대응하는 수치 정보로 지령하는 제어를 말한다.

(2) CNC(Computerized Numerical Control)

컴퓨터를 조합해서 기본적인 기능의 일부 또는 전부를 실행하는 수치 제어를 말한다.

CNC 선반

(3) DNC(Distributed Numerical Control)

생산 관리 컴퓨터와 수치 제어 시스템 사이에서 데이터를 분배하는 중간 시스템을 말한다. 종래에는 Direct Numerical Control의 약어로 여러 대의 공작 기계를 1대의 컴퓨터에 결합하여 제어하는 시스템을 의미했다.

1-2 CNC 공작 기계의 정보 흐름

프로그램 작성자가 도면을 보고 가공 경로와 가공 조건 등을 CNC 프로그램으로 작성하여, 이것을 MDI 패널을 사용하여 수동으로 입력하거나 RS-232C 인터페이스를 통하여 CNC 기계의 정보처리회로에 전달하면, 정보처리회로에서 처리하여 결과를 펄스 신호로 출력하며, 이 펄스 신호에 의하여 서보 모터가 구동된다. 그러므로 서보 모터에 결합되어 있는 볼 스크루가 회전함으로써 요구한 위치와 속도로 테이블이나 주축헤드를 이동시켜 공작물과 공구의 상대위치를 제어하면서 자동으로 가공이 이루어진다.

핵심문제

1. NC에서 수동으로 데이터를 입력하여 가공하는 방법은?

① TAPE   ② MDI   ③ EDIT   ④ READ   **정답** ②

해설 MDI는 Manual Data Input의 약자로 NC 공작 기계에서 직접 입력하여 가공하는 방법이다.

2. 여러 대의 공작 기계를 1대의 컴퓨터에 결합시켜 제어하는 시스템은?

① CNC   ② DNC   ③ FMS   ④ FA   **정답** ②

해설 DNC(Direct Numerical Control)는 여러 대의 공작 기계에 부착되어 있는 NC 장치를 중앙 컴퓨터에 입력되는 데이터로써 한 개의 군 시스템을 구성하여 전체적인 생산성을 향상시키는 데 목적이 있다.

3. NC 기계의 안전에 관한 사항이다. 틀린 것은?

① 먼지나 칩 등 불순물을 제거하기 위해 강전반 및 NC 유닛은 압축공기로 깨끗이 청소해야 한다.
② 항상 비상 버튼을 누를 수 있도록 염두에 두어야 한다.
③ 기계 청소 후 측정기와 공구를 정리하고 전원을 차단한다.
④ 강전반 및 NC 유닛 문은 어떠한 충격도 주지 말아야 한다.   **정답** ①

해설 먼지나 칩을 제거하기 위해 강전반 및 NC 유닛 주위에서는 압축 공기는 사용해서는 안 된다.

4. CNC 공작기계에서 정보 흐름의 순서가 맞는 것은?

① 지령펄스열→서보구동→수치정보→가공물
② 지령펄스열→수치정보→서보구동→가공물
③ 수치정보→지령펄스열→서보구동→가공물
④ 수치정보→서보구동→지령펄스열→가공물   **정답** ③

5. CNC 공작기계의 서보 기구 중 서보 모터에서 위치와 속도를 검출하여 피드백시키는 방식으로 일반적인 CNC 공작기계에 가장 많이 사용되는 방식은?

① 개방회로 방식   ② 반폐쇄회로 방식
③ 폐쇄회로 방식   ④ 복합회로 서보 방식   **정답** ②

해설 • 개방회로 : 피드백 없음
• 폐쇄회로 : 테이블에서 피드백을 받음
• 반폐쇄회로 : 서보 모터에서 피드백을 받음

2. NC 프로그래밍

2-1 개요

(1) 프로그램의 구성

① **블록(block)** : 몇 개의 단어(word)로 이루어지며 하나의 블록은 EOB(end of block)로 구별되고 한 블록에서 사용되는 최대 문자수는 제한이 없다.

다음 [그림]은 블록과 블록의 구분을 보여 주고 있다.

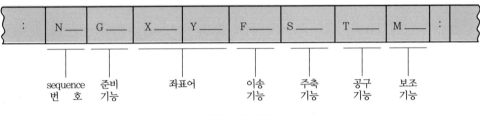

프로그램 블록

> 🎁 EOB는 EIA 지령 방식에서는 CR, ISO 지령 방식에서는 LF로 표기하는데 편의상 " ; " 또는 " * "로 표기되기도 한다.

② **단어(word)** : 블록을 구성하는 가장 작은 단위가 단어이며 주소와 수치로 구성된다.

참고 어드레스(address)의 의미

CNC 선반 기본 어드레스

어드레스	기능	의미
O	프로그램 번호	프로그램 번호
N	시퀀스 번호	시퀀스 번호
G	준비 기능	동작의 조건을 지정
X, Z, U, W	좌표어	좌표축의 이동 지령
R	원호의 반경 좌표어	원호 반경
I, K	좌표어	좌표어
C	좌표어	면취량

F	이송 기능	이송속도의 지정
S	주축 기능	주축 회전속도 지정
T	공구 기능	공구번호, 공구보정번호 지정
M	보조 기능	기계의 보조장치 ON/OFF 제어 지령
P,U,X	정지시간 지정	정지시간 지정
P	보조프로그램 호출번호	보조프로그램 번호 및 회수 지정
P,Q,R	파라미터	고정 사이클 파라미터

머시닝 센터 기본 어드레스

어드레스	기능	의미
O	프로그램 번호	프로그램 번호
N	시퀀스 번호	시퀀스 번호
G	준비 기능	동작의 조건을 지정
X,Y,Z	좌표어	좌표축의 이동 지령
A,B,C	부가축의 좌표어	부가축의 이동 지령
R	원호의 반경 좌표어	원호 반경
I,J,K	원호의 중심 좌표어	원호 중심까지의 거리
F	이송 기능	이송속도의 지정
S	주축 기능	주축 회전속도 지정
T	공구 기능	공구번호 지정
M	보조 기능	기계의 보조장치 ON/OFF 제어 지령
H,D	보정번호 지정	공구길이, 공구경 보정 번호
P,X	정지시간 지정	정지시간 지정
P	보조프로그램 호출번호	보조프로그램 번호 및 회수 지정
P,Q,R	파라미터	고정 사이클 파라미터

2-2 지령절

(1) 준비 기능(G)

준비 기능(G ; preparation function)은 NC 지령 블록의 제어 기능을 준비시키기 위한 기능으로 G 다음에 2자리의 숫자를 붙여 지령한다(G00~G99). 이 지령에 의하여 제어 장치는 그 기능을 발휘하기 위한 동작을 준비하기 때문에 준비 기능이라 한다.

G코드는 다음의 2가지로 구분한다.

① **1회 유효 G코드(00그룹의 G코드) :** 지령된 블록에서만 이 G코드가 의미를 갖는다.

② **연속 유효 G코드(00그룹 이외의 G코드)** : 동일한 그룹 내에서 다른 G코드가 나올 때까지 지령된 G코드가 유효하다.

CNC 선반 준비 기능

코드	그룹	기능	코드	그룹	기능
G00	01	위치결정(급속이송)	G50	00	가공물 좌표계 설정
G01		직선보간(절삭이송)	G52		지역 좌표계 설정
G02		원호보간 CW	G53		기계 좌표계 선택
G03		원호보간 CCW	G70		다듬 절삭 사이클
G04	00	드웰(dwell)	G71		내·외경 황삭 사이클
G09		Exact stop	G72		단면 황삭 사이클
G20	06	인치 입력	G73		형상 반복 사이클
G21		메트릭 입력	G74		Z 방향 팩 드릴링
G22	04	Stored stroke limit ON	G75		X 방향 홈 파기
G23		Stored stroke limit OFF	G76		나사 절삭 사이클
G27	00	원점 복귀 check	G90	01	절삭 사이클 A
G28		자동 원점에 복귀	G92		나사 절삭 사이클
G29		원점으로부터의 복귀	G94		절삭 사이클 B
G30		제2기준점으로 복귀	G96	02	절삭속도 일정 제어(m/min)
G32	01	나사 절삭	G97		주축회전수 일정 제어(rpm)
G40	07	공구인선반지름 보정 취소	G98	05	분당 이송 지정 (mm/min)
G41		공구인선반지름 보정 좌측	G99		회전당 이송 지정 (mm/rev)
G42		공구인선반지름 보정 우측			

머시닝 센터 준비 기능

코드	그룹	기능	코드	그룹	기능
☆G00	01	급속위치결정	G03	01	원호보간 (반시계방향)
☆G01		직선보간(절삭)	G04	00	드웰(dwell, 휴지)
G02		원호보간 (시계방향)	G09		Exact stop
G10	00	데이터 설정	G60	00	한방향 위치 결정

☆G15	17	극좌표지령 취소	G61	15	Exact stop 모드
G16		극좌표지령	G62		자동 코너 오버라이드
☆G17	02	X–Y 평면	☆G64		연속 절삭 모드
G18		Z–X 평면	G65	00	매크로(macro) 호출
G19		Y–Z 평면	G66	12	macro modal 호출
G20	06	인치(inch) 입력	☆G67		macro modal 호출 취소
G21		메트릭(metric) 입력	G68	16	좌표회전
G22	04	금지영역 설정	☆G69		좌표회전 취소
☆G23		금지영역 설정 취소	G73	09	고속 심공드릴 사이클
G27	00	원점 복귀 check	G74		왼나사 탭 사이클
G28		자동 원점 복귀	G76		정밀 보링 사이클
G30		제2, 3, 4 원점 복귀	☆G80		고정 사이클 취소
G31		Skip 기능	G81		드릴 사이클
G33	01	나사 절삭	G82		카운터 보링 사이클
G37	00	자동 공구길이 측정	G83		심공 드릴 사이클
☆G40	07	공구지름 보정 취소	G84		탭 사이클
G41		공구지름 보정 좌측	G85		보링 사이클
G42		공구지름 보정 우측	G86		보링 사이클
G43	08	공구길이 보정 "+"	G87		백보링 사이클
G44		공구길이 보정 "–"	G88		보링 사이클
☆G49		공구길이 보정 취소	G89		보링 사이클
☆G50	08	스케일링, 미러 기능 무시	☆G90	03	절대 지령
G51		스케일링, 미러 기능	☆G91		증분 지령
G52	00	로컬좌표계 설정	G92	00	공작물 좌표계 설정
G53		기계좌표계 선택	☆G94	05	분당 이송(mm/min)
☆G54	12	공작물 좌표계 1번 선택	G95		회전당 이송(mm/rev)
G55		공작물 좌표계 2번 선택	G96	13	주축 속도 일정제어
G56		공작물 좌표계 3번 선택	G97		주축 회전수 일정제어
G57		공작물 좌표계 4번 선택	G98		고정 사이클 초기점 복귀
G58		공작물 좌표계 5번 선택	G99		고정 사이클 R점 복귀
G59		공작물 좌표계 6번 선택			

(☆ : 전원 투입 시 자동으로 설정됨)

예 G☐☐(01~99까지 지정된 2자리수)

```
O0010        ┌─── 좌표계 설정(선반)의 준비 기능
N0010  │G50│ X150.0 Z200.0 S1300 T0100 M41 :
N0011  │G96│ S130 M03 :
        └─── 주축 속도 일정 제어의 준비 기능
```

(2) 보조 기능(M)

보조 기능(M ; miscellaneous function)은 NC 공작 기계가 여러 가지 동작을 행할 수 있도록 하기 위하여 서보 모터를 비롯한 여러 가지 구동 모터를 ON/OFF하고 제어 조정하여 주는 것으로 지령 방법은 M 다음에 2자리 숫자를 붙여서 사용한다(M00~M99).

CNC 선반 보조 기능

코드	기능	코드	기능
M00	프로그램 정지	M10	클램프 1(index clamp)
M01	옵셔널(optional) 정지	M11	언클램프 1(index unclamp)
M02	프로그램 종료	M13	주축 시계방향 회전 및 냉각제
M03	주축 시계방향 회전(CW)	M14	주축 반시계방향 회전 및 냉각제
M04	주축 반시계방향 회전(CCW)	M15	정방향 회전
M05	주축 정지	M16	부방향 회전
M06	공구 교환	M19	정회전 위치에 주축정지
M07	냉각제(coolant) 2	M30	엔드 오브 테이프(end of tape)
M08	냉각제(coolant) 1	M31	인터로크 바이 패스(interlock by pass)
M09	냉각제(coolant) 정지	M36	이송범위 1
M37	이송범위 2	M60	공작물 교환
M38	주축 속도 범위 1	M61	위치 1에서 공작물의 직선 이동
M39	주축 속도 범위 2	M62	위치 2에서 공작물의 직선 이동
M40~45	기어 교환	M68	클램프 2(2)
M48	오버라이드(override) 무시의 취소	M69	언클램프 2(2)
M49	오버라이드(override) 무시	M71	위치 1에서 공작물의 선회
M50	냉각제(coolant) 3	M72	위치 2에서 공작물의 선회
M51	냉각제(coolant) 4	M78	클램프 3(2)
M55	위치 1에서의 공구 직선 이동	M79	언클램프 3(2)
M56	위치 2에서의 공구 직선 이동	M90~99	이후에도 지정하지 않음

주 (2) : 이들의 기능이 공작기계에 없을 때는 '미지정'으로 되고, 본 표에 지정되어 있지 않은 기능에 사용해도 좋다.

머시닝 센터 보조 기능

코드	기능	코드	기능
M00	프로그램 정지	M09	절삭유 OFF
M01	옵셔널(optional) 정지	M19	공구 정위치 정지(spindle orientation)
M02	프로그램 종료	M30	엔드 오브 테이프 & 리와인드(end of tape & rewind)
M03	주축 정회전(CW)	M48	주축 오버라이드(override) 취소 OFF
M04	주축 역회전(CCW)	M49	주축 오버라이드(override) 취소 ON
M05	주축 정지	M98	주프로그램에서 보조 프로그램으로 변환
M06	공구 교환	M99	보조 프로그램에서 주프로그램으로 변환, 보조 프로그램의 종료
M08	절삭유 ON		

예 M□□(01~99까지 지정된 2자리수)
N0010   G50   X150.0   Z200.0   S1300   T0100   M41   ; 기어 교환(1단)
N0011   G96   S130   M03   ; 주축 정회전
N0012   G00   X62.0   Z0.0   T0100   M08   ; 절삭유 on

① **소수점 입력 :** 소수점 입력이 가능한 어드레스(address)

A, X, Y, W, I, K, R, F

예 X2.5, R 2.0, F 0.15

② **프로그램 번호 :** NC 기계의 제어 장치는 여러 개의 프로그램을 NC 메모리에 등록할 수 있다. 이때 프로그램과 프로그램을 구별하기 위하여 서로 다른 프로그램 번호를 붙이는데 프로그램 번호는 0 다음에 4자리로 숫자로 1~9999까지 임의로 정할 수 있으나 0은 불가능하며, leading 0은 생략할 수 있다.

프로그램은 이 번호로 시작하여 M02;, M30;, M99;로 끝난다.

예 O□□□□(0001~9999까지 임의의 4자리수)
O0001 → 프로그램 번호

③ **전개 번호(sequence number) :** 블록의 번호를 지정하는 번호로서 프로그램 작성자 또는 사용자가 알기 쉽도록 붙여놓는 숫자이다. 전개 번호는 어드레스 N 다음에 4자리 이내의 숫자로 구성된다.

예 N□□□□(0001~9999까지 임의의 4자리수)

④ **옵셔널 블록 스킵(optional block skip ; 지령절 선택 도약) :** 앞머리에 빗금(/)으로 시작하는 지령절은 조작반 위의 이 기능 스위치가 켜져 있을 경우에는 수행하지 않고 뛰어넘는다.

(3) 좌표어

좌표치는 공구의 위치를 나타내는 어드레스와 이동 방향과 양을 지령하는 수치로 되어 있다. 또 좌표치를 나타내는 어드레스 중에서 X, Y, Z는 절대 좌표치에 사용되고 U, V, W, R, I, J, K는 증분 좌표치에 사용한다.

절대 좌표 방식은 운동의 목표를 나타낼 때 공구의 위치와는 관계없이 프로그램 원점을 기준으로 하여 현재의 위치에 대한 좌표값을 절대량으로 나타내는 방식으로 그림 (a)와 같다.

증분 좌표 방식은 공구의 바로 전 위치를 기준으로 목표 위치까지의 이동량을 증분량으로 표현하는 방법으로 그림 (b)와 같다.

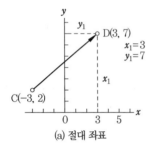
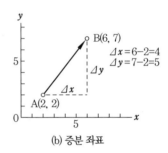

(a) 절대 좌표

(b) 증분 좌표

절대 좌표와 증분 좌표 방식

(4) 이송 기능(F)

이송 기능이란 NC 공작 기계에서 가공물과 공구와의 상대 속도를 지정하는 것으로 이송 속도(feedrate)라고 부른다. 이러한 이송 속도를 지령하는 코드로 어드레스 F를 사용하며, 최근에는 이송 속도 직접 지령 방식을 사용하여 F 다음에 필요한 이송 속도의 수치를 직접 기입하여 지령한다. 직접 수치를 기입하는 경우에 단위가 mm/min와 mm/rev의 2가지가 있어서 주의할 필요가 있다.

일반적으로 NC 선반에서는 mm/rev 단위로, NC 머시닝 센터에서는 mm/min 단위를 사용한다. 또 mm 대신 인치 단위를 사용하는 기계도 있으므로 지령은 명시된 사양서에 따르도록 한다.

(5) 주축 기능(S)

주축 기능이란 주축의 회전수를 지령으로 하는 것으로 어드레스 S(spindle speed function) 다음에 2자리나 4자리로 숫자를 지정한다. 종전에는 2자리 코드로 주축 회전수를 지정하는 방식을 사용해 왔으나 최근 DC 모터를 사용함으로써 무단 회전수를 직접 지령하는 방식이 사용된다. 또 선반에서는 공구의 인선 위치에 따라서 S 기능으로 일정한 절삭 속도가 되도록 회전수를 제어하는 공작물 원주 속도 일정 제어에 사용되기도 한다.

DC 모터에는 파워(power) 일정 영역과 토크(torque) 일정 영역이 있어서, 그 특성을 발휘하기 위해서는 기계적인 변속을 행하기 위하여 M 기능과 함께 지령하는 것이 보통이다.

(6) 공구 기능(T)

공구의 선택과 공구 보정을 하는 기능으로 어드레스 T(tool function) 다음에 4자리 숫자를 지정한다.

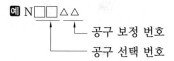

예 N□□△△
 └ 공구 보정 번호
 └ 공구 선택 번호

(7) 보정값의 수정

입력된 보정값으로 공구 보정을 하여 가공한 후 가공물을 측정하였을 때 오차가 생기면 보정값을 수정하여야 한다.

예제 1 지령값 X=58로 프로그램하여 바깥지름을 가공한 후 측정한 결과 $\phi57.96$이었다. 기존의 X축 보정값을 0.005라 하면 보정값을 얼마로 수정해야 하는가?

해설 · 지령값과 측정값의 오차=58-57.96=0.04
그러므로 공구를 X방향으로 현재보다 0.04만큼 +방향으로 이동하는 보정을 하여야 한다.
· 공구 보정값=기존의 보정값+더해야 할 보정값
=0.005+0.04
=0.045

예제 2 지령값 X=45로 프로그램하여 안지름을 가공한 후 측정한 결과 $\phi45.16$이었다. 기존의 X축 보정값을 0.025라 하면 보정값을 얼마로 수정해야 하는가?

해설 · 지령값과 측정값의 오차=45-45.16=0.16
그러므로 공구를 X방향으로 현재보다 -0.16만큼 +방향으로 이동하는 보정을 하여야 한다(즉, 보정을 0.16만큼 적게 해야 한다).
· 공구 보정값=기존의 보정값+더해야 할 보정값
=0.025-0.16
=-0.135

(8) 고정 사이클의 개요

고정 사이클은 통상 여러 개의 블록으로 지령하는 가공동작을 G기능을 포함한 1개의 블록으로 지령하여 프로그램을 간단히 하는 기능이다.

고정 사이클 알람표

G 코드	드릴링 동작 (−Z 방향)	구멍바닥 위치에서 동작	구멍에서 나오는 동작 (+Z 방향)	용도
G73	간헐이송	−	급속이송	고속 팩 드릴링 사이클
G74	절삭이송	주축정회전	절삭이송	역 태핑 사이클
G76	절삭이송	주축정지	급속이송	정밀보링(고정 사이클 Ⅱ)
G80	−	−	−	고정 사이클 취소
G81	절삭이송	−	급속이송	드릴링 사이클(스폿 드릴링)
G82	절삭이송	드웰	급속이송	드릴링 사이클 (카운터 보링 사이클)
G83	단속이송	−	급속이송	팩 드릴링 사이클
G84	절삭이송	주축역회전	절삭이송	태핑 사이클
G85	절삭이송	−	절삭이송	보링 사이클
G86	절삭이송	주축정지	급속이송	보링 사이클
G87	절삭이송	주축정지	절삭이송 또는 급속이송	보링 사이클 백 보링 사이클
G88	절삭이송	드웰, 주축정지	수동이동 또는 급속이송	보링 사이클
G89	절삭이송	드웰	절삭이송	보링 사이클

일반적으로 고정 사이클은 다음 그림과 같으며 다음 6개의 동작으로 구성된다.
① X, Y축 위치결정
② R점까지 급속이송
③ 구멍가공(절삭이송)
④ 구멍바닥에서 동작
⑤ R점까지 후퇴(급속이송)
⑥ 초기점으로 복귀

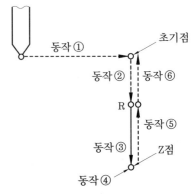

고정 사이클의 동작

2-3 CNC 선반 프로그램

(1) 단일 고정 사이클

① 안ㆍ바깥지름 절삭 사이클(G90)

> G90 X(U)____ Z(W)____ F____ : (직선 절삭)
>
> G90 X(U)____ Z(W)____ I(R)____ F____ : (테이퍼 절삭)

여기서, X(U)__Z(W)__ : 절삭의 끝점 좌표

　　　　I(R)__ : 테이퍼의 경우 절삭의 끝점과 절삭의 시작점의 상태 좌푯값,

　　　　　　　　반지름 지령(I : 11T에 적용, R : 0T에 적용)

　　　　F : 이송속도

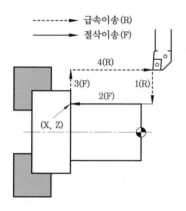

직선 절삭 사이클

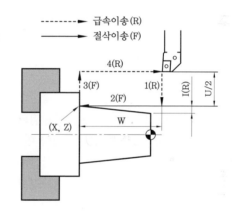

테이퍼 절삭 사이클

예제3	G90 사이클을 이용하여 프로그램하시오. (I값이 일정한 경우) (단, 1회 절입은 반지름 2.5mm로 한다.)

해설

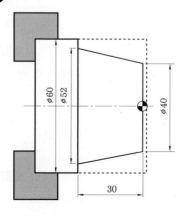

G00 X70.0 Z2.0 T0101 :

G90 X67. Z−30. I−6.4 F0.2 : (1회 절삭)

　　X62. : 　　　　　　　(2회 절삭)

　　X57. : 　　　　　　　(3회 절삭)

　　X52. : 　　　　　　　(4회 절삭)

G00 X150.0 Z150.0 T0100 :

여기서, 도면의 I값이 6인데 6.4로 한 이유는 소재와 공구의 충돌을 피하기 위하여 Z에 2mm 여유를 주었기 때문이다.

　　　　즉, 30 : 6 = 32 : X

　　　　∴ X = 6.4

(2) 복합 반복 사이클

① 안·바깥지름 거친 절삭 사이클(G71)

G71 U(Δd) R(e) :
G71 P(ns) Q(nf) U(Δu) W(Δw) F(f) S(s) T(t)　　　───── (FANUC 0T)

여기서, U(Δd)　: 1회 가공깊이(절삭깊이)−(반지름 지령, 소수점 지령 가능)
　　　　 R(e)　　: 도피량(절삭 후 간섭없이 공구가 빠지기 위한 양)
　　　　 P(ns)　: 다듬절삭가공 지령절의 첫 번째 전개번호
　　　　 Q(nf)　: 다듬절삭가공 지령절의 마지막 전개번호
　　　　 U(Δu)　: X축 방향 다듬절삭 여유(지름지령)
　　　　 W(Δw) : Z축 방향 다듬절삭 여유
　　　　 F, S, T : 거친절삭 가공 시 이송속도, 주축속도, 공구선택, 즉 P와 Q 사이의 데이터
　　　　　　　　 는 무시되고 G71블록에서 지령된 데이터가 유효

G71 P(ns) Q(nf) U(Δu) W(Δw) D(Δd) F(Δf) S(s) T(t) ;　───── (FANUC 11T)

여기서, P(ns)　: 다듬절삭가공 지령절의 첫 번째 전개번호
　　　　 Q(nf)　: 다듬절삭가공 지령절의 마지막 전개번호
　　　　 U(Δu)　: X축 방향 다듬절삭 여유−(지름지령)
　　　　 W(Δw) : Z축 방향 다듬절삭 여유
　　　　 D(Δd)　: 1회 가공깊이(절삭깊이)−(반지름 지령, 소수점 지령 불가)
　　　　 F, S, T : 거친절삭 가공 시 이송속도, 주축속도, 공구선택, 즉 P와 Q 사이의 데이터
　　　　　　　　 는 무시되고 G71블록에서 지령된 데이터가 유효

핵심문제

1. CNC 선반에서 홈 가공 시 진원도 향상을 위하여 휴지 시간을 지령하는 데 사용되는 어드레스
가 아닌 것은?
① X　　　　　　　　　　　　② U
③ P　　　　　　　　　　　　④ Q　　　　　　　**정답** ④

해설 X, U, P를 사용할 수 있으며 X와 U는 초(s) 단위로 입력하고 소수점을 사용할 수 있으나 P
는 ms 단위로 입력하고 소수점을 사용할 수 없다.

2. 다음 중 CNC 선반에서 원호 보간을 지령하는 코드는?
① G02, G03　　　　　　　　② G20, G21
③ G41, G42　　　　　　　　④ G98, G99　　　**정답** ①

제9장

정밀 측정

1. 측정의 기초

1-1 측정 용어와 측정의 종류

(1) 측정 용어(measuring wording)

① **최소눈금**(scale interval)

　㉮ 1눈금이 나타내는 측정량을 말한다.

　㉯ 생물학 및 심리학적인 측정 정도 눈금선 길이는 0.7~2.5mm가 가장 좋다(1 눈금의 $\dfrac{1}{10}$을 눈가늠으로 읽을 수 있다).

② **오차**(error) : 측정치로부터 참값을 뺀 값(오차의 참값에 대한 비를 오차율이라 하고, 오차율을 %로 나타낸 것을 오차의 백분율이라 한다.)을 말한다.

③ **편차**(declination) : 측정치로부터 모 평균을 뺀 값을 말한다.

④ **허용차**(permission difference) : 기준으로 잡은 값과 그에 대해서 허용되는 한계치와의 차를 말한다.

⑤ **공차**(common difference)

　㉮ 규정된 최대치와 최소치와의 차

　㉯ 허용차와 같은 뜻으로 사용한다.

(2) 측정의 종류

① **직접 측정**(direct measurement) : 측정기로부터 직접 측정치를 읽을 수 있는 방법이다. 눈금자, 버니어 캘리퍼스, 마이크로미터 등이 있다.

② **비교 측정**(relative measurement) : 피측정물에 의한 기준량으로부터의 변위를 측정하는 방법이다. 다이얼 게이지, 내경 퍼스 등이 있다.

③ **절대 측정**(absolute measurement) : 피측정물의 절대량을 측정하는 방법이다.

④ **간접 측정(indirect measurement)** : 나사 또는 기어 등과 같이 형태가 복잡한 것에 이용되며, 기하학적으로 측정값을 구하는 방법이다. 측정하고자 하는 양과 일정한 관계가 있는 양을 측정하여 간접적으로 측정값을 구한다. 사인바에 의한 테이퍼 측정, 전류와 전압을 측정하여 전력을 구하는 방법 이 있다.

⑤ **편위법** : 측정량의 크기에 따라 지침이 영점에서 벗어난 양을 측정하는 방법이다.

⑥ **영위법** : 지침이 영점에 위치하도록 측정량을 기준량과 똑같이 맞추는 방법이다.

1-2 측정 오차

(1) 측정 오차

① **개인 오차** : 측정하는 사람에 따라서 생기는 오차는 숙련됨에 따라서 어느 정도 줄일 수 있다.

② **계기 오차**

　㈎ 측정 기구 눈금 등의 불변의 오차 : 보통 기차(器差)라고 하며, 0점의 위치 부정, 눈금 선의 간격 부정으로 생긴다.

　㈏ 측정 기구의 사용 상황에 따른 오차 : 계측기 가동부의 녹, 마모로 생긴다.

③ **시차(視差)** : 측정기의 눈금과 눈 위치가 같지 않은 데서 생기는 오차로 측정시는 반드시 눈과 눈금의 위치가 수평이 되도록 한다.

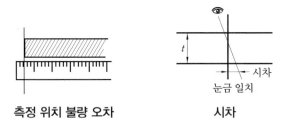

측정 위치 불량 오차　　　　　시차

④ **온도 변화에 따른 측정 오차** : KS에서는 표준온도 20℃, 표준습도 65%, 표준기압 1013mb (750mmHg)로 규정되어 있다.

⑤ **재료의 탄성에 기인하는 오차** : 자중 또는 측정압력에 의해 생기는 오차

⑥ **확대 기구의 오차** : 확대기구의 사용 부정으로 생긴다.

⑦ **우연의 오차** : 확인될 수 없는 원인으로 생기는 오차로서 측정치를 분산시키는 원인이 된다.

핵심문제

1. 다음 중 개인 오차에 속하는 것은?

① 후퇴 오차 ② 관측 오차
③ 계통 오차 ④ 우연 오차 **정답** ②

2. 다음 중 오차란?

① 측정치−참값 ② 기준치−측정치
③ 측정치−미디언 중앙치 ④ 측정치−평균치 **정답** ①

3. 측정 오차에 해당되지 않는 것은?

① 측정 기구의 눈금, 기타 불변의 오차
② 측정자(測定者)에 기인하는 오차
③ 조명도에 의한 오차
④ 측정 기구의 사용 상황에 따른 오차 **정답** ③

해설 ①, ②, ④ 이외에도 확대 기구의 오차, 온도 변화에 따른 오차 등이 존재한다.

4. 다음 중 비교 측정에 사용하는 측정기가 아닌 것은?

① 버니어 캘리퍼스 ② 다이얼 테스트 인디케이터
③ 다이얼 게이지 ④ 지침 측미기 **정답** ①

5. CGS 단위란 다음 중 어느 것인가?

① 길이 : m, 무게 : kg, 시간 : 초 ② 길이 : m, 무게 : 톤, 시간 : 초
③ 길이 : cm, 무게 : g, 시간 : 분 ④ 길이 : cm, 무게 : g, 시간 : 초 **정답** ④

6. 다음 중 절대온도(K)란?

① ℃에 °F를 합한 것 ② ℃에 273.15°를 합한 것
③ ℃에 273.15°를 뺀 것 ④ ℃에 27.3°를 뺀 것 **정답** ②

해설 절대온도$(T) = t_c + 273.15$

7. 다음 중 1μm(미크론)의 크기는?

① $\dfrac{1}{10}$mm ② $\dfrac{1}{100}$mm

③ $\dfrac{1}{1000}$mm ④ $\dfrac{1}{10000}$mm **정답** ③

해설 1μm(미크론)$= 10^{-6}$m$= 10^{-3}$mm

8. 다음 중 1m는 몇 피트인가?

① 2.28　　　　　② 3　　　　　③ 3.28　　　　　④ 4　　　　　**정답 ③**

(해설) 1m＝3.28ft, 1ft＝12inch, 1inch＝25.4mm

9. 공차란 무슨 뜻인가?

① 최대 허용 치수－최소 허용 치수　　　② 기준 치수－최소 허용 치수

③ 기준 치수－최대 허용 치수　　　④ 최대 허용 치수－기준 치수　　**정답 ①**

10. 다음 중 오차의 종류가 아닌 것은?

① 개인적인 오차　　　　　② 시차(視差)

③ 측정 기구 사용 상황에 따른 오차　　④ 재료 소성에 기인한 오차　　**정답 ④**

(해설) 오차의 종류에는 측정 계기 오차, 개인 오차, 온도 관계 오차, 우연의 오차, 확대 기구의 오차, 재료의 탄성에 의한 오차 등이 있다.

11. 측정 오차의 종류에 해당되지 않는 것은?

① 측정기의 오차　　② 자동 오차　　③ 개인 오차　　④ 우연 오차　　**정답 ②**

2. 길이 측정

2-1　길이 측정의 분류

길이 측정은 측정의 기초이며, 측정 빈도가 가장 많다.

① **선도기** : 도구에 표시된 눈금선과 눈금선 사이의 거리로 측정
② **단도기** : 도구 자체의 면과 면 사이의 거리로 측정

길이 측정의 분류

```
                    ┌ 직접 측정기 : 강철자, 버니어 캘리퍼스, 마이크로미터, 하이트 게이지 등
          ┌ 선도기 ─┤
          │         └ 비교 측정기 : 다이얼 게이지, 미니미터, 옵티 미터, 전기 마이크로미터,
길이 측정 ─┤                        공기 마이크로미터, 오르토 테스터, 패소미터, 패시미터, 측
          │                        미 현미경 등
          │
          └ 단도기 : 블록 게이지, 한계 게이지, 틈새 게이지 등
```

핵심문제

1. 다음 중에서 길이 측정기가 아닌 것은?

   ① 마이크로미터   ② 내경 퍼스

   ③ 버니어 캘리퍼스   ④ 서피스 게이지   **정답** ④

2. 비교 측정기가 아닌 것은?

   ① 미니미터   ② 다이얼 게이지

   ③ 공기 마이크로미터   ④ 블록 게이지   **정답** ④

2-2   정밀 측정기

(1) 직접 측정기

① **버니어 캘리퍼스(vernier calipers)** : 프랑스 수학자 버니어(P. Vernier)가 발명한 것이다. 일본 명칭으로 현장에서 노기스라고도 부른다. 이것으로 길이 측정 및 안지름, 바깥지름, 깊이, 두께 등을 측정할 수 있다. 측정 정도는 0.05 또는 0.02mm로 피측정물을 직접 측정하기에 간단하여 널리 사용된다.

㈎ 버니어 캘리퍼스의 종류

  ㉮ M1형 버니어 캘리퍼스

    • 슬라이더가 홈형이며, 내측 측정용 조(jaw)가 있고 300mm 이하에는 깊이 측정자가 있다.

    • 최초 측정치는 0.05mm, 또는 0.02mm(19mm를 20등분 또는 39mm를 20등분)이다.

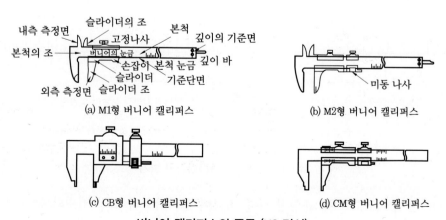

버니어 캘리퍼스의 종류 (KS 명시)

ⓒ M2형 버니어 캘리퍼스

- M1형에 미동 슬라이더 장치가 붙어 있는 것이다.
- 최소 측정치는 0.02mm(24.5mm를 25등분) (1/50mm)이다.

ⓓ CB형 버니어 캘리퍼스 : 슬라이더가 상자형으로 조의 선단에서 내측 측정이 가능하고 이송바퀴에 의해 슬라이더를 미동시킬 수 있다. CB형은 경량이지만 화려하기 때문에 최근에는 CM형이 널리 사용된다. 조의 두께로는 10mm 이하의 작은 안지름을 측정할 수 없다.

ⓔ CM형 버니어 캘리퍼스 : 슬라이더가 홈형으로 조의 선단에서 내측 측정이 가능하고 이송바퀴에 의해 미동이 가능하다. 최소 측정치는 1/50=0.02mm로 CM형의 롱 조(long jaw) 타입은 조의 길이가 길어서 깊은 곳을 측정하는 것이 가능하다. 10mm 이하의 작은 안지름은 측정할 수 없다.

ⓕ 기타 버니어 캘리퍼스의 종류 : 오프셋 버니어, 정압 버니어, 만능 버니어, 이 두께 버니어, 깊이 버니어 캘리퍼스 등이 있다.

(나) 아들자의 눈금 : 어미자(본척)의 $n-1$개의 눈금을 n등분한 것이다. 어미자의 1눈금(최소눈금)을 A, 아들자(부척)의 최소 눈금을 B라고 하면, 어미자와 아들자의 눈금차 C는 다음 식으로 구한다.

$(n-1)A=nB$ 이므로,

$$C=A-B=A-\frac{n-1}{n}\times A=\frac{A}{n}$$

M형의 버니어 캘리퍼스와 같이 어미자 19mm를 20등분하였다면 $C=\frac{1}{20}$ mm가 되어 최소 측정 가능한 길이가 되는 것이다.

(다) 눈금 읽는 법 : 본척과 부척의 0점이 닿는 곳을 확인하여 본척을 읽은 후에 부척의 눈금과 본척의 눈금이 합치되는 점을 찾아서 부척의 눈금수에다 최소 눈금(⬛ M형에서는 0.05mm)을 곱한 값을 더하면 된다.

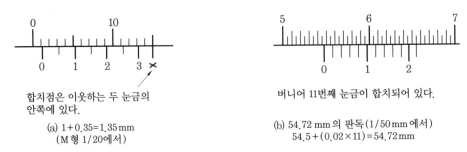

합치점은 이웃하는 두 눈금의
안쪽에 있다.

(a) 1+0.35=1.35mm
(M형 1/20에서)

버니어 11번째 눈금이 합치되어 있다.

(b) 54.72mm의 판독(1/50mm에서)
54.5+(0.02×11)=54.72mm

버니어 캘리퍼스 눈금읽기의 보기

다음 [표]는 KS B 5203에 규정된 각종 버니어 캘리퍼스의 호칭 치수와 눈금 방법을 나타낸 것이다.

각종 버니어 캘리퍼스의 호칭 치수와 눈금 방법

종류	호칭 치수	눈금			
		단수	최소 측정 길이	어미자	아들자
M형	15cm(150mm) 20cm(200mm)	2	$\frac{1}{20}$mm (0.05mm)	1mm	어미자 19mm를 20등분했다.
CB형	15cm(150mm) 20cm(200mm) 30cm(300mm) 60cm(600mm) 1m(1000mm)	2	$\frac{1}{50}$mm (0.02mm)	$\frac{1}{2}$mm	어미자 12mm를 25등분했다.
CM형	15cm(150mm) 20cm(200mm) 30cm(300mm) 60cm(600mm) 1m (1000mm)	2	$\frac{1}{50}$mm (0.02mm)	1mm	어미자 49mm를 50등분했다.

㈑ 사용상의 주의점

㉮ 버니어 캘리퍼스는 아베의 원리에 맞는 구조가 아니기 때문에 가능한 한 조의 안쪽 (본척에 가까운 쪽)을 택해서 측정해야 한다.

> **참고** 아베의 원리(Abbe's principle)
> "측정하려는 시료와 표준자는 측정 방향에 있어서 동일축 선상의 일직선 상에 배치하여야 한다."는 것으로서 콤퍼레이터의 원리라고도 한다.

㉯ 깨끗한 헝겊으로 닦아서 버니어가 매끄럽게 이동되도록 한다.

㉰ 측정할 때에는 측정면을 검사하고 본척과 부척의 0점이 일치되는가를 확인한다.

㉱ 피측정물은 내부의 측정면에 끼워서 오차를 줄인다.

㉲ 측정 시 무리한 힘을 주지 않는다.

㉳ 눈금을 읽을 때는 시차(parallex)를 없애기 위하여 눈금으로부터 직각의 위치에서 읽는다.

㈒ 정도 검사

㉮ 눈금면이 바른가, 조(jaw)의 선단 등 파손 여부 검사

㉯ 슬라이더의 작동이 원활한지의 여부 검사

㉰ 측정면과 측정 정도 검사

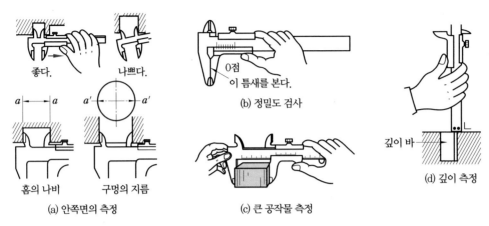

좋다.　나쁘다.

(b) 정밀도 검사

깊이 바

(d) 깊이 측정

홈의 나비　구멍의 지름

(a) 안쪽면의 측정

(c) 큰 공작물 측정

버니어 캘리퍼스에 의한 측정

② **마이크로미터(micrometer)** : 마이크로 캘리퍼스 또는 측미기라고도 불리며, 나사가 1회 전하면 1피치 전진하는 성질을 이용하여 프랑스의 파머가 발명한 것이다. 마이크로미터의 용도는 버니어 캘리퍼스와 같다.

㈎ 구조 : 다음 [그림]은 외경 마이크로미터로서 스핀들과 같은 축에 있는 1중 나사인 수나사(mm 식에서는 피치 0.5mm가 많음)와 암나사가 맞물려 있어서 스핀들이 1회전하면 0.5mm 이동한다.

  ㉮ 딤블은 슬리브 위에서 회전하며, 50등분되어 있다.

  ㉯ 딤블과 수나사가 있는 스핀들은 같은 축에 고정되어 있으며, 딤블의 한 눈금은 $0.5\text{mm} \times \dfrac{1}{50} = \dfrac{1}{100} = 0.01\,\text{mm}$이다. 즉, 최소 0.01mm까지 측정할 수 있다.

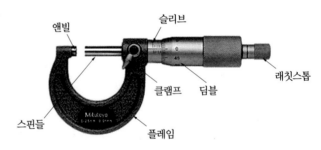

앤빌　슬리브

클램프　딤블

래칫스톱

스핀들

플레임

마이크로미터의 구조

㈏ 측정 범위 : 외경 및 깊이 마이크로미터는 0~25, 25~50, 50~75mm로 25mm 단위로 측정할 수 있으며, 내경 마이크로미터는 5~25mm, 25~50mm와 같이 처음 측정 범위만 다르다.

㈐ 마이크로미터의 종류

  ㉮ 표준 마이크로미터(standard micrometer)

  ㉯ 버니어 마이크로미터(vernier micrometer) : 최소 눈금을 0.001mm로 하기 위하여 표준 마이크로미터의 슬리브 위에 버니어의 눈금을 붙인 것이다.

  ㉰ 다이얼 게이지부 마이크로미터(dial gauge micrometer) : 0.01mm 또는

0.001mm의 다이얼 게이지를 마이크로미터의 앤빌측에 부착시켜서 동일 치수의 것을 다량으로 측정한다.

④ 지시 마이크로미터(indicating micrometer) : 인디케이트 마이크로미터라고도 하며, 측정력(測定力)을 일정하게 하기 위하여 마이크로미터 프레임의 중앙에 인디케이터(지시기)를 장치하였다. 이것은 지시부의 지침에 의하여 0.002mm 정도까지 정밀한 측정을 할 수 있다.

⑤ 기어 이 두께 마이크로미터(gear tooth micrometer) : 일명 디스크 마이크로미터라고도 하며 평기어, 헬리컬 기어의 이 두께를 측정하는 것으로서 측정 범위는 0.5~6모듈이다.

⑥ 나사 마이크로미터(thread micrometer) : 수나사용으로 나사의 유효 지름을 측정하며, 고정식과 앤빌 교환식이 있다.

⑦ 포인트 마이크로미터(point micrometer) : 드릴의 홈 지름과 같은 골경의 측정에 쓰이며, 측정 범위는 (0~25mm)~(75~100mm)이고, 최소 눈금 0.01mm, 측정자의 선단 각도는 15°, 30°, 45°, 60°가 있다.

⑧ 내측 마이크로미터(inside micrometer) : 단체형, 캘리퍼형, 삼점식이 있다.

㈃ 눈금 읽는 법 : 다음 [그림]에서와 같이 먼저 슬리브 기선상에 나타나는 치수를 읽은 후에, 딤블의 눈금을 읽어서 합한 값을 읽으면 된다. 여기서는 최소 눈금을 0.01mm까지 읽은 것의 보기를 들었지만, 숙련에 따라서는 0.001mm까지 읽을 수 있다.

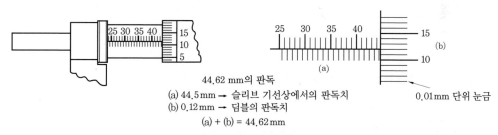

44.62 mm의 판독
(a) 44.5 mm → 슬리브 기선상에서의 판독치
(b) 0.12 mm → 딤블의 판독치
(a) + (b) = 44.62mm

0.01mm 단위 눈금

마이크로미터 판독법

㈄ 사용상의 주의점

㉮ 스핀들은 언제나 균일한 속도로 돌려야 한다.

㉯ 동일한 장소에서 3회 이상 측정하여 평균치를 내어서 측정값을 낸다.

㉰ 공작물에 마이크로미터를 접촉할 때에는 스핀들의 축선에 정확하게 직각 또는 평행하게 한다.

㉱ 장시간 손에 들고 있으면 체온에 의한 오차가 생기므로 신속히 측정한다(스탠드를 사용하면 좋음).

㉲ 사용 후의 보관 시에는 반드시 앤빌과 스핀들의 측정면을 약간 떼어 둔다.

㉳ 0점 조정 시에는 비품으로 딸린 스패너를 사용하여 슬리브의 구멍에 끼우고 돌려서

조정한다.

③ 하이트 게이지(hight gauge)

㈎ **구조** : 스케일(scale)과 베이스(base) 및 서피스 게이지(surface gauge)를 하나로 합한 것이 기본 구조이며, 여기에 버니어 눈금을 붙여 고정도로 정확한 측정을 할 수 있게 하였으며, 스크라이버로 금긋기에도 쓰인다. 일명 높이 게이지라고도 한다.

㈏ 하이트 게이지의 종류

⑦ HM형 하이트 게이지 : 견고하여 금긋기에 적당하며, 비교적 대형이다. 0점 조정이 불가능하다.

⑭ HB형 하이트 게이지 : 경량 측정에 적당하나 금긋기용으로는 부적당하다. 스크라이버의 측정면이 베이스면까지 내려가지 않는다. 0점 조정이 불가능하다.

⑭ HT형 하이트 게이지 : 표준형이며 본척의 이동이 가능하다.

⑭ 다이얼 하이트 게이지 : 다이얼 게이지를 버니어 눈금대신 붙인 것으로 최소 눈금은 0.01mm이다.

⑭ 디지트 하이트 게이지 : 스케일 대신 직주 2개로 슬라이더를 안내하며, 0.01mm까지의 치수가 숫자판으로 지시한다.

하이트 게이지

⑭ 퀵세팅 하이트 게이지 : 슬라이더와 어미자의 홈 사이에 인청동판이 접촉하여 헐거움 없이 상하 이동이 되며 클램프 박스의 고정이 불필요한 형으로 원터치 퀵세팅이 가능하고 0.02mm까지 읽을 수 있다.

⑭ 에어플로팅 하이트 게이지 : 중량 20kg, 호칭 1000mm 이상인 대형에 적용되는 형으로 베이스 내부에 노즐 장치가 있어 일정한 압축 공기가 정반과 베이스 사이에 공기막을 형성하여 가벼운 이동이 가능한 측정기이다.

④ 측장기(measuring machine)

: 마이크로미터보다 더 정밀한 정도를 요하는 게이지류의 측정에 쓰이며, 0.001mm(μ)의 정밀도로 측정된다. 일반적으로 1~2m에 달하는 치수가 큰 것을 고정밀도로 측정할 수 있다.

측장기의 구조와 종류는 다음과 같다.

㈎ 블록 게이지나 표준 게이지 등을 기준으로 피측정물의 치수를 비교 측정하여 그 치수를 구하는 비교 측장기(측미기, 콤퍼레이터)

㈏ 측장기 자체에 표준척을 가지고 이와 비교하여 치수를 직접 구할 수 있는 측장기

㈐ 빛의 파장을 기준으로 빛의 간섭에 의해 피측정물의 치수를 구하는 간섭계

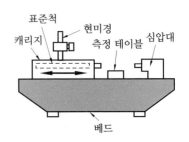

횡형 측장기 형식

(2) 비교 측정기(comparative measuring instrument)

① **다이얼 게이지(dial gauge)** : 기어 장치로서 미소한 변위를
확대하여 길이 또는 변위를 정밀 측정하는 비교 측정기이다.

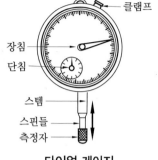

다이얼 게이지

⑺ 특 징

㉮ 소형이고 경량이라 취급이 용이하며 측정 범위가 넓다.

㉯ 연속된 변위량의 측정이 가능하다.

㉰ 다원 측정(많은 곳 동시 측정)의 검출기로서 이용이 가
능하다.

㉱ 읽음 오차가 적다.

㉲ 진원도 측정이 가능하다(3점법, 반경법, 직경법).

㉳ 어태치먼트의 사용 방법에 따라서 측정 범위가 넓어진다.

② **기타 비교 측정기**

⑺ **측미 현미경(micrometer microscope)** : 길이의 정밀 측정에 사용되는 것으로서 대물
렌즈(對物 lens)에 의해서 피측정물의 상을 확대하여 그 하나의 평면 내에 실상을 맺게
해서 이것을 접안렌즈로 들여다보면서 측정한다.

⑻ **공기 마이크로미터(air micrometer, pneumatic micrometer)** : 보통 측정기로는 측정
이 불가능한 미소한 변화를 측정할 수 있는 것으로서 확대율 만 배, 정도 $\pm 0.1 \sim 1\mu$이
지만 측정 범위는 대단히 작다. 일정압의 공기가 두 개의 노즐을 통과해서 대기중으로
흘러 나갈 때의 유출부의 작은 틈새의 변화에 따라서 나타나는 지시압의 변화에 의해
서 비교 측정이 된다. 공기 마이크로미터는 노즐 부분을 교환함으로써 바깥지름, 안지
름, 진각도, 진원도, 평면도 등을 측정할 수 있다. 또 비접촉 측정이라서 마모에 의한
정도 저하가 없으며, 피측정물을 변형시키지 않으면서 신속한 측정이 가능하다.

⑼ **미니미터(minimeter)** : 지렛대를 이용한 것으로서 지침에 의해 100~1000배로 확대 가
능한 기구다. 부채꼴의 눈금 위를 바늘이 $180°$ 이내에서 움직이도록 되어 있으며, 지
침의 흔들림은 미소해서 지시범위는 60μ 정도이고, 최소눈금은 보통 1μ, 정도(精度)
는 $\pm 0.5\mu$ 정도이다.

⑽ **오르토 테스터(ortho tester)** : 지렛대와 1개의 기어를 이용하여 스핀들의 미소한 직선
운동을 확대하는 기구로서, 최소 눈금 1μ, 지시 범위 100μ 정도이지만 확대율을 배로
하여 지시 범위를 $\pm 50\mu$으로 만든 것도 있다.

⑾ **전기 마이크로미터(electric micrometer)** : 길이의 근소한 변위를 그에 상당하는 전기
치로 바꾸고, 이를 다시 측정 가능한 전기 측정 회로로 바꾸어서 측정하는 장치로서
0.01μ 이하의 미소의 변위량도 측정 가능하다.

⑿ **패소미터(passometer)** : 마이크로미터에 인디케이터를 조합한 형식으로서 마이크

로미터부에 눈금이 없고, 블록 게이지로 소정의 치수를 정하여 피측정물과의 인디케이터로 읽게 되어 있다. 측정 범위는 150mm까지이며, 지시 범위(정도)는 0.002~0.005mm, 인디케이터의 최소 눈금은 0.002mm 또는 0.001mm이다.

(사) 패시미터(passimeter) : 기계 공작에서 안지름을 검사 · 측정할 때 사용되며, 구조는 패소미터와 거의 같다. 측정두는 각 호칭 치수에 따라서 교환이 가능하다.

(아) 옵티미터(optimeter) : 측정자의 미소한 움직임을 광학적으로 확대하는 장치로서 확대율은 800배이며 최소 눈금 1μ, 측정 범위 ±0.1mm, 정도(精度) ±0.25μ 정도이다. 원통의 안지름, 수나사, 암나사, 축 게이지 등과 같이 고 정도를 필요로 하는 것을 측정한다.

(3) 단도기

① **블록 게이지(block gauge)** : 면과 면, 선과 선의 길이의 기준을 정하는 데 가장 정도가 높고 대표적인 것이며, 이것과 비교하거나 치수 보정을 하여 측정기를 사용한다.

(가) 종류 : KS에서는 장방형 단면의 요한슨형(johansson type)이 쓰이지만, 이 밖에 장방형 단면(각면의 길이 0.95″)으로 중앙에 구멍이 뚫린 호크형(hoke type), 얇은 중공원판 형상인 캐리형(cary type)이 있다.

(a) 요한슨형   (b) 호크형   (c) 캐리형

블록 게이지 종류

(나) 특 징

㉮ 광(빛) 파장으로부터 직접 길이를 측정할 수 있다.

㉯ 정도가 매우 높다(0.01μ 정도).

㉰ 손쉽게 사용할 수 있으며, 서로 밀착하는 특성이 있어 여러 치수로 조합할 수 있다.

(다) 치수 정도(dimension precision) : 블록 게이지의 정도를 나타내는 등급으로 K, 0, 1, 2급의 4등급을 KS에서 규정하고 있으며, 용도는 다음 [표]와 같다.

블록 게이지의 등급과 용도 및 검사 주기

등급	용도	검사 주기
K급(참조용, 최고기준용)	표준용 블록 게이지의 참조, 정도, 점검, 연구용	3년
0급(표준용)	검사용 게이지, 공작용 게이지의 정도 점검, 측정 기구의 정도 점검용	2년
1급(검사용)	기계 공구 등의 검사, 측정 기구의 정도 조정	1년
2급(공작용)	공구, 날공구의 정착용	6개월

㈜ 밀착(wringing) : 측정면을 청결한 천으로 닦아낸 후 돌기나 녹의 유무를 검사한다.

    ㉮ 두꺼운 블록끼리의 밀착 : 측정면에 약간의 기름을 남긴 상태에서 [그림 (a)]와 같이 측정면의 중앙에서 직교되도록 놓고 조금 문지르면 흡착한다. 그 다음 두 블록을 눌러 붙이면서 회전시켜 두 개의 블록 게이지 방향을 맞춘다.

    ㉯ 두꺼운 것과 얇은 것의 밀착 : [그림 (b)]와 같이 얇은 것을 두꺼운 블록 게이지의 한 쪽 끝에 놓고 가볍게 밀어 넣어 흡착하여 눌러 붙이면 밀어 넣어 두 개의 블록 게이지를 합치시킨다. 2mm 이하의 얇은 것은 휨이 생겨 국부적으로 밀착되지 않은 곳은 뜨게 되므로 주의한다.

    ㉰ 얇은 것끼리의 밀착 : 같은 요령으로 우선 임의의 두꺼운 것에 소정의 얇은 것을 1장 밀착하여 확인한 다음 그 위에 얇은 것을 밀착시키고 두꺼운 것을 떼어내면 된다. 떼어낼 때는 십자형으로 회전시키면서 잡아당긴다[그림 (c)].

(a) 두꺼운 것의 조합   (b) 두꺼운 것과 얇은 것의 조합   (c) 얇은 것의 조합

블록 게이지 밀착

② 한계 게이지(limit gauge) : 제품을 정확한 치수대로 가공한다는 것은 거의 불가능하므로 오차의 한계를 주게 되며 이 때의 오차 한계를 재는 게이지를 한계 게이지라고 한다. 한계 게이지는 통과측(go side)과 정지측(no go side)을 갖추고 있는데, 정지측으로는 제품이 들어가지 않고 통과측으로 제품이 들어가는 경우 제품은 주어진 공차 내에 있음을 나타내는 것이다.

한계 게이지에는 그 용도에 따라서 공작용 게이지, 검사용 게이지, 점검용 게이지가 있다.

㈎ 한계 게이지의 장단점

    ㉮ 제품 상호간에 교환성이 있다.

    ㉯ 완성된 게이지가 필요 이상 정밀하지 않아도 되기 때문에 공작이 용이하다.

    ㉰ 측정이 쉽고 신속하며 다량의 검사에 적당하다.

    ㉱ 최대한의 분업 방식이 가능하다.

    ㉲ 가격이 비싸다.

    ㉳ 특별한 것은 고급 공작 기계가 있어야 제작이 가능하다.

㈏ 종 류

    ㉮ 봉형 게이지(bar gauge)

- 블록 게이지로 재기 힘든 측정에 사용한다.
- 블록 게이지와 같이 단면에 의하여 길이 표시를 한다.
- 단면 형상은 양단 평면형, 곡면형이 있다.
- 블록 게이지와 병용하며 사용법도 거의 같다.

㉯ 플러그 게이지(plug gauge)와 링 게이지(ring gauge)
- 플러그 게이지는 구멍의 안지름을, 링 게이지는 구멍의 바깥지름을 측정하며, 플러그 게이지와 링 게이지는 서로 1조로 구성되어 널리 사용된다.
- 캘리퍼스나 공작물 지름 검사에 쓰인다.

㉰ 터보 게이지(tebo gauge) : 한 부위에 통과측과 불통과측이 동시에 있다.

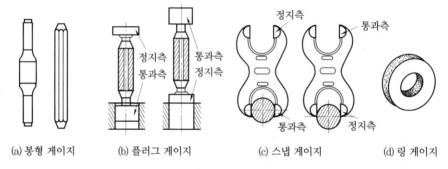

|(a) 봉형 게이지|(b) 플러그 게이지|(c) 스냅 게이지|(d) 링 게이지|

한계 게이지

㈐ 테일러의 원리(Taylor's theory) : 한계 게이지에 의해 합격된 제품에 있어서도 축의 약간 구부림 형상이나 구멍의 요철, 타원 등을 가려내지 못하기 때문에 끼워 맞춤이 안 되는 경우가 있다. 이러한 현상을 영국의 테일러(W.Taylor)가 처음으로 발표했는데 테일러의 원리를 요약하면 다음과 같다.

"통과측의 모든 치수는 동시에 검사되어야 하고, 정지측은 각 치수를 개개로 검사하여야 한다."

③ **기타 게이지류**

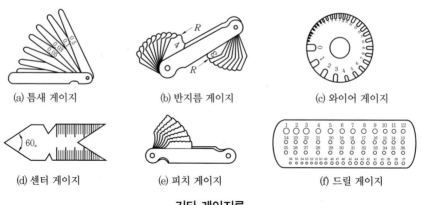

|(a) 틈새 게이지|(b) 반지름 게이지|(c) 와이어 게이지|
|(d) 센터 게이지|(e) 피치 게이지|(f) 드릴 게이지|

기타 게이지류

⑺ 틈새 게이지(thickness gauge, clearance gauge, feeler gauge)

  ⑦ 미세한 간격, 틈새 측정에 사용된다[그림 (a)].

  ⑭ 박강판으로 두께 0.02~0.7mm 정도를 여러 장 조합하여 1조로 묶은 것이다.

  ⑮ 몇 가지 종류의 조합으로 미세한 간격을 비교적 정확히 측정할 수 있다.

⑻ 반지름 게이지(radius gauge)

  ⑦ 모서리 부분의 라운딩 반지름 측정에 사용된다.

  ⑭ 여러 종류의 반지름으로 된 것을 조합한다[그림 (b)].

⑼ 드릴 게이지(drill gauge) : 직사각형의 강판에 여러 종류의 구멍이 뚫려 있어서 여기에 드릴을 맞추어 보고 드릴의 지름을 측정하는 게이지이다. 번호로 표시하거나 지름으로 표시하며, 번호 표시의 경우는 번호가 클수록 지름이 작아진다[그림 (f)].

⑽ 센터 게이지(center gauge)

  ⑦ 선반의 나사 바이트 설치, 나사깎기 바이트 공구각을 검사하는 게이지이다.

  ⑭ 미터 나사용(60°)과 휘트 워드 나사용(55°) 및 애크미 나사용이 있다[그림 (d)].

⑾ 피치 게이지(나사 게이지 : pitch gauge, thred gauge) : 나사산의 피치를 신속하게 측정하기 위하여 여러 종류의 피치 형상을 한데 묶은 것이며 mm계와 inch계가 있다.

⑿ 와이어 게이지(wire gauge)

  ⑦ 철사의 지름을 번호로 나타낼 수 있게 만든 게이지이다.

  ⑭ 구멍의 번호가 커질수록 와이어의 지름은 가늘어진다[그림 (c)].

⒀ 테이퍼 게이지(taper gauge) : 테이퍼의 크기를 측정하는 게이지이다.

핵심문제

1. 와이어 게이지는 번호가 높을수록 와이어 지름이 어떻게 되는가?

  ① 커진다.　　　　　　　　　② 작아진다.

  ③ 불변한다.　　　　　　　　④ 커졌다가 작아진다.　　　**정답** ②

2. 다음 게이지에 대한 설명 중 틀린 것은?

  ① 레이디어스 게이지 : 지름 측정

  ② 피치 게이지 : 나사 피치 측정

  ③ 센터 게이지 : 선반의 나사 바이트 고정이나 나사 각도 측정

  ④ 티크니스 게이지 : 미세한 간격(두께) 측정　　　　　　　　**정답** ①

3. 스냅 게이지가 측정하는 곳은?

  ① 안지름　　　　　　　　　② 바깥지름

  ③ 두께　　　　　　　　　　④ 틈새　　　　　　　　　　**정답** ②

4. 구멍의 안지름 측정에 쓰이는 것은?

① 롤러 게이지   ② 플러그 게이지

③ 와이어 게이지   ④ 링 게이지   **정답** ②

5. 다음 그림은 M형 버니어 캘리퍼스의 본척과 부척을 나타낸 것이다. 맞게 읽은 것은?

① 7.1mm

② 7.2mm

③ 7.3mm

④ 7.4mm   **정답** ②

6. 나사 마이크로미터가 측정하는 것은?

① 나사 골지름

② 나사 호칭 지름

③ 나사 유효 지름

④ 나사 바깥지름   **정답** ③

7. 다음 마이크로미터에 나타난 측정값은?

① 5.25

② 7.28

③ 7.78

④ 5.35   **정답** ③

8. 하이트 게이지의 사용 목적 중 틀린 것은?

① 실제 높이를 측정할 수 있다.

② 금긋기를 할 수 있다.

③ 다이얼 게이지를 붙여 비교 측정할 수 있다.

④ 안지름을 측정할 수 있다.   **정답** ④

9. 다이얼 게이지에 의한 진원도 측정 방법이 아닌 것은?

① 촉침법   ② 3점법

③ 직경법   ④ 반경법   **정답** ①

10. 기계, 공구 등의 검사용 블록 게이지의 등급은?

① K   ② 0

③ 1   ④ 2   **정답** ③

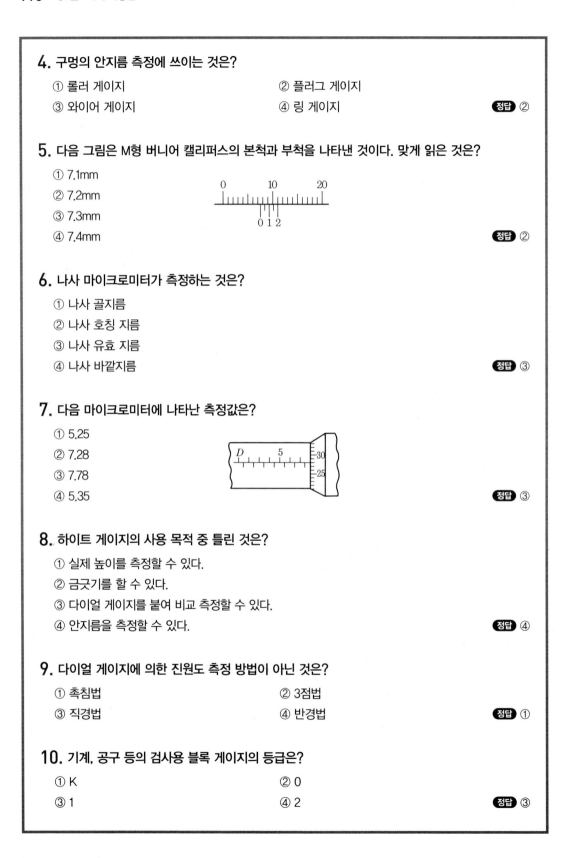

3. 각도, 평면 및 테이퍼 측정

3-1 각도 측정

(1) 분도기와 만능 분도기

① **분도기(protractor)** : 가장 간단한 측정 기구로서 주로 강판제의 원형 또는 반원형으로 되어 있다.

② **만능 분도기(universal protractor)** : 정밀 분도기라고도 하며, 버니어에 의하여 각도를 세밀히 측정할 수 있다. 최소 눈금은 어미자 눈금판의 23°를 12등분한 버니어가 있는 것이 5′이고, 19°를 20등분한 버니어가 붙은 것이 3′이다.

③ **직각자(square)** : 공작물의 직각도, 평면도 검사나 금 긋기에 쓰인다.

④ **콤비네이션 세트(combination set)** : 분도기에다 강철자, 직각자 등을 조합해서 사용하며, 각도의 측정, 중심 내기 등에 쓰인다.

콤비네이션 세트

(2) 사인 바(sine bar)

사인 바는 블록 게이지 등을 병용하며, 삼각 함수의 사인(sine)을 이용하여 각도를 측정하고 설정하는 측정기이다.

① 각도 구하는 법

㈎ 본체 양단에 2개의 롤러를 조합한다. 이때 중심거리(사인 바의 호칭치수)는 일정하다. 즉, 사인 바의 길이(크기)는 양쪽 롤러의 중심거리로 한다.

㈏ 롤러 밑에 블록 게이지(block gauge)를 넣어서 양단의 높이를 H, h로 한다.

㈐ 각도 구하는 공식은

$$\sin\phi = \frac{(H-h)}{L}, \quad H = L \cdot \sin\phi$$

여기서, H : 높은쪽 높이 h : 낮은쪽 높이 L : 사인 바의 길이

㈑ 사인 바의 호칭치수는 100mm 혹은 200mm이다.

② 각도 설정법

㈎ 계산식에 의하여 블록 게이지 H와 h를 롤러 밑에 넣는다.

㈏ 블록 게이지는 정확한 것을 선택한다.

㈐ 각도 1°는 $H-h$를 1.75mm로 하면 된다.

③ 사인 바의 사용법

㈎ 각도 ϕ가 45°이상이면 오차가 커진다. 따라서 45°이하의 각도 측정에 사용해야 한다.

㈏ 사용 후엔 블록 게이지를 손질하여 원위치로 한다.

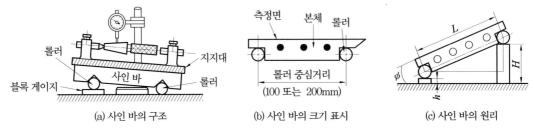

(a) 사인 바의 구조 (b) 사인 바의 크기 표시 (c) 사인 바의 원리

사인 바의 구조와 원리

(3) 각도 게이지(angle gauge)

① **요한슨식 각도 게이지(Johansson type angle gauge)** : 지그, 공구, 측정 기구 등의 검사에 없어서는 안되는 것이며, 박강판을 조합해서 여러 가지의 각도를 만들 수 있게 되어 있다.

㈎ 길이 약 50mm, 폭 약 20mm, 두께 1.5mm 정도의 판 게이지 49개 또는 85개가 한 조로 되어 있다.

㈏ 이 중 한 개 또는 적당한 것을 홀더를 사용하여 2개 결합해서 임의의 각도로 만들어 쓴다.

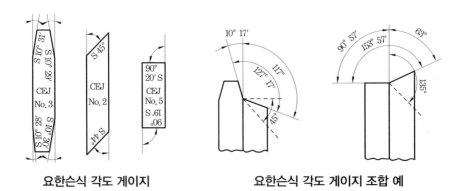

요한슨식 각도 게이지   요한슨식 각도 게이지 조합 예

② NPL식 각도 게이지(NPL type angle gauge)

㈎ 길이 100mm, 폭 15mm의 측정면을 가진 쐐기형의 열 처리된 블록으로 여러 가지 각도를 가진 9개, 12개 또는 그 이상의 게이지를 한 조로 한다.

㈏ 이들 게이지를 단독 또는 2개 이상 조합해서

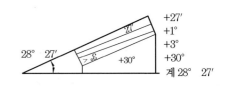

NPL식 각도 게이지의 조합 예

각도를 더하거나 빼서 다양한 각도를 만들 수 있다. 블록의 밀착이 가능하므로 홀더가 필요 없다.

(4) 수준기

수준기는 수평 또는 수직을 측정하는 데 사용한다. 수준기는 기포관 내의 기포 이동량에 따라서 측정하며, 감도는 특종(0.01mm/m(2초)), 제1종(0.02mm/m(4초)), 제2종(0.05mm/m(10초)), 제3종(0.1mm/m(20초)) 등이 있다.

(5) 광학식 각도계(optical protracter)

[그림]은 광학식 각도계의 구조이며 원주 눈금은 베이스(base)에 고정되어 있고, 원판의 중심축의 둘레를 현미경이 돌며 회전각을 읽을 수 있게 되어 있다.

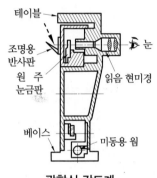

광학식 각도계

(6) 오토콜리메이터(auto collimator)

㈎ 오토콜리메이션 망원경이라고도 부르며 공구나 지그 취부구의 세팅과 공작 기계의 베드나 정반의 정도 검사에 정밀 수준기와 같이 사용되는 각도기이다.

㈏ 각도, 진직도, 평면도 측정의 대표적인 것이다.

핵심문제

1. 다음 중 사인 바의 크기는?

① 양쪽에 달린 롤러 원주 길이   ② 전체 길이

③ 아래면의 길이   ④ 양쪽 롤러의 중심거리   **정답** ④

2. 100mm의 사인 바에 의해서 30°를 만드는 데 필요한 블록 게이지가 다음과 같이 준비되어 있을 때 필요 없는 것은?

① 40   ② 20   ③ 5.5   ④ 4.5   **정답** ②

해설 사인 바에 의한 각도 측정은 $\sin\theta = \dfrac{H}{L}$이므로 $H = \sin\theta \times L = \sin 30° \times 100 = 0.5 \times 100 = 50$mm이다. 그러므로 블록 게이지를 50mm가 되게 조합하면 된다.

3. NPL식 각도 게이지와 관계 없는 것은?

① 쐐기형 블록   ② 12개조

③ 홀더   ④ 밀착이 가능   **정답** ③

4. 각도를 측정하는 공구가 아닌 것은?

① 수준기   ② 오토콜리메이터

③ 한계 게이지   ④ 표준 테이퍼 게이지   **정답** ③

5. 다음은 사인 바의 H값을 알아내는 공식이다. 알맞은 것은?

① $H = L\sin\theta$

② $H = \dfrac{L}{\sin\theta}$

③ $H = \dfrac{L\sin\theta}{2}$

④ $H = 2(L\sin\theta)$ **정답** ①

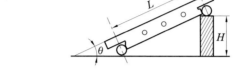

6. NPL식 각도 게이지를 그림과 같이 조합했을 때의 각도 θ는?

① 35°9′

② 41°9′

③ 38°51′

④ 41°91′   **정답** ①

해설 $27° + 10° + 1° + 9′ = 38°9′ - 3° = 35°9′$

7. 각도 측정용 게이지들로 조합된 것은?

① 오토 콜리메이터, 사인 바, 콤비네이션 세트

② 사인 바, 오토 콜리메이터, 옵티컬 플랫

③ 직각자, 만능 분도기, 옵티컬 패럴렐

④ 만능 분도기, 옵티컬 플랫, 콤비네이션 세트   **정답** ①

3-2 평면 측정

   기계 가공 후 가공된 면이 울퉁불퉁한 것을 거칠기라고 한다. 이러한 거칠기가 작은 것은 평면도가 좋다고 할 수 있다.

(1) 평면도와 진직도의 측정

① **정반에 의한 방법** : 정반의 측정면에 광명단을 얇게 칠한 후 측정물을 접촉하여 측정면에 나타난 접촉점의 수에 따라서 판단하는 방법이다.

② **직선 정규에 의한 측정** : 진직도를 나이프 에지(knife edge)나 직각 정규로 재서 평면도를 측정한다.

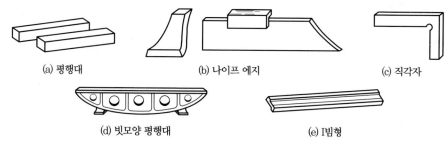

(a) 평행대   (b) 나이프 에지   (c) 직각자

(d) 빗모양 평행대   (e) I빔형

평면도 측정 공구

(2) 옵티컬 플랫(optical flat)

광학적인 측정기로서 비교적 작은 면에 매끈하게 래핑된 블록 게이지나 각종 측정자 등의 평면 측정에 사용하며, 측정면에 접촉시켰을 때 생기는 간섭무늬의 수로 측정한다.

(3) 공구 현미경(tool maker's microscope)

① **용 도**

㈎ 현미경으로 확대하여 길이, 각도, 형상, 윤곽을 측정한다.

㈏ 정밀 부품 측정, 공구 치구류 측정, 각종 게이지 측정, 나사 게이지 측정 등에 사용한다.

② **종류** : 디지털(digital) 공구 현미경, 레이츠(leitz) 공구 현미경, 유니언(union) SM형, 만능 측정 현미경 등이 있다.

(4) 투영기(profle projector)

광학적으로 물체의 형상을 투영하여 측정하는 방법이다.

핵심문제

1. 옵티컬 플랫은 어느 원리를 이용한 것인가?

① 빛의 직진 작용을 이용한 것이다.   ② 빛의 굴절을 이용한 것이다.

③ 빛의 간섭을 이용한 것이다.   ④ 빛의 반사를 이용한 것이다.   **정답** ③

2. 평면도 측정에 사용되지 않는 것은?

① 간격 게이지   ② 정반

③ 직선자   ④ 나이프 에지   **정답** ①

3-3   테이퍼 측정

(1) 테이퍼 측정법의 종류

테이퍼의 측정법에는 테이퍼 게이지, 사인 바, 각도 게이지, 볼(강구) 또는 롤러에 의한 방법 등이 있다.

(2) 테이퍼 측정 공식

롤러와 블록 게이지를 접촉시켜서 M_1과 M_2를 마이크로미터로 측정하면 다음 식에 의하여 테이퍼 각(α)를 구할 수 있다.

$$\tan \frac{\alpha}{2} = \frac{M_2 - M_1}{2H}$$

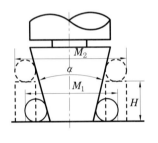
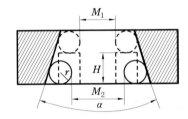

(a) 외경 테이퍼(롤러 사용)   (b) 구멍 테이퍼(강구 사용)

롤러를 이용한 테이퍼 측정

핵심문제

1. 테이퍼 측정법으로 맞지 않는 것은?

① 테이퍼 게이지 사용
② 각도 게이지에 의한 방법
③ 사인 바에 의한 방법
④ 옵티컬 플랫에 의한 방법

정답 ④

제10장 다듬질/기계조립 가공법

1. 다듬질 작업

1-1 손다듬질(수기 가공)

(1) 손다듬질용 설비와 공구

① **작업대** : 바이스를 고정하여 절단, 줄 작업 등을 할 수 있는 것으로 적당한 무게와 흔들림이 없어야 한다. 크기는 가로×세로×높이로 표시한다.

② **바이스(vise)** : 일감 고정을 할 때 사용하며, 수평 바이스와 수직 바이스가 있다. 수평 바이스는 금속가공용으로, 수직 바이스는 목공용으로 주로 사용하며, 바이스의 크기는 바이스 조(jaw)의 폭으로 나타낸다.

③ **정반** : 주철이나 석재를 사용하며, 정밀 측정에는 석재가 사용된다. 크기는 가로×세로×높이로 표시한다.

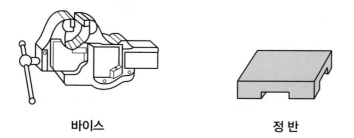

바이스   정 반

④ **C 클램프(squill vice ; C-clamp)** : 얇은 철판을 겹쳐서 가공하거나 공작물을 조립하기 전에 잠시 물릴 때 사용한다.

(2) 정 작업(chipping)

① **정 작업 시 주의사항**

㈎ 정과 해머를 잡은 손에 힘을 주지 않는다.

㈏ 정 작업 시 장갑을 끼지 않는다.

㈐ 담금질된 강에 정 작업을 해서는 안 된다.

㈜ 정 작업 시 칩의 비산에 주의한다.

㈜ 사용 전에 결함이 있는지 검사한다.

㈜ 연강의 경우 바이스의 수평면에 대해 25° 정도 기울인다. 일반적으로 정날의 공구각의 1/2 정도로 기울인다.

㈜ 중요한 것은 눈의 주시 위치이며, 정의 날끝을 정확히 보아야 한다.

(3) 줄 작업

① 줄의 각부 명칭과 종류

㈎ 줄 단면의 모양 : [그림]과 같이 평줄, 반원줄, 둥근줄, 각줄, 삼각줄의 5가지가 있다.

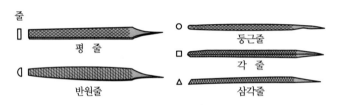

줄의 단면 모양

㈏ 줄의 각부 명칭 : 줄의 각부는 자루부, 탱, 절삭날, 선단 등으로 되어 있다.

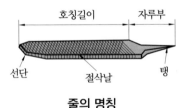

줄의 명칭

㈐ 줄눈의 크기 : 황목, 중목, 세목, 유목 순으로 눈이 작아진다.

㈑ 줄 작업 방식 : 직진법, 횡진법, 사진법

㈒ 줄날의 방식 : 홑줄날, 두줄날(다듬질용), 라스프줄날(목재, 피혁용), 곡선줄날 등이 있다.

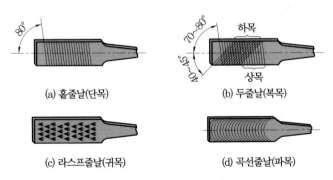

(a) 홑줄날(단목)   (b) 두줄날(복목)

(c) 라스프줄날(귀목)   (d) 곡선줄날(파목)

줄날의 모양

(4) 리머 작업(reaming)

드릴에 의해 뚫린 구멍은 진원 진직 정밀도가 낮고 내면 다듬질의 정도가 불량하다. 따라서 리머 공구를 사용하여 이러한 구멍을 정밀하게 다듬질하는 것을 말한다.

① 리머의 모양과 종류

㈎ 수동 리머

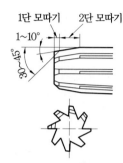

리머의 2단 모따기

　㉮ 리머는 보통 날 부분과 자루 부분으로 구분한다.

　㉯ 모양에 따라 단체 리머(통형), 셸 리머(날과 자루 조합), 조정 리머(날 교환), 평행 리머, 테이퍼 리머(모스테이퍼 리머, 테이퍼 핀 리머), 파이프 리머가 있다.

　㉰ 끝 부분에는 1단 모따기(30~45°), 2단 모따기(1~10°)를 하며 자루쪽이 선단쪽보다 지름이 조금 가늘게 되어 있는데 이것을 백 테이퍼(back taper)라 한다(0.01~0.03 mm/100mm에 대해).

㈏ 기계 리머

　㉮ 드릴링 머신이나 선반 등에 붙여서 사용하는 것이며 수동용의 각진 부분에 모스테이퍼나 직선 섕크가 붙어 있다.

　㉯ 종류에는 체킹 리머(chacking reamer), 조버 리머, 브리지 리머 등이 있다.

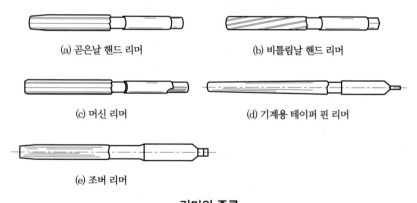

(a) 곧은날 핸드 리머　　　　(b) 비틀림날 핸드 리머

(c) 머신 리머　　　　(d) 기계용 테이퍼 핀 리머

(e) 조버 리머

리머의 종류

㈐ 기타 리머 : 센터 리머, 버링 리머(burring reamer), 밸브 시트 리머, 블록 리머 등이 있다.

핵심문제

1. 목재나 피혁 등을 줄질할 때 적당한 줄은?

① 홑눈줄   ② 겹눈줄

③ 세눈줄   ④ 라스프줄   **정답** ④

2. 리머 작업의 설명 중 맞는 것은?

① 다듬질 리밍 시 여유는 10mm에서 0.05 mm 정도이다.

② 리머의 가공 여유는 리머의 지름에 따라 변하지 않는다.

③ 리머 작업 시 절삭유는 사용하지 않는다.

④ 핸드 리머 쪽이 기계 리머보다 다듬질 여유를 크게 한다.   **정답** ①

해설 리머 구멍 지름이 1~10mm에서는 거친 리머의 여유는 0.1~0.2, 다듬질 리밍의 여유는 0.05~0.15 정도이다.

3. 5본조 조줄에 들어 있지 않은 줄의 단면은?

① ⊘   ② ▱   ③ ▱   ④ △   **정답** ③

해설 5본조 조줄에는 ▱ ◠ ⊘ ▱ △ 이 들어 있고, 8본조에는 5본조 조줄 이외에 ▭ ⬭ ▱ 이 더 들어 있다. 이외에 10본조, 12본조 조줄이 있다.

4. 핸드 리머 작업 시 주의사항 중 잘못 설명한 것은?

① 공작물을 바이스에 확실히 고정하도록 한다.

② 리머와 구멍의 중심을 일치하게 한다.

③ 리머의 회전 방향은 항상 오른쪽으로 해야 한다.

④ 작업이 끝나면 리머를 역전시키며 뺀다.   **정답** ④

5. 바이스(vise)의 크기를 표시하는 것은 어느 것인가?

① 공작물의 물릴 수 있는 길이

② 바이스의 높이

③ 바이스 전체 중량

④ 조(jaw)의 폭   **정답** ④

6. 다음 중 줄(file)에 관한 설명으로 맞지 않는 것은?

① 줄의 크기 표시는 탱(tang)을 포함한 전체 길이로 호칭한다.

② 줄눈의 거친 순서에 따라 황목, 중목, 세목, 유목으로 구분한다.

③ 황목은 눈이 거칠어 한 번에 많은 양을 절삭할 때 사용한다.

④ 세목과 유목은 다듬질 작업에 사용한다.   **정답** ①

해설 탱이란 줄의 자루 부분을 의미하며 줄의 크기는 탱을 제외한 길이이다.

1-2 나사 내기 작업

　나사는 원통의 외면과 내면에 나선 모양으로 절삭한 것이며, 탭 작업(tapping)이란 드릴로 뚫은 구멍에 탭과 탭 핸들에 의해 암나사를 내는 작업이다. 다이스 작업(dies working)이란 환봉 또는 관 바깥지름에 다이스(dies)를 사용하여 숫나사를 내는 작업이다.

(1) 탭(tap) 작업

① 탭의 모양

　㈎ 탭은 보통 나사부와 섕크로 되어 있다.

　㈏ 선단의 테이퍼로 되어 있는 모따기부와 완전나사부, 그리고 자루부로 되어 있다.

　㈐ 다이스나 탭(핸드 탭)으로 낼 수 있는 나사의 바깥지름은 50mm까지이다.

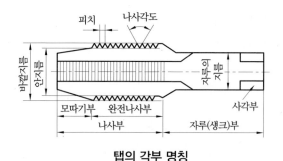

탭의 각부 명칭

② 핸드 탭의 종류 : 핸드 탭(수동 탭)은 등경 핸드 탭과 증경 핸드 탭이 있으며 1번, 2번, 3번 탭이 한 조로 되어 있다. 다음 그림과 같이 1번 탭은 탭의 끝 부분이 9산, 2번 탭은 5산, 3번 탭은 1.5산이 테이퍼로 되어 있다. 증경 핸드 탭도 3개가 1조로 되어 있으나, 1번 탭 나사부의 지름이 가장 작고 다음은 2번 탭이고 3번 탭에 이르러 완전한 나사가 형성된 것이다.

> **참고**　탭의 가공률은 1번 탭 : 55%, 2번 탭 : 25%, 3번 탭 : 20% 정도이다.

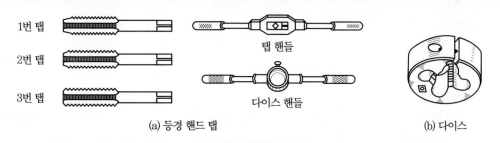

(a) 등경 핸드 탭　　　　　　　(b) 다이스

탭과 다이스

③ **탭 구멍** : 탭 구멍의 지름은 다음과 같은 식으로 구할 수 있다.

미터나사 $d = D - p$

인치나사 $d = 25.4 \times D - \dfrac{25.4}{N}$

여기서, d : 탭 구멍의 지름(mm)

D : 나사의 바깥지름(mm)

p : 나사의 피치(mm)

N = 1인치(25.4mm) 사이의 산수

④ **탭 작업 시 주의사항**

㈎ 공작물을 수평으로 단단히 고정시킬 것

㈏ 구멍의 중심과 탭의 중심을 일치시킬 것

㈐ 탭 핸들에 무리한 힘을 가하지 말고 수평을 유지할 것

㈑ 탭을 한쪽 방향으로만 돌리지 말고 가끔 역회전하여 칩을 배출시킬 것

㈒ 기름을 충분히 넣을 것

핵심문제

1. 1번, 2법, 3번 탭이 한 조로 되어 있는 탭은?

① 스파이럴 탭   ② 드릴 탭

③ 건 탭   ④ 핸드 탭   **정답** ④

2. 작은 공작물에 수나사를 만들 때 필요 없는 것은?

① 드릴   ② 다이스

③ 다이스 핸들   ④ 바이스   **정답** ①

3. 피치 1mm, 지름 10mm인 탭으로 암나사를 내려고 한다. 구멍은 몇 mm 드릴로 뚫어야 가장 이상적인가?

① 8mm   ② 9mm

③ 10mm   ④ 10.2mm   **정답** ②

4. 다음 중 공작물에 암나사를 가공하는 작업은?

① 보링 작업   ② 탭 작업

③ 리머 작업   ④ 다이스 작업   **정답** ②

제 2 편

기계 재료

제1장

기계 재료의 성질과 분류

1. 기계 재료의 일반적 성질

1-1 금속과 합금

(1) 금속의 공통적인 성질

① 상온에서 고체이며 결정체(Hg 제외)이다.

② 비중이 크고 고유의 광택을 갖는다.

③ 가공이 용이하고, 연·전성이 좋다.

④ 열과 전기의 양도체이다.

⑤ 이온화하면 양(+)이온이 된다.

(2) 경금속과 중금속

비중이 4.5인 타이타늄보다 가벼운 금속을 경금속이라고 하는데, 편의상 비중 5를 기준으로 하여 비중이 5 이하인 것을 경금속이라 하고, 5 이상인 것을 중금속이라 한다.

① **경금속(light metal)** : Al(알루미늄), Mg(마그네슘), Be(베릴륨), Ca(칼슘), Ti(타이타늄 : 비중 4.507), Li(리튬 : 비중 0.53으로 금속 중 가장 가벼움.) 등

② **중금속(heavy metal)** : Fe(철 : 비중 7.87), Cu(구리), Cr(크롬), Ni(니켈), Bi(비스무트), Cd(카드뮴), Ce(세륨), Co(코발트), Mo(몰리브데넘), Pb(납), Zn(아연), Ir(이리듐 : 비중 22.5로 가장 무거움.) 등

(3) 합금

합금은 금속의 성질을 개선하기 위하여 단일 금속에 한 가지 이상의 금속이나 비금속 원소를 첨가한 것으로 단일 금속(순금속)에서 볼 수 없는 특수한 성질을 가지며, 원소의 개수에 따라 이원 합금, 삼원 합금 등이 있다.

① **철 합금** : 탄소강, 특수강, 주철, 합금강

② **구리 합금** : 황동, 청동, 특수구리 합금
③ **경합금** : 알루미늄 합금, 마그네슘 합금, 타이타늄 합금
④ **원자로용 합금** : 우라늄, 토륨
⑤ **기타 합금** : 납-주석 합금, 베어링 합금, 저용융 합금

주요 금속의 물리적 성질

금속	원소기호	비중	융점 (℃)	융해잠열 J/g	선팽창계수 (20℃) ×10⁻⁶	비열 (20℃) kJ/ kg · K	열전도율 (20℃) kW/ m · K	전기비저항 (20℃) μΩcm	비등점 (℃)
은	Ag	10.49	960.8	104.7	19.68	234.4	418.6	1.59	2210
알루미늄	Al	2.699	660	395.6	23.6	899.9	221.9	2.65	2450
금	Au	19.32	1063	67.4	14.2	130.6	297.2	2.35	2970
비스무트	Bi	9.80	271.3	52.3	13.3	123.1	8.4	106.8	1560
카드뮴	Cd	8.65	320.9	55.3	29.8	23	92.1	6.83	765
코발트	Co	8.85	1495±1	244.5	13.8	414.4	69.1	6.24	2900
크로뮴	Cr	7.19	1875	401.9	6.2	460.5	67	12.9	2665
구리	Cu	8.96	1083	211.8	16.5	385.1	393.9	1.67	2595
철	Fe	7.87	1538±3	274.2	11.76	460.5	75.3	9.71	3000±150
저마늄	Ge	5.323	937.4	443.7	5.75	305.6	58.6	46	2830
마그네슘	Mg	1.74	650	368±8.4	27.1	1025.6	153.6	4.45	1107±10
망가니즈	Mn	7.43	1245	266.6	22	481.4	–	185	2150
몰리브데넘	Mo	10.22	2610	292.2	4.9	276.3	142.3	5.2	5560
니켈	Ni	8.902	1453	308.9	13.3	439.5	92.1	6.84	2730
납	Pb	11.36	327.4	26.4	29.3	129.3	34.7	20.64	1725
백금	Pt	21.45	1769	112.6	8.9	131.4	69.1	10.6	4530
안티모니	Sb	6.62	650.5	160.3	8.5~10.8	205.1	18.8	39.0	1380
주석	Sn	7.298	231.9	60.7	23	226	62.8	11	2270
타이타늄	Ti	4.507	1668±10	435.3	8.41	519.1	17.2	42	3260
바나듐	V	6.1	1900±25	–	8.3	498.1	31	24.8 ~26.0	3400
텅스텐	W	19.3	3410	184.2	4.6	138.1	166.2	5.6	5930
아연	Zn	7.133	419.5	100.9	39.7	383	113	5.92	906

(4) 준금속, 귀금속, 희유 금속

① **준금속** : 금속적 성질과 비금속적 성질을 같이 갖는 것으로 B(붕소), Si(규소) 등이 있다.

② **귀금속** : 자체의 광택이 아름다우며, 산출량이 적고 화학약품에 대한 저항력이 크다(Pt, Ag, Au).

③ **희유 금속** : 채취가 힘들고 특수한 목적에 사용한다(U, Th, Hf, Ge).

핵심문제

1. 다음 금속 중 경금속이 아닌 것은?

① Al   ② Mg   ③ Ti   ④ Pb   **정답** ④

2. Fe의 비중은?

① 6.9   ② 7.9   ③ 8.9   ④ 10.4   **정답** ②

해설 Fe의 비중은 7.871이고, 재결정 온도는 450℃이다.

3. 경금속과 중금속의 구분점이 되는 비중은?

① 6   ② 1   ③ 5   ④ 8   **정답** ③

4. 열전도율이 가장 좋은 것은?

① Ag   ② Cu   ③ Au   ④ Al   **정답** ①

5. 비중이 2.7로서 가볍고 은백색의 금속으로 내식성이 좋으며, 전기전도율이 구리의 60% 이상인 금속은?

① Al   ② Mg   ③ V   ④ Sb   **정답** ①

1-2   기계 재료의 물리적 성질과 기계적 성질

(1) 물리적 성질

① **비중(specific gravity)** : 4℃의 순수한 물을 기준으로 몇 배 무거운가, 가벼운가를 수치로 표시한다.

② **용융점(melting point)** : 고체에서 액체로 변화하는 온도점이며, 금속 중에서 텅스텐은 3,410℃로 가장 높고, 수은은 −38.8℃로서 가장 낮다. 순철의 용융점은 1530℃이다.

③ **비열(specific heat)** : 단위 질량의 물체의 온도를 1℃ 올리는 데 필요한 열량으로 비열

단위는 kJ/kg · ℃이다.

④ **선팽창 계수(coefficient of linear expansion)** : 물체의 단위 길이에 대하여 온도가 1℃ 만큼 높아지는 데 따라 막대의 길이가 늘어나는 양이다. 단위는 cm/cm · ℃($=1/℃$)

⑤ **열전도율(thermal conductivity)** : 거리 1m에 대하여 1℃의 온도차가 있을 때 $1m^2$의 단면을 통하여 1시간에 전해지는 열량으로 단위는 kJ/m · h · ℃이며, 열전도율이 좋은 금속은 은>구리>백금>알루미늄 등의 순서이다.

⑥ **전기 전도율(electric conductivity)** : 물질 내에서 전류가 잘 흐르는 정도를 나타내는 양으로, 전기 전도율은 은>구리>금>알루미늄>마그네슘>아연>니켈>철>납>안티모니 등의 순서로 좋아진다.

⑦ **색(color)** : 금, 황동 및 청동은 황색을 띠고, 구리 및 구리를 주성분으로 하는 합금은 황적색을 띤다. 금속 색깔은 탈색력이 큰 주석>니켈>알루미늄>철>구리>아연>백금>은>금 등의 순서로 탈색된다.

⑧ **자성(magnetism)** : 물질이 가진 자기적 성질을 말한다.
- 강자성 : 자기장의 방향으로 강하게 자화되는 성질이며 철, 니켈, 코발트가 있다.
- 상자성 : 자기장의 방향으로 약하게 자화되는 성질이며 알루미늄, 주석, 백금이 있다.
- 반자성 : 외부의 자기장의 반대방향으로 자화되는 성질이며 납, 구리, 아연이 있다.

(2) 기계적 성질

① **항복점(yielding point)** : 금속 재료의 인장 시험에서 하중을 0으로부터 증가시키면 응력의 근소한 증가나 또는 증가 없이도 변형이 급격히 증가하는 점에 이르게 되는데, 이 점을 항복점이라 하며 연강에는 존재하지만 경강이나 주철의 경우는 거의 없다.

② **연성(ductility)** : 물체가 탄성한도를 초과한 힘을 받고도 파괴되지 않고 늘어나서 소성 변형이 되는 성질로서 금, 은, 알루미늄, 구리, 백금, 납, 아연, 철 등의 순으로 좋다.

③ **전성(malleability)** : 가단성과 같은 말로서 금속을 얇은 판이나 박(箔)으로 만들 수 있는 성질로서 금, 은, 알루미늄, 철, 니켈, 구리, 아연 등의 순으로 좋다.

④ **인성(toughness)** : 굽힘이나 비틀림 작용을 반복하여 가할 때 이 외력에 저항하는 성질, 즉 끈기 있고 질긴 성질을 말한다.

⑤ **인장 강도(tensile strength)** : 인장 시험에서 인장 하중을 시험편 평행부의 원단면적으로 나눈 값이다.

⑥ **취성(brittleness)** : 물체가 약간의 변형에도 견디지 못하고 파괴되는 성질로서 인성에 반대된다.

⑦ **가공 경화(work hardening)** : 금속이 가공에 의하여 강도, 경도가 커지고 연율이 감소되는 성질이다.

⑧ **강도(strength)** : 물체에 하중을 가한 후 파괴되기까지의 변형 저항을 총칭하는 말로서 보통 인장 강도가 표준이 된다.

⑨ **경도(hardness)** : 물체의 기계적인 단단함의 정도를 수치로 나타낸 것이다.

⑩ **가단성(malleability)** : 전성과 같다.

⑪ **가주성(castability)** : 가열하면 유동성이 좋아져서 주조 작업이 가능한 성질을 말한다.

⑫ **피로(fatigue)** : 재료에 인장과 압축 하중을 오랜 시간 동안 연속적으로 되풀이하면 파괴되는 현상을 말한다.

핵심문제

1. 용융 온도가 3400℃ 정도로 높은 고용융점 금속으로 전구의 필라멘트 등에 쓰이는 금속 재료는?

① 납
② 금
③ 텅스텐
④ 망가니즈　　　　**정답** ③

해설 텅스텐(W)은 용융점이 3400℃로 금속 중에서 가장 높다.

2. 기계적 성질과 관계 없는 것은?

① 인장 강도
② 비중
③ 연신율
④ 경도　　　　**정답** ②

3. 기계적 성질 중 부서지기 쉬운 성질은?

① 전성
② 인성
③ 소성
④ 취성　　　　**정답** ④

4. 강자성체에 속하지 않는 성분은?

① Co
② Fe
③ Ni
④ Sb　　　　**정답** ④

2. 금속의 결정과 합금 조직

2-1 금속의 결정

결정체 : 물질을 구성하는 원자가 3차원 공간에서 규칙적으로 배열되어 있는 것을 말한다.

① **결정의 성장 순서** : 핵 발생(온도가 낮은 곳) → 결정의 성장(수지상) → 결정 경계 형성 (불순물이 집합)

| ① 용융 금속 | ② 결정핵 발생 | ③ 결정의 성장 | ④ 결정의 성장 | ⑤ 결정경계 형성 |

결정의 성장 과정

② **결정의 크기** : 냉각 속도에 영향을 받음(냉각 속도가 빠르면 핵 발생 증가 → 결정 입자 가 미세해짐).

③ **주상정(columnar)** : 금속 주형에서 표면의 빠른 냉각으로 중심부를 향하여 방사상으로 이루어지는 결정

④ **수지상 결정(dendrite)** : 용융 금속이 냉각 시 금속 각부에 핵이 생겨 가지가 되어 나뭇 가지와 같은 모양을 이루는 결정

⑤ **편석** : 금속의 처음 응고부와 차후 응고부의 농도차가 있는 것(불순물이 주원인)

(1) 결정의 구조

① **결정 격자** : 결정 입자 내의 원자가 금속 특유의 형태로 배열되어 있는 것(결정형 : 7종, 격자형 : 14종)

② **단위포** : 결정 격자 중 금속 특유의 형태를 결정짓는 원자의 모임, 기본 격자 형태

③ **격자 상수** : 단위포 한 모서리의 길이

$$(\text{금속의 격자 상수 크기} : 2.5 \sim 3.3 \text{Å}, \ Fe = 2.86 \text{Å})$$

④ **결정립의 크기** : 고체 상태에서 $0.01 \sim 0.1$mm

결정 격자의 비교

격자	기호	성질	원소	귀속 원자수	배위수	원자 충전율 (%)	비고
체심 입방 격자	B · C · C body centered cubic lattice	• 전연성이 적다. • 융점이 높다. • 강도가 크다.	Fe($\alpha-$Fe · $\delta-$Fe) • Cr · W · Mo · V • Li · Na · Ta · K	2	8	68	순철의 경우 1400℃ 이상과 910℃ 이하에서 이 구조를 갖는다.
면심 입방 격자	F · C · C face centered cubic lattice	• 많이 사용된다. • 전연성과 전기 전도도가 크다. • 가공이 우수하다.	Al · Ag · Au · Fe(r) · Cu · Ni · Pb · Pt · Ca · $\beta-$Co · Rh · Pd · Ce · Th	4	12	74	순철에는 γ구역 (1400℃~910℃) 에서 생긴다.
조밀 육방 격자	H · C · P hexagonal close− packed lattice	• 전연성이 불량하다. • 접착성이 적다. • 가공성이 좋지 않다.	Mg · Zn · Ti · Be · Hg · Zr · Cd · Ce · Os	2	12	70.45	

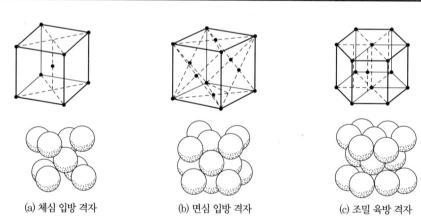

(a) 체심 입방 격자   (b) 면심 입방 격자   (c) 조밀 육방 격자

중요한 금속 격자형

(2) 금속의 변태

① **동소 변태 :** 고체 내에서 원자 배열이 변하는 것

  ㈎ 성질의 변화가 일정 온도에서 급격히 발생

  ㈏ 동소 변태의 금속 : Fe, Co, Ti, Sn

② **자기 변태** : 원자 배열은 변화가 없고, 자성만 변하는 것

㈎ 성질의 변화가 점진적이고 연속적으로 발생

㈏ 자기 변태의 금속 : Fe, Ni, Co

㈐ 전기 저항의 변화는 자기 크기와 반비례한다.

주 히스테리시스(이력 현상) : 강자성 재료를 교류로서 자화할 때 발생하는 에너지

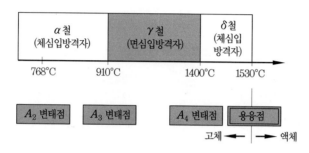

금속의 변태

③ **변태점 측정 방법**

㈎ 열 분석법   ㈏ 열 팽창법   ㈐ 전기 저항법   ㈑ 자기 분석법

주 열전쌍 : 열 분석법에서 온도 측정 막대(텅스텐, 몰리브데넘 : 1800℃, 백금−로듐 : 1600℃, 크로멜−알루멜 : 1200℃, 철−콘스탄탄 : 800℃, 구리−콘스탄탄 : 600℃)

핵심문제

1. 체심 입방 격자의 귀속 원자수는 몇 개인가?

① 1개   ② 2개   ③ 3개   ④ 4개   정답 ②

2. 조밀 육방 격자의 중요 금속 원소가 아닌 것은?

① Co   ② Mg   ③ Zn   ④ Ag   정답 ④

3. Mo의 결정격자는?

① 체심 입방 격자   ② 면심 입방 격자   ③ 면심 육방 격자   ④ 조밀 육방 격자   정답 ①

4. 금속의 변태에서 온도의 변화에 따라 원자 배열의 변화, 즉 결정 격자가 바뀌는 것은?

① 자기 변태   ② 동소 변태   ③ 동소 변화   ④ 자기 변화   정답 ②

5. 결정 격자를 이루면서 나뭇가지 같은 형상으로 성장하는 것을 무엇이라고 하는가?

① 재결정   ② 수지상 결정   ③ 결정 경계   ④ 결정 격자   정답 ②

2-2 합금의 조직

(1) 특징
① 경도가 증가한다.
② 색이 변하며 주조성이 커진다.
③ 용융점이 낮아진다.
④ 성분을 이루는 금속보다 우수한 성질을 나타내는 경우가 많다.

(2) 상태도
합금 성분의 고체 및 액체 상태에서의 융합 상태는(공정, 고용체, 금속간 화합물이 대표적) 여러 가지가 있다.

① **상률** : 어떤 상태에서 온도가 자유로이 변할 수 있는가를 알아냄($F=0$일 때는 불변 상태).

$$F = c + 1 - P$$ 여기서, F : 자유도, c : 성분수, P : 상수, 금속일 경우

② **평형 상태도** : 공존하고 있는 물질의 상태를 온도와 성분의 변화에 따라 나타낸 것

(3) 공정(eutectic)
두 개의 성분 금속이 용융 상태에서 균일한 액체를 형성하나 응고 후에는 성분 금속이 각각 결정으로 분리, 기계적으로 혼합된 것을 말한다(액체 $\rightleftarrows$ 고체 A+고체 B). 미세한 입상, 층상을 형성하며, 분리가 가능한 상태로 존재하고, 철강에서는 4.3%C점에서 공정이 나타나며, 이 공정을 레데부라이트라 부른다.

(4) 고용체(solid solution)
고체 A+고체 B $\rightleftarrows$ 고체 C(성분 금속이 완전히 융합되어 기계적 방법으로는 분리할 수 없는 상태로 존재)

① **고용체의 종류**
  ㈎ **전율 고용체** : 전 농도에 걸친 고용체, AB 두 성분의 50%점에서 경도, 강도가 최대이다.
  ㈏ **한율 고용체** : 농도에 따라 공정을 만드는 고용체이며, 공정점에서 경도, 강도가 최대이다.
② **고용체의 결정 격자**
  ㈎ **침입형 고용체** : Fe−C
  ㈏ **치환형 고용체** : Ag−Cu, Cu−Zn
  ㈐ **규칙 격자형 고용체** : Ni_3−Fe, Cu_3−Au, Fe_3−Al

③ 고용체 성분 원자 지름의 차가 15% 이내이어야 한다.

(5) 금속간 화합물(intermetallic compound)

성분 물질과는 성질이 전혀 다른 독립된 화합물(친화력이 클 때 생긴다.)을 생성한 것. Fe_3C, Cu_4Sn, $CuAl_2$, Mg_2Si 등

(6) 공석(eutectoid)

고체 상태에서 공정과 같은 현상으로 생성되며, 철강의 경우 0.86%C점에서 오스테나이트(α)와 시멘타이트(Fe_3C)의 공석을 석출(펄라이트 조직)한다.

(7) 포정 반응

고체 A + 액체 ⇄ 고체 B로 변화(편정 반응 : 고체 + 액체 A ⇄ 액체 B)

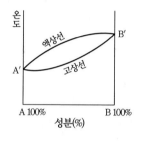

고용체형 상태도

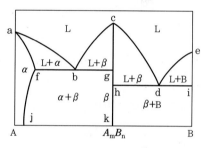

공정형 상태도　　금속간 화합물의 상태도

핵심문제

1. 다음 중 포정 반응은?

① A고용체 → 용융 A + 용액 B　　② 용액 → 고용체 A + 고용체 B
③ 용액 + 고용체 A → 고용체 B　　④ 융액 A + 고용체 B → 고용체 A　　**정답 ③**

2. 금속과 금속 사이의 친화력이 클 때에는 화학적으로 결합하여 성분 금속과는 다른 성질을 가지는 독립된 화합물을 만드는 것을 무엇이라 하는가?

① 공정 상태　　② 고용체 상태　　③ 금속간 화합물　　④ 공석 상태　　**정답 ③**

3. 다음 그림은 금속 AB의 공정형 상태도이다. 공정점은 어느 것인가?

① C
② E
③ A
④ D

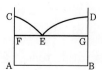

정답 ②

3. 재료의 시험 및 검사

3-1 정적 시험

(1) 인장 시험(tensile test)

① **항복점** : 하중이 일정한 상태에서 하중의 증가 없이 연신율이 증가되는 점

- 항복 강도(응력)$= \dfrac{\text{비철금속의 항복점}}{\text{원래의 단면적}} [\text{MPa}(\text{N/mm}^2)]$

② **영률(세로 탄성 계수)** : 탄성한도 이하에서 응력과 연신율은 비례(혹의 법칙)하는데 응력을 연신율로 나눈 상수

③ **인장 강도(σ_B)** $= \dfrac{\text{최대 하중}}{\text{원단면적}} = \dfrac{P_{\max}}{A_o} [\text{MPa}(\text{N/mm}^2)]$

일반적으로 재료의 강도를 표시할 때 사용된다.

④ **연신율** $= \dfrac{\text{시험 후 늘어난 길이}}{\text{표점 거리}} = \dfrac{l - l_o}{l_o} \times 100\%$

길이 방향으로 잡아당겼을 때, 끊어지지 않고 늘어날 수 있는 최대 변형률이다.

⑤ **내력** : 주철과 같이 항복점이 없는 재료에서는 0.2%의 영구 변형이 일어날 때의 응력값을 내력으로 표시한다.

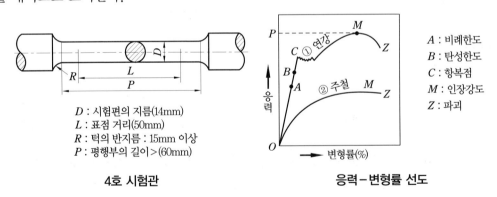

D : 시험편의 지름(14mm)
L : 표점 거리(50mm)
R : 턱의 반지름 : 15mm 이상
P : 평행부의 길이 > (60mm)

4호 시험관

A : 비례한도
B : 탄성한도
C : 항복점
M : 인장강도
Z : 파괴

응력-변형률 선도

(2) 경도 시험(hardness test)

경도는 기계적 성질 중 대단히 중요하며, 단단한 정도를 시험하는 것이다. 경도 값을 알면 내마모성을 알 수 있으며, 단단한 재료일수록 신율, 드로잉률이 작다. 다음 [표]는 경도 시험기의 종류에 따른 특징과 구조를 설명한 것이다.

경도 시험에는 이외에도 긁힘 시험(scratch test), 진자 시험(pendulum test), 마이어 경도(meyer hardness) 시험 방법이 있다.

경도 시험기

시험기의 종류	브리넬 경도 (brinell hardness)	비커스 경도 (vickers hardness)	로크웰 경도 (rockwell hardness)	쇼 경도 (shore hardness)
기호	H_B	H_V	$H_R(H_RB, H_RC)$	H_S
시험법의 원리	압입자에 하중을 걸어 자국의 크기로 경도를 조사한다. $H_B = \dfrac{P}{\pi D t}$ $\quad = \dfrac{2P}{\pi D(D-\sqrt{D^2-d^2})}$	압입자에 하중을 작용시켜 자국의 대각선 길이로서 조사한다. $H_V = \dfrac{\text{하중}}{\text{자국의 표면적}}$ $\quad = \dfrac{1.8544P}{d^2}$	압입자에 하중을 걸어 홈의 깊이로 측정한다. 예비 하중은 10kg이고, B 스케일은 하중이 100kg, C 스케일은 150kg이다. $H_RB = 130 - 500h$ $H_RC = 100 - 500h$	추를 일정한 높이에서 낙하시켜, 이때 반발한 높이로 측정한다.
압입자의 원리	 압입자는 강구	 압입자는 선단이 4각뿔인 다이아몬드	 1.588mm 강구 B 스케일의 입자 / 다이아몬드 C 스케일의 입자 압입자는 강구(B 스케일)와 다이아몬드(C 스케일)	다이아몬드 $H_S = \dfrac{10000}{65}$ $\quad \times \dfrac{h}{h_o}$

핵심문제

1. 재료의 강도는 무엇으로 표시하는가?

① 인장강도 ② 비례한도
③ 항복점 ④ 탄성한도   **정답** ①

2. 인장 시험으로 알 수 없는 것은?

① 충격치 ② 인장강도
③ 항복점 ④ 연신율   **정답** ①

3. 다이아몬드 원추를 사용한 경도시험은?

① 브리넬 경도 ② 로크웰 경도
③ 비커스 경도 ④ 쇼 경도   **정답** ②

4. 시험 자국이 나타나지 않아야 할 완성된 제품의 경도 시험에 적당한 방법은?

① 로크웰 경도 ② 쇼 경도
③ 비커스 경도 ④ 브리넬 경도   **정답** ②

3-2   동적 시험

(1) 충격 시험(impact test)

시험편 노치부에 동적 하중을 가하여 재료의 인성과 취성을 알아낸다. 충격 시험이라 함은 충격 굽힘 시험을 말하며, 샤르피(sharpy) 충격 시험과 아이조드(izod) 충격 시험이 있다.

시험편 파괴에 필요한 충격 에너지 $E = WR(\cos\beta - \cos\alpha)$

$$충격강도(U) = \frac{WR}{A}(\cos\beta - \cos\alpha)$$

여기서, W : 해머의 무게
A : 노치부의 단면적
R : 해머 길이
β : 파괴 후 각도
α : 낙하 전 각도

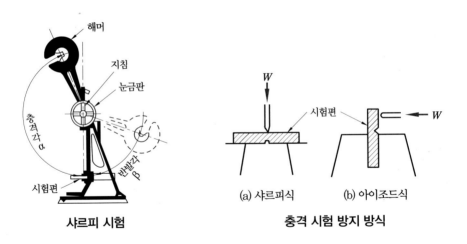

샤르피 시험   **충격 시험 방지 방식**

(a) 샤르피식   (b) 아이조드식

(2) 피로 시험(fatigue test)

반복되어 작용하는 하중 상태에서의 성질을 알아낸다.

① **피로한도** : 반복 하중을 받아도 파괴되지 않는 한계
② **S–N 곡선** : 피로한도를 구하기 위하여 반복횟수를 알아내는 곡선($\log S - \log N$ 곡선)
③ **강철의 반복횟수** : $10^6 \sim 10^7 N$

비철금속 또는 피로한도를 알 수 없는 것은 $10^7 N$ 이상으로 본다.

핵심문제

1. 충격 시험은 무엇을 알기 위함인가?
① 인장 강도   ② 경도   ③ 인성과 취성   ④ 압축 강도   **정답** ③

2. 계속적인 반복 하중을 받는 부분의 최대 반복 응력을 측정하는 시험은?
① 충격 시험   ② 피로 시험   ③ 경도 시험   ④ 굽힘 시험   **정답** ②

3. 다음 중 동적 하중에 의한 시험을 하는 것은?
① 비커스   ② 아이조드   ③ 로크웰   ④ 브리넬   **정답** ②

3-3 기타 재료 시험

(1) 비파괴 검사(non – destructive inspection)

시간의 단축, 재료의 절약, 완성된 제품의 검사가 가능함을 알아낸다.

① **자분 탐상 시험(MT)** : 상자성체에서만 시험 가
능. 재료를 자화시켜 자속선의 흐트러짐으로 결
함을 검출한다.

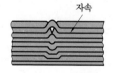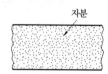

자분 탐상 시험

② **침투 탐상 시험(PT)** : 침투제로 결합부 검사.
유침법과 형광 침투법(현상액 MgO, $BaCO_3$,
자외선으로 검출)이 있다.

③ **와전류 탐상 시험(ET)** : 와전류를 이용하여 소재 속에 섞여 있는 서로 다른 소재의 선별,
열처리 상태 체크, 치수 변화 등을 측정한다.

④ **초음파 탐상 시험(NT)** : 투과법, 임펄스법, 공진법. 초음파를 재료에 통과시켜 그 반사
파나 진동으로 결함을 검출한다.

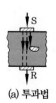

S : 송신용 진동자
R : 수신용 진동자

(a) 투과법   (b) 임펄스법   (c) 공진법

초음파 탐상 시험

⑤ **방사선 투과 시험(RT)** : X선(5″ 이하의 재료에 사용, 필름의 명암으로 결함 검출), γ선 (Co^{60} 사용, 파장이 짧으므로 투과율이 큼. 5″ 이상의 재료에 사용)을 사용한다.

⑥ **누설 검사(LT)** : 압력 용기 및 각종 부품 등의 관통 균열 여부를 검사하는 시험

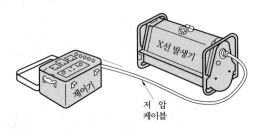

방사선(X선) 검사 장치(가반식)

(2) 조직 검사

재료의 중앙부와 끝부분을 육안이나 현미경으로 검사하여 결함 유무를 알아낸다.

① **매크로(육안) 조직 시험** : 육안이나 10배 정도의 확대경 사용(파단면, 매크로 부식, 설퍼 프린트법)

② **마이크로(현미경) 조직 시험** : 금속 현미경 사용(1500~40000배까지 확대)

③ **조직 시험의 순서** : 시편 채취(10mm의 각이나 환봉) → 마운팅 → 연마 → 부식 → 검사

④ **부식제**

(가) 철강 및 주철용 : 5% 초산 또는 피크르산 알코올 용액

(나) 탄화철용 : 피크르산 가성소다 용액

(다) 동 및 동합금용 : 염화제2철 용액

(라) 알루미늄 합금용 : 불화수소 용액

핵심문제

1. 현상제(MgO, BaCO₃)를 이용하여 결함을 검사하는 시험은?

① 자분 탐상 시험   ② 침투 탐상 시험

③ 초음파 탐상 시험   ④ 방사선 탐상 시험   **정답** ②

2. 다음 중 비파괴 시험법이 아닌 것은?

① 초음파 탐상 시험   ② 자분 탐상 시험

③ X선 투과 시험   ④ 충격 시험   **정답** ④

3. 구리 및 그 합금의 현미경 조직 시험에서 사용되는 부식제는?

① 피크르산 알코올 용액   ② 염화제2철 용액

③ 수산화나트륨 용액   ④ 질산초산용액   **정답** ②

4. 금속의 소성

4-1 소성 가공

(1) 소성 가공

금속에 외력을 주어 영구 변형(소성 변형)을 시켜 가공하는 것이며, 조직의 미세화로 기계적 성질이 향상된다. 단점으로는 내부 응력의 발생과 잔류 응력이 생긴다.

(2) 소성 가공 원리

① **슬립(slip)** : 결정 내의 일정면이 미끄럼을 일으켜 이동하는 것

② **쌍정(twin)** : 결정의 위치가 어떤 면을 경계로 대칭으로 변하는 것

③ **전위(dislocation)** : 결정 내의 불완전한 곳, 결함이 있는 곳에서부터 이동이 생기는 것

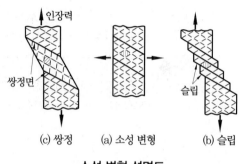

소성 변형 설명도

(3) 소성 가공의 구분

① **열간 가공** : 재결정 온도 이상의 가공(내부 응력이 없으므로 가공이 용이)

> **참고** **열간 가공의 이점**
> • 결정입자의 미세화
> • 합금원소의 확산으로 인한 재질의 균일화
> • 연신율, 단면수축률, 충격치 등 기계적 성질 개선
> • 방향성이 있는 주조 조직의 제거
> • 강괴 내부의 미세균열 및 기공의 압착

② **냉간 가공** : 재결정 온도 이하의 가공(가공 경화로 강도·경도가 커지고 연신율 저하)

  주 냉간 가공을 하는 이유는 치수의 정밀, 매끈한 표면을 얻을 수 있기 때문이다.

(개) **가공 경화** : 가공도의 증가에 따라 내부 응력이 증가되어 경도·강도가 커지고 연신율이 작아지는 현상

(내) **시효 경화** : 가공이 끝난 후 시간의 경과와 더불어 경화 현상이 일어나는 것

  주 시효 경화를 일으키는 금속 : 두랄루민, 강철, 황동

(대) **인공 시효** : 가열로써 시효 경화를 촉진시키는 것(100~200℃).

③ **회복 재결정** : 가열로써 원자 운동을 활발하게 해주어 경도를 유지하나 내부 응력을 감소시켜 주는 것

핵심문제

1. 금속의 슬립(slip)에 대한 설명 중 틀린 것은?

① 슬립선은 변형이 진행됨에 따라 그 수가 많아진다.
② 슬립은 금속 고유의 슬립면에 따라 이동이 생긴다.
③ 소성 변형이 진행되면 슬립에 대한 저항이 점점 증가하고 그 저항이 증가하면 경도는 감소된다.
④ 슬립의 방향은 원자밀도가 제일 큰 방향이다.

정답 ③

2. 황동을 풀림하거나 또는 연강을 저온에서 변형시켰을 때 흔히 볼 수 있는 것은?

① 회복   ② 슬립   ③ 쌍정   ④ 전위   **정답** ③

3. 금속의 결정 격자는 규칙적으로 배열되어 있는 것이 정상적이지만, 불완전한 것 또는 결함이 있을 때 외력이 작용하면 불완전한 곳 및 결함이 있는 곳에서부터 이동이 생기는 현상은?

① 쌍정   ② 전위   ③ 슬립   ④ 가공   **정답** ②

해설 ① 쌍정(twin) : 슬립 중의 한 개의 양상에 속하는 것으로 변형 후에 어떤 경계선을 기준으로 하여 대칭으로 놓이게 되는 현상을 말한다.
② 전위(dislocation) : 금속의 결정 격자 중 결함이 있는 상태에서 외력을 가했을 때, 결함이 있는 곳으로부터 격자의 이동이 생기는 현상이다.
③ 슬립(slip) : 외력이 작용하여 탄성한도를 초과하여 소성 변형을 할 때, 금속이 갖고 있는 고유의 방향으로 결정 내부에서 미끄럼 이동이 생기는 현상을 말한다.

4. 금속 및 합금이 가공 후 시간의 경과와 더불어 기계적 성질이 변화하는 현상을 무엇이라 하는가?

① 시효 경화   ② 인공 시효
③ 냉간 가공   ④ 열간 가공   **정답** ①

해설 인공 시효 : 시효 경화의 기간이 너무 길게 되므로 인공으로 시효 경화를 속히 완료시키기 위하여 약 100~200℃로 높여 주는 방법이다.

5. 재결정 온도 이상에서 소성 가공하는 것을 무엇이라 하는가?

① 냉간 가공   ② 열간 가공
③ 상온 가공   ④ 저온 가공   **정답** ②

해설 금속 가공에 있어 재결정 온도를 기준으로 재결정 온도 이하의 가공을 냉간 가공, 그 이상의 온도에서 가공하는 것을 열간 가공이라 한다.

6. 금속을 상온에서 소성 변형시켰을 때, 재질이 경화되고 연신율이 감소하는 현상은?

① 재결정   ② 가공 경화   ③ 고용 강화   ④ 열변형   **정답** ②

해설 상온에서 소성 변형을 시켰다는 말은 가열하지 않은 상태에서의 가공, 즉 냉간 가공을 의미한다. 금속을 냉간 가공하면 가공 경화가 일어난다.

4-2 재결정과 풀림

(1) 재결정(recrystallization)

냉간 가공으로 소성 변형된 금속을 적당한 온도로 가열하면 가공으로 인하여 일그러진 결정 속에 새로운 결정이 생겨나 이것이 확대되어 가공물 전체가 변형이 없는 본래의 결정으로 치환되는 과정을 재결정이라 하며, 재결정을 시작하는 온도가 재결정 온도이다. 다음 [표]는 각종 금속에 따른 재결정 온도다.

금속의 재결정 온도

금속 원소	재결정 온도(℃)	금속 원소	재결정 온도(℃)
Au	200	Al	150~240
Ag	200	Fe	350~450
W	1000	Pb	−3
Cu	200~300	Mg	150
Ni	530~660	Sn	−7~25

(2) 재결정이 시작되는 온도

① 금속의 순도가 높을수록 낮아진다.
② 가열 시간이 길수록 낮아진다.
③ 가공도가 클수록 낮아진다.
④ 가공 전 결정 입자의 크기가 미세할수록 낮아진다.

(3) 풀림(annealing)

재결정 온도 이상으로 가열하여 가공 전의 연한 상태로 만드는 것

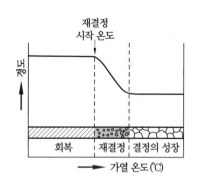

재결정 온도

🈁 피니싱 온도 : 열간 가공이 끝나는 온도(재결정이 끝나는 온도 바로 위)

핵심문제

1. 철의 재결정 온도는 몇 ℃인가?

① 250~350℃　　② 350~450℃　　③ 530~600℃　　④ 200℃　　**정답** ②

2. 가중 경화된 재료를 어떤 온도까지 가열하면 가공 전의 연한 상태로 돌아가는 현상은?

① 풀림　　② 재결정　　③ 조질　　④ 편석　　**정답** ①

제2장

철강 재료

1. 철과 강

제철법 및 제강법

(1) 제철법

① **선철(pig iron)** : 철강의 원료인 철광석을 용광로(고로)에서 철분만 분리시킨 것

  ㈎ 선철의 용도 : 90%강 제조(선철을 제강로에서 탈탄 및 탈산), 10% 주철 제조(선철을 용선로 용해)

  ㈏ 선철의 탄소량 : 2.5~4.5%C

  ㈐ 선철의 종류 : 백·회·반선철(탄소의 존재 형태에 따라)

  ㈑ 용광로 : 내부에서 생기는 화학 변화는 다음과 같다.

    ㉮ $3Fe_2O_3 + CO \rightarrow 2Fe_3O_4 + CO_2$

    ㉯ $Fe_3O_4 + CO \rightarrow 3FeO + CO_2$

    ㉰ $FeO + CO \rightarrow Fe + CO_2$

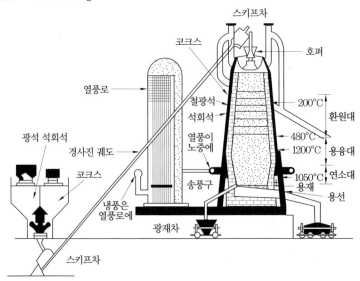

용광로의 구조

② **제철 재료**

㈎ 철광석 : 자·적·갈·능철광(철분 40% 이상), 사철(砂鐵)

㈏ 코크스(cokes) : 연료 및 환원제

㈐ 용제(flux) : 석회석(CaC), 형석 등

(2) 제강법

강을 만드는 방법을 말하며, 선철의 단점인 메짐과 불순물 혼입, 과잉 탄소 함유인 점을 탈산과 불순물 제거를 하여 강을 만든다. 강 제조에 쓰이는 노(爐)에 따라 다음과 같다.

① **평로 제강법** : 선철, 철광석을 용해시켜 탈산(Mn, Si, Al)하여 제조. 대규모, 장시간 필요하다.

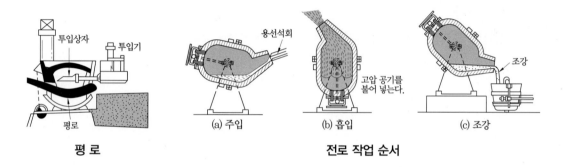

평 로 전로 작업 순서

㈎ 불순물 제거 : C, Si, Mn-산화에 의하여, S-슬래그에 의하여 제거

㈏ 종류

㉮ 염기성법 : 저급 재료 사용(불순물 제거됨), 일반적인 제조 방법

㉯ 산성법 : 고급 재료 사용(불순물 제거 못함), 가격이 비싸고 양질이다.

② **전로 제강법** : 용해된 선철 주입 후 공기, 산소로 불순물을 산화시켜 제조하는 방법

주 조업 시간이 짧고 일관 작업 가능, 연료 불필요, 품질조절 곤란, 재료 엄선 필요

㈎ 토마스(염기성)법 : 저급 재료(고인, 저규소), 선철 주입 전 석회 공급, 돌로마이트 내화물을 사용하므로 인(P)과 황(S)을 제거한다.

㈏ 베세머(산성)법 : 고급 재료(저인, 고규소), 규소 내화물을 사용하므로 P, S을 제거하지 못한다.

③ **전기로 제강법** : 전기열을 이용하여 선철, 고철을 용해하여 제조. 합금강 제조에 사용한다.

㈎ 온도 조절이 쉽고 탈산, 탈황이 쉽다. 정련 중 슬래그 성질 변화가 가능하며, 가격이 비싸고 양질이다.

㈏ 종류 : 아크식(에루 전기로), 유도식(고주파 유도로), 저항식이 있다.

④ **도가니로 제강법** : 선철, 비철금속을 석탄가스, 코크스 등으로 가열하여 고순도 처리한다.

⑤ **퍼들(puddle)로** : 연소 가스의 반사열을 이용한 일종의 반사로이며, 연철을 반 용융 상태에서 제조한다.

⑥ **각종 노(爐)의 용량**

㈎ 용광로 : 1일 산출 선철의 무게를 톤(ton)으로 표시한다.

㈏ 용선로 : 1시간당 용해량을 톤(ton)으로 표시한다.

㈐ 전로, 평로, 전기로 : 1회에 용해·산출되는 무게를 kgf(Newton) 또는 톤으로 표시한다.

㈑ 도가니로 : 1회 용해하는 구리의 무게를 번호로 표시. 예를 들면 1회에 구리 200 kgf(1.96kN)을 녹일 수 있는 도가니를 200번 도가니라고 부른다.

핵심문제

1. 철광석, 코크스, 석회석, 망가니즈, 광석 등을 써서 선철을 제조하는 데 쓰이는 것은?

① 고로　　② 평로　　③ 전로　　④ 용선로　　**정답** ①

2. 제철 시 용광로에 주입되지 않는 것은?

① 철광석　　② 석회석　　③ 코크스　　④ 파쇄　　**정답** ④

해설 용광로에 철광석, 석회석, 코크스를 투입하며 파쇄는 사용하지 않는다.

3. 다음 중 제강법이 아닌 것은?

① 평로 제강법　　② 전로 제강법　　③ 전기로 제강법　　④ 용광로 제강법　　**정답** ④

4. 노 안에 녹인 선철을 주입하고 공기를 불어넣어 탄소, 규소, 그 밖의 불순물을 산화 제거하여 강을 만드는 방법은?

① 평로 제강법　　② 전로 제강법　　③ 도가니 제강법　　④ 전기로 제강법　　**정답** ②

5. 강을 제강하는 데 가장 좋은 제품을 얻을 수 있는 노는?

① 전로　　② 평로　　③ 전기로　　④ 도가니로　　**정답** ④

1-2 철강의 분류와 성질

(1) 철강의 5원소

탄소(C), 규소(Si), 망가니즈(Mn), 인(P), 황(S) (탄소가 철강 성질에 가장 큰 영향을 준다.)

(2) 철강의 분류

① **순철(pure iron)** : 탄소 0.03% 이하를 함유한 철
② **강(steel)** : 아공석강(0.85%C 이하), 공석강(0.85%C), 과공석강(0.85~1.7%C)
 ㈎ 탄소강 : 탄소 0.03~2.0%를 함유한 철
 ㈏ 합금강 : 탄소강에 한 종류 이상의 금속을 합금시킨 철
③ **주철(cast iron)** : 탄소 2.0~6.68%를 함유한 철이나 보통 탄소 4.5%까지의 것을 쓰며, 보통 주철과 특수 주철이 있다. 아공정 주철(1.7~4.3%C), 공정 주철(4.3%C), 과공정 주철(4.3%C 이상) 등

(3) 철강의 성질

순철	강	주철
① 전기분해로 제조	① 제강로에서 제조	① 큐폴라에서 제조
② 담금질이 안됨.	② 담금질이 잘됨.	② 담금질이 안됨.
③ 연하고 약함.	③ 강도, 경도가 큼.	③ 경도는 크나 잘 부서짐
④ 전기 재료로 사용	④ 기계 재료로 사용	④ 주물 재료로 사용

(4) 강괴(steel ingot)

정련이 끝난 용해된 강은 주형(mould)에 주입하게 되는데, 이때 용강의 탈산 정도에 따라 다음과 같이 분류한다.
① **림드(rimmed)강**
 ㈎ 평로, 전로에서 제조된 것을 Fe-Mn으로 불완전 탈산시킨 강
 ㈏ 과잉 산소와 탄소가 반응하여 리밍 액션이 있고, 기공, 편석이 생기며, 질이 나쁘다. 0.3%C 이하의 저탄소강 제조. 제조비가 저렴하고, 림부는 순철에 가깝다(핀, 봉, 파이프 등에 쓰임).
 ㈐ 리밍 액션(rimming action) : 림드 강 제조 시 O_2와 C가 반응하여 CO가 생성되는데, 이 가스가 대기중으로 빠져나오는 현상이다(끓는 것처럼 보임).

② **킬드(killed)강(진정강)**

  ⑺ 평로, 전기로에서 제조된 용강을 Fe−Mn, Fe−Si, Al 등으로 완전 탈산시킨 강

  ⑻ 조용히 응고, 수축관이 생기나 질은 양호하고, 고탄소강, 합금강 제조에 쓰이며 가격이 비싸다.

  ⑼ 헤어 크랙(hair crack) : H_2 가스에 의해서 머리카락 모양으로 미세하게 갈라진 균열

  🈟 백점(flake) : H_2 가스에 의해서 금속 내부에 백색의 점상으로 나타난다.

③ **세미 킬드(semi−killed)강 :** Al으로 림드와 킬드의 중간 탈산. 림드, 킬드의 중간 성질 유지로 용접 구조물에 많이 사용되며, 기포나 편석이 없다.

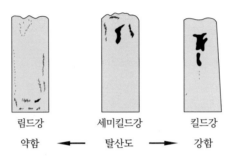

림드강   세미킬드강   킬드강

약함 ◄─── 탈산도 ───► 강함

탈산 정도에 따른 강괴의 종류

핵심문제

1. 철강의 분류는 무엇에 의해서 하는가?

  ① 성질   ② 탄소 함유량   ③ 조직   ④ 제작 방법   **정답** ②

2. 탄소강은 탄소 함유량이 얼마인가?

  ① 0.006∼2.0%   ② 0.03∼2.0%   ③ 0.86∼2.0%   ④ 2.5∼4.5%   **정답** ②

3. 강과 주철의 한계를 탄소 함유량으로 구분하면 얼마인가?

  ① 0.035%   ② 0.85%   ③ 2.0%   ④ 2.5%   **정답** ③

4. 노에서 페로실리콘, 알루미늄 등의 탈산제로 충분히 탈산시킨 강을 무슨 강이라 하는가?

  ① 킬드강   ② 림드강   ③ 탄소강   ④ 세미 킬드강   **정답** ①

  해설 용광로에서 산출된 선철은 탄소량이 많아 주조성은 우수하나, 메짐성(취성)을 가지고 있으므로 강인성을 가지도록 충분히 탈산시켜 주강을 만든다.

5. 킬드강을 제조할 때 사용하는 탈산제는?

  ① Al · Si   ② Mn · Mg   ③ C · Si   ④ Mg · Si   **정답** ①

2. 순철과 탄소강

2-1 순철(pure iron)

(1) 순철의 성질

탄소 함량(0.03% 이하)이 낮아서 기계 재료로서는 부적당하지만 항장력이 낮고 투자율 (透磁率)이 높기 때문에 변압기, 발전기용의 박철판으로 사용된다.

순철의 물리적 성질 중 융점(1530℃), 비중(7.86~7.88), 열전도율(0.18)과 기계적 성질 중 경도는 H_B로 60~65 정도이다.

(2) 순철의 변태

순철의 변태에는 A₂(768℃), A₃(910℃), A₄(1400℃) 변태가 있으며 A₃, A₄ 변태를 동소 변태라 하고 A₂ 변태를 자기 변태라 한다. 순철은 변태에 따라서 α철, γ철, δ철의 3개 동소체가 있으며, α철은 910℃ 이하에서 체심 입방 격자(B.C.C) 원자 배열이고, γ철은 910~1400℃ 사이에서 면심 입방 격자(F.C.C)로 존재하며, 1400℃ 이상에서는 δ철이 체심 입방 격자(B.C.C)로 존재한다. 순철의 표준 조직은 대체로 다각형 입자로 되어 있으며, 상온에서 체심 입방 격자 구조인 α조직(ferrite structure)이다.

핵심문제

1. 다음 중 순철의 용융 온도는?

① 1400℃　　　　　　　　　　② 1538℃

③ 1769℃　　　　　　　　　　④ 2610℃　　　　　**정답** ②

2. 순철에는 α, γ, δ의 3개의 동소체가 있다. 그 중 γ철은 910℃~1400℃ 사이에서 결정 격자가 어떤 상태인가?

① 체심 입방 격자　　　　　　② 수지상 결정

③ 면심 입방 격자　　　　　　④ 조밀 육방 격자　　**정답** ③

3. 순철의 동소 변태와 변태 온도를 올바르게 나타낸 것은?

① A₀ 변태-210℃　　　　　　② A₁ 변태-723℃

③ A₂ 변태-770℃　　　　　　④ A₃ 변태-910℃　　**정답** ④

2-2 탄소강(carbon steel)

(1) 강의 표준 조직(normal structure)

강을 A₃선 또는 A₃선 이상, 10~50℃까지 가열한 후 서랭시켜서 조직의 평준화를 기한 것을 말하며, 이때의 작업을 풀림(annealing)이라 한다.

① **페라이트(ferrite)** : 일명 지철(地鐵)이라고도 하며, 강의 현미경 조직에 나타나는 조직으로서 α철이 녹아 있는 가장 순철에 가까운 조직이다. 극히 연하고 상온에서 강자성체인 체심 입방 격자 조직이다.
② **펄라이트(pearlite)** : 726℃에서 오스테나이트가 페라이트와 시멘타이트의 층상의 공석정으로 변태한 것으로서 탄소 함유량은 0.85%이다. 강도, 경도는 페라이트보다 크며, 자성이 있다.
③ **시멘타이트(cementite)** : 고온의 강 중에서 생성하는 탄화철(Fe₃C)을 말하며, 경도가 높고 취성이 많으며 상온에선 강자성체이다.

강의 표준 조직의 기계적 성질

성질 \ 조직	페라이트	펄라이트	시멘타이트
인장 강도(MPa)	343	785	34 이하
연신율(%)	40	10~15	0
브리넬 경도(H_B)	80~90	200	800

조직과 결정 구조

기호	명칭	결정 구조 및 내용
α	α-페라이트(α-ferrite)	B.C.C(체심 입방 격자)
γ	오스테나이트(austenite)	F.C.C(면심 입방 격자)
δ	δ-페라이트(δ-ferrite)	B.C.C(체심 입방 격자)
Fe₃C	시멘타이트(cementite) 또는 탄화철	금속간 화합물
α+Fe₃C	펄라이트(pearlite)	α와 Fe₃C의 기계적 혼합
γ+Fe₃C	레데부라이트(ledeburite)	γ와 Fe₃C의 기계적 혼합

(2) Fe-C계 상태도

철과 탄소의 평행 상태도이며, 다음 [그림]과 같다.

A : 1538℃ 순철의 용융점

D : 시멘타이트의 용융점, 1430℃, 6.68%

N : 1400℃ 순철의 A_4 변태점

   * $\delta Fe \rightleftarrows \gamma Fe$(동소 변태)

G : 910℃ 순철의 A_3 변태점

   * $\gamma Fe \rightleftarrows \alpha Fe$(동소 변태)

A_0 : 210℃ 강의 A_0 변태(Fe$_3$C의 자기 변태) 6.68%C : Fe$_3$C 100% 점(Fe이 C를 최대로 고용함.)

C : 공정점, 1130℃, 4.3%C 공정(레데부라이트) ($\gamma + Fe_3C$)

E : 포화점, 1148℃, 2.11%C 강과 주철의 분리점(γ가 C를 최대로 고용함.)

S : 공석점, 723℃, 0.86%C 공석(펄라이트) ($\alpha + Fe_3C$)

B : 0.51%C 포정 반응을 하는 액체

J : 1495℃, 0.16%C 포정점

H : 0.10%C 포정 반응을 하는 고체(δ가 C를 최대로 고용함.)

P : 0.03%C : α가 C를 최대로 고용함.

AB : δ고용체가 정출하기 시작하는 액상선

AH : δ고용체가 정출을 끝내는 고상선

HJB : 1492℃ 포정선＝B(용액)＋H(δ고용체) $\rightleftarrows$ J(γ고용체)

BC : γ고용체를 정출하기 시작하는 액상선

CD : Fe$_3$C(시멘타이트)를 정출하기 시작하는 액상선

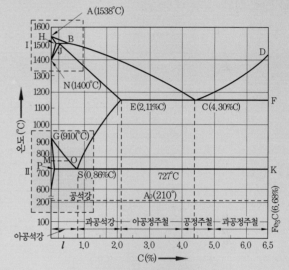

JE : γ고용체가 정출을 끝내는 고상선

GP : γ고용체로부터 α고용체로 석출되기 시작되는 선(A_3선)

PQ : α고용체에 대한 시멘타이트의 용해도 곡선

HN : δ고용체가 γ고용체로 변화하기 시작하는 온도, 즉 강철의 A_4 변태가 시작하는 온도(A_4 변태선)

JN : δ고용체가 γ고용체로 변화가 끝나는 온도, 즉 강철의 A_4 변태가 끝나는 온도

ECF : 1148℃ 공정선＝E(γ고용체)＋F(Fe$_3$C) $\rightleftarrows$ (용액)

ES : Fe$_3$C의 초석선, γ고용체에서 Fe$_3$C가 석출하기 시작하는 온도(A_{cm}선)

MO : 768℃ α고용체의 자기 변태점(A_2 변태선)

GS : α고용체의 초석선(γ고용체에서 α고용체가 석출되기 시작하는 온도(A_3선))

PSK : 727℃ 공석선＝P(α고용체)＋K(Fe$_3$C) $\rightleftarrows$ S($\alpha + Fe_3C$, 펄라이트)

(3) 탄소강 중에 함유된 성분과 그 영향 [Mn, Si, P, S, 가스(O₂, N₂, H₂)]

① 0.2~0.8% Mn : 강도·경도·인성·점성 증가, 연성 감소, 담금질성 향상. 황(S)의 양과 비례한다. 황의 해를 제거하며, 고온 가공으로 용해한다(FeS → MnS로 슬래그화).

② **0.1~0.4% Si** : 강도 · 경도 · 주조성 증가(유동성 향상), 연성 · 충격치 감소. 단접성 및 냉간 가공성을 저하시킨다.

③ **0.06% 이하 S** : 강도 · 경도 · 인성 · 절삭성 증가(MnS로), 변형률 · 충격치 저하. 용접성을 저하시키며, 적열 메짐이 있으므로 고온 가공성을 저하시킨다(FeS가 원인).

④ **0.06% 이하 P** : 강도 · 경도 증가, 연신율 감소. 편석 발생(담금 균열의 원인). 결정립을 거칠게 하며, 냉간 가공을 저하시킨다(Fe_3P가 원인). 상온 메짐(취성)의 원인이 된다.

⑤ **H_2** : 헤어 크랙(백점) 발생

⑥ **Cu** : 부식 저항 증가, 압연 시 균열 발생

(4) 탄소강의 종류와 용도

탄소강의 종류와 용도

종별	C(%)	인장 강도(MPa)	연신율(%)	용도
극연강	0.12 미만	370 미만	25	강판, 강선, 못, 강관, 리벳
연강	0.13~0.20	370~430	22	강관, 강봉, 강판, 볼트, 리벳
반연강	0.20~0.30	430~490	20~18	기어, 레버, 강판, 볼트, 너트, 강관
반경강	0.30~0.40	490~540	18~14	강판, 차축
경강	0.40~0.50	540~590	14~10	차축, 기어, 캠, 레일
최경강	0.50~0.70	590~690	10~7	축, 기어, 레일, 스프링, 단조 공구, 피아노선
탄소공구강	0.60~1.50	690~490	7~2	각종 목공구, 석공구, 절삭 공구, 게이지
표면경화강	0.08~0.2	490~440	15~20	기어, 캠, 축류

① **저탄소강(0.3%C 이하)** : 가공성 위주, 단접 양호, 열처리 불량

② **고탄소강(0.3%C 이상)** : 경도 위주, 단접 불량, 열처리 양호

③ **기계 구조용 탄소 강재(SM)** : 저탄소강(0.08~0.23%C), 구조물, 일반 기계 부품으로 사용

④ **탄소 공구강(탄소 : STC, 합금 : STS, 스프링강 : SPS)** : 고탄소강(0.6~1.5%C), 킬드강으로 제조

⑤ **주강(SC)** : 수축률은 주철의 2배. 융점(1600℃)이 높고 강도가 크나 유동성이 작다. 응력, 기포가 많고 조직이 억세므로 주조 후 풀림 열처리가 필요하다(주강 주입 온도 : 1450~1530℃).

⑥ **쾌삭강(free cutting steel)** : 강에 S, Zr, Pb, Ce를 첨가하여 절삭성을 향상시킨 강이다 (S의 양 : 0.25% 함유).

⑦ **침탄강(표면경화강)** : 표면에 C를 침투시켜 강인성과 내마멸성을 증가시킨 강이다.

(5) 탄소강의 성질

함유원소, 가공, 열처리 상태에 따라 다르나 표준 상태에서는 주로 탄소 함유량에 따라 결정된다. 황<0.05%, 인<0.04%, 규소<0.5%, 망가니즈<0.8%이며 그 밖의 불순물이 탄소강에 미치는 영향은 실질적으로 무시된다.

① **물리적 성질(탄소 함유량의 증가에 따라)** : 비중, 선팽창률, 온도 계수, 열전도도는 감소하나 비열, 전기저항, 항자력은 증가한다.

② **기계적 성질** : 표준 상태에서 탄소가 많을수록 인장 강도, 경도는 증가하다가 공석 조직에서 최대가 되나 연신율과 충격값은 감소한다.

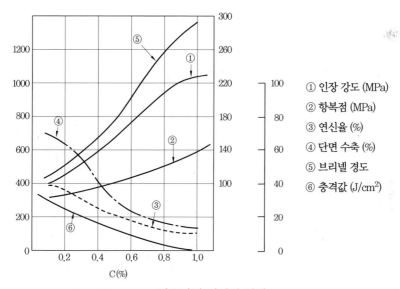

① 인장 강도 (MPa)
② 항복점 (MPa)
③ 연신율 (%)
④ 단면 수축 (%)
⑤ 브리넬 경도
⑥ 충격값 (J/cm²)

탄소강의 기계적 성질

㈎ 과공석강이 되면 망상의 초석 시멘타이트가 생겨 경도는 증가하고, 인장 강도는 급격히 감소한다.

㈏ **청열 메짐(blue shortness)** : 강이 200~300℃ 가열되면 경도, 강도가 최대로 되고 연신율, 단면 수축은 줄어들어 메지게 되는 것으로 이때 표면에 청색의 산화 피막이 생성된다. 이것은 인 때문인 것으로 알려져 있다.

㈐ **적열 메짐(red shortness)** : 황이 많은 강으로 고온(900℃ 이상)에서 메짐(강도는 증가, 연신율은 감소)이 나타난다.

㈑ **저온 메짐** : 상온 이하로 내려갈수록 경도, 인장 강도는 증가하나 연신율은 감소하여 차차 여리며 약해진다. -70℃에서는 연강에서도 취성이 나타나며 이런 현상을 저온 메짐 또는 저온 취성이라 한다.

③ 화학적 성질

㈎ 강은 알칼리에 거의 부식되지 않지만 산에는 약하다.

㈏ 0.2% 이하 탄소 함유량은 내식성에 관계되지 않으나, 그 이상에는 많을수록 부식이 쉽다.

㈐ 담금질된 강은 풀림 및 불림 상태보다 내식성이 크다.

㈑ 구리를 0.15∼0.25% 가함으로써 대기중 부식이 개선된다.

(6) 강재의 KS 기호

기호	설명	기호	설명
SM	기계 구조용 탄소 강재	SB	보일러용 압연 강재
SBV	리벳용 압연 강재	SEH	내열강
SKH	고속도 공구 강재	BMC	흑심 가단 주철
WMC	백심 가단 주철	SS	일반 구조용 압연 강재
GCD	구상 흑연 주철	SK	자석강
SNC	Ni−Cr 강재	SF	단조품
GC	회주철	STC	탄소 공구강
SC	주강	STS	합금 공구강
SM	용접 구조용 압연 강재	SPS	스프링강

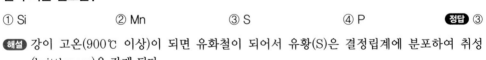
핵심문제

1. 다음 중 강의 표준 조직이 아닌 것은?

① 트루스타이트   ② 페라이트   ③ 시멘타이트   ④ 펄라이트   **정답** ①

해설 강의 표준 조직에는 α(페라이트)와 Fe_3C(시멘타이트), $\alpha+Fe_3C$의 펄라이트가 있다.

2. 탄소강 중에서 고온 취성(high temperature shortness), 즉 적열 취성 (hot−shortness)의 원인이 되는 원소는?

① Si   ② Mn   ③ S   ④ P   **정답** ③

해설 강이 고온(900℃ 이상)이 되면 유화철이 되어서 유황(S)은 결정립계에 분포하여 취성 (brittleness)을 갖게 된다.

3. 탄소량이 0.85%C 이하인 강을 무슨 강이라고 하는가?

① 자석강   ② 공석강   ③ 아공석강   ④ 과공석강   **정답** ③

해설 0.85%C의 강을 공석강, 0.85%C 이하의 강을 아공석강, 0.85%C 이상의 강을 과공석강이라 한다. 아공석강의 조직은 페라이트＋펄라이트이다.

4. 다음 설명 중 규소의 영향으로 옳은 것은?

① 강의 유동성을 증가시킨다.
② 상온 메짐을 크게 일으킨다.
③ 강의 유동성을 해치고 고온 메짐을 일으킨다.
④ 담금성을 현저하게 증가시킨다.
정답 ①

5. 탄소강의 기계적 성질로 맞지 않는 사항은?

① 표준 상태에서 탄소가 많을수록 경도가 증가한다.
② 인장강도는 과공석강에서 최대가 된다.
③ 탄소량이 많을수록 냉간가공이 어렵다.
④ 탄소강은 200~300℃에서 청열메짐이 일어난다.
정답 ②

해설 탄소강의 인장강도는 공석강에서 최대로 된다.

3. 열처리

　금속 재료를 각종 사용 목적에 따라 기능을 충분히 발휘하려면 합금만으로는 되지 않는다. 그러므로 충분한 기능을 발휘시키기 위해서 금속을 적당한 온도로 가열 및 냉각시켜 특별한 성질을 부여하는 것을 열처리(heat treatment)라 한다.

3-1　일반 열처리

(1) 담금질(quenching)

　강(鋼)을 A_3 변태 및 A_1 선 이상 30~50℃로 가열한 후 수랭 또는 유랭으로 급랭시키는 방법이며, A_1 변태가 저지되어 경도가 큰 마텐자이트로 된다.

① **담금질 목적** : 경도와 강도를 증가시킨다.

② **담금질 조직**

　㈎ **마텐자이트**(martensite)

　　㉮ 수랭으로 인하여 오스테나이트에서 C를 과포화된 페라이트로 된 것이다.

　　㉯ 침상의 조직으로 열처리 조직 중 경도가 최대이고, 부식에 강하다.

　　㉰ $A_r{''}$ 변태 : 마텐자이트가 얻어지는 변태이다.

㉘ M_s, M_f점 : 마텐자이트 변태의 시작되는 점과 끝나는 점이다.

(나) 트루스타이트(troostite)

　㉮ 유랭(수랭보다 냉각속도가 더디다.)으로 얻어진다.

　㉯ 마텐자이트보다 경도는 작으나 강인성이 있어 공업상 유용하고 부식에 약하다.

　㉰ Ar′ 변태 : 트루스타이트가 얻어지는 변태이다.

(다) 소르바이트(sorbite)

　㉮ 트루스타이트보다 냉각이 느릴 때 (공랭) 얻어진다.

　㉯ 트루스타이트보다 경도는 작으나 강도, 탄성이 함께 요구되는 구조 강재에 사용 : 스프링 등

(라) 오스테나이트(austenite)

　㉮ 냉각 속도가 지나치게 빠를 때 A_1 이상에 존재하는 오스테나이트가 상온까지 내려온 것(경도가 낮고 연신율이 큼. 전기 저항이 크나 비자성체임. 고탄소강에서 발생. 제거 방법 : 서브 제로 처리)

　㉯ 서브 제로(심랭) 처리 : 담금질 직후(조직 성질 저하, 뜨임 변형 유발하는) 잔류 오스테나이트를 없애기 위하여 0℃ 이하로 냉각하는 것(액체 질소, 드라이아이스로 −80℃까지 냉각함.)

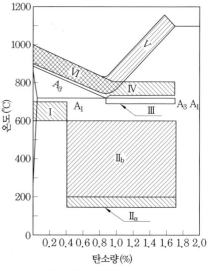

I : 풀림 (600~700℃)
II_a, II_b : 뜨임 (150~200℃, 200~600℃)
III : 풀림 (700~720℃)
IV : 풀림 (A_3 이상 30~50℃)
V : 담금질 (A_3 이상 30~50℃)
VI : 불림 (A_3와 Acm 이상 30~60℃)

강의 열처리와 온도

③ **담금질 질량 효과** : 재료의 크기에 따라 내·외부의 냉각 속도가 달라져 경도가 차이나는 것[질량 효과가 큰 재료 : 담금질 정도가 작다(경화능이 작다).]

④ **각 조직의 경도 순서** : 시멘타이트(H_B 800)>마텐자이트(600)>트루스타이트(400)>소르바이트(230)>펄라이트(200)>오스테나이트 (150)>페라이트(100)

⑤ **냉각 속도에 따른 조직 변화 순서** : M(수랭)>T(유랭)>S(공랭)>P(노랭)

　• 펄라이트(pearlite) : 노(爐) 안에서 서랭한 조직(열처리 조직이 아님.)

⑥ **담금질액**

(가) 소금물 : 냉각 속도가 가장 빠름.

(나) 물 : 처음에는 경화능이 크나 온도가 올라갈수록 저하한다(C강, Mn강, W강의 간단한 구조).

(다) 기름 : 처음에는 경화능이 작으나 온도가 올라갈수록 커진다(20℃까지 경화능 유지).

(2) 뜨임(tempering)

담금질된 강을 A₁ 변태점 이하로 가열 후 냉각시켜 담금질로 인한 취성을 제거하고 강도를 떨어뜨려 강인성을 증가시키기 위한 열처리이다.

① **저온 뜨임** : 내부 응력만 제거하고 경도 유지 (150℃)
② **고온 뜨임** : 소르바이트(sorbite) 조직으로 만들어 강인성 유지 (500~600℃)

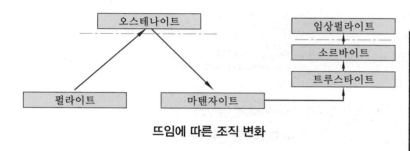

뜨임에 따른 조직 변화

뜨임 조직의 변태

온도(℃)	변태
100~200	A → M
200~400	M → T
400~600	T → S
600~700	S → P

(3) 불림(normalizing)

① **목적** : 결정 조직의 균일화(표준화), 가공 재료의 잔류 응력 제거
② **방법** : A₃, A_cm 이상 30~50℃로 가열 후 공기 중 방랭. 미세한 소르바이트(sorbite) 조직이 얻어짐.

(4) 풀림(annealing)

① **목적** : 재질의 연화
② **종류**

(개) 완전 풀림 : A₃, A₁ 이상, 30~50℃로 가열 후 노(爐)내에서 서랭−넓은 의미에서의 풀림
(내) 저온 풀림 : A₁ 이하(650℃) 정도로 노내에서 서랭−재질의 연화
(대) 시멘타이트 구상화 풀림 : A₃, A_cm ±20~30℃로 가열 후 서랭−시멘타이트 연화가 목적

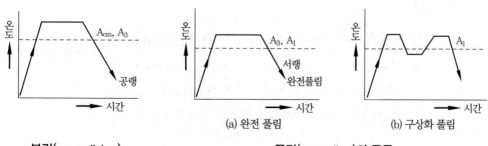

불림(normalizing)

(a) 완전 풀림   (b) 구상화 풀림

풀림(annealing)의 종류

핵심문제

1. 담금질한 강의 기계적 성질은?

① 연신율 증가　　　　　　　　　　② 전연성 증가

③ 경도 증가　　　　　　　　　　　④ 충격치 증가　　　　　**정답** ③

2. 다음 중 담금질 조직이 아닌 것은?

① 소르바이트　　　　　　　　　　② 레데부라이트

③ 마텐자이트　　　　　　　　　　④ 트루스타이트　　　　　**정답** ②

　　해설 레데부라이트(ledeburite) : 공정 반응에서 생긴 공정 조직을 말하며 탄소 함량은 4.3%이며
　　　　　오스테나이트와 시멘타이트의 공정이다.

3. 담금질한 탄소강을 뜨임 처리하면 어떤 성질이 증가되는가?

① 강도　　　　　　② 경도　　　　　　③ 인성　　　　　　④ 취성　　　　　**정답** ③

4. 강의 조직을 표준 상태로 하기 위한 열처리는?

① 담금질　　　　　② 풀림　　　　　　③ 불림　　　　　　④ 뜨임　　　　　**정답** ③

5. 금속 재료의 연화 및 균열 방지 등을 목적으로 고온으로 가열한 후 천천히 냉각시키는 열처리는?

① 담금질　　　　　② 풀림　　　　　　③ 불림　　　　　　④ 뜨임　　　　　**정답** ②

3-2　항온 열처리

　강은 A_{c1} 변태점 이상으로 가열한 후 변태점 이하의 어느 일정한 온도로 유지된 항온 담금질욕 중에 넣어 일정한 시간 항온 유지 후 냉각하는 열처리이다.

(1) 항온 열처리의 특징

① 계단 열처리보다 균열 및 변형이 감소하고 인성이 좋아진다.

② Ni, Cr 등의 특수강 및 공구강에 좋다.

③ 고속도강의 경우 1250~1300℃에서 580℃의 염욕에 담금하여 일정 시간 유지 후 공랭한다.

(2) 항온 열처리의 종류

① **오스템퍼(austemper)** : 베이나이트 담금질 · 오스테나이트 상태에서 A_r'와 $A_r''(M_s)$ 변 태점간 염욕 담금질하여 점성이 큰 베이나이트 조직을 얻을 수 있으며, 뜨임이 불필요하고, 담금 균열과 변형이 없다.

② **마템퍼(martemper)** : 오스테나이트 상태에서 M_s점과 M_f점 사이에서 항온 변태 후 열처리하여 얻은 마텐자이트와 베이나이트의 혼합 조직과 충격치가 높아진다.

③ **마퀜칭(marquenching)** : S곡선의 코 아래서 항온 열처리 후 뜨임으로 담금 균열과 변형 적은 조직이 된다.

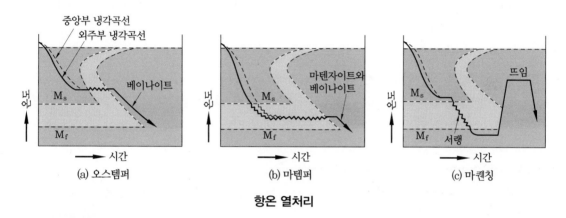

항온 열처리

핵심문제

1. 강을 M_s점과 M_1점 사이에서 항온 유지 후 꺼내어 공기 중에서 냉각하여 마텐자이트와 베이나이트의 혼합 조직으로 만드는 열처리는?

① 풀림   ② 담금질   ③ 침탄법   ④ 마템퍼   **정답** ④

2. 강재를 M_s점까지 급랭시키고 강재가 그 온도로 되었을 때 이것을 공랭하는 방법은?

① 노치 효과   ② 마퀜칭   ③ 질량 효과   ④ 심랭 처리   **정답** ②

3-3 표면 경화법

(1) 침탄법(carburizing)

0.2% 이하의 저탄소강을 침탄제와 침탄 촉진제를 함께 넣어 가열하면 침탄층이 형성된다.

① **고체 침탄법** : 침탄제인 목탄이나 코크스 분말과 침탄 촉진제($BaCO_3$, 적혈염, 소금 등)를 소재와 함께 침탄 상자에서 $900\sim950℃$로 $3\sim4$시간 가열하여 표면에서 $0.5\sim2mm$의 침탄층을 얻는 방법이다.

② **액체 침탄법** : 침탄제($NaCN$, KCN)에 염화물($NaCl$, KCl, $CaCl_2$ 등)과 탄화염(Na_2CO_3, K_2CO_3 등)을 $40\sim50\%$ 첨가하고 $600\sim900℃$에서 용해하여 C와 N가 동시에 소재의 표면에 침투하게 하여 표면을 경화시키는 방법. 침탄 질화법이라고도 하며, 침탄과 질화가 동시에 된다.

③ **가스 침탄법** : 이 방법은 탄화수소계 가스(메탄 가스, 프로판 가스 등)를 이용한 침탄법이다.

(2) 질화법(nitriding)

강의 표면에 질소를 침투시켜 경화하는 방법으로 가스 질화법, 액체 질화법, 연 질화법 등이 있으며, 침탄법과 다른 점은 담금질 조작을 하지 않는 점이다. 가스 질화법은 암모니아 가스를 이용하며, 질화 후에는 표면 경도와 내마모성이 매우 높아 수정이 불가능하다.

(3) 청화법(cyaniding, 침탄 질화법, 시안화법)

침탄 소재 CN 화합물을 주성분으로 한 시안화나트륨($NaCN$), 시안화칼륨(KCN)과 유동성을 좋게 하고 융점을 강하시키기 위해서 $NaCl$, KCl, Na_2CO_3, $BaCl_2$, $BaCl_3$ 등을 첨가하여 $600\sim900℃$로 용해시킨 염욕 중에 일정 시간을 유지하여 탄소와 질소가 소재 표면으로 침투하게 하는 침탄법 및 액체 침탄법(침지법)과 살포법이 있다.

(4) 금속 침투법(cementation)

① **세라다이징** : Zn 침투
② **크로마이징** : Cr 침투
③ **칼로라이징** : Al 침투
④ **실리코나이징** : Si 침투
⑤ **보로나이징** : B의 침투

(5) 기타 표면 경화법

① **화염 경화법** : $0.4\%C$ 전후의 강을 산소-아세틸렌 화염으로 표면만 가열 냉각시키는 방법. 경화층 깊이는 불꽃 온도, 가열 시간, 화염의 이동 속도에 의하여 결정된다.

② **고주파 경화법** : 고주파 열로 표면을 열처리하는 법으로 경화 시간이 짧고 탄화물을 고용시키기가 쉽다.

1. 고체 침탄법에 사용하는 침탄제인 것은?

① 질소(N)
② Na_2CO_3(탄산나트륨)
③ 목탄
④ $BaCO_3$(탄산바륨) 정답 ③

2. 질화법에 쓰이는 기체는?

① 아황산가스 ② 암모니아가스 ③ 탄산가스 ④ 석탄가스 정답 ②

3. 시안화칼륨(KCN)이나 시안화나트륨(NaCN)을 주성분으로 한 분말제를 적열된 강재 표면에 뿌려서 급랭시키는 표면 경화법은?

① 질화법 ② 침탄법 ③ 화염 담금질 ④ 청화법 정답 ④

4. 강재 표면에 Cr을 침투시키는 법은?

① 세라다이징 ② 칼로라이징 ③ 크로마이징 ④ 실리코나이징 정답 ③

4. 합금강

4-1 합금강의 개요

(1) 합금강의 종류

합금강은 탄소강에 다른 원소를 첨가하여 강의 기계적 성질을 개선한 강을 말하며, 특수한 성질을 부여하기 위하여 사용하는 특수 원소로서는 Ni, Mn, W, Cr, Mo, Co, V, Al 등이 있다(5% 기준 : 저고합금).

용도별 합금강의 분류

분류	종류
구조용 합금강	강인강, 표면 경화용 강(침탄강, 질화강), 스프링강, 쾌삭강
공구용 합금강(공구강)	합금 공구강, 고속도강, 다이스강, 비철 합금 공구 재료
특수 용도 합금강	내식용 합금강, 내열용 합금강, 자성용 합금강, 전기용 합금강, 베어링 강, 불변강

(2) 첨가 원소의 영향

① Ni : 강인성, 내식성, 내마모성 증가, 저온 충격 저항 증가(저온 취성 없음)

② Si : 내열성 증가, 전자기적 특성 개선

③ Mn : 고온 강도, 경도 향상, 다량 첨가되면 취성 증가

④ Cr : 내식성, 내마모성 증가, 담금질 효과 증대, 다량 첨가되면 인성 감소

⑤ W : 고온 강도, 경도 증가

⑥ Mo : 뜨임 메짐(취성) 방지, 담금질 깊이 증가

⑦ V : 조직을 미세화시켜 강화, 경도를 현저히 증가

⑧ B : 극소량으로도 Mn, Ni, Cr, Mo의 첨가를 생략할 수 있을 정도로 담금질 경화능 향상

(3) 자경성

특수 원소 첨가로 가열 후 공랭하여도 자연히 경화하여 담금질 효과를 얻는 것(Cr, Ni, Mn, W, Mo)

핵심문제

1. 강의 자경성을 높여 주는 원소는?

① Cr　　　　　② Si　　　　　③ Co　　　　　④ P　　　　　**정답** ①

해설 담금질 효과에서 적당한 양의 니켈·크롬 등을 포함한 강은 고온에서 공기 중에 방치해 두는 것만으로도 충분히 경화된다. 이와 같은 성질을 자경성(self hardening)이라고 한다.

2. 강에 적당한 원소를 첨가하면 기계적 성질을 개선할 수 있는데, 특히 강인성, 저온 충격 저항을 증가시키기 위하여 어떤 원소를 첨가하는 것이 좋은가?

① W　　　　　② Cr　　　　　③ Mn　　　　　④ Ni　　　　　**정답** ④

4-2　구조용 합금강

구조용으로 강도가 큰 것이 필요할 때 사용하면 좋은 것으로 다음과 같은 것이 있다.

(1) 강인강

① Ni강(1.5～5% Ni 첨가) : 표준 상태에서 펄라이트 조직. 자경성, 강인성이 목적

② Cr강(1～2% Cr 첨가) : 상온에서 펄라이트 조직. 자경성, 내마모성이 목적

　주 830～880℃에서 담금질, 550～680℃에서 뜨임(급랭하여 뜨임 취성 방지)

③ **Ni-Cr강(SNC)** : 가장 널리 쓰이는 구조용 강. Ni강에 Cr 1% 이하의 첨가로 경도를 보충한 강이다.

> 주 850℃ 담금질, 600℃에서 뜨임하여 소르바이트 조직을 얻는다(급랭하여 뜨임 취성 방지). 백점, 뜨임 취성 발생이 심하다(뜨임 취성 방지제 : W, Mo, V).

④ **Ni-Cr-Mo강** : 가장 우수한 구조용 강. SNC에 0.15~0.3% Mo 첨가로 내열성, 담금질성 증가

> 주 뜨임 취성 감소(고온 뜨임 기능). Cr-Mo강(SCM)은 SNC의 대용품이며, 값이 싸다. Ni 대신 0.01% Mo 첨가로 용접성, 고온강도 증가

⑤ **Mn-Cr강** : Ni-Cr강의 Ni 대신 Mn을 넣은 강

⑥ **Cr-Mn-Si** : 차축에 사용하며 값이 싸다.

⑦ **Mn강** : 내마멸성, 경도가 크므로 광산기계, 레일 교차점, 칠드 롤러, 불도저 앞판에 사용하고, 1000~1100℃에서 유랭 또는 수랭하여 완전 오스테나이트 조직으로 만든다(유인, 수인법).

  ㈎ 저 Mn강(1~2% Mn) : 펄라이트 Mn강, 듀콜(ducol)강, 구조용
  ㈏ 고 Mn강(10~14% Mn) : 오스테나이트 Mn강, 하드필드(hardfield)강, 수인(水靭)강

(2) 표면 경화강

① **침탄용 강** : Ni, Cr, Mo 함유강
② **질화용 강** : Al, Cr, Mo 함유강

(3) 스프링강

탄성한계, 항복점이 높은 Si-Mn강이 사용된다(정밀·고급품에는 Cr-V강 사용).
경도 H_B 40 이상, 소르바이트 조직

핵심문제

1. 구조용 특수강인 Ni-Cr강에서 Ni 함유량은 몇 %인가?

① 5% 이하　　　② 10~20%　　　③ 20~30%　　　④ 30% 이상　　**정답** ①

2. C 0.9~1.3%, Mn 10~14%인 고망가니즈강으로 마모에 견디는 것은?

① 듀콜강　　　② 스테인리스강　　　③ 하드필드강　　　④ 마그네트강　　**정답** ③

해설 고망가니즈강은 내마멸성강의 대표적인 것으로 Mn 대 C의 비율은 약 1:10으로 C 1.0~1.2%, Mn 11~13% 정도가 많이 사용된다. Mn 12% 정도의 고망가니즈강은 발명자의 이름을 따서 하드필드(Hard-field)강이라 한다.

4-3 공구용 합금강

(1) 합금 공구강(STS)

탄소 공구강의 결점인 담금질 효과, 고온 경도를 개선하기 위하여 Cr, W, Mo, V 첨가

> 🟦 고탄소 고크롬강은 다이, 펀치용. (W)−Cr−Mn강은 게이지 제조용(200℃ 이상 장기 뜨임)

(2) 공구 재료의 조건

① 고온 경도, 내마멸성, 강인성이 클 것
② 열처리, 공작이 쉽고 가격이 쌀 것

(3) 고속도 공구강(SKH)

- 대표적인 절삭용 공구 재료
- 일명 HSS−하이스
- 표준형 고속도강 : 18W−4Cr−1V, 탄소량은 0.8%

① **특성** : 600℃까지 경도가 유지되므로 고속 절삭이 가능하고 담금질 후 뜨임으로 2차 경화

② **종류**

㈎ W 고속도강(표준형)
㈏ Co 고속도강 : 5∼20% Co 첨가로 경도, 점성 증가, 중절삭용
㈐ Mo 고속도강 : 5∼8% Mo 첨가로 담금질성 향상, 뜨임 메짐 방지

③ **열처리**

㈎ 예열(800∼900℃) : W의 열전도율이 나쁘기 때문
㈏ 급가열(1250∼1300℃ 염욕) : 담금질 온도는 2분간 유지
㈐ 냉각(유랭) : 300℃에서부터 공기 중에서 서랭(균열 방지)−1차 마텐자이트
㈑ 뜨임(550∼580℃로 가열) : 20∼30분 유지 후 공랭, 300℃에서 더욱 서랭−2차 마텐자이트

> 🟦 고속도강은 뜨임으로 더욱 경화된다(2차 마텐자이트＝2차 경화). 풀림은 850∼900℃

(4) 주조경질합금

Co−Cr−W(Mo)을 금형에 주조 연마한 합금

① **대표적인 주조경질합금** : 스텔라이트(stellite)는 Co−Cr−W. Co가 주성분(40%)
② **특성** : 열처리 불필요, 절삭 속도 SKH의 2배, 600∼800℃까지 경도 유지, SKH보다 인성, 내구력이 작다.

③ 용도 : 강철, 주철, 스테인리스강의 절삭용

(5) 초경합금

금속 탄화물을 프레스로 성형 · 소결시킨 합금으로 분말 야금 합금

① **금속 탄화물의 종류 :** WC, TiC, TaC(결합재 : Co 분말)
② **제조 방법**
  ㈎ 분말을 금형에서 성형 후 800~1000℃로 예비 소결
  ㈏ H_2 분위기에서 1400~1500℃로 소결
③ **특성 :** 열처리 불필요, 고온 경도가 가장 우수
④ **용도 :** 구리 합금, 유리, PVC의 정밀 절삭용
⑤ **종류 :** S종(강절삭용), D종(다이스), G종(주철용)

(6) 세라믹 공구(ceramics)

알루미나(Al_2O_3)를 주성분으로 소결시킨 일종의 도기

① **제조 방법 :** 산화물 Al_2O_3를 1600℃ 이상에서 소결 성형
② **특성 :** 내열성이 가장 크며, 고온경도. 내마모성이 크다. 비자성, 비전도체. 충격에 약함(항절력=초경합금의 1/2).
③ **용도 :** 고온 절삭, 고속 정밀 가공용, 강자성 재료의 가공용

핵심문제

1. WC 분말과 Co 분말을 약 1400℃로 소결하여 만든 금속명은?
  ① 고속도강   ② 초경 합금
  ③ 모넬 메탈   ④ 화이트 메탈   **정답** ②
  해설 초경합금의 주성분은 WC, TaC, TiC이며 Co를 결합재로 쓴다.

2. 고속도강의 표준 성분은?
  ① W 18%, Cr 4%, V 1%   ② W 18%, V 14%, Cr 1%
  ③ Cr 8%, W 14%, V 1%   ④ V 18%, W 14%, Cr 1%   **정답** ①

3. 절삭 능력은 고속도강의 2배의 속도에 견디며 700℃ 이상의 고온에서도 경도를 유지하는 주조합금은?
  ① 세라믹   ② 스텔라이트
  ③ 합금 공구강   ④ 탄소 공구강   **정답** ②

4-4 특수 용도용 합금강

(1) 스테인리스강(STS : stainless steel)
강에 Cr, Ni 등을 첨가하여 내식성을 갖게 한 강

① 13Cr 스테인리스 : 페라이트계 스테인리스강, 열처리됨(담금질로 마텐자이트 조직을 얻음).
② 18Cr-8Ni 스테인리스 : 오스테나이트계, 담금질 안됨, 연전성이 크고 비자성체, 13Cr 보다 내식 · 내열 우수
 ㈎ Cr 12% 이상을 스테인리스(불수)강, 이하를 내식강이라 함.
 ㈏ Cr Ni량이 증가할수록 내식성 증가

(2) 내열강
① 내열강의 조건 : 고온에서 조직, 기계적 · 화학적 성질이 안정할 것
② 내열성을 주는 원소 : Cr(고크롬강), Al(Al_2O_3), Si(SiO_2)
③ Si-Cr강 : 내연 기관 밸브 재료로 사용
④ 초내열합금 : 탐켄, 하스텔로이, 인코넬, 서멧

(3) 전자기용 특수강
① 규소강 : 잔류자속 밀도가 작아 히스테리시스 손실이 적으므로 발전기, 전동기, 변압기 등의 철심 재료에 사용
② 퍼멀로이(permalloy) : Ni 75~80%, 초투자율 합금, 해저 전선용, 고주파 철심용
③ 센더스트(sendust) : Al 4~8%, Si 6~11%, 고투자율 합금, 자기 헤드용 철심 재료
④ 자석강 : 잔류자기와 항자력이 크고 온도, 진동 등에 자기 강도의 변화가 없을 것
 KS 자석강, MT 자석강, MK 자석강, 신 KS 자석강
⑤ 비자성강 : 발전기, 전동기, 변압기의 커버 및 배전반에 자성 재료를 사용하면 매돌이 전류가 유도되어 온도가 상승되므로 비자성 재료 사용
 Ni-Mn강, Ni-Cr-Mn강

(4) 베어링강
고탄소크롬강(C=1%, Cr=1.2%) : 내구성이 큼. 담금질 후 반드시 뜨임이 필요하다.

(5) 불변강(고Ni강)
온도가 변하더라도 열팽창이나 탄성의 변화가 거의 없는 강

① **인바(invar)** : Ni 36%. 줄자, 정밀 기계 부품으로 사용. 길이 불변
② **슈퍼인바(super invar)** : Ni 29~40%, Co 5% 이하. 인바보다 열팽창률이 작다.
③ **엘린바(elinvar)** : Ni 36%, Cr 12%. 시계 부품, 정밀 계측기 부품으로 사용. 탄성 불변
④ **코엘린바** : 엘린바에 Co 첨가
⑤ **플래티나이트(platinite)** : Ni 42~46%, Cr 18%의 Fe-Ni-Co 합금. 전구, 진공관 도선용

핵심문제

1. 18-8계 스테인리스강의 설명으로 틀린 것은?

① 오스테나이트계 스테인리스강이라고도 하며 담금질로서 경화되지 않는다.
② 내식, 내산성이 우수하며, 상온 가공하면 경화되어 다소 자성을 갖게 된다.
③ 가공된 제품은 수중 또는 유중 담금질하여 해수용 펌프 및 밸브 등의 재료로 많이 사용한다.
④ 가공성 및 용접성과 내식성이 좋다.　　**정답** ③

2. 전자기용으로 사용되는 특수강 중 철심 재료가 아닌 것은?

① 규소강판
② 센더스트
③ 퍼멀로이
④ 코엘린바　　**정답** ④

3. 다음 강철 중에서 불변강으로서 줄자, 표준자의 재료가 되는 것은?

① 엘린바(elinvar)
② 스텔라이트(stellite)
③ 인바(invar)
④ 플래티나이트(platinite)　　**정답** ③

해설 인바(invar)는 불변강으로서 줄자, 표준자의 재료로 많이 사용된다(Fe 64%, Ni 36%의 합금).

5. 주철과 주강

주철은 탄소 함유량이 1.7~6.68%(보통 2.5~4.5% 함유)까지이며, Fe, C 이외에 Si, Mn, P, S 등의 원소를 포함한다.

5-1 주철의 개요

(1) 주철의 장·단점

장점	단점
① 용융점이 낮고 유동성이 좋다. ② 주조성이 양호하다. ③ 마찰 저항이 좋다. ④ 가격이 저렴하다. ⑤ 절삭성이 우수하다. ⑥ 압축 강도가 크다(인장 강도의 3~4배)	① 인장강도가 작다. ② 충격값이 작다. ③ 소성 가공이 안된다.

(2) 주철의 조직

바탕조직(펄라이트, 페라이트)과 흑연으로 구성되어 있다. 주철 중의 탄소는 일반적으로 흑연 상태로 존재한다(Fe_3C는 1000℃ 이하에서는 불안정하다).

① 주철 중 탄소의 형상

- 유리 탄소(흑연)—Si가 많고 냉각 속도가 느릴 때 : 회주철
- 화합 탄소(Fe_3C)—Mn이 많고 냉각 속도가 빠를 때 : 백주철

종류	탄소의 형태	발생 원인	주괴의 위치	조직		용도
회주철 (경도 소)	흑연 상태	Si가 많을 때	중심 (회색)	펄라이트+흑연	강력 펄라이트	보통· 고급 합금, 구상 흑연 주철용
		냉각이 느릴 때		펄라이트+페라이트 +흑연	보통 주철	
		주입 온도가 높을 때		페라이트+흑연	연질 주철	
백주철 (대)	Fe_3C상태	Mn이 많고 냉각이 빠를 때	표면 (백색)	펄라이트+Fe_3C	극경질 주철	칠, 가단 주철용
반주철 (중)	흑연+Fe_3C		중간 (반회색)	펄라이트+Fe_3C +흑연	경질 주철	

주 펄라이트(강력) : 주철—C는 2.8~3.2%, Si는 1.5~2.0%, 기계 구조용으로 가장 우수한 주철

② 흑연화 : Fe_3C가 안정한 상태인 3Fe와 C(탄소)로 분리되는 것

③ **흑연의 영향**

㈎ 용융점을 낮게 한다(복잡한 형상의 주물 기능).

㈏ 강도가 작아진다(회주철로 되므로).

④ **마우러 조직도** : 주철 중의 C, Si의 양, 냉각 속도에 따른 조직의 변화를 표시한 것. 마우러 조직도에서 점 A는 Fe-C계의 공정점 4.3% C에 해당하며, 점 B는 1% C에 있어서의 백주철과 회주철의 경계로서 2% Si의 점에 해당한다. 즉, AB 선은 백주철과 흑연을 함유하는 주철의 경계선이 된다. 점 C는 1% C, 7% Si에 해당하고, AB선은 펄라이트의 유무를 나타내는 경계이며, AC선은 펄라이트를 함유하는 주철과 페라이트와 흑연만을 함유하는 주철과의 경계선이 된다. 또, 1.7% C가 강과 주철의 경계점이라 생각하여 XY를 긋고, 이것에 점 B에서 수선을 세워 점 B_0를 구하여 AB'선을 긋고, D에서 수선을 내리고 점 D'를 구하여 AD'선을 그으면 전체가 I(백주철), II(펄라이트 주철), IIa(반주철), IIb(회주철), III(페라이트 주철)의 다섯 구역으로 구분된다. 빗금친 부분은 2.8~3.2% C, 1.5~2.0% Si의 조성으로 우수한 펄라이트 주철의 범위를 나타낸 것이다.

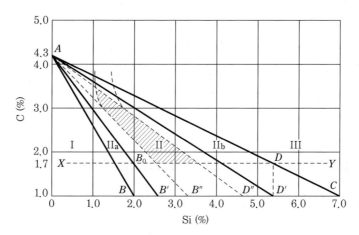

마우러의 조직도

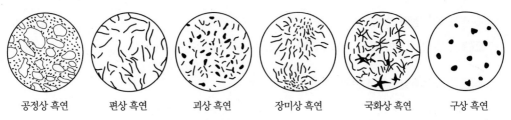

| 공정상 흑연 | 편상 흑연 | 괴상 흑연 | 장미상 흑연 | 국화상 흑연 | 구상 흑연 |

주철 조직의 흑연형상 중 국화상(문어상) 흑연이 가장 좋다.

주철 조직의 흑연형상 종류

⑤ **스테다이트** : $Fe-Fe_3C-Fe_3P$의 3원 공정 조직(주철 중 P에 의한 공정 조직)

⬛주 스테다이트가 함유된 주철은 내마모성이 강해지나 다량일 때는 오히려 취약해진다.

(3) 주철의 성질

전·연성이 작고 소성 가공이 안 된다(점성은 C, Mn, P이 첨가되면 낮아진다).

① **비중** : $7.1 \sim 7.3$(흑연이 많을수록 작아진다.)
② **열처리** : 담금질, 뜨임이 안되나 주조 응력 제거의 목적으로 풀림 처리는 가능 ($500 \sim 600℃$, $6 \sim 10$시간)
③ **자연 시효(시즈닝)** : 주조 후 장시간(1년 이상) 방치하여 주조 응력을 없애는 것
④ **주철의 성장** : 고온에서 장시간 유지 또는 가열 냉각을 반복하면 주철의 부피가 팽창하여 변형, 균열이 발생하는 현상

    ㈎ **성장 원인** : Fe_3C의 흑연화에 의한 팽창, A_1 변태에 따른 체적의 변화, 페라이트 중의 Si의 산화에 의한 팽창, 불균일한 가열로 균열에 의한 팽창
    ㈏ **방지법** : 흑연의 미세화(조직 치밀화), 흑연화 방지제, 탄화물 안정제 첨가
       주 • 흑연화 촉진제 : Si, Ni, Ti, Al   • 흑연화 방지제 : Mo, S, Cr, V, Mn

(4) 주철의 평형 상태도

① **전탄소량** : 유리 탄소(흑연) + 화합 탄소(Fe_3C)
② **공정점** : 공정 주철 4.3%C, 1145℃, 아공정 주철 1.7~4.3%C, 과공정 주철 4.3%C 이상

   주 공정점은 Si가 증가함에 따라 저탄소 쪽으로 이동한다(이동된 거리=탄소당량(CE)).

핵심문제

1. 주철의 기계적 성질로서 틀린 것은?

   ① 압축 강도가 크다.
   ② 경도가 높다.
   ③ 절삭성이 크다.
   ④ 연성 및 전성이 크다.   **정답** ④

   해설 연성 및 전성이 작고 취성이 크다. 주철의 변태점은 5개이다.

2. 상온에서 백주철의 조직은?

   ① 시멘타이트와 흑연   ② 오스테나이트와 흑연
   ③ 페라이트와 펄라이트   ④ 펄라이트와 시멘타이트   **정답** ④

   해설 백주철의 조직은 펄라이트+시멘타이트, 반주철의 조직은 펄라이트+시멘타이트+흑연, 강력 주철의 조직은 펄라이트+흑연, 보통 주철의 조직은 펄라이트+페라이트+흑연, 연질 주철의 조직은 페라이트+흑연이다.

3. 마우러의 조직도를 바르게 설명한 것은 어느 것인가?

① C와 Si량에 따른 주철의 조직 관계를 표시한 것

② 탄소와 Fe_3C량에 따른 주철의 조직 관계를 표시한 것

③ 탄소와 흑연량에 따른 주철의 조직 관계를 표시한 것

④ Si와 Mn량에 따른 주철의 조직 관계를 표시한 것 　　　　　　　　정답 ①

4. 주철의 기계적 성질은 주철 중의 흑연의 모양에 따라 다르다. 다음 중 가장 좋은 흑연 조직은?

① 편상 흑연　　　　　　　　　　② 괴상 흑연

③ 공정상 흑연　　　　　　　　　④ 국화 무늬 흑연 　　　　　　　정답 ④

5. 주철의 성장 원인이 되는 것 중 틀린 것은 어느 것인가?

① Si의 산화에 의한 팽창

② Fe_3C의 흑연화에 의한 팽창

③ 빠른 냉각 속도에 의한 시멘타이트의 석출로 인한 팽창

④ A_1 변태에서 체적의 변화로 생기는 미세한 균열로 인한 팽창 　　정답 ③

5-2　주철의 종류

(1) 보통 주철(회주철 : GC 1~3종)

① **인장 강도 :** $98 \sim 196$MPa

② **성분 :** C$=3.2 \sim 3.8\%$, Si$=1.4 \sim 2.5\%$

③ **조직 :** 페라이트$+$흑연(편상)

④ **용도 :** 주물 및 일반 기계 부품(주조성이 좋고, 값이 싸다.)

(2) 고급 주철(회주철 : GC 4~6종)

펄라이트 주철을 말한다.

① **인장 강도 :** 250MPa 이상

② **성분 :** 고강도를 위하여 C, Si량을 작게 함(특수 원소 첨가 않음).

③ **조직 :** 펄라이트$+$흑연

④ **용도 :** 강도를 요하는 기계 부품

⑤ **종류 :** 란츠, 에멜, 코살리, 파워스키, 미하나이트 주철

회주철의 종류와 기계적 성질

종류	기호	주조된 상태의 지름(mm)	인장 강도 (MPa)	항절 시험		경도(H_B)	
				최대 하중(N)	휨(mm)		
1종	GC 100	30	100 이상	7000 이상	3.5 이상	201 이하	보통 주철
2종	GC 150	30	150 이상	8000 이상	4.0 이상	212 이하	
3종	GC 200	30	200 이상	9000 이상	4.5 이상	223 이하	
4종	GC 250	30	250 이상	10000 이상	5.0 이상	241 이하	고급 주철
5종	GC 300	30	300 이상	11000 이상	5.5 이상	262 이하	
6종	GC 350	30	350 이상	12000 이상	5.5 이상	277 이하	

(3) 미하나이트 주철(meehanite cast iron)

흑연의 형상을 미세, 균일하게 하기 위하여 Si, Ca-Si 분말을 첨가하여 흑연의 핵 형성을 촉진(接種)시킨 주철

① **인장 강도** : 343~441MPa
② **조직** : 펄라이트 + 흑연(미세)
③ **용도** : 고강도, 내마멸, 내열, 내식성 주철로 공작 기계의 안내면, 내연 기관의 실린더 등에 쓰이며, 담금질이 가능하다.

(4) 특수 합금 주철

특수 원소의 첨가로 기계적 성질을 개선한 주철이다.

① **고합금 주철**
   (개) 내열 주철 : 크롬 주철(Cr 34~40%), Ni 오스테나이트 주철(Ni 12~18%, Cr 2~5%)
   (내) 내산 주철 : 규소 주철(Si 14~18%) (절삭이 안되므로 연삭 가공하여 사용)
② **구상 흑연주철**(D.C) : 용융 상태에서 Mg, Ce, Ca 등을 첨가하여 편상흑연을 구상화한 주철
   (개) 기계적 성질
      ⑦ 주조 상태 : 인장 강도 390~690MPa, 연신율 2~6%
      ④ 풀림 상태 : 인장 강도 440~540MPa, 연신율 12~20%
   (내) 조직 : 시멘타이트형, 페라이트형, 펄라이트형
      🟊 불스 아이(bulls eye) 조직 : 펄라이트를 풀림 처리하여 페라이트로 변할 때 구상 흑연 주위에 나타나는 조직 — 경도, 내마멸성, 압축 강도 증가

㈐ 특성 : 풀림 열처리 가능, 내마멸 · 내열성이 크고 성장이 작다.

㈑ 페이딩(fading) 현상 : 흑연 구상화 처리 후 용탕 상태로 방치하여 구상화의 효과가 소멸되는 현상

③ **칠드(냉경) 주철** : 용융 상태에서 금형에 주입하여 접촉면을 백주철로 만든 것(칠 부분 $-Fe_3C$ 조직)

㈎ 표면 경도 : $H_s=60\sim75$, $H_B=350\sim500$

㈏ 칠의 깊이 : $10\sim25$mm

㈐ 용도 : 각종 용도의 롤러, 기차바퀴

㈑ 성분 : Si가 적은 용선에 Mn을 첨가하여 금형에 주입

④ **가단 주철** : 백주철을 풀림 처리하여 탈탄 또는 흑연화에 의하여 가단성을 준 것(연신율 : $5\sim12$%)

㈎ 백심 가단 주철(WMC) : 탈탄이 주목적. 산화철(탈탄제)을 가하여 950℃에서 70~100시간 가열

㈏ 흑심 가단 주철(BMC) : Fe_3C의 흑연화가 목적
산화철을 가하여 1단계 $850\sim950$℃(유리 Fe_3C → 흑연화), 2단계 $680\sim730$℃(펄라이트 중의 Fe_3C → 흑연화)로 풀림(가열 시간 : 각 $30\sim40$시간)

㈐ 고력(펄라이트) 가단 주철(PMC) : 흑심 가단 주철의 2단계를 생략한 것(풀림 흑연+펄라이트 조직)

🔧 가단 주철의 탈탄제 : 철광석, 밀 스케일, 헤어 스케일 등의 산화철을 사용

⑤ **애시큘러 주철(acicular cast iron)** : 보통 주철에 $1\sim1.5$% Mo, $0.5\sim4.0$% Ni, 소량의 Cu, Cr 등을 첨가한 것으로 흑연은 편상이나 조직은 침상이며, 인장 강도 $440\sim640$MPa, 경도(H_B)가 300 정도이다. 이때 강인성과 내마멸성이 우수하여 크랭크축, 캠축 등에 쓰인다.

핵심문제

1. 조직은 흑연이 미세하고 균일하게 분포된 미세한 조직이고, 바탕은 펄라이트 조직으로 된 주철로서 보통 주철보다 강도가 큰 주철은?

① 펄라이트 주철   ② 미하나이트 주철
③ 가단 주철   ④ 구상 흑연 주철   정답 ②

2. 다음 중 인장 강도가 가장 큰 주철은 어느 것인가?

① 미하나이트 주철   ② 구상 흑연 주철
③ 칠드 주철   ④ 가단주철   정답 ②

3. 불스 아이 조직(bulls eye structure)이란 어느 주철에 나타나는 조직인가?

① 구상 흑연 주철
② 가단 주철
③ 고급 주철
④ 칠드 주철

정답 ①

4. 기차의 차륜은 어떤 주철로 만드는가?

① 구상 흑연 주철
② 가단 주철
③ 미하나이트 주철
④ 칠드 주철

정답 ④

해설 기차의 바퀴는 칠드 주철로 만드는데, 칠드 주철의 표면은 매우 단단하여 내마모성이 있는 시멘타이트 조직이며 이것을 금형에 주입함으로써 금형에 닿는 부분은 급랭이 되어 칠층이 형성된다. 칠드 주철을 냉경 주철이라고도 한다. 칠 층을 깊게 하는 원소는 Cr, V, W, Mo 등이다.

5. 고탄소 주철로서 회주철과 같이 주조성이 우수한 백선주물을 만들고 열처리함으로써 강인한 조직으로 하여 단조를 가능하게 한 주철은?

① 회주철
② 가단주철
③ 칠드주철
④ 합금주철

정답 ②

5-3 주강

주강은 주조할 수 있는 강을 말하는데, 단조강보다 가공 공정을 감소시킬 수 있으며 균일한 재질을 얻을 수 있다.

종류	특성
① 0.20%C 이하인 저탄소 주조강 ② 0.20∼0.50%C의 중탄소강 ③ 0.5%C 이상의 고탄소 주강	① 대량 생산에 적합하다. ② 주철에 비하여 용융점이 낮아 주조하기 힘들다.

제3장

비철금속 재료

1. 알루미늄과 그 합금

1-1 알루미늄

(1) Al의 성질

① **물리적 성질**

㈎ 비중 2.7, 경금속, 용융점 660℃, 변태점이 없다.

㈏ 열 및 전기의 양도체이며, 내식성이 좋다.

② **기계적 성질**

㈎ 전연성이 풍부하며, 400~500℃에서 연신율이 최대이다.

㈏ 가공에 따라 경도 · 강도 증가, 연신율 감소, 수축률이 크다.

㈐ 풀림 온도 250~300℃이며 순 Al은 주조가 안 된다.

㈑ 재결정 온도는 150℃이다.

알루미늄 가공재의 기계적 성질

냉간가공도 (%)	순도 99.4%		순도 99.6%		순도 99.8%	
	인장강도(GPa)	연신율(%)	인장강도(GPa)	연신율(%)	인장강도(GPa)	연신율(%)
0	80	46	108	49	69	48
33	115	12	104	17	91	20
67	139	8	141	9	114	10
80	151	7	146	9	125	9

③ **화학적 성질 :** 무기산, 염류에 침식되며, 대기 중에서 안정한 산화 피막을 형성한다.

(2) 알루미늄의 방식법

알루미늄 표면을 적당한 전해액 중에서 양극 산화 처리하고, 이것을 고온 수증기 중에서 가열하여 방식성이 우수한 아름다운 피막을 만든다. 수산법, 황산법, 크롬산법 등이 있으며, 수산법은 알루마이트(alumite)법이라고도 한다.

(2) Al의 특성과 용도

① Cu, Si, Mg 등과 고용체를 형성하며, 열처리로 석출 경화, 시효 경화시켜 성질을 개선한다.
② **용도** : 송전선, 전기 재료, 자동차, 항공기, 폭약 제조 등에 사용한다.

> **주** ① 석출 경화(Al의 열처리법)–급랭으로 얻은 과포화 고용체에서 과포화된 용해물을 석출시켜 안정화시킴 (석출 후 시간 경과와 더불어 시효 경화됨).
> ② 인공 내식 처리법–알루마이트법, 황산법, 크롬산법

핵심문제

1. 다음 Al에 대한 설명 중 틀린 것은?

① 비중 2.7, 융점 660℃이며 면심 입방 격자이다.
② 전기 및 열의 전도율이 매우 불량하다.
③ 산화 피막 때문에 대기 중에서는 잘 부식이 안되나 해수 또는 산, 알칼리에 부식된다.
④ 경금속에 속한다.　　　　　　　**정답** ②

2. 다음 중 알루미늄의 특성에 대한 설명 중 틀린 것은?

① 내식성이 좋다.
② 열전도성이 좋다.
③ 순도가 높을수록 강하다.
④ 가볍고 전연성이 우수하다.　　　**정답** ③

해설 강도를 높이려면 Cu, Mg과 같은 다른 원소를 첨가해야 한다. 고강도 Al합금으로는 두랄루민(4% Cu, 0.5% Mn, 0.5% Mg, 나머지 Al)이 있다.

3. 다음 중 알루미늄의 내식성을 더욱 향상시키고 아름다운 피막을 얻는 방법이 아닌 것은?

① 알루마이트법　　　　　　② 두랄루민법
③ 크롬산법　　　　　　　　④ 황산법　　　**정답** ②

해설 알루미늄 표면을 적당한 전해액으로 양극 산화 처리하면 치밀한 피막이 생기며, 이것을 다시 높은 온도의 수증기 중에 가열하면 내식성이 더욱 향상되고 아름다운 피막이 얻어진다. 이 방법에는 알루마이트법, 황산법, 크롬산법 등이 있다.

4. 알루미늄의 재결정 온도는?

① 150℃　　② 160℃　　③ 170℃　　④ 180℃　　**정답** ①

1-2 알루미늄 합금

(1) 주조용 알루미늄 합금

- 요구되는 성질
  - 유동성이 좋을 것
  - 열간취성이 좋을 것
  - 응고 수축에 대한 용탕 보급성이 좋을 것
  - 금형에 대한 점착성이 좋지 않을 것

① **Al−Cu계 합금** : Cu 8% 첨가. 주조성·절삭성이 좋으나 고온 메짐, 수축 균열이 있다.

② **Al−Si계 합금**

⑺ 실루민(silumin)이 대표적이며, 주조성이 좋으나 절삭성은 나쁘다.

⑻ 열처리 효과가 없고, 개질 처리로 성질을 개선한다.

⑼ 개질 처리(개량 처리)란 Si의 결정을 미세화하기 위하여 특수 원소를 첨가시키는 조작이며, 방법은 다음과 같다.

  ㉮ 금속 Na 첨가법−제일 많이 사용하는 방법이다. Na량 : 0.05~0.1% 또는 Na 0.05%+K0.05%

  ㉯ F(불소) 첨가법−F 화합물과 알칼리토 금속을 1 : 1로 혼합하여 1~3% 첨가

  ㉰ NaOH 첨가법(수산화나트륨, 가성소다)

⑽ 로엑스(Lo−EX) 합금 : Al−Si에 Mg을 첨가한 특수 실루민으로 열팽창이 극히 작음. Na 개질 처리한 것이며, 내연 기관의 피스톤에 사용한다.

③ **Al−Mg계 합금** : Mg 12% 이하로서 하이드로날륨이라고도 한다.

④ **Al−Cu−Si계 합금** : 라우탈(lautal)이 대표적이며, Si 첨가로 주조성을 향상시키고, Cu 첨가로 절삭성을 향상시킨다.

⑤ **Y합금(내열 합금)** : Al(92.5%)−Cu(4%)−Ni(2%)−Mg(1.5%) 합금이며, 고온 강도가 크므로(250℃에서도 상온의 90% 강도 유지) 내연 기관 실린더에 사용한다.

(2) 가공용 알루미늄 합금

① **고강도 Al합금**

⑺ 두랄루민(duralumin) : 주성분은 Al−Cu−Mg−Mn으로 Si는 불순물로 함유되어 있다. 고온에서 물에 급랭하여 시효 경화시켜 강인성을 얻는다(시효 경화 증가=Cu, Mg, Si).

  - 기계적 성질 : 비강도가 연강의 3배나 된다. 강하면서도 가벼우므로 항공기용 재료로 사용된다.

┌─ 풀림한 상태 : 인장 강도는 $177 \sim 245 MPa$, 연신율은 $10 \sim 14\%$, 경도(H_B)
│ $39.2 \sim 58.8$
└─ 시효 경화 상태 : 인장 강도는 $294 \sim 440 MPa$, 연신율은 $20 \sim 25\%$, 경도(H_B)
      $88.2 \sim 117.6$

참고 시효 경화 상태의 기계적 성질은 0.2% 탄소강과 비슷하나 비중이 2.9이다.
복원 현상 : 시효 경화가 일단 완료된 것은 상온에서 변화가 없으나 200℃에서 수분간 가열하면 다시 연화
되어 시효 경화 전의 상태로 되는 현상이다.

(나) 초두랄루민(super−duralumin) : 두랄루민에 Mg를 증가시키고 Si를 감소시킨 것. 시
효 경화 후 인장 강도는 490MPa 이상이다. 항공기 구조재, 리벳 재료로 사용한다.

② **내식성 Al합금**

(가) 알민(almin) : Al−1.2%Mn

(나) 하이드로날륨(hydronalium) : Al−6∼10%Mg

(다) 알드레이(aldrey) : Al−0.45∼1.5%Mg−0.2∼12%Si

(라) 알클래드(alcled) : 고강도 Al합금 표면에 내식성 Al합금 피복

핵심문제

1. Y합금이 개발되어 주로 쓰이는 것은?

① 펌프용　　　② 도금용　　　③ 내연 기관용　　　④ 공구용　　　**정답** ③

2. 3% 이하의 니켈을 구리, 마그네슘, 규소 등과 함께 가한 합금으로 규소 함유량이 많아서 가벼
운 것과 내열성이 있어 피스톤 등에 사용하는 주조용 알루미늄 합금은 어느 것인가?

① 로엑스　　　② 하이드로날륨　　　③ 로탈　　　④ 실루민　　　**정답** ①

3. 알루미늄−규소계 합금으로써 규소 함유량이 높으므로 주조성이 좋고 개질처리에 의하여 기
계적 성질이 향상되는 주조용 알루미늄 합금은?

① 실루민　　　② 라우탈　　　③ 하이드로날륨　　　④ 로엑스　　　**정답** ①

4. 고강도 알루미늄 합금강으로 항공기용 재료 등에 사용되는 것은?

① 두랄루민　　　② 인바　　　③ 콘스탄탄　　　④ 서멧　　　**정답** ①

5. 내식용 Al 합금이 아닌 것은?

① 알민　　　② 알드레이　　　③ 하이드로날륨　　　④ 코비탈륨　　　**정답** ④

해설 코비탈륨은 내열용 알루미늄 합금이다.

2. 구리와 그 합금

2-1 구리

(1) 구리의 종류

① **전기동** : 불순물이 함유되어 있는 조동(粗銅)을 전해 정련하여 99.96% 이상의 순동으로 만든 동

② **무산소 구리** : 전기동을 진공 용해하여 산소 함유량을 0.006% 이하로 탈산한 구리

③ **정련 구리** : 전기동을 반사로에서 정련한 구리

(2) 구리의 성질

① 물리적 성질

㈎ 구리의 비중은 8.96, 용융점 1083℃이며, 변태점이 없다.

㈏ 비자성체이며 전기 및 열의 양도체이다.

② 기계적 성질

㈎ 자연성이 풍부하며, 가공 경화로 경도가 증가한다.

㈏ 경화 정도에 따라 연질, $\frac{1}{4}$경질, $\frac{1}{2}$경질로 구분하며 O, $\frac{1}{4}$H, $\frac{1}{2}$H, H로 표시한다.

㈐ 인장 강도는 가공도 70%에서 최대이며, 600~700℃에서 30분간 풀림하면 연화된다.

③ 화학적 성질

㈎ 황산·염산에 용해되며, 습기, 탄산가스, 해수에 녹이 생긴다.

㈏ **수소병** : 환원 여림의 일종이며, 산화 구리를 환원성 분위기에서 가열하면 H_2가 동 중에 확산 침투하여 균열이 발생하는 것이다.

핵심문제

1. 다음 구리의 물리적 성질 중 틀린 것은?

① 비중이 8.96, 용융점이 1083℃이다.　　② 강자성체이다.

③ 전기 전도율은 은 다음으로 크다.　　④ 불순물들은 전기 전도율을 저하시킨다.　**정답** ②

해설 구리는 비자성체이며 용융점이 1083℃이며 철보다 무겁다. 비중은 8.96이고, 전기는 은 다음으로 잘 통한다.

2. 구리의 변태점에 대한 설명 중 맞는 것은?

① 융점 이외에 변태점이 없다.　　② 융점 이외에 변태점이 1개 있다.

③ 융점 이외에 변태점이 2개 있다.　　④ 융점 이외에 변태점이 3개 있다.　**정답** ①

2-2 구리 합금

(1) 구리 합금의 특징

고용체를 형성하여 성질을 개선하며, α 고용체는 연성이 커서 가공이 용이하나, β, δ 고용체로 되면 가공성이 나빠진다.

(2) 황동(Cu-Zn)

① **황동의 성질** : 구리와 아연의 합금. 가공성, 주조성, 내식성, 기계성이 우수하다.

  ㈎ Zn의 함유량

    ㉮ 30% : 7·3 황동(α고용체)은 연신율 최대, 상온 가공성 양호, 가공성을 목적

    ㉯ 40% : 6·4 황동($\alpha+\beta$ 고용체)은 인장 강도 최대, 상온 가공성 불량(600~800℃ 열간 가공), 강도 목적

    ㉰ 50% 이상 : γ 고용체는 취성이 크므로 사용 불가

  ㈏ 자연 균열 : 냉간 가공에 의한 내부 응력이 공기 중의 NH_3, 염류로 인하여 입간 부식을 일으켜 균열이 발생하는 현상이다.

    [방지책] : 도금법, 저온 풀림(200~300℃, 20~30분간)

  ㈐ 탈아연 현상 : 해수에 침식되어 Zn이 용해 부식되는 현상. $ZnCl$이 원인이다.

    [방지책] : Zn편을 연결

  ㈑ 경년 변화 : 상온 가공한 황동 스프링이 사용 시간의 경과와 더불어 스프링의 특성을 잃는 현상

② **황동의 종류**

5% Zn	15% Zn	20% Zn	30% Zn	35% Zn	40% Zn
길딩 메탈	레드 브라스	로 브라스	카트리지 브라스	하이, 옐로 브라스	문츠 메탈 6·4
화폐·메달용	소켓·체결구용	장식용·톰백	탄피 가공용 7·3	7·3 황동보다 값쌈.	값싸고 강도 큼.

  주 톰백(tombac) : 8~20% Zn 함유. 금에 가까운 색이며 연성이 크다. 금 대용품, 장식품에 사용한다.

③ **특수 황동**

  ㈎ **연황동**(leaded brass, 쾌삭 황동) : 황동(6·4)에 Pb 1.5~3% 첨가하여, 절삭성을 개량한다. 대량 생산, 정밀 가공품에 사용

  ㈏ **주석 황동**(tin brass) : 내식성 목적(Zn의 산화, 탈아연 방지)으로 Sn 1% 첨가

    ㉮ 애드미럴티 황동 : 7·3 황동에 Sn 1%를 첨가한 것이며, 콘덴서 튜브에 사용

㉯ 네이벌 황동 : 6 · 3 황동에 Sn 1%를 첨가한 것이며, 내해수성이 강해 선박 기계에 사용

㈐ 철황동(델타 메탈) : 6 · 4 황동에 Fe 1~2% 첨가. 강도, 내식성 우수(광산, 선박, 화학 기계에 사용)

> **참고** 두라나 메탈 : 7 · 3 황동에 Fe 1~2%를 첨가시킨 황동

㈑ 강력 황동(고속도 황동) : 6 · 4 황동에 Mn, Al, Fe, Ni, Sn 등을 첨가하여 주조와 가공성을 향상시킨 것. 열간 단련성, 강인성이 뛰어남(선박 프로펠러, 펌프 축에 사용).

㈒ 양은(german silver, nickel silver) : 7 · 3 황동에 Ni 15~20% 첨가. 주단조 가능. 양백, 백동, 니켈, 청동, 은 대용품으로 사용되며, 전기저항선, 스프링 재료, 바이메탈용으로 쓰인다.

㈓ 규소 황동 : Si 4~5% 첨가. 실진(silzin)이라 한다.

㈔ Al 황동 : 알부락(albrac)이라 한다. 금 대용품

(3) 청동(Cu – Sn)

① 청동의 성질

㈎ 주조성, 강도, 내마멸성이 좋다.

㈏ Sn의 함유량

  ㉮ 4%에서 연신율 최대

  ㉯ 15% 이상에서 강도, 경도 급격히 증대(Sn 함량에 비례하여 증가)

> **참고** 포금(건메탈) : 청동의 예전 명칭. 청동 주물(BC)의 대표이다. 유연성, 내식 · 내수압성이 좋다.
> 성분 : Cu+Sn 10%+Zn 2%

② 특수 청동

㈎ 인청동

  ㉮ 성분 : Cu+Sn 9%+P 0.35%(탈산제)

  ㉯ 성질 : 내마멸성이 크고 냉간 가공으로 인장 강도, 탄성한계가 크게 증가

  ㉰ 용도 : 스프링제(경년 변화가 없다), 베어링, 밸브 시트

> **참고** 두랄플렉스(duralflex) : 미국에서 개발한 5% Sn의 인청동으로 성형성, 강도가 좋다.

(나) 베어링용 청동

㉠ 성분 : Cu+Sn 13~15%

㉡ 성질 : $\alpha+\delta$ 조직으로 P를 가하면 내마멸성이 더욱 증가한다.

㉢ 용도 : 외측의 경도가 높은 δ 조직으로 이루어졌기 때문에 베어링 재료로 적합하다.

(다) 납청동

㉠ 성분 : Cu+Sn 10%+Pb 4~16%

㉡ 성질 및 용도 : Pb은 Cu와 합금을 만들지 않고 윤활 작용을 하므로 베어링에 적합하다.

(라) 켈밋(kelmet)

㉠ 성분 : Cu+Pb 30~40%(Pb 성분이 증가될수록 윤활 작용이 좋다.)

㉡ 성질 및 용도 : 열전도, 압축 강도가 크고 마찰 계수가 작다. 고속 고하중 베어링에 사용한다.

(마) Al 청동

㉠ 성분 : Cu+Al 8~12%

㉡ 성질 : 내식, 내열, 내마멸성 큼. 강도는 Al 10%에서 최대, 가공성은 Al 8%에서 최대. 주조성 나쁨.

㉢ 자기 풀림(self-annealing) 현상이 발생 : $\beta \rightarrow \alpha+\delta$로 분해하여 결정이 커짐.

참고 암스 청동(arms bronze) : Mn, Fe, Ni, Si, Zn을 첨가한 강력 Al 청동

(바) Ni 청동

㉠ 어드밴스 : Cu 54%+Ni 44%+Mn 1%(Fe=0.5%). 정밀 전기 기계의 저항선에 사용

㉡ 콘스탄탄 : Cu+Ni 45%의 합금. 열전대용, 전기 저항선에 사용

㉢ 코슨(corson) 합금 : Cu+Ni 4%+Si 1%. 통신선, 전화선으로 사용

㉣ 쿠니알(kunial) 청동 : Cu+Ni 4~6%+Al 1.5~7%. 뜨임 경화성이 크다.

(사) 호이슬러 합금 : 강자성 합금. Cu 61%+Mn 26%+Al 13%

(아) 오일리스 베어링 : 다공질의 소결 합금, 즉 베어링 합금의 일종으로 무게의 20~30% 기름을 흡수시켜 흑연 분말 중에서 700~750℃ H_2 기류로 소결시킨 것으로 Cu+Sn+흑연 분말이 주성분이다.

핵심문제

1. 다음은 황동의 합금명이다. 6 · 4 황동은 어느 것인가?

① 문츠 메탈   ② 로 브라스

③ 레드 브라스   ④ 톰백(tombac)   **정답** ①

2. 5~20%Zn의 황동으로 강도는 낮으나 전연성이 좋고 황금색에 가까우며 금박대용, 황동단추 등에 사용되는 구리 합금은?

① 톰백   ② 문츠 메탈

③ 델타 메탈   ④ 주석 황동   **정답** ①

해설 • 톰백 : Cu에 5~20%Zn 첨가
       • 7 · 3 황동 : Cu에 25~35%Zn 첨가
       • 6 · 4 황동(문츠 메탈) : Cu에 35~45%Zn 첨가
       • 델타 메탈 : 6 · 4 황동에 1~2%Fe 첨가
       • 네이벌 황동 : 6 · 4 황동에 0.75%Sn 첨가
       • 양은 : 7 · 3 황동에 10~20%Ni 첨가

3. 황동에 Pb 1.5~3.0% 첨가한 합금을 무엇이라고 하는가?

① 쾌삭 황동   ② 강력 황동   ③ 문츠 메탈   ④ 톰백   **정답** ①

해설 황동의 절삭성을 높이기 위하여 황동에 Pb 1.5~3.0%를 첨가한 것을 쾌삭 황동이라 하며, 대량 생산하는 부속품 또는 시계용 기어와 같은 정밀 가공을 요하는 부품에 사용된다.

4. 구리에 주석 10%, 아연 2% 정도를 함유한 합금은?

① 톰백   ② 델타 메탈   ③ 문츠 메탈   ④ 포금   **정답** ④

5. 구리 합금류에서 Cu=70%, Zn=29%, Sn=1%인 내식성 합금은 어느 것인가?

① 델타 황동   ② 켈밋(kelmet)

③ 애드미럴티 황동   ④ 6 · 4 황동   **정답** ③

해설 함석 황동(naval brass)은 6 · 4 황동을 개량한 것을 말한다. 이것은 해수에 대한 내수성이 강하므로 선박용의 기계, 기구, 냉각용 콘덴서 등에 사용된다.

6. 순동에 납을 주입한 베어링 합금은?

① 코슨 합금   ② 켈밋

③ 네이벌 황동   ④ 암스 브론즈   **정답** ②

7. 구리에 니켈 40~50% 정도를 함유하는 합금으로써 통신기, 전열선 등의 전기저항 재료로 이용되는 것은?

① 모넬메탈   ② 콘스탄탄   ③ 엘린바   ④ 인바   **정답** ②

1. 합성수지

1-1 합성수지의 개요

① 합성수지(合成樹脂)는 플라스틱(plastics)이라고도 한다. 플라스틱이라는 말은 '어떤 온도에서 가소성(可塑性)을 가진 성질'이라는 의미이다.
② 가소성 물질이란 유동체와 탄성체도 아닌 것으로서 인장, 굽힘, 압축 등의 외력을 가하면 파괴되지 않고 영구변형이 남아 그 형태를 유지하는 물질이다. 합성수지는 가소성을 이용하여 가열 성형된다.

1-2 합성수지의 성질

합성수지는 인조수지로서 다음과 같은 공통적인 성질을 나타낸다.

① 가볍고 튼튼하다(비중 0.9~2.3).
② 가공성이 크고 성형이 간단하다.
③ 전기 절연성이 좋다.
④ 산, 알칼리, 유류, 약품 등에 강하다.
⑤ 단단하나 열에는 약하다.
⑥ 투명한 것이 많으며, 착색이 자유롭다.
⑦ 비강도는 비교적 높다.
⑧ 금속 재료에 비해 충격에 약하다.
⑨ 표면 경도가 낮아 흠집이 나기 쉽다.
⑩ 열팽창은 금속보다 크다.

합성 수지로 만든 베벨 기어

1. 합성수지의 공통적 성질이 아닌 것은?

① 가볍고 튼튼하다.　　　　　　② 성형성이 나쁘다.

③ 전기 절연성이 좋다.　　　　　④ 단단하나 열에 약하다.　　**정답** ②

2. 플라스틱의 비중은 얼마 정도인가?

① 0.5~1.2　　② 1.0 이하　　③ 0.9~2.3　　④ 1.9~5.0　　**정답** ③

1-3　합성수지의 종류

(1) 열경화성 수지

가열 성형한 후 굳어지면 다시 가열해도 연화하거나 용융되지 않는 수지이다.

종류		기호	특징	용도
페놀 수지		PF	강도, 내열성	기어, 전기 부품, 베이클라이트
불포화폴리에스테르		UP	유리 섬유에 함침 가능	FRP용
아미노계	요소 수지	UF	접착성	접착제
	멜라민 수지	MF	내열성, 표면 경도	요리도구의 손잡이, 테이블 상판
에폭시		EP	금속과의 접착력 우수	실링, 절연 니스, 도료
실리콘(silicone)		–	열 안정성, 전기 절연성	그리스, 내열 절연재

(2) 열가소성 수지

가열 성형하여 굳어진 후에도 다시 가열하면 연화 및 용융되는 수지이다.

종류	기호	특징	용도
폴리에틸렌	LDPE(저밀도) HDPE(고밀도)	무독성, 유연성	랩, 비닐봉지, 식품 용기
폴리프로필렌	PP	가볍고 열에 약함	일회용 포장 그릇, 뚜껑, 식품 용기
오리엔티드폴리프로필렌	OPP	투명성, 방습성	투명 테이프, 방습 포장

폴리초산비닐	PVA	접착성 우수	접착제, 껌
폴리염화비닐	PVC	내수성, 전기 절연성	수도관, 배수관, 전선 피복
폴리스티렌	PS	굳지만 충격에 약함	컵, 케이스
폴리에틸렌테레프탈레이트	PET	투명, 인장파열 저항성	사출 성형품, 생수용기
폴리카보네이트	PC	내충격성 우수	투명지붕, 방탄헬멧
폴리메틸메타아크릴레이트 (아크릴 수지)	PMMA	빛의 투과율이 높음	광파이버, 안경렌즈
폴리우레탄	PU	탄성, 내유성, 내한성	우레탄 고무, 합성 피혁

핵심문제

1. 기어, 등산용 기구용품, 뛰어난 전기 특성을 이용한 코드 커넥터 등은 사출 금형으로 만들어진다. 이때 사용되는 합성수지는?

① 페놀 수지　　　② 폴리에틸렌　　　③ 폴리에스테르 수지　④ 에폭시 수지　　**정답** ①

2. 열경화성 플라스틱으로 요리도구의 손잡이, 브레이크 부품 등에 사용되는 것은 어느 것인가?

① PVC　　　　　② 아크릴　　　　　③ 멜라민　　　　④ 폴리에틸렌　　**정답** ③

3. 유리섬유에 합침(습侵)시키는 것이 가능하기 때문에 FRP(fiber reinforced plastic)용으로 사용되는 열경화성 플라스틱은?

① 폴리에틸렌계　　　　　　　　　　② 불포화 폴리에스테르계
③ 아크릴계　　　　　　　　　　　　④ 폴리염화비닐계　　　　　　**정답** ②

해설 폴리에틸렌계, 아크릴계, 폴리염화비닐계는 열가소성으로 성형 후에 가열하면 다시 연화 및 용용된다.

4. 열경화성 수지가 아닌 것은?

① 페놀 수지　　　② 요소 수지　　　③ 멜라민 수지　　④ 아크릴 수지　　**정답** ④

5. 강도가 크고 투명도가 특히 좋은 수지는?

① 스티롤 수지　　② 염화 비닐　　　③ 폴리에틸렌　　④ 아크릴 수지　　**정답** ④

6. 열가소성 수지의 종류가 아닌 것은?

① 폴리아미드 수지　② 페놀 수지　　③ 폴리 염화비닐 수지 ④ 폴리에틸렌 수지　**정답** ②

해설 열가소성 수지에는 폴리에틸렌 수지, 폴리 염화비닐 수지, 폴리아미드 수지, 폴리아세틸 수지 등이 있다.

1-4 합성수지의 기계부품

(1) 기어용 재료

플라스틱제 기어는 내마모성이 우수하고, 충격에 강하며 가볍고 소음이 적다. 윤활제가 필요 없으며 내식성이 양호하다. 페놀계 제품은 기계 및 자동차의 무소음 기어에 사용된다.

(2) 베어링용 재료

플라스틱제 베어링은 마찰 계수가 작고, 내식성과 내마모성이 우수하다. 가볍고 윤활성이 양호하며, 부식이 없다. 원료로는 요소 수지, 페놀계 수지, 아세탈 수지 등이 사용된다.

(3) 하우징용 재료

하우징용으로 사용되는 원료는 요소 수지, 페놀계 수지, 폴리카보네이트, 폴리에스테르 등이 사용된다. 충격 저항이 크고 가볍고 강하여 항공기 부품, 선체, 자동차 부품, 기계 장치 커버 등에 사용된다.

2. 도료

2-1 도료의 개요

도료(paint)는 재료의 부식방지와 겉보기 등을 위하여 쓰이나 특수 목적으로는 방화, 방수, 발광 및 전기절연 등을 위해서 사용한다.

핵심문제

1. 일반적인 도료(paint)의 사용 목적이 아닌 것은?

① 전기절연성 향상
② 산성물질 등에 대한 부식 방지
③ 철강 재료의 녹 발생 방지
④ 외적 충격 방지

정답 ④

2-2 도료의 종류

(1) 방청(防請) 도료

철강재료의 녹을 방지하기 위하여 사용하는 유성 도료로서 연단(鉛丹)이나 아연화 납을 함유한 것과 징크로메트계와 징크더스트계로 분류한다.

(2) 내산(耐酸) 도료

산성 물질에서 발생하는 부식을 방지할 목적으로 사용되는 도료로서 아스팔트계, 합성수지계, 염화고무계, 셀룰로오스계 및 옻칠 등이 있다.

(3) 내알칼리성 도료

알칼리성에 대한 내구성이 크며, 염화고무계, 아스팔트계, 합성수지계 도료 등으로 분류한다.

(4) 내열(耐熱) 도료

소부 도료가 일반적으로 사용되며 소부 니스, 멜라닌 도료, 실리콘 도료 등이 있다. 소부 니스는 100~120℃로 소부하는 투명 니스와 180℃ 이상으로 소부하는 흑색 니스가 있고, 멜라닌 도료는 150℃, 실리콘 도료는 200℃ 정도의 내열도를 가지고 있다.

(5) 전기절연(絶緣) 도료

니스나 실리콘 수지 도료가 주로 사용되며, 고주파 무선장치 등에 폴리스티롤이나 에틸렌 도료를 사용하여 전기 절연성을 향상시킨다.

그 외에 내유(耐油) 도료, 선저(船底) 도료, 발광(發光) 도료 등이 있다.

제5장 신소재

(1) 형상 기억 합금(shape memory alloy)

형상 기억 합금에는 Ti-Ni, Cu-Zn-Si, Cu-Zn-Al 등이 있으며, 이를 이용한 제품은 다음과 같다.

형상 기억 합금	용도
Ti-Ni	기록계용 펜 구동 장치, 치열 교정용, 안경테, 각종 접속관, 에어컨 풍향 조절 장치, 전자 레인지용 개폐기, 온도 경보기
Cu-Zn-Si	직접 회로 접착 장치
Cu-Zn-Al	온도 제어 장치

(2) 제진 합금(damping alloy)

기계 장치의 표면에 접착하여 그 진동을 제어하기 위한 재료로서 Mg-Zr, Mn-Cu, Ti-Ni, Cu-Al-Ni, Al-Zn, Fe-Cr-Al 등이 있다.

(3) 복합 재료(composite material)

2종 이상의 소재를 복합하여 물리적, 화학적으로 다른 상을 형성하여 다른 기능을 발휘하는 재료이다.

(4) 초전도 재료

어떤 재료를 냉각하였을 때 임계 온도에 이르러 전기 저항이 0이 되는 것으로 초전도 상태에서 재료에 전류가 흘러도 에너지의 손실이 없고, 전력 소비 없이 대전류를 보낼 수 있다. 선재료로는 Nb-Zr계 합금과 Nb-Ti계 합금이 있다.

(5) 초소성 합금

고온 크리프의 일종으로 고압을 걸지 않는 단순 인장 시점에서 변형되지 않고 정상적으로 수백 퍼센트(%) 연신되는 합금을 말한다.

(6) 자성 재료

자기 특성상 경질 자성 재료와 연질 자성 재료로 구분한다.

분류	용도
경질 자성 재료 (영구 자석 재료)	희토류-Co계 자석, 페라이트 자석, 알니코 자석, 자기 기록 재료, 반경질 자석
연질 자성 재료 (고투자율 재료)	연질 페라이트, 전극 연철, 규소강, 45 퍼멀로이, 78 퍼멀로이, Mo 퍼멀로이

(7) 반도체

반도체 재료와 종류

분류	족	종류
원소 반도체	IV	Si(트랜지스터, 태양 전지, IC), Ge(트랜지스터)
	VI	Se(광전 소자, 정류 소자)
화합물 반도체	II ~ VI	ZnO(광전 소자), ZnS(광전 소자), BaO, CdS, CdSe
	III ~ V	GaAs(레이저), InP(레이저), InAs, InSb(광전 소자)
	IV ~ VI	GeTe(발전 소자), PbS(광전 소자), PbSe, PbTe(광전 소자, 열전 소자)
	V ~ VI	Se_2Te_3(발전 소자), $BiSe_3$(발전 소자), VO_2
	기타	Gs_3Sb, Cu_2O(정류 소자), ZnSb, SiC, $AsSbTe_2$, $AsBiS_2$

핵심문제

1. 온도 제어 장치에 실용되는 형상 기억 합금은?

① Ti-Ni　　　　　　　　② Cu-Zn-Si

③ Cu-Zn-Al　　　　　　④ Al-Cu-Mg-Ni　　　　**정답** ③

2. 다음 중 제진 합금의 종류가 아닌 것은?

① Mg-Zr　　　　　　　　② Mn-Cu

③ Ti-Ni　　　　　　　　④ Cu-Zn　　　　**정답** ④

3. 형상 기억 합금과 관련된 설명으로 틀린 것은?

① 외부의 응력에 의해 소성 변형된 것이 특정 온도 이상으로 가열되면 원래의 상태로 회복되는 현상을 형상 기억 효과라 한다.

② 형상 기억 효과를 나타내는 합금을 형상 기억 합금이라 한다.

③ 형상 기억 효과에 의해서 회복할 수 있는 변형량에는 일정한 한도가 있다.

④ Ti-Ni계 합금의 특징은 Ti과 Ni의 원자비를 1:1로 혼합한 금속간 화합물이지만 소성가공이 불가능하다는 특성이 있다. **정답** ④

해설 Ti-Ni계 합금은 Ti과 Ni의 원자비를 1:1로 혼합한 금속간 화합물이지만, 소성 가공이 가능하다는 특성이 있다.

4. 처음에 주어진 특정 모양의 것을 인장하거나 소성 변형된 것이 가열에 의하여 원래의 모양으로 되돌아가는 합금은 다음 중 어느 것인가?

① 초탄성 합금   ② 형상 기억 합금

③ 초소성 합금   ④ 비정질 합금 **정답** ②

해설 형상 기억 합금 : 일정 온도 이상의 범위로 가열하면 변형 전의 상태로 돌아가는 특성을 가지고 있다.

5. 내식성, 내마모성, 내피로성 등이 좋은 형상 기억 합금은 어느 것인가?

① Ni-Si   ② Ti-Ni

③ Ti-Zn   ④ Ni-Si **정답** ②

해설 Ti-Ni 합금은 내식성, 내마모성, 내피로성 등은 우수하나 값이 비싸고 제조하기 어렵다.

6. 초소성(SPF) 재료에 대한 다음 설명 중 틀린 것은?

① 금속 재료가 유리질처럼 늘어나며 300~500% 이상의 연성을 갖는다.

② 초소성은 일정한 온도 영역에서만 일어난다.

③ 초소성의 재질은 결정 입자 크기가 클 때 잘 일어난다.

④ 니켈계 초합금의 항공기 부품 제조 시 이 성질을 이용하면 우수한 제품을 만들 수 있다. **정답** ③

해설 초소성 재료는 초소성 온도 영역에서 결정 입자 크기를 미세하게 유지해야 한다.

7. 초소성 합금의 성질은?

① 잘 늘어난다.   ② 경도가 크다.

③ 취성이 크다.   ④ 보자력이 크다. **정답** ①

해설 초소성은 금속 재료가 유리질처럼 잘 늘어나는 성질이다.

제3편

기계 설계

제1장

기계 설계의 기초

1. 단위와 물리량

1-1 단위와 단위계

(1) 단위(unit)와 단위계(system of units)

① **단위** : 특정량을 정의하여 그와 같은 종류의 다른 양을 이 특정량과 비교하여 나타내도록 약정한 것

② **단위계** : 일정한 기본단위 및 그것으로 조립된 유도단위를 합쳐 계통적인 단위의 집합을 만들어 놓은 것

(2) 단위계의 종류

① **척관법**

(개) 길이 : 자[尺(척), 중국, 손가락을 벌린 모양=10치]=0.303m

(내) 질량 : 관[貫=1000돈=10000푼]=3.75kg

② **야드파운드법**

(개) 길이 : 야드[yd, 영국, 허리띠 길이=3ft=36inch]=0.9144m

> **참고** 1inch = 25.4mm

(내) 질량 : 파운드[lb, libra(천칭)의 약어=16oz]=0.4536kg

③ **미터법**

(개) 길이 : 미터(m, 프랑스, 지구 자오선 길이의 1/40000000)

(내) 질량 : 그램(g)

(대) 부피 : 리터($1L=1000cm^3=1000cc=1000mL$)

구분	길이	질량	시간	힘
미터법	m	kg	s	kgf
야드파운드법	ft	lb	s	lbf

④ **국제단위계(SI, The International System of Units)**

㈎ 미터법을 발전시켜 1960년 국제도량형총회(CGPM)에서 채택

㈏ 프랑스어 "Le Systeme International d'Unites"의 약어

⑤ **MKS 단위계** : 길이 m, 질량 kg, 시간 s, 힘의 단위로 N 사용

⑥ **CGS 단위계** : 길이 cm, 질량 g, 시간 s, 힘의 단위로 dyn(dyne) 사용

⑦ **FPS 단위계** : 영국 단위계라고도 하며, 길이 ft, 질량 lb, 시간 s, 힘의 단위로 pdl (poundal) 사용

⑧ **절대단위계**

㈎ 힘의 단위로 SI단위인 1N을 기본단위로 사용

㈏ 1N : 질량 1kg에 1m/s^{2}의 가속도를 발생시키는 힘

⑨ **중력단위계**

㈎ 공학단위계라고도 함

㈏ 힘의 단위로 질량 1kg이 받는 중력(1kgf =9.81N)을 기본단위로 사용

㈐ 1kgf : 질량 1kg에 9.81m/s^{2}의 중력가속도가 작용하는 힘(=9.81N)

(3) 국제단위계(SI)

① **SI의 특징**

㈎ 전 세계가 공통으로 사용

㈏ 각 속성에 대하여 한 가지 단위만 사용

㈐ 과학, 기술, 상업 등 모든 활동분야에 적용

㈑ 수치적 인자가 없이 SI 단위만으로 조합

㈒ 배우기와 사용하기 용이

② **SI 기본단위(7개)** : 서로 독립된 차원을 가지는 단위로 정의

양	명칭	기호	양	명칭	기호
길이	미터	m	온도	켈빈	K
질량	킬로그램	kg	물질량	몰	mol
시간	초	s	광도	칸델라	cd
전류	암페어	A			

㈎ **길이(m)**

㉮ 1889년 : 백금-이리듐 미터 원기를 표준으로 사용

㉯ 1960년 : 크립톤(Kr) 원자의 복사선 파장의 1650763.73배로 정의

　　ⓗ 1983년 : "미터는 빛이 진공에서 299792458분의 1초 동안 진행한 경로의 길이이
　　　　다"로 정의. 현재 우리나라에서는 국가 길이표준기로서 요오드 안정화 헬륨-네온
　　　　레이저 진공파장의 1579800.299배를 사용

　(나) 질량(kg)

　　㉮ 1795년 : 0℃ 때 물 1cm^{3}에 해당하는 질량을 1g으로 정의

　　㉯ 1798년 : 4℃ 때 물 1000cm^{3}에 해당하는 질량을 1kg으로 정의

　　㉰ 1799년 : 백금 원기 제작

　　㉱ 1878년 : 백금-이리듐 원기(국제 킬로그램 원기) 제작

　　㉲ 1901년 : 국제 킬로그램 원기의 질량을 1kg으로 정의

　(다) 시간(s) : 1967년, 온도가 0K인 세슘 133 원자의 바닥상태에 있는 두 초미세 준위 사
　　　이의 전이에 대응하는 복사선의 9192631770 주기의 지속시간을 1초로 정의

　(라) 전류(A) : 1948년, 무한히 길고 무시할 수 있을 만큼 작은 원형 단면적을 가진 두 개
　　　의 평행한 직선도체가 진공 중에서 1m의 간격으로 유지될 때, 두 도체 사이에 매 미터
　　　당 2×10^{-7}N의 힘을 생기게 하는 일정한 전류를 1암페어로 정의

　(마) 온도

　　㉮ 1714년 : 화씨온도(℉), 물의 끓는점과 어는점 사이를 180°로 등분

　　㉯ 1742년 : 섭씨온도(℃), 물의 어는점과 끓는점 사이를 100°로 등분

　　㉰ 1848년 : 켈빈온도(K), 이론상의 최저온도를 0K으로 정의

　　㉱ 1954년 : 켈빈온도(K), 물의 삼중점을 273.16K(=0.01℃)으로 정의

　　㉲ 1976년 : 물의 삼중점 온도의 $\dfrac{1}{273.16}$을 1K으로 정의

　　　• 화씨온도(℉)=섭씨온도(℃)×$\dfrac{180}{100}$+32

　　　• 절대온도(K)=섭씨온도(℃)+273.15

　(바) 물질량 : 1971년, 바닥상태에서 정지해 있으며 속박되어 있지 않은 탄소 12의
　　　0.012kg에 있는 원자의 개수와 같은 수의 구성요소를 포함한 어떤 계의 물질량을 1몰
　　　(mol)로 정의

　(사) 광도 : 1979년, 주파수 540×10^{12}Hz인 단색광을 방출하는 광원의 복사도가 어떤 주
　　　어진 방향으로 매 스테라디안 당 $\dfrac{1}{683}$W일 때 이 방향에 대한 광도를 1칸델라(cd)로
　　　정의

③ SI 유도단위(32개)

　(가) 물리적 원리에 따라 연결된 기본단위들의 조합

　(나) 면적(m^2), 속도(m/s), 가속도(m/s^2), 각속도(rad/s), 힘(N) 등

㈐ SI 유도단위 중 고유 명칭을 가진 것들(19개)

양	고유 명칭	기호	정의	양	고유 명칭	기호	정의
주파수	헤르츠	Hz	s^{-1}	자속	웨버	Wb	$V \cdot s$
힘	뉴턴	N	$kg \cdot m/s^2$	자속밀도	테슬라	T	Wb/m^2
압력, 응력	파스칼	Pa	N/m^2	인덕턴스	헨리	H	Wb/A
에너지, 일량, 열량	줄	J	$N \cdot m$	섭씨온도	섭씨도	℃	$K-273.15$
일률, 전력, 동력	와트	W	J/s	광속	루멘	lm	$cd \cdot sr$
전기량, 전하	쿨롬	C	$A \cdot s$	조도	럭스	lx	lm/m^2
전압, 전위	볼트	V	W/A	방사능	베크렐	Bq	s^{-1}
전기용량	패럿	F	C/V	흡수선량	그레이	Gy	J/kg
전기저항	옴	Ω	V/A	선량당량	시버트	Sv	J/kg
전기전도도(컨덕턴스)	지멘스	S	A/V				

④ SI 보조단위(2개)-무차원 단위

양	명칭	기호
평면각	라디안	rad
입체각	스테라디안	sr

⑤ SI 접두어(16개)

배 수	기 호	접두어	배 수	기 호	접두어
10^1	da	데카(deca)	10^{-1}	d	데시(deci)
10^2	h	헥토(hecto)	10^{-2}	c	센티(centi)
10^3	k	킬로(kilo)	10^{-3}	m	밀리(milli)
10^6	M	메가(mega)	10^{-6}	μ	마이크로(micro)
10^9	G	기가(giga)	10^{-9}	n	나노(nano)
10^{12}	T	테라(tera)	10^{-12}	p	피코(pico)
10^{15}	P	페타(peta)	10^{-15}	f	펨토(femto)
10^{18}	E	엑사(exa)	10^{-18}	a	아토(atto)

⑥ 단위기호 사용 규칙

㈎ 단위기호는 로마체(직립체)로 표기한다. **예** m(길이), kg(질량), s(시간)

㈏ 양의 기호는 이탤릭체(사체)로 표기한다. **예** *m*(질량), *t*(시간), *F*(힘)

㈐ 단위기호는 소문자로 표기한다. **예** kg, s

㈑ 사람의 이름에서 유래하였으면 첫 글자만 대문자로 표기한다. **예** Pa, kHz

㈒ 단위기호는 항상 단수로 표기한다. **예** 5min(○), 5mins(×)

㈓ 수치와 단위기호는 한 칸 띈다. **예** 35 mm(○), 35mm(×)

㈔ 수치와 퍼센트 기호는 한 칸 띈다. **예** 25 %(○), 25%(×)

㈕ 평면각의 도, 분, 초는 수치와 붙인다. **예** 25° 23′ 27″

⑦ 병용 단위 : 특수한 경우 병용하도록 CGPM에서 인정한 것

양	시간	평면각	부피	질량
명칭	분, 시간, 일	도, 분, 초	리터	톤
기호	min, h, d	°, ′, ″	L	t
정의	60s, 60min 24h	$\frac{\pi}{180}$rad, $\frac{1}{60}$°, $\frac{1}{60}$′	1dm^3	10^3kg

⑧ 압력의 단위인 bar는 국제도량형총회(CGPM)에서 허용하고 있으나 SI 단위인 Pa을 사용하도록 권장한다.

핵심문제

1. 국제단위계(SI)의 기초가 된 것으로 길이의 단위로 m, 질량의 단위로 g을 사용하는 단위계는?

① 척관법　　② 야드파운드법　　③ 미터법　　④ 인치법　　**정답** ③

2. SI 단위계에서 사용되는 힘의 단위는?

① N　　② dyn　　③ pdl　　④ W　　**정답** ①

3. 다음 중 SI 기본단위가 아닌 것은?

① m　　② kg　　③ N　　④ A　　**정답** ③

해설 N은 힘의 단위로 SI 유도단위이다.

4. 다음 중 국제단위계(SI)의 특징이 아닌 것은?

① 전 세계가 공통으로 사용　　② 각 속성에 대하여 한 가지 단위만 사용
③ 과학분야에만 사용　　④ 수치적 인자 없음　　**정답** ③

5. 다음 중 유도단위인 것은?

① 길이   ② 질량   ③ 시간   ④ 중량   **정답** ④

6. 현재 국제단위계(SI)에서 정의하는 1m는?

① 지구 자오선 길이의 $\dfrac{1}{40000000}$

② 백금−이리듐 미터 원기의 길이

③ 크립톤 원자 복사선 파장의 1650763.73배

④ 빛의 진공에서 $\dfrac{1}{299792458}$초 동안 진행한 길이   **정답** ④

7. 섭씨온도 20℃는 절대온도 몇 K인가?

① 273.15   ② 293.15   ③ 253.15   ④ 303.15   **정답** ②

해설 절대온도(T)＝섭씨온도(t)＋273.15＝20＋273.15＝293.15K

8. 다음 SI 단위 중 압력의 단위는?

① Pa   ② Wb   ③ J   ④ H   **정답** ①

9. SI 접두어 중 10^{-6}을 나타내는 기호는?

① μ ② M   ③ p   ④ n   **정답** ①

10. $2.6m^2$는 몇 cm^2인가?

① 0.026   ② 260   ③ 26000   ④ 2600000   **정답** ③

해설 $2.6m^2＝2.6\times10^4cm^2$

1-2   힘과 일

(1) 힘(force)

① **힘의 정의** : 힘은 뉴턴의 운동 제2법칙에 의해 다음과 같은 관계식을 갖는다.

㈎ 힘＝질량×가속도

㈏ 힘, 작용력 : $F=ma$

㈐ 무게, 하중, 중력 : $W=mg$ (여기서, 중력가속도 $g=9.81m/s^2$)

뉴턴의 운동 법칙

• 운동 제1법칙(관성의 법칙) : 정지 또는 운동상태에 있는 물체에 힘이 작용하지 않는 한 그 물체는 정지 또는 등속직선운동을 유지하려는 성질을 지닌다.
• 운동 제2법칙(가속도의 발생의 법칙) : 물체에 힘을 가하면 물체는 힘과 동일한 방향으로 힘의 크기와 비례하는 가속도를 지닌다.
• 운동 제3법칙(작용반작용의 법칙) : 작용력은 항상 방향이 반대이고 크기가 동일한 반작용력을 유발한다.

② **힘의 단위**

(가) $1\text{N}=1\text{kg}\times1\text{m/s}^2$

(나) $1\text{dyn}=1\text{g}\times1\text{cm/s}^2$

(다) $1\text{kgf}=1\text{kg}\times9.81\text{m/s}^2=9.81\text{N}$

(라) $1\text{lbf}=1\text{lb}\times32.174\text{ft/s}^2=32.174\text{slug}\cdot\text{ft/s}^2$

참고 $1\text{slug}=\dfrac{1\text{lbf}}{1\text{ft/s}^2}=32.174\text{lb}=14.59\text{kg}$

③ **힘의 3요소** : 힘을 표시할 때는 화살표로 나타내는데 화살표의 시작점은 힘의 작용점, 화살표의 길이는 힘의 크기, 화살촉은 힘의 방향을 나타내며 작용점, 크기, 방향을 힘의 3요소라 한다.

④ **힘의 합성**

$$F=\sqrt{F_1{}^2+F_2{}^2+2F_1F_2\cos\theta}$$

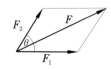

(2) 일(work)

① **일의 정의** : 일＝물체가 이동한 방향으로 가해진 힘(F)×이동한 거리(S)

$$W=F\cdot S$$

② **일의 단위** : $1\text{J}=1\text{N}\cdot\text{m}$

③ **열량과의 관계** : 열은 일로 변환이 가능하며 다음과 같은 관계식을 갖는다.

$$1\text{cal}=4.18673\text{J}, \quad 1\text{kcal}=427\text{kgf}\cdot\text{m}$$

참고 **1kcal** : 표준대기압에서 순수한 물 1kg의 온도를 1℃ 올리는 데 필요한 열량

④ **일의 계산**

(가) 이동 방향과 θ의 각도로 가하는 힘에 의한 일

$$W=F\cos\theta\times S$$

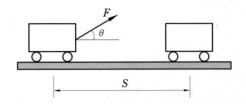

참고 이동 방향의 힘을 구하여 이동한 거리에 곱한다.

(나) 이동 도르래에 의해 한 일

$$F = \frac{W}{2}$$

$$L_1 = 2 \times L_2$$

$$F \times L_1 = W \times L_2$$

이동 도르래

참고 이동 도르래는 힘을 반으로 줄이는 역할을 하지만 작용거리(L_1)는 이동거리(L_2)의 두 배가 되므로 결국 일의 양은 직접 들어 올리는 양과 동일하다.

(2) 일률(power)

① 일률(또는 동력)의 정의

(가) 단위시간(t)당 행한 일(W) : $H = \dfrac{W}{t}$

$$H[\mathrm{W}] = \frac{W[\mathrm{J}]}{t[\mathrm{s}]}$$

(나) 힘 F를 가해서 v의 속도로 일을 할 수 있는 능력 : $H = F \cdot v$

$$H[\mathrm{kW}] = \frac{H[\mathrm{kgf}] \cdot v[\mathrm{m/s}]}{102}$$

$$H[\mathrm{PS}] = \frac{F[\mathrm{kgf}] \cdot v[\mathrm{m/s}]}{75}$$

$$H[\mathrm{kW}] = \frac{F[\mathrm{N}] \cdot v[\mathrm{m/s}]}{1000}$$

(다) 토크 T를 가해서 N의 회전속도로 일을 할 수 있는 능력 : $H = T \cdot N$

$$H[\mathrm{kW}] = \frac{T[\mathrm{N \cdot m}] \times \dfrac{2\pi}{60} N[\mathrm{rpm}]}{1000} = \frac{T[\mathrm{N \cdot m}] \times N[\mathrm{rpm}]}{9550}$$

$$H[\text{kW}] = \frac{T[\text{kgf} \cdot \text{cm}] \times N[\text{rpm}]}{97400}$$

$$H[\text{PS}] = \frac{T[\text{kgf} \cdot \text{cm}] \times N[\text{rpm}]}{71620}$$

㈃ p의 압력으로 Q의 유량을 토출할 수 있는 능력 : $L = p \cdot Q$

$$L[\text{kW}] = \frac{p[\text{kgf/m}^2] \times Q[\text{m}^3/\text{s}]}{102}$$

$$L[\text{PS}] = \frac{p[\text{kgf/m}^2] \times Q[\text{m}^3/\text{s}]}{75}$$

$$L[\text{kW}] = \frac{p[\text{kgf/cm}^2] \times Q[\text{L/min}]}{612}$$

$$L[\text{PS}] = \frac{p[\text{kgf/cm}^2] \times Q[\text{L/min}]}{450}$$

② **일률의 단위**

㈎ $1\text{W} = 1\text{N} \cdot \text{m/s} = 1\text{J/s} = 10^{-3}\text{kW}$

㈏ $1\text{kW} = 102\text{kgf} \cdot \text{m/s} = 1\text{kJ/s} = 3600\text{kJ/h}$

㈐ $1\text{HP} = 550\text{ft} \cdot \text{lbf/s}$

㈑ $1\text{PS} = 75\text{kgf} \cdot \text{m/s} = 735.5\text{W}$

핵심문제

1. 1마력(PS)은 몇 와트(W)인가?

① 450　　　　② 612　　　　③ 736　　　　④ 746　　　　**정답** ③

해설 $1\text{PS} = 75\text{kgf} \cdot \text{m/s} = 75\text{kg} \times 9.81\text{m/s}^2 \times 1\text{m/s} = 736\text{N} \cdot \text{m/s} = 736\text{W}$

2. 다음 중 힘의 3요소가 아닌 것은?

① 크기　　　　② 방향　　　　③ 작용점　　　　④ 합성력　　　　**정답** ④

3. 물체의 질량을 m이라 하고 발생되는 가속도를 a라고 할 때 힘을 나타내는 식은?

① $F = ma$　　　② $F = \dfrac{a}{m}$　　　③ $F = \dfrac{m}{a}$　　　④ $F = \dfrac{1}{ma}$　　　**정답** ①

4. 1kN은 몇 kgf인가?

① 1000　　　　② 9.81　　　　③ 102　　　　④ 9800　　　　**정답** ③

해설 $1\text{kN} = 1000\text{N} = 1000 \times \dfrac{1}{9.8} = 102\text{kgf}$

5. 다음 괄호 안에 들어갈 알맞은 단위를 순서대로 쓴 것은?

> (보기) $1N = 1(\quad) \times 1(\quad)$

① kg, m   ② kg, m/s^2 ③ m, s   ④ m, s^{-1} (정답) ②

6. 1kgf은 몇 N인가?

① 1   ② 9.81   ③ 102   ④ 9810   (정답) ②

(해설) $1\text{kgf} = 1\text{kg} \times 9.81\text{m/s}^2 = 9.81\text{N}$

7. 이동 도르래를 1개 이용하여 지상에 있는 50kgf의 물체를 3m 높이까지 끌어 올리려 한다. 얼마의 힘(kgf)을 주어야 하며 또 로프는 얼마(m)를 당겨야 하는가?

① 15, 3   ② 25, 6   ③ 25, 3   ④ 50, 6   (정답) ②

(해설) 이동 도르래 1개는 힘의 이득이 두 배이며, 일의 양은 동일하므로 힘의 이득만큼 로프를 많이 잡아 당겨야 한다. 따라서, 힘은 25kgf, 로프는 6m를 끌어 올려야 한다.

8. 어떤 사람이 질량 2kg인 물체를 14N의 힘을 주어 밀고 있다. 마찰력을 무시할 때 이 물체가 갖게 되는 가속도는?

① 1.42   ② 7   ③ 19.6   ④ 28   (정답) ②

(해설) $a = \dfrac{F}{m} = \dfrac{14\text{N}}{2\text{kg}} = \dfrac{14\text{kg} \cdot \text{m/s}^2}{2\text{kg}} = 7\text{m/s}^2$

9. 어떤 물체를 그림과 같이 8N의 힘을 가하여 20m를 이동시켰다. 행한 일은 몇 J인가?

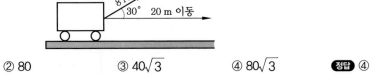

① 40   ② 80   ③ $40\sqrt{3}$ ④ $80\sqrt{3}$ (정답) ④

(해설) $F = 8\text{N} \times \cos 30° = 4\sqrt{3}\,\text{N}$
$W = 4\sqrt{3}\,\text{N} \times 20\text{m} = 80\sqrt{3}\,\text{N} \cdot \text{m} = 80\sqrt{3}\,\text{J}$

10. 질량 100kg의 물체를 전동기를 이용하여 8m를 들어 올렸다. 이 전동기가 한 일은 몇 J인가?

① 7848   ② 8426   ③ 10423   ④ 27620   (정답) ①

(해설) $F = 100\text{kg} \times 9.81\text{m/s}^2 = 981\text{N}$
$W = 981\text{N} \times 8\text{m} = 7848\text{N} \cdot \text{m} = 7848\text{J}$

1-3 압력과 유량

(1) 압력(pressure)

① **압력의 정의**

(가) 단위면적당 작용한 힘이다.

(나) 압력 $= \dfrac{\text{힘}}{\text{면적}}$ $\qquad\qquad p = \dfrac{F}{A} [\mathrm{Pa}(= \mathrm{N/m^2})]$

(다) 밀도가 ρ인 액체가 깊이 h에서 작용하는 압력은 다음 식과 같다.

$$p = \rho g h \,[\mathrm{Pa}(= \mathrm{N/m^2})]$$

② **압력의 단위**

(가) $1\mathrm{Pa} = 1\mathrm{N/m^2}$

(나) $1\mathrm{psi} = 1\mathrm{lbf/in^2}$

(다) $1\mathrm{bar} = 1000000\mathrm{dyn/cm^2} = 0.1\mathrm{MPa} = 14.5\mathrm{psi}$

(2) 공기압

① **표준기압(atm)** : 1643년, 토리첼리(Torricelli)는 해발 0m인 지표면에서의 대기압을 수은주의 높이로 측정하였다.

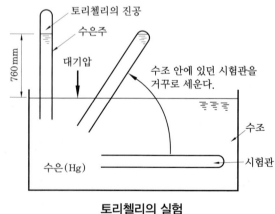

토리첼리의 실험

(가) 수은주 높이 : $1\mathrm{atm} = 760\mathrm{mmHg}$

(나) 수주 높이 : $1\mathrm{atm} = 10.33\mathrm{mAq}$

(다) 절대단위계

$$\begin{aligned} 1\mathrm{atm} &= 760\mathrm{mmHg} \\ &= 101325\mathrm{Pa}(\mathrm{N/m^2}) \\ &= 101.325\mathrm{kPa} \\ &= 14.7\mathrm{psi}(\mathrm{lb/in^2}) \\ &= 10.33\mathrm{mAg} \end{aligned}$$

(라) 미터법 중력단위계

$$\begin{aligned} 1\mathrm{atm} &= \gamma_{\mathrm{Aq}} \times h_{\mathrm{Aq}} = 1000\mathrm{kgf/m^3} \times 10.33\mathrm{m} \\ &= 10330\mathrm{kgf/m^2} = 1.033\mathrm{kgf/cm^2}\,407\mathrm{in} = 14.7\mathrm{psi} \end{aligned}$$

$$1\mathrm{kgf/cm^2} = 14.22\mathrm{psi}$$

(마) 야드파운드법 중력단위계

$$1\mathrm{atm} = \gamma_{\mathrm{Aq}} \times h_{\mathrm{Aq}} = 0.036\mathrm{lbf/in^3} \times 407\mathrm{in} = 14.7\mathrm{psi}$$

② **공학기압(at)** : 1kgf/cm^2의 압력을 기준

$$1\text{at}=0.1\text{kgf/cm}^2=10.00\text{mAq}=735.5\text{mmHg}$$

③ **진공** : 토리첼리의 실험에서 발견되었다.

$$1\text{torr}=1\text{mmHg}=\frac{1}{760}\text{atm}$$

$$760\text{torr}=1013\text{mbar}$$

$$740\text{torr}=1013\times\frac{740}{760}=986.3\text{mbar}$$

④ **절대압력**

(가) 절대압력＝대기압＋게이지 압력

(나) 다음 그림에서 기압 ①의 경우는 주로 게이지 압력으로 표시하며, 기압 ②는 진공인
경우이므로 주로 절대압력으로 표시한다.

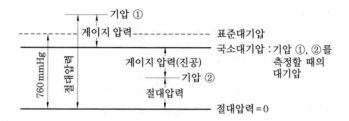

(3) 압력의 계산

① **파스칼의 원리(Pascal's principle)** : 정지상태의 유체 내부에 작용하는 압력은 작용하는
방향에 관계없이 일정하다. ($p_1=p_2$)

$$\frac{F_1}{A_1}=\frac{F_2}{A_2}$$

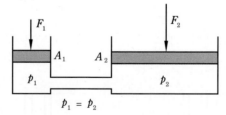

② **보일의 법칙(Boyle's law)** : 용기 내의 밀폐된 기체는 외부로부터 힘을 받게 되면 부피는
줄고 압력은 증가한다. 온도가 일정할 때 기체의 절대압력(p)과 비체적(V)은 반비례(역
비례)한다.

$$p_1 V_1=p_2 V_2$$

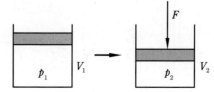

(4) 유량(discharge)

① **유량의 정의** : 단위시간(t)당 흘러간 부피(V)이다.

$$Q = V/t \,[\mathrm{m^3/s}]$$

단면적이 A인 관로를 v의 속도로 흘러가는 유량은 다음 식과 같다.

$$Q = A \cdot v \,[\mathrm{m^3/s}]$$

② **유량의 단위**

㈎ $1\mathrm{m^3/min} = 1000\mathrm{L/min} \fallingdotseq 35.3\mathrm{ft^3/min}$

㈏ $1\mathrm{cm^3/s} = 1\mathrm{cc/s}$

㈐ $1\mathrm{L/min} = 10\mathrm{dL/min} = 1000\mathrm{mL/min}$

③ **연속방정식(continuity equation)** : 질량보존의 법칙을 유체 유동에 적용한 방정식으로 관속을 유체가 가득 차서 흐른다면 단위시간 동안 유입된 질량과 유출된 질량은 같다.

$$A_1 v_1 = A_2 v_2$$

질량보존의 법칙에 의해 질량유동률 $\dot{m}$은 일정하다.

$$\dot{m} = \rho_1 A_1 v_1 = \rho_2 A_2 v_2$$

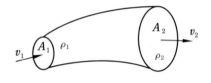

비압축성 유체에서 $\rho_1 = \rho_2$이므로, $Q = A_1 v_1 = A_2 v_2$

여기서, Q : 유량($\mathrm{m^3/s}$)

④ **베르누이 방정식(Bernoulli's equation)** : 유체에 대한 오일러의 운동방정식을 적분하여 얻은 것이며, 이 방정식으로 점성이 없고 비압축성인 유체에서 에너지 보존의 법칙이 성립함을 알 수 있다.

$$\frac{p_1}{r} + \frac{v_1^2}{2g} + h_1 = \frac{p_2}{r} + \frac{v_2^2}{2g} + h_2 = H$$

다음 그림은 관로 속에 두 개의 피토관(pitot tube)을 사용하여 베르누이 방정식을 실험적으로 확인한 것이다.

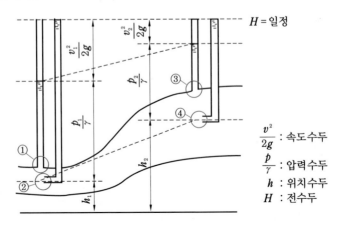

$\dfrac{v^2}{2g}$: 속도수두

$\dfrac{p}{\gamma}$: 압력수두

h : 위치수두

H : 전수두

①과 ③에서는 관로의 입구가 유체의 흐름에 직각이므로 속도의 영향은 없고 압력만 전달되며 ②와 ④에서는 유체의 압력도 전달되지만 구멍이 유체 흐름에 평행하므로 속도 에너지가 유입되어 직각으로 구부러진 부분에서 모두 속도를 잃고 압력으로 전환되어 압력 에너지에 더해지므로 속도와 압력 모두 전달된다. 관로에서 에너지 손실이 없을 때 H 는 항상 일정하다.

> **참고** 수두(water head) : 유체가 갖는 압력, 속도, 위치 에너지의 크기를 물의 높이로 나타낸 것.

⑤ **토리첼리의 정리(Torricelli's theorem)** : 액체가 유출되는 속도를 에너지 보존법칙에 의해 구한 것이다. 액체의 높이 h의 변화가 작을 때, 액체의 유출속도 $v=\sqrt{2gh}$ 이다. 즉, 높이 h에서의 물이 중력에 의해 자유낙하 했을 때의 속도와 같다. ①에서 감소된 양과 ② 에서 유출된 양은 같다. ①에서의 위치 에너지 감소와 ②에서의 운동 에너지는 같은 양을 가져야 하므로 $mgh=\dfrac{1}{2}mv^2$이 되고, 속도 v에 대해 정리하면 $v=\sqrt{2gh}$ 이 된다.

  ①에서의 위치 에너지 : mgh

  ②에서의 운동 에너지 : $\dfrac{1}{2}mv^2$

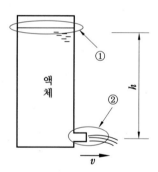

⑥ **유속의 계산** : 관로의 입구와 출구의 단면적을 알고 입구의 유속을 알 때 다음 식에 의해 출구의 유속을 구한다.

  $Q=Av\,[\text{m}^3/\text{s}]$

  $A_1v_1=A_2v_2$에서 $v_2=v_1\left(\dfrac{A_1}{A_2}\right)=v_1\left(\dfrac{d_1}{d_2}\right)^2\,[\text{m/s}]$

핵심문제

1. 밀폐된 액체의 일부에 힘을 가했을 때의 작용력으로 옳은 것은?

① 모든 부분에 다르게 작용한다.

② 모든 부분에 동일하게 작용한다.

③ 홈이 파진 부분에는 세게 작용한다.

④ 돌출부에는 세게 작용한다. **정답** ②

해설 파스칼의 원리 : 정지상태의 유체 내부에 작용하는 압력은 작용하는 방향에 관계없이 일정하다.

2. 절대압력의 표시는?

① 절대압력＝대기압＋게이지 압력

② 절대압력＝표준대기압＋게이지 압력

③ 절대압력＝대기압

④ 절대압력＝게이지 압력 **정답** ①

해설 절대압력＝대기압＋게이지 압력

3. 완전한 진공을 0으로 하는 압력은?

① 게이지 압력   ② 절대압력   ③ 평균압력   ④ 최고압력 **정답** ②

해설 완전한 진공(진공도 100%)을 기준으로 한 압력은 절대압력이다.

4. 4torr는 몇 Pa인가?

① 400   ② 430   ③ 517   ④ 533 **정답** ④

해설 $1\text{torr}=1\text{mmHg}=\dfrac{101325}{760}\text{Pa}(=\text{N/m}^2)$

$\therefore\ 4\times\dfrac{101325}{760}=533\text{Pa}(=\text{N/m}^2)$

5. 다음 그림에서 2개의 피스톤 ㉮, ㉯의 단면적 A_1, A_2를 각각 10cm², 100cm²로 한다. F_1으로서 10kN의 힘을 가할 때 F_2는 얼마인가?

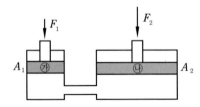

① 100kN   ② 200kN   ③ 300kN   ④ 400kN **정답** ①

해설 $\dfrac{F_1}{A_1}=\dfrac{F_2}{A_2}$ 이므로, $F_2=F_1\left(\dfrac{A_2}{A_1}\right)=10\times\dfrac{100}{10}=100\text{kN}$

6. 지름이 20cm인 관로 속에 흐르고 있는 액체의 평균속도가 5m/s일 때 유량은 몇 m³/s인가?

① 0.157　　　　② 0.635　　　　③ 0.981　　　　④ 1.442　　　**정답** ①

해설 $Q = A \cdot v = \dfrac{\pi}{4} \times (0.2)^2 \times 5 = 0.157\text{m}^3/\text{s}$

7. 입구의 단면적이 5m²인 어떤 관로 속을 액체가 2.5m/s의 속도로 흘러 들어가 관의 끝부분에서 12m/s의 속도로 흘러나오도록 하려면 출구의 단면적(m²)은?

① 1.04　　　　② 4.8　　　　③ 12.5　　　　④ 30　　　**정답** ①

해설 $Q = Av$에서 $A_1 v_1 = A_2 v_2$이므로, $A_2 = A_1 \left(\dfrac{v_1}{v_2}\right) = 5 \times \dfrac{2.5}{12} = 1.04\text{m}^2$

8. 저수탱크 밑에 구멍이 생겨 탱크 속의 물이 10m/s의 속도로 유출되고 있다. 이 탱크 속의 물의 높이(m)는?

① 4.2　　　　② 5.1　　　　③ 6.2　　　　④ 7.1　　　**정답** ②

해설 $v = \sqrt{2gh}$ 이므로, $h = \dfrac{v^2}{2g} = \dfrac{10^2}{2 \times 9.81} = 5.1\text{m}$

1-4　속도와 가속도

(1) 운동의 분류

① 이동 경로에 따른 분류

㈎ 직선운동 : 어떤 물체가 직선을 따라 이동하는 운동

㈏ 회전운동 : 어떤 물체가 반지름이 일정한 원을 그리면서 돌고 있는 운동

② 속도 변화에 따른 분류

㈎ 등속도 운동 : 어떤 물체의 운동속도 v가 시간이 흘러도 변함이 없는 운동

　예 일정한 속도로 달리는 자동차의 운동

　　t초 동안의 이동 거리$(S) = v \cdot t$

㈏ 가속도 운동 : 시간이 지남에 따라 속도가 변하는 운동

　예 출발하거나 정지하는 자동차의 운동

㈐ 등가속도 운동 : 시간이 흘러도 가속도가 일정한 운동

　예 낙하체의 운동

　　t초 후의 속도$(v) = a \cdot t$(초기속도가 0인 경우)

$$t초\ 동안의\ 이동\ 거리(S) = \frac{1}{2}v \cdot t\,(초기속도가\ 0인\ 경우)$$

(2) 속도(velocity)

① 속도의 정의

(가) 평균속도 : 경과한 시간에 대한 위치의 변화

$$\bar{v} = \frac{\Delta x}{\Delta t}\,[\text{m/s}]$$

(나) 순간속도 : 매우 짧은 시간 동안의 위치 변화를 나타내며 일반적인 속도의 의미로 사용

$$v = \frac{dx}{dt}\,[\text{m/s}]$$

② 회전체의 속도

(가) 각속도(angular velocity) : 단위시간(t)당 각의 변화($\Delta\theta$)를 나타내며, 그리스 문자인 ω 로 표시한다.

$$\omega = \frac{\Delta\theta}{t}$$

여기서, ω : 각속도(rad/s), $\Delta\theta$: 회전각(rad), t : 시간(s)

참고 각속도의 예

- 1초 동안 180° 회전하는 물체의 각속도 : 180°/s = π[rad/s]
- 1초 동안 1회전(360°)하는 물체의 각속도 : 360°/s = 2π[rad/s]
- 1초에 두 바퀴를 도는 물체의 각속도 : 2rev/s = 4π[rad/s]

(나) 주파수(frequency) : 매 초당 반복횟수(cycle)를 나타내며, f[Hz]로 표시한다.

$$f = \frac{\text{cycle}}{t} = \omega \times \frac{1\text{cycle}}{2\pi[\text{rad}]} = \frac{\omega}{2\pi}\,[\text{Hz}]$$

(다) 회전수(rotative speed) : 매 분당 회전수(number of revolution)를 나타내며, N[rpm]으로 표시한다.

$$N = \frac{\text{rev}}{t} = f \times 60 \qquad 여기서,\ N : 회전수(\text{rpm}),\ \text{rev} : 회전,\ t : 시간(\text{min})$$

(라) 선속도(linear velocity) : 각속도로 회전하는 물체의 중심에서 반지름에 위치한 부분의 직선속도

$$v = \omega r \qquad 여기서,\ v : 선속도(\text{m/s}),\ \omega : 각속도(\text{rad/s}),\ r : 반지름(\text{m})$$

(마) 원주속도(circumferential speed) : 터빈, 풀리 등의 외주의 선속도

$$v = \frac{\pi DN}{1000 \times 60} \qquad 여기서,\ v : 원주속도(\text{m/s}),\ D : 지름(\text{mm}),\ N : 회전수(\text{rpm})$$

(2) 가속도(acceleration)

① **가속도의 정의** : 단위시간(t)당 속도의 변화(Δv)로 나타낸다.

$$a = \frac{\Delta v}{t} \qquad \text{여기서, } a : \text{가속도(m/s}^2), \ \Delta v : \text{속도변화(m/s)}, \ t : \text{시간(s)}$$

회전운동에서는 구심가속도, 자유낙하운동 또는 물체의 중력을 계산할 때는 중력가속도를 사용한다.

② **회전체의 가속도**

㈎ 접선가속도

㉮ 회전운동에서 선속도의 변화 $\dfrac{dv}{dt}$ 를 말한다.

㉯ 회전속도의 변화가 없으면 0이 된다.

㈏ 법선가속도 : 구심가속도라고도 하며, 회전운동에서 운동 방향의 변화와 관계가 있고 속도 v와 반지름 r에 의해 정해진다.

$$a = \frac{v^2}{r}[\text{m/s}^2] \ (\text{여기서, } v = \omega r), \ a = r\omega^2[\text{m/s}^2]$$

③ **중력가속도** : 중력만으로 물체가 가속될 때의 가속도이며, g로 표시한다.

$$\text{중력가속도}(g) = 9.8\text{m/s}^2 = 980\text{cm/s}^2$$

핵심문제

1. 다음 중 운동 속도 v가 시간이 흘러도 변하지 않는 운동은 어느 것인가?

① 등속도 운동   ② 가속도 운동

③ 등가속도 운동   ④ 각가속도 운동   **정답** ①

2. 등속도 운동에서 속도를 v라 하고 이동 시간을 t라 할 때 이동한 거리는?

① $\dfrac{v}{t}$ ② vt ③ $\dfrac{1}{2}vt$ ④ $\dfrac{1}{2}vt^2$ **정답** ②

3. 등가속도 운동에서 가속도를 a라 할 때 시간 t초 후의 속도는? (단, 초기속도는 0이다.)

① at ② $\dfrac{a}{t}$ ③ at^2 ④ $\dfrac{1}{2}at^2$ **정답** ①

4. 90km/h는 몇 m/s인가?

① 5   ② 10   ③ 20   ④ 25   **정답** ④

해설 $v = \dfrac{90}{3.6} = 25\text{m/s}$

5. 어떤 자동차가 10분에 6km를 달렸다면 이 자동차의 속도는 몇 km/h인가?

① 6   ② 12

③ 24   ④ 36   **정답** ④

해설 $v = \dfrac{S}{t} = (6\text{km}/10\text{min}) \times (60\text{min}/1\text{h}) = 36\text{km/h}$

6. 다음 중 가속도의 단위는?

① m/s   ② m/s²

③ m³/s   ④ s⁻¹   **정답** ②

해설 가속도$(a) = \dfrac{v}{t} = \dfrac{\text{m/s}}{\text{s}} = \text{m/s}^2$

7. 다음 중 가속도에 대한 설명으로 맞는 것은?

① 단위시간당 속도의 변화이다.

② 단위시간당 위치의 변화이다.

③ 단위시간당 회전각의 변화이다.

④ 단위시간당 에너지의 변화이다.   **정답** ①

해설 가속도는 단위시간당 속도의 변화이다.

8. 물체의 무게를 계산할 때 사용되는 중력가속도는 몇 m/s²이 적절한가?

① 2.54   ② 3.14

③ 6.25   ④ 9.81   **정답** ④

9. 어떤 물체가 5초 동안 속도가 20m/s에서 40m/s로 증가하였다. 이 물체의 가속도는 몇 m/s² 인가?

① 2   ② 4

③ 10   ④ 20   **정답** ②

해설 $a = \dfrac{(40-20)\text{m/s}}{5\text{s}} = \dfrac{20\text{m/s}}{5\text{s}} = 4\text{m/s}^2$

10. 12000rpm은 몇 rev/s인가?

① 12   ② 120

③ 200   ④ 240   **정답** ③

해설 $12000\text{rpm} = 12000\text{rev/min} \times (1\text{min}/60\text{s}) = 200\text{rev/s}$

2. 재료의 응력(stress) 및 변형률(strain)

응력(stress)은 단위면적당 외력에 저항하는 내력(internal force)의 크기이고, 변형률 (moduls of strain)은 단위 길이에 대한 변형량이다.

2-1 하중(load)의 종류

(1) 하중이 작용하는 방향에 따른 분류

① **인장(tension) 하중** : 재료를 축선 방향으로 늘어나게 작용하는 하중(P_t)

② **압축(compression) 하중** : 재료를 축 방향으로 수축(압축)되게 작용하는 하중(P_c)

③ **비틀림(torsion) 하중** : 재료를 비틀어서 파괴시키려는 하중으로 축(shaft)에서 중요시되며 전단 하중의 일종(P_{tor})

④ **휨(bending) 하중** : 재료를 휘어지게 하는 하중(P_b)=만곡 하중, 굽힘 하중이라고도 한다.

⑤ **전단(shearing) 하중** : 재료를 가위로 자르려는 것 같은 하중으로 단면에 평행하게 작용되는 하중[=접선 하중(tangential load)] : P_s

⑥ **좌굴(buckling) 하중** : 긴 기둥에서 기둥을 가로(횡) 방향으로 휘어지게 하는 하중(P_B)

(2) 하중이 걸리는 속도에 의한 분류

① **정 하중(static load)** : 시간에 따라서 크기가 변하지 않거나 변화를 무시할 수 있는 하중 (사하중(dead load))

② **동 하중(dynamic load)** : 하중의 크기가 시간과 더불어 변화하는 하중으로, 계속적으로 반복되는 반복 하중(repeated load), 하중의 크기와 방향이 바뀌는 교번 하중(alternate load), 그리고 순간적으로 충격을 주는 충격 하중(impact load)이 있다.

(3) 분포 상태에 의한 분류

① **집중 하중** : 전 하중이 부재의 한 곳에 작용하는 하중(P, W, Q)

② **분포 하중** : 전 하중이 부재의 특정 면적 위에 분포하여 걸리는 하중으로 등분포 하중과 부등 분포 하중이 있다.

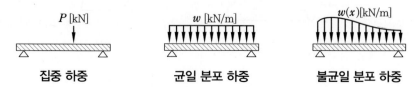

집중 하중   균일 분포 하중   불균일 분포 하중

1. 공작 기계의 밑면에 받는 응력은?

① 인장 응력　　　　　　　　　　② 압축 응력

③ 전단 응력　　　　　　　　　　④ 비틀림 응력　　　　　정답 ②

2. 외부로부터 작용하는 힘이 재료를 구부려 휘어지게 하는 형태의 하중은?

① 인장 하중　　　　　　　　　　② 압축 하중

③ 전단 하중　　　　　　　　　　④ 굽힘 하중　　　　　정답 ④

2-2　응력(stress)

응력은 내부에 생기는 저항력으로 단위 면적당 크기로 표시한다. 단위는 N/m^2 또는 Pa 를 사용한다. 응력의 종류는 다음과 같다.

참고　MPa(메가파스칼) = 10^3kPa(킬로파스칼) = 10^6Pa(파스칼)

① **인장 응력(tensile stress)** : 인장력 P_t, 하중에 직각인 단면적을 A라 하면, 인장 응력 σ_t는

$$\sigma_t = \frac{P_t}{A}$$

② **압축 응력(compression stress)** : 압축 응력 σ_c는

$$\sigma_c = \frac{P_c}{A}$$

③ **전단 응력(shearing stress)** : 전단력 P_s가 작용했을 때, 전단 응력 τ는

$$\tau = \frac{P_s}{A}$$

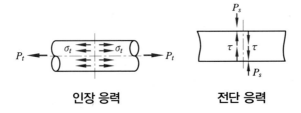

인장 응력　　　　　　　　　　전단 응력

1. 다음 중 응력의 단위를 옳게 표시한 것은?

① kN/cm   ② kN/m², kPa   ③ kN · m   ④ kN   정답 ②

2. 지름 5cm인 단면에 35kN의 힘이 작용할 때, 발생하는 응력을 구하면?

① 16.8MPa   ② 17.8MPa   ③ 168MPa   ④ 178MPa   정답 ②

해설 $\sigma=\dfrac{P}{A}=\dfrac{P}{\dfrac{\pi d^2}{4}}=\dfrac{35}{\dfrac{3.14\times(0.05)^2}{4}}=17834\text{kPa}=17.834\text{MPa}$

3. 단면적이 100mm²인 강재에 300N의 전단하중이 작용할 때 전단응력(N/mm²)은?

① 1   ② 2   ③ 3   ④ 4   정답 ③

해설 전단응력$(\tau)=\dfrac{F}{A}=\dfrac{300}{100}=3\text{N/mm}^2$

4. 한 변의 길이가 20mm인 정사각형 단면에 4kN의 압축 하중이 작용할 때 내부에 발생하는 압축 응력은 얼마인가?

① 10N/mm²   ② 20N/mm²   ③ 100N/mm²   ④ 200N/mm²   정답 ①

해설 $\sigma=\dfrac{W}{A}=\dfrac{4000}{20\times20}=10$

2-3 변형률(strain)

변형률이란 단위 길이 및 부피에 대한 변형량을 말한다.

(1) 변형률의 종류

작용 하중에 따라서 인장 · 압축 · 전단 변형률이 있다.

① **세로 변형률(longitudinal strain)** : 인장 하중(P_t) 또는 압축 하중(P_c)이 작용하면 하중의 방향으로 늘어나거나 줄어들어 변형이 생긴다.

여기서, l : 최초 재료의 길이(mm)

l' : 변형 후 재료의 길이(mm)

λ : 변형량(늘어난 양)이라고 하면,

$$세로 \, 변형률(\varepsilon) = \frac{\lambda}{l} = \frac{l' - l}{l}$$

변형률을 백분율로 표시한 것을 연신율이라고 하며, 연신율 $= \dfrac{\lambda}{l} \times 100\%$

② **가로 변형률(lateral strain)** : 최초의 막대의 지름 d[mm], 지름의 변화량을 δ[mm]라고 하면 하중의 방향과 직각이 되는 방향의 변형률은 $\varepsilon' = \dfrac{\delta}{d}$가 된다. 여기서 직각 방향의 변형률을 가로 변형률(lateral strain)이라고 한다.

③ **전단 변형률** : 전단력(P_s)에 의하여 재료가 A′B′CD로 변형되었을 때, 즉 λ_s만큼 밀려났을 때 평행면의 거리 l의 단위 높이당의 밀려남을 전단 변형(shearing strain)이라고 한다.

$$전단 \, 변형률(\gamma) = \frac{\lambda_s}{l} = \tan\phi \fallingdotseq \phi \, (\text{rad})$$

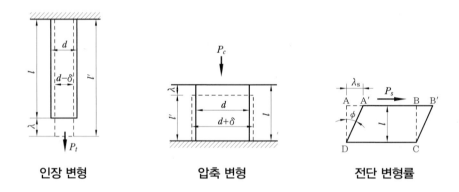

인장 변형   압축 변형   전단 변형률

(2) 훅의 법칙과 탄성률

① **훅의 법칙(Hooke's law)** : 비례 한도 범위 내에서 응력과 변형률은 정비례하는데 이것을 훅의 법칙(정비례 법칙)이라 한다.

② **세로 탄성 계수 E** : 축하중을 받는 재료에 생기는 수직응력을 σ, 그 방향의 세로 변형률을 ε이라 하면 훅의 법칙에 의하여 다음 식이 성립된다.

$$\frac{응력(\sigma)}{변형률(\varepsilon)} = E \, \text{또는} \, \sigma = E \cdot \varepsilon$$

여기서, 비례상수 E는 세로 탄성 계수 또는 영률

$$E = \frac{\sigma}{\varepsilon} = \frac{P/A}{\lambda/l} = \frac{Pl}{A\lambda} \, \text{또는} \, \lambda = \frac{Pl}{AE} = \frac{\sigma l}{E}$$

③ **가로 탄성 계수 G** : 전단 하중을 받는 경우의 재료에서도 한도 이내에서는 훅의 법칙이 성립한다.

즉, $\dfrac{\text{전단 응력}(\tau)}{\text{전단 변형률}(\gamma)} = G$, 따라서, $\tau = G \cdot \gamma$

여기서, 비례상수 G는 가로 탄성 계수 또는 전단 탄성률

$$\gamma = \frac{\tau}{G} = \frac{P_s/A}{G} = \frac{P_s}{AG} \, [\text{radian}]$$

(3) 응력과 변형률의 관계

시험편을 인장 시험기에 걸어 하중을 작용시키면 재료는 변형한다. 이와 같이 하중에 따른 응력과 변형률의 관계를 나타낸 것을 응력–변형률 선도라 한다.

① **비례한도(A)** : OA는 직선부로 하중의 증가와 함께 변형이 비례(선형)적으로 증가한다.

② **탄성한도(B)** : 응력을 제거했을 때 변형이 없어지는 한도를 탄성한도라 하며, B점 이상 응력을 가하면 응력을 제거해도 변형은 완전히 없어지지 않는다. 이 변형을 소성 변형이라 한다.

③ **항복점(C, D)** : 응력이 증가하지 않아도 변형이 계속해서 갑자기 증가하는 점이다. C점을 상항복점, D점을 하항복점이라 한다.

④ **인장 강도(E)** : E점은 최대응력점으로 E점에서의 하중을 변화하기 전의 단면적으로 나눈 값을 인장 강도로 한다.

⑤ **기타 재료의 응력 변형률 곡선** : 특수강, 주철, 구리 등의 재료를 인장 시험한 응력–변형률 곡선으로 항복점이 명확하지 않은 것이 특징이다.

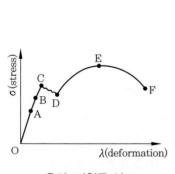

응력–변형률 선도

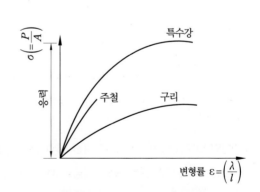

기타 재료의 응력–변형률 곡선

(4) 푸아송의 비(Poisson's ratio) : $\mu = \dfrac{1}{m}$

① **푸아송의 비** : 탄성한도 이내에서의 가로와 세로 변형률의 비는 재료에 관계없이 일정한 값이 된다. 이것을 푸아송의 비라 한다.

$$\text{푸아송의 비}(\mu) = \frac{\text{가로 변형률}(\varepsilon')}{\text{세로 변형률}(\varepsilon)} = \frac{1}{m} \quad \text{또는} \quad \frac{1}{m} = \frac{\varepsilon'}{\varepsilon} = \frac{\delta/d}{\lambda/l} = \frac{\delta l}{\lambda d}$$

여기서, $\frac{1}{m}$은 푸아송의 비로 항상 1보다 작으며, m을 푸아송의 수(푸아송 비는 m의 역수)라고 한다. m은 보통 $2{\sim}4$ 정도의 값이며, 연강에서는 $\frac{10}{3}$이다.

② 영률 E와 가로 탄성 계수 G, 푸아송 수와의 관계

$$E = \frac{2G(m+1)}{m}, \quad G = \frac{mE}{2(m+1)} = \frac{E}{2(1+\mu)}$$

핵심문제

1. 다음 그림은 연강의 응력 변형률 선도이다. 인장 강도를 표시하는 점은?

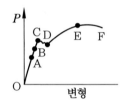

① B점   ② C점   ③ E점   ④ F점   **정답** ③

2. 훅의 법칙이 성립되는 구간은?

① 비례한도
② 탄성한도
③ 최대 강도점
④ 항복점   **정답** ①

해설 훅의 법칙이란, 비례한도 범위 내에서 응력과 변형은 비례한다는 것이다.

즉, $\frac{\text{응력}(\sigma)}{\text{변형률}(\varepsilon)} = E$, 또는 $\sigma = E \cdot \varepsilon$이다.

3. 푸아송의 비(Poisson's ratio)에 대한 설명으로 맞는 것은?

① 재료에 압축하중과 인장하중이 작용할 때 생기는 가로변형률과 세로변형률의 비
② 재료에 전단하중과 인장하중이 작용할 때 생기는 가로변형률과 세로변형률의 비
③ 재료의 비례한도 내에서 응력과 변형률의 비
④ 재료의 탄성한도 내에서 응력과 변형률의 비   **정답** ①

2-4 열응력(thermal stress)

(1) 열응력(thermal stress)

모든 물체는 온도가 상승하면 팽창하고 내려가면 수축한다. 그 수축량은 보통 온도 범위에서는 온도차에 비례한다. 이때 신축이 방해되면 재료 내부에 응력이 생기는데 이것을 열응력이라고 한다. 이 응력을 이용한 것이 가열 끼우기(shrinkage fit)이며, 두 부품을 연결할 때 이용한다.

(2) 열응력에 의한 신축량

재료의 처음 온도를 t_1[℃], 나중 온도를 t_2[℃], 재료의 선팽창 계수를 α라고 하면, 열응력 σ는 재료의 길이에 관계없이 다음과 같이 표시할 수 있다.

$$\sigma = E \cdot \varepsilon = E \cdot \alpha (t_2 - t_1)$$

또, 길이 l인 물체가 온도차 $(t_2 - t_1)$[℃]에 의하여 늘어난 길이 λ는

$$\lambda = l \cdot \alpha (t_2 - t_1)$$

다음 [표]는 각종 재료의 선팽창 계수를 표시한 것이다.

금속 재료의 선팽창 계수 $\alpha \times 10^{-6}$

재료	α
순철	11.7
연강	11.2~11.6
경강	10.7~10.9
주철	9.2~11.8
텅스텐	4.3
알루미늄	23
7 · 3 황동	19
구리	1.65

3. 보의 휨 및 재료의 강도

막대가 그 축방향과 직각인 하중을 받으면 구부러지는데 이와 같이 휨 작용을 받는 막대를 보(beam)라 한다. 보를 받치고 있는 점을 받침점(supporting point)이라 하고, 두 받침점 사이의 거리를 스팬(span)이라 한다.

3-1 보의 휨

(1) 보의 종류

① **정정보(statically determinate beam)** : 평형조건식만으로 반력을 구할 수 있는 보

　⑷ 외팔보(cantilever beam) : 한 끝은 고정되고 다른 끝이 자유단인 보

　⑷ 단순보(simple beam) : 양단지지보라고도 하며, 보의 양 끝을 받치고 있는 보

　⑷ 내다지보(돌출보, overhanging beam) : 스팬(막대)이 지점 밖으로 돌출되어 있는 보

② **부정정보(statically indeterminate beam)** : 정정보보다 과잉 구속된 보

　⑷ 양단 고정보(both end fixed beam) : 양 끝이 모두 고정단으로 되어 있는 보

　⑷ 연속보(continuous beam) : 지점이 3개 이상이고 스팬이 2개 연장인 보

　⑷ 일단 고정 · 타단 지지보(고정 지지보)(one end fixed beam & the other supported beam) : 한 끝을 고정하고 다른 한 끝을 받치고 있는 보

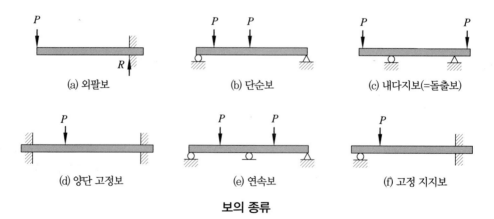

(a) 외팔보　　　　(b) 단순보　　　　(c) 내다지보(=돌출보)

(d) 양단 고정보　　　　(e) 연속보　　　　(f) 고정 지지보

보의 종류

핵심문제

1. 양끝을 모두 받치고 있는 보는?

① 단순보   ② 내다지보

③ 고정보   ④ 외팔보   **정답** ①

2. 정정보에 속하지 않는 보는?

① 내다지보   ② 외팔보

③ 연속보   ④ 단순보   **정답** ③

해설 연속보는 부정정보이다.

3-2 재료의 강도

(1) 피로(fatigue)

재료가 정하중보다 작은 반복 하중이나 교번 하중에 파단되는 현상을 피로라고 한다.

① **피로한도** : 재료가 어느 한도까지는 아무리 반복해도 피로 파괴 현상이 생기지 않는다. 이 응력의 한도를 피로한도라고 한다.

② **반복횟수** : $\sigma - N$ 곡선(응력－회수 곡선)에서 강철은 공기 중에서 $10^6 \sim 10^7$ 정도, 경합금은 10^8 정도 반복하여 하중을 작용시킨다.

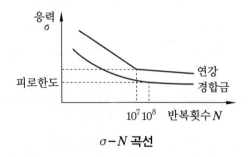

$\sigma - N$ 곡선

③ **피로 현상에 영향을 미치는 요소** : 노치(notch)부는 응력 집중 현상으로 쉽게 피로 파괴가 생기며, 그 밖에 치수, 표면, 온도와 관계가 있다.

(2) 크리프(creep)

재료에 일정한 하중이 작용했을 때, 일정한 시간이 경과하면 변형이 커지는 현상을 말한다. 대개 10^4시간 후의 변형량이 1%일 때를 크리프 한도라고 하며, 특히 고온에서 더욱 고려되어야 한다.

(3) 허용 응력(allowable stress) : σ_a

기계나 구조물에 실제로 사용하는 응력을 사용 응력(working stress)이라고 하며, 재료를 사용할 때 허용할 수 있는 최대 응력을 허용 응력(allowable stress)이라고 한다.

극한 강도(σ_u) > 허용 응력(σ_a) ≧ 사용 응력(σ_w)

(4) 안전율(safety factor) : S_f

재료의 극한 강도 σ_u와 허용 응력 σ_a와의 비를 안전율(S_f)이라고 한다.

$$S_f = \frac{\sigma_u}{\sigma_a} = \frac{극한\ 강도}{허용\ 응력}$$

핵심문제

1. 안전율(S) 크기의 개념에 대한 가장 적합한 표현은?

① $S > 1$　　② $S < 1$　　③ $S ≥ 1$　　④ $S ≤ 1$　　**정답** ①

해설 기계를 설계할 때는 각 부분에 가해지는 힘을 견딜 수 있도록 안전율을 계산해야 하므로 1보다 커야 한다.

2. 다음 그림에서 응력집중 현상이 일어나지 않는 것은?

① 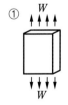　② 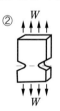　③ 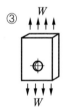　④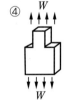

정답 ①

해설 기계 부품에 노치(notch)가 있으면 응력 집중 현상이 일어난다. 노치란 부품에 있는 홈, 구멍, 나사, 단, 돌기 등을 말한다.

3. 재료의 안전성을 고려하여 허용할 수 있는 최대 응력을 무엇이라 하는가?

① 주 응력　　② 사용 응력　　③ 수직 응력　　④ 허용 응력　　**정답** ④

해설 허용 응력은 기준강도를 안전율로 나눈 값으로서 안전성을 고려한 최대 응력을 나타낸다.

제2장

체결용 기계 요소

1. 나사(screw), 볼트와 너트(bolt & nut)

1-1 나사곡선과 각부의 명칭

(1) 나사곡선(helix)

원통면에 직각 삼각형을 감을 때 원통면에 나타나는 삼각형의 빗면이 만드는 선을 나사곡선이라 하며, 이때 의 나사곡선의 각 α를 나선각 또는 리드각이라 한다.

$$\tan \alpha = \frac{l}{\pi d}, \ \alpha = \tan^{-1}\left(\frac{l}{\pi d}\right)$$

여기서, d : 원통의 지름, l : 리드(lead)

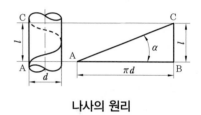

나사의 원리

(2) 나사 각부의 명칭

나사의 각부 명칭을 다음 [그림]에 나타낸다.

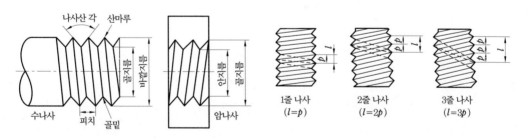

나사 각부의 명칭   1중 나사와 다중 나사

① **피치(pitch)** : 일반적으로 같은 형태의 것이 같은 간격으로 떨어져 있을 때 그 간격을 말하며, 나사에서는 인접하는 나사산과 나사산의 축방향의 거리를 피치라 한다.
② **리드(lead)** : 나사가 1회전하여 진행한 축방향의 거리를 말하며, 1줄 나사의 경우는 리드와 피치가 같지만 2줄 나사인 경우 리드는 피치의 2배가 된다.

$$리드(l) = 줄 수(n) \times 피치(p) \quad \therefore \ p = \frac{l}{n}$$

③ **유효 지름(effective diameter)** : 수나사와 암나사가 접촉하고 있는 부분의 평균 지름, 즉 나사산의 두께와 골의 틈새가 같은 가상 원통의 지름을 말하며, 바깥지름이 같은 나사에 서는 피치가 작은 쪽의 유효 지름(유효 직경)이 크다.

④ **호칭 지름(normal diameter)** : 수나사는 바깥지름으로 나타내고, 암나사는 상대 수나사 의 바깥지름으로 나타낸다.

⑤ **비틀림 각(angle of torsion)** : 직각에서 리드 각을 뺀 나머지 값을 비틀림 각이라 한다.

⑥ **플랭크 각(flank angle)과 나사산 각(angle of thread)** : 나사의 정상과 골을 잇는 면을 플랭크라 하고, 나사의 축선의 직각인 선과 플랭크가 이루는 각을 플랭크 각이라 하며, 2개의 프랭크가 이루는 각이 나사산 각이다.

(3) 나사의 종류

① **삼각 나사(triangular screw)** : 체결용으로 가장 많이 쓰이는 나사이며, 미터 나사가 있 고 유니파이 나사는 미국, 영국, 캐나다의 세 나라 협정에 의하여 만들었기 때문에 ABC 나사라고도 한다.

삼각나사의 종류

구분 \ 나사의 종류		미터 나사 (metric screw)	유니파이 나사(ABC나사) (unified screw)	관용 나사(파이프 나사) (pipe screw)
단위		mm	inch	inch
호칭 기호		M	UNC : 보통 나사 UNF : 가는 나사	Rp : 평행 암나사, R : 테이퍼 수나사, Rc : 테이퍼 암나사
나사산의 크기 표시		피치	산수/인치	산수/인치
나사산의 각도		60°	60°	55°
나사의 모양	산	편편하다	편편하다	둥글다
	골	둥글다	둥글다	둥글다
호칭법	보통 나사	M 5	5/8 UNC	Rp 1/4 - 평행
	가는 나사	M 5×1 피치	5/8 - 24산수 UNF	R 1/4 - 테이퍼

② **사각 나사(square screw)** : 나사산의 모양이 4각이며, 3각 나사에 비하여 풀어지긴 쉬 우나 저항이 작아 동력 전달용 잭(jack), 나사 프레스, 선반의 피드(feed)에 쓰인다.

③ **사다리꼴 나사(trapezoidal screw)** : 애크미 나사(acme screw) 또는 제형 나사라고도 하며, 사각 나사보다 강력한 동력 전달용에 쓰인다. 나사산의 각도는 미터 계열(TM)은 30°, 휘트워드 계열(TW)은 29°이다. ISO 규정에는 기호 Tr로 되어 있다.

④ **톱니 나사**(buttress screw) : 축선의 한쪽에만 힘을 받는 곳에 사용(잭, 프레스, 바이스)되며, 힘을 받는 면은 축에 직각이고, 받지 않는 면은 30°의 각도로 경사져 있다.

⑤ **둥근 나사**(round screw) : 너클 나사라고도 하며, 나사산과 골이 다같이 둥글기 때문에 먼지, 모래가 끼기 쉬운 전구, 호스 연결부 등에 쓰인다.

⑥ **볼 나사**(ball screw) : 수나사와 암나사의 홈에 강구(steel ball)가 들어 있어서 일반 나사보다 매우 마찰계수가 작고 백래시가 없기 때문에 NC 공작 기계(수치 제어 공작 기계)나 자동차용 스티어링 장치에 쓰인다.

⑦ **셀러 나사**(seller's screw) : 아메리카 나사 또는 U.S 표준 나사라고도 하며, 1868년 미국 표준 나사로 제정한 삼각 나사이며, 산의 각도는 60°, 피치는 1인치에 대한 나사산 수로 표시한다.

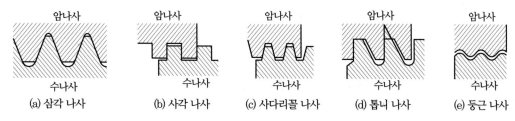

각종 나사의 종류

(4) 나사의 등급

다음 [표]는 각종 나사의 등급 표시법을 나타낸다.

나사의 등급 표시

나사의 종류	미터 나사			유니파이 나사						관용 평행 나사	
				수나사			암나사				
등급 표시법	1	2	3	3A	2A	1A	3B	2B	1B	A	B
비고	급수의 숫자가 작을수록 등급의 정도가 높다.			수나사는 A, 암나사는 B로 표시되며, 급수의 숫자가 클수록 등급의 정도가 높다.						A급과 B급으로 구분된다.	

핵심문제

1. 나사 줄 수 n, 피치 p일 때의 리드 l은?

① $l = np$

② $l = \dfrac{n}{p}$

③ $l = \dfrac{p}{n}$

④ $l = n + p$

정답 ①

해설 리드(l) = 나사 줄 수(n) × 피치(p)

2. 관용 나사의 산의 각도는?

① 60° ② 55° ③ 30° ④ 29° **정답** ②

해설 미터 나사와 유니파이 나사는 60°, 휘트워드 나사와 관용 나사는 55°, 사다리꼴(애크미) 나사는 30°이다.

3. 나사의 호칭 지름은?

① 유효지름 ② 피치
③ 암나사의 안지름 ④ 수나사의 바깥지름 **정답** ④

4. 백 래시(back lash)를 고려하지 않아도 되는 나사는?

① 미터 나사 ② 휘트워드 나사
③ 톱니 나사 ④ 볼 나사 **정답** ④

해설 백 래시 : 나사를 돌릴 때 다시 반대 방향으로 돌리면 겉도는 현상

5. 호칭 지름이 일정할 경우 인치당 산수가 많아지면 산의 높이는 어떻게 되는가?

① 일정하다.
② 높아진다.
③ 낮아진다.
④ 나사에 따라 다르다. **정답** ③

6. 나사에서 피치(pitch)란?

① 나사산과 그 인접한 나사산 사이의 간격
② 나사산의 높이
③ 나사산의 넓이
④ 나사가 1회전하여 진행한 거리 **정답** ①

해설 피치(pitch) : 인접한 나사산과 나사산 사이의 수평 거리를 말한다.

1-2 볼트와 너트(bolt & nut)

(1) 볼트의 종류

① 보통 볼트

(개) 관통 볼트(through bolt) : 가장 널리 쓰이며, 맞뚫린 구멍에 볼트를 넣고 너트를 조이는 것이다.

㈏ 탭 볼트(tap bolt) : 너트를 사용하지 않고 직접 암나사를 낸 구멍에 죄어 넣는다.

㈐ 스터드 볼트(stud bolt) : 환봉의 양끝에 나사를 낸 것으로 기계 부품에 한쪽 끝을 영구 결합시키고 너트를 풀어 기계를 분해하는 데 쓰인다.

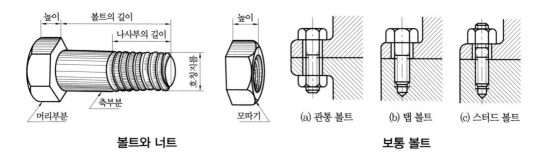

볼트와 너트   보통 볼트

② 특수 볼트

㈎ 스테이 볼트(stay bolt) : 부품의 간격을 유지하기 위하여 턱을 붙이거나 격리 파이프를 넣는다.

㈏ 기초 볼트(foundation bolt) : 기계 구조물을 설치할 때 쓰인다.

㈐ T 볼트(T-bolt) : 공작기계 테이블의 T홈 등에 끼워서 공작물을 고정시키는 데 쓰인다.

㈑ 아이 볼트(eye bolt) : 부품을 들어올리는 데 사용되며, 링 모양이나 구멍이 뚫려 있다.

㈒ 충격 볼트(shock bolt) : 볼트에 걸리는 충격 하중에 견디게 만들어진 것이다.

㈓ 리머 볼트(reamer bolt) : 정밀 가공된 리머 구멍에 중간 끼워 맞춤 또는 억지 끼워 맞춤하여 사용하며 볼트에 걸리는 전단 하중에 견디게 만들어진 것이다.

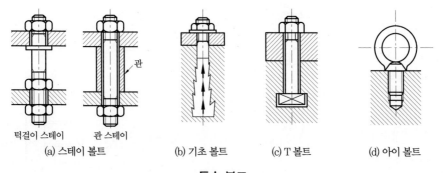

특수 볼트

(2) 너트의 종류

① **보통 너트** : 머리 모양에 따라 4각, 6각, 8각이 있으며, 6각이 가장 많이 쓰인다.

② **특수 너트**

㈎ 사각 너트(square nut) : 외형이 4각으로서 주로 목재에 쓰이며, 기계에서는 간단하고 조잡한 것에 사용된다.

(내) **둥근 너트**(circular nut) : 자리가 좁아서 육각 너트를 사용하지 못하는 경우나 너트의 높이를 작게 했을 때 쓴다.

(다) **모따기 너트**(chamfering nut) : 중심 위치를 정하기 쉽게 축선이 조절되어 있으며, 밑면인 경우는 볼트에 휨 작용을 주지 않는다.

(라) **캡 너트**(cap nut) : 유체의 누설을 막기 위하여 위가 막힌 것이다.

(마) **아이 너트**(eye nut) : 물건을 들어올리는 고리가 달려 있다.

(바) **홈붙이 너트**(castle nut) : 너트의 풀림을 막기 위하여 분할 핀을 꽂을 수 있게 홈이 6 개 또는 10개 정도 있는 것이다.

(사) **T 너트**(T-nut) : 공작 기계 테이블의 T홈에 끼워지도록 모양이 T형이며, 공작물 고정에 쓰인다.

(아) **나비 너트**(fly nut) : 손으로 돌릴 수 있는 손잡이가 있다.

(자) **턴 버클**(turn buckle) : 오른나사와 왼나사가 양끝에 달려 있어서 막대나 로프를 당겨서 조이는 데 쓰인다.

(차) **플랜지 너트**(flange nut) : 볼트 구멍이 클 때, 접촉면이 거칠거나 큰 면압을 피하려 할 때 쓰인다.

(카) **슬리브 너트**(sleeve nut) : 머리 밑에 슬리브가 달린 너트로서 수나사의 편심을 방지하는 데 사용한다.

(타) **플레이트 너트**(plate nut) : 암나사를 깎을 수 없는 얇은 판에 리벳으로 설치하여 사용한다.

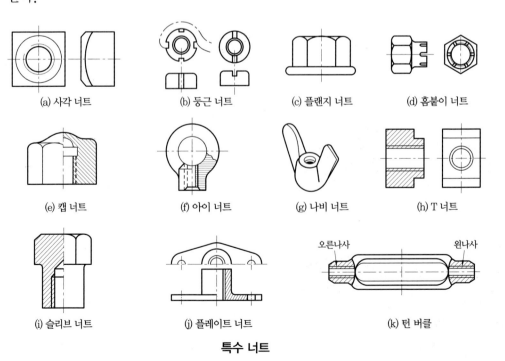

(a) 사각 너트　　(b) 둥근 너트　　(c) 플랜지 너트　　(d) 홈붙이 너트

(e) 캡 너트　　(f) 아이 너트　　(g) 나비 너트　　(h) T 너트

(i) 슬리브 너트　　(j) 플레이트 너트　　(k) 턴 버클

특수 너트

(3) 작은 나사와 세트 스크루

① **작은 나사(machine screw)** : 일명 기계 나사, 태핑 나사라고도 하며, 호칭 지름 8mm 이하에서 사용된다. 머리부의 형상에 따라 다르게도 불린다.

② **세트 스크루(set screw, 멈춤 나사)** : 나사의 끝을 이용하여 축에 바퀴를 고정시키거나 위치를 조정할 때 쓰이는 작은 나사로 홈형, 6각 구멍형, 머리형 등이 있다. 키(key)의 대용으로도 쓰이며, 끝의 마찰, 걸림 등에 의하여 정지 작용한다.

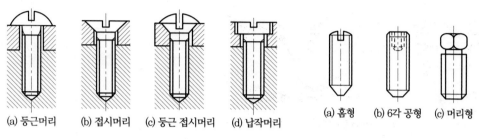

(a) 둥근머리　(b) 접시머리　(c) 둥근 접시머리　(d) 납작머리

작은 나사의 종류

(a) 홈형　(b) 6각 공형　(c) 머리형

세트 스크루

(4) 와셔(washer)

와셔가 사용되는 경우는 다음과 같다.

① 볼트 머리의 지름보다 구멍이 클 때　② 접촉면이 바르지 못하고 경사졌을 때
③ 자리가 다듬어지지 않았을 때　④ 너트가 재료를 파고 들어갈 염려가 있을 때
⑤ 너트의 풀림을 방지할 때

와셔의 재료로서는 연강이 널리 쓰이지만 경강, 황동, 인청동도 쓰이며, 스프링 와셔, 이붙이 와셔, 갈퀴붙이 와셔, 혀붙이 와셔 등이 있다.

(a) 둥근머리 와셔　(b) 스프링 와셔　(c) 이붙이 와셔

각종 와셔

(5) 너트의 풀림 방지법

① **탄성 와셔에 의한 법** : 주로 스프링 와셔가 쓰이며, 와셔의 탄성에 의한다.

② **로크 너트(lock nut)에 의한 법** : 가장 많이 사용되는 방법으로서 2개의 너트를 조인 후에 아래의 너트를 약간 풀어서 마찰 저항면을 엇갈리게 하는 것이다.

③ **핀 또는 작은 나사를 쓰는 법** : 볼트, 홈붙이 너트에 핀이나 작은 나사를 넣는 것으로 가장 확실한 고정 방법이다.

④ **철사에 의한 법** : 철사로 잡아맨다.

⑤ **너트의 회전 방향에 의한 법** : 자동차 바퀴의 고정 나사처럼 반대 방향(축의 회전 방향에 대한)으로 너트를 조이면 풀림 방지가 된다.

⑥ **자동죔 너트에 의한 법**

⑦ **세트 스크루에 의한 법**

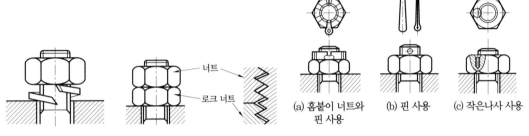

탄성 와셔에 의한 법   로크 너트 사용법   핀, 비스 사용법

(a) 홈붙이 너트와 핀 사용   (b) 핀 사용   (c) 작은나사 사용

핵심문제

1. 진동이나 충격으로 일어나는 풀림 현상을 막는 너트는?

① 아이 너트 　　　　　② 로크 너트
③ 둥근 너트 　　　　　④ 캡 너트　　　　　　**정답** ②

2. 좌우 나사가 있어서 막대나 로프 등을 조이는 데 쓰는 너트는?

① 홈붙이 너트 　　　　② 나비 너트
③ 턴버클 　　　　　　④ T 너트　　　　　　**정답** ③

3. 6각의 대각선 거리보다 큰 지름의 자리면이 달린 너트로서 볼트 구멍이 클 때, 접촉면을 거칠게 다듬질했을 때 또는 큰 면압을 피하려고 할 때 쓰이는 너트(nut)는?

① 둥근 너트 　　　　　② 플랜지 너트
③ 아이 너트 　　　　　④ 홈붙이 너트　　　　**정답** ②

4. 수나사 막대의 양 끝에 나사를 깎은 머리 없는 볼트로서, 한 끝은 본체에 박고 다른 끝은 너트로 죌 때 쓰이는 것은?

① 관통 볼트 　　　　　② 미니추어 볼트
③ 스터드 볼트 　　　　④ 탭 볼트　　　　　　**정답** ③

해설 관통 볼트는 한쪽에 볼트 머리가 있고 다른 쪽은 너트로 조이는 형태이고, 탭 볼트는 한쪽에 볼트 머리가 있고 다른 쪽은 본체에 박는 형태이다. 한 끝을 본체에 박고 다른 끝은 너트로 조이는 것은 스터드 볼트이다.

1-3   나사의 강도

(1) 나사의 효율

① 하중을 밀어 올릴 때

$$\text{나사의 효율}(\eta) = \frac{\text{마찰이 없는 경우의 회전력}}{\text{마찰이 있는 경우의 회전력}} = \frac{\tan \alpha}{\tan(\rho + \alpha)}$$

여기서, α : 리드각, ρ : 나사면의 마찰각

② 하중을 밀어 내릴 때 : 나사의 효율$(\eta) = \dfrac{\tan \alpha}{\tan(\rho - \alpha)}$

(2) 볼트의 지름

축 방향 하중(W)만을 받는 hook(훅) eye bolt(아이 볼트)의 호칭 지름(외경)

$$\text{볼트의 지름}(d) = \sqrt{\frac{2W}{\sigma_t}}\ [\text{mm}]$$

여기서, W : 하중, σ_t : 허용 인장 응력(kPa)

예제	연강으로 만든 훅이 하중 5000N을 받칠 때, 훅 나사부의 지름을 구하시오. (단, 허용 인장 응력 $\sigma_a = 6\text{MPa}$)

해설 축방향 하중만을 받는 경우 나사의 바깥지름(호칭지름) $d = \sqrt{\dfrac{2W}{\sigma_a}}$ 에서

$W = 5000\text{N}$, $\sigma_a = 6\text{MPa}$이면,

$$d = \sqrt{\frac{2 \times 5000}{6}} = 41\text{mm}$$

규격의 미터 나사를 채택하면 $d = 41\text{mm}$에 가장 가까운 $d = 42\text{mm}$로 결정하면 된다.

핵심문제

1. 축방향으로만 정하중을 받는 경우 50kN을 지탱할 수 있는 훅 나사부의 바깥지름은 약 몇 mm 인가?(단, 허용응력은 50N/mm²이다.)

① 40mm   ② 45mm

③ 50mm   ④ 55mm   **정답** ②

해설 $d = \sqrt{\dfrac{2W}{\sigma_t}} = \sqrt{\dfrac{2 \times 50000}{50}} = 44.7$

계산값보다 큰 것을 선택해야 하므로 나사의 지름은 45mm이다.

2. 키(key), 핀(pin), 리벳(rivet)

2-1 키(key)

(1) 키의 종류

벨트 풀리나 기어, 차륜을 고정시킬 때 홈을 파고 홈에 끼우는 것으로서 다음 [표]에 나타낸다.

키의 종류와 특성

키의 명칭		형상	특징
묻힘 키 (성크 키) (sunk key)	때려박음 키(드라이 빙 키)		• 축과 보스에 다같이 홈을 파는 것으로, 가장 많이 쓰인다. • 머리붙이와 머리 없는 것이 있으며, 해머로 때려 박는다. • 테이퍼(1/100)가 있다.
	평행키		• 축과 보스에 다같이 홈을 파는 가장 많이 쓰는 종류다. • 키는 축심에 평행으로 끼우고 보스를 밀어 넣는다. • 키의 양쪽면에 조임 여유를 붙여 상하 면은 약간 간격이 있다.
평 키(플랫 키) (flat key)			• 축은 자리만 편편하게 다듬고 보스에 홈을 판다. • 경하중에 쓰이며, 키에 테이퍼(1/100)가 있다. • 안장 키보다는 강하다.
안장 키(새들 키) (saddle key)			• 축은 절삭하지 않고 보스에만 홈을 판다. • 마찰력으로 고정시키며, 축의 임의의 부분에 설치 가능하다. • 극경하중용으로 키에 테이퍼(1/100)가 있다.
반달 키 (woodruff key)			• 축의 원호상의 홈을 판다. • 홈에 키를 끼워 넣은 다음 보스를 밀어 넣는다. • 축이 약해지는 결점이 있으나 공작 기계 핸들 축과 같은 테이퍼 축에 사용된다.
페더 키(미끄럼 키) (feather key)			• 묻힘 키의 일종으로 키는 테이퍼가 없이 길다. • 축 방향으로 보스의 이동이 가능하며, 보스와 간격이 있어 회전 중 이탈을 막기 위해 고정하는 수가 많다. • 미끄럼 키라고도 한다.

접선 키 (tangential key)		• 축과 보스에 축의 접선 방향으로 홈을 파서 서로 반대의 테이퍼(1/60 ~ 1/100)를 가진 2개의 키를 조합하여 끼워 넣는다. • 중하중용이며 역전하는 경우는 120° 각도로 두 군데 홈을 판다. • 정사각형 단면의 키를 90°로 배치한 것을 케네디 키(kennedy key)라고 한다.
원뿔 키 (cone key)		• 축과 보스에 홈을 파지 않는다. • 한 군데가 갈라진 원뿔통을 끼워넣어 마찰력으로 고정시킨다. • 축의 어느 곳에도 장치 가능하며 바퀴가 편심되지 않는다.
둥근 키(핀키) (round key, pin key)		• 축과 보스에 드릴로 구멍을 내어 홈을 만든다. • 구멍에 테이퍼 핀을 끼워 넣어 축 끝에 고정시킨다. • 경하중에 사용되며 핸들에 널리 쓰인다.
스플라인 (spline)		• 축의 둘레에 4~20개의 턱을 만들어 큰 회전력을 전달할 경우에 쓰인다.
세레이션 (serration)		• 축에 작은 삼각형의 작은 이를 만들어 축과 보스를 고정시킨 것으로 같은 지름의 스플라인에 비해 많은 이가 있으므로 전동력이 크다. • 주로 자동차의 핸들 고정용, 전동기나 발전기의 전기자 축 등에 이용된다.

(2) 키의 호칭법

종류, 호칭 치수(폭×높이×길이), 끝모양의 지정, 재료

 묻힘 키 10×6×50 한쪽 둥근 SM 45C

(3) 성크 키(sunk key)의 강도 계산

① 키의 전단 강도

$$\tau_s = \frac{W}{A} = \frac{W}{bl} = \frac{\dfrac{2T}{d}}{bl} = \frac{2T}{bld}$$

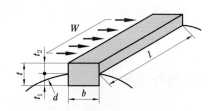

키의 전단

여기서, W : 키에 작용하는 접선력, b : 키의 나비

l : 키의 길이, d : 축 지름, τ : 전단 응력, T : 회전축 토크

② 키의 압축 강도

$$\sigma_c = \frac{W}{A} = \frac{W}{t_2 l} \fallingdotseq \frac{W}{\frac{h}{2}l} = \frac{2W}{hl} = \frac{4T}{hld}$$

여기서, σ_c : 압축 응력, h : 키의 높이, d : 축의 지름

핵심문제

1. 일명 우드러프 키(woodruff key)라고도 하며, 키와 키 홈 등이 모두 가공하기 쉽고, 키와 보스를 결합하는 과정에서 자동적으로 키가 자리를 잡을 수 있는 장점을 가지고 있는 키는?

① 성크 키   ② 접선 키

③ 반달 키   ④ 스플라인   **정답** ③

2. 너비가 5mm이고 단면의 높이가 8mm, 길이가 40mm인 키에 작용하는 전단력은? (단, 키의 허용전단응력은 2MPa이다.)

① 200N   ② 400N

③ 800N   ④ 4000N   **정답** ②

해설 $F = \tau \cdot A = 2 \times 10^6 [\text{Pa}] \times (5\text{mm} \times 40\text{mm}) = 2 \times 10^6 [\text{N/m}^2] \times (0.005\text{m} \times 0.04\text{m}) = 400\text{N}$

3. 축에 키 홈을 파지 않고 축과 키 사이의 마찰력만으로 회전력을 전달하는 키는?

① 새들 키   ② 성크 키

③ 반달 키   ④ 둥근 키   **정답** ①

2-2   핀(pin)

핀(pin)은 2개 이상의 부품을 결합시키는데 주로 사용하며, 나사 및 너트의 이완 방지, 핸들을 축에 고정하거나 힘이 적게 걸리는 부품을 설치할 때, 분해 조립할 부품의 위치를 결정하는 데에 많이 사용한다. 핀은 강재로 만드나 황동, 구리, 알루미늄 등으로 만들기도 한다.

(1) 핀의 종류

핀의 종류에는 용도에 따라 평행 핀, 테이퍼 핀, 분할 핀, 스프링 핀 등이 있다.

① **테이퍼 핀(taper pin)** : 1/50의 테이퍼가 있다. 호칭지름은 작은 쪽의 지름으로 표시한다.

② **평행 핀(dowel pin)** : 분해 조립을 하게 되는 부품의 맞춤면의 관계 위치를 항상 일정하게 유지하도록 안내하는 데 사용한다.
③ **분할 핀(split pin)** : 두 갈래로 갈라지기 때문에 너트의 풀림 방지 등에 쓰인다.
④ **코터 핀(cotter pin)** : 두 부품 결합용 핀으로 양끝에 분할용 핀의 구멍이 있다.
⑤ **스프링 핀(spring pin)** : 세로 방향으로 쪼개져 있어 구멍의 크기가 정확하지 않을 때 해머로 때려 박을 수가 있다.

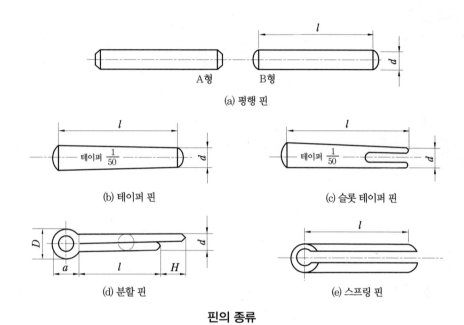

핀의 종류

(2) 핀의 호칭법

명칭, 등급, [지름(d) × 길이(l)], 재료

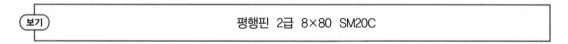

보기   평행핀 2급 8×80 SM20C

핵심문제

1. 테이퍼 핀의 호칭 지름은?

① 굵은 부분의 지름
② 중간 부분의 지름
③ $\dfrac{굵은\ 부분 + 가는\ 부분}{2}$
④ 가는 부분의 지름

정답 ④

2. 다음 중 핀(pin)의 용도가 아닌 것은?

① 핸들과 축의 고정

② 너트의 풀림 방지

③ 볼트의 마모 방지

④ 분해 조립할 때 조립할 부품의 위치 결정　　　　　**정답** ③

3. 나사 및 너트의 이완을 방지하기 위하여 주로 사용되는 핀은?

① 테이퍼 핀　　　　　　　　② 평행 핀

③ 스프링 핀　　　　　　　　④ 분할 핀　　　　　　**정답** ④

2-3　리벳(rivet)

(1) 리벳 이음의 작업

보일러, 철교, 구조물, 탱크와 같은 영구 결합에 널리 쓰인다. 리벳 이음 작업은 다음과 같다.

① 리벳 이음할 구멍은 20mm까지 대개 펀치로 뚫는다(단, 정밀을 요할 때는 드릴을 사용).

② 리벳 구멍의 지름 (d_1)은 리벳 지름 (d)보다 약간 크다 ($1 \sim 1.5$mm).

③ 구멍을 지나 빠져나온 리벳의 여유 길이는 지름의 $(1.3 \sim 1.6)d$ 배이다.

④ 지름 10mm 이하는 상온에서, 10mm 이상의 것은 열간 리베팅한다.

⑤ 지름 25mm까지는 해머로 치고, 그 이상은 리베터(riveting machine)를 쓴다.

⑥ 유체의 누설을 막기 위하여 코킹이나 풀러링을 하며, 이 때의 판 끝은 $75 \sim 85°$로 깎아 준다.

⑦ 코킹(caulking)이나 풀러링(fullering)은 판재 두께 5mm 이상에서 행한다.

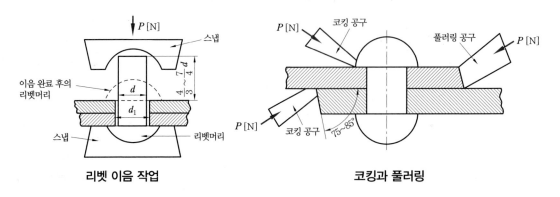

리벳 이음 작업　　　　　　　　　코킹과 풀러링

(2) 리벳 이음의 특징

리벳 이음은 용접 이음에 비해 다음과 같은 특징이 있다.

① 초응력에 의한 잔류 변형률이 생기지 않으므로 취약 파괴가 일어나지 않는다.

② 구조물 등에서 현지 조립할 때는 용접 이음보다 쉽다.

③ 경합금과 같이 용접이 곤란한 재료에는 신뢰성이 있다.

④ 강판의 두께에 한계가 있으며, 이음 효율이 낮다.

(3) 리벳의 종류와 호칭법

① **용도에 따른 분류** : 일반용, 보일러용, 선박용

② **머리 모양에 따른 분류** : 리벳의 종류를 머리 모양에 따라 구분하면 [그림]과 같다.

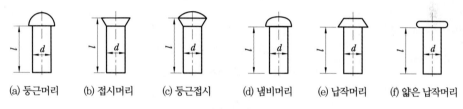

(a) 둥근머리   (b) 접시머리   (c) 둥근접시   (d) 냄비머리   (e) 납작머리   (f) 얇은 납작머리

리벳의 종류

③ **리벳의 호칭** : 리벳의 호칭은 리벳 종류, 지름(d)×길이(l), 재료로 표시한다.

 보기   열간 접시머리 리벳 16×40 SBV 34

④ **리벳의 크기 표시**

㈎ 머리 부분을 제외한 길이 : 둥근머리 리벳, 납작머리 리벳, 냄비머리 리벳

㈏ 머리 부분을 포함한 전체 길이 : 접시머리 리벳

⑤ **리벳의 길이** : 리벳을 끼운 후 머리 부분을 만들기 위한 리벳 길이는 리벳 지름에 대해 l $=(1.3\sim1.6)d$로 한다.

(4) 리벳 이음의 종류

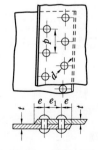

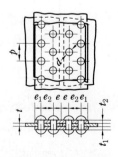

지그재그 겹침 이음   **양쪽 2열 맞대기 이음**

① **겹침 이음(lap joint)** : 2개의 판을 겹쳐서 리베팅하는 방법이다. 또 리벳의 배열은 리벳의 열수에 따라 1열, 2열, 3열이 있으며, 지그재그형과 평행형 이음이 있다.
② **맞대기 이음(butt joint)** : 겹판(strap)을 대고 리베팅하는 방법이다.

(5) 리벳 이음의 강도 계산

① 리벳 이음의 파괴의 종류

㈎ 리벳 자체의 전단

㈏ 구멍 사이의 판의 파단

㈐ 판의 균열

㈑ 판의 압괴

㈒ 판의 전단

② 강도 계산

(a) 리벳이 전단될 경우 : $W = A\tau = \dfrac{\pi}{4}d^2\tau$, $\tau = \dfrac{4W}{\pi d^2}$

(b) 리벳 사이의 판이 인장 파괴될 경우 : $W = (p-d)t\sigma_t$, $\sigma_t = \dfrac{W}{(p-d)t}$

(c) 판의 앞쪽이 전단될 때 : 전단 면적은 $2et$이므로 $W = 2et \cdot \tau_p$, $\tau_p = \dfrac{W}{2et}$

(d) 리벳 또는 판이 압축 파괴될 때 : $W = dt\sigma_c$, $\sigma_c = = \dfrac{W}{dt}$

여기서, W : 1피치당 하중 t : 판 두께
    d : 리벳 구멍의 지름, σ_t : 판에 생기는 인장 응력
    e : 리벳 중심에서 판 끝까지의 거리 $e \geqq 1.5d$, 박판이나 경합금은 $e \geqq 3d$
    σ_c : 리벳 또는 판의 압축 응력 τ : 리벳에 생기는 전단 응력
    τ_p : 판에 생기는 전단 응력 p : 리벳의 피치

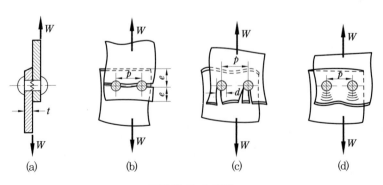

리벳의 파괴 상태

핵심문제

1. 코킹이나 풀러링 대신에 패킹을 끼워 유체의 누설을 막는 리벳 작업의 판 두께는?

① 3mm 이하

② 5mm 이하

③ 7mm 이하

④ 10mm 이하   **정답** ②

2. 그림과 같은 1줄 겹치기 리벳 이음에 2000N의 인장 하중이 작용하고 있을 때, 강판의 두께(t) 10mm, 폭(b) 50mm, 리벳 구멍의 지름을 16.8mm라 하면 리벳에 생기는 전단 응력은?

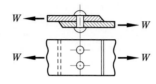

① 4.51MPa

② 5.51MPa

③ 6.61MPa

④ 7.61MPa   **정답** ①

해설 리벳은 2개이므로 하중을 받는 것도 2개이다. 따라서, 리벳의 전단 응력(τ)은

$$\tau = \frac{\dfrac{W}{2}}{\dfrac{\pi d^2}{4}} = \frac{2W}{\pi d^2} = \frac{2 \times 2000}{\pi \times 16.8^2} = \frac{4000}{886.23} = 4.51\,\text{MPa}(1\text{MPa}=1\text{MN/m}^2=1\text{N/mm}^2)$$

3. 리벳 구멍은 리벳 지름보다 얼마나 커야 하는가?

① 0.3~0.8mm

② 1~1.5mm

③ 2~3mm

④ 지름의 $\dfrac{1}{2}$ **정답** ②

제3장 동력전달용 기계 요소

1. 축(shaft)

1-1 축의 종류

(1) 작용하는 힘에 의한 분류

① **차축(axle)** : 주로 휨을 받는 정지 또는 회전 축을 말한다.

② **스핀들(spindle)** : 주로 비틀림을 받으며 길이가 짧다. 모양, 치수가 정밀하고 변형량이 적어 공작 기계의 주축에 쓰인다.

③ **전동축(transmission shaft)** : 주로 비틀림과 휨을 받으며 동력 전달이 주목적이다. 전동축에는 주축, 선축, 중간축의 3가지가 있다.

    ㈎ 주축(main shaft)

    ㈏ 선축(line shaft)

    ㈐ 중간축(counter shaft)

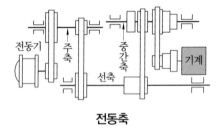

전동축

(2) 모양에 의한 분류

① **직선축(straight shaft)** : 흔히 쓰이는 곧은 축을 말한다.

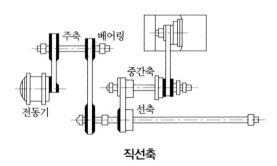

직선축

② **크랭크 축(crank shaft)** : 왕복 운동을 회전 운동으로 전환시키고, 크랭크핀에 편심륜이 끼워져 있다.

③ **플렉시블 축(flexible shaft)** : 가요축이라고도 하며, 전동축에 가요성(휨성)을 주어서 축의 방향을 자유롭게 변경할 수 있는 축을 말한다.

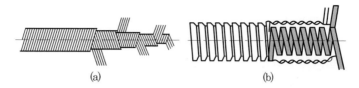

(a)　　　　　　　　　(b)

플렉시블 축

핵심문제

1. 다음 중 차축에서의 힘은?

① 주로 굽힘만을 받는다.

② 주로 비틀림만을 받는다.

③ 압축만을 받는다.

④ 굽힘과 비틀림을 동시에 받는다.　　　　　　　　　　　**정답** ①

해설 차축은 주로 굽힘을 받고, 스핀들은 주로 비틀림을 받으며, 전동축은 비틀림과 굽힘을 동시에 받는다.

2. 축이 자유로이 휠 수 있는 축은?

① 전동축　　　　　　　　　　　② 크랭크 축

③ 중공축　　　　　　　　　　　④ 플렉시블 축　　　　**정답** ④

3. 비틀림 모멘트를 받는 회전축으로 치수가 정밀하고 변형량이 적어 주로 공작기계의 주축에 사용하는 축은?

① 차축　　　　　　　　　　　② 스핀들

③ 플렉시블 축　　　　　　　　④ 크랭크 축　　　　　**정답** ②

해설 축이 받는 하중의 종류에 따른 분류
  • 차축 : 주로 굽힘 모멘트를 받는다.
  • 전동축 : 주로 비틀림과 굽힘 모멘트를 받는다.
  • 스핀들 : 주로 비틀림 모멘트를 받는다.

4. 왕복운동 기관에서 직선운동과 회전운동을 상호 전달할 수 있는 축은?

① 직선 축　　　　　　　　　　② 크랭크 축

③ 중공 축　　　　　　　　　　④ 플렉시블 축　　　　**정답** ②

해설 크랭크 축은 자동차의 내연기관에서 피스톤의 왕복운동을 회전운동으로 변환할 때 사용된다.

1-2 축의 재료 및 강도

(1) 축의 재료

① **탄소 성분** : C $0.1 \sim 0.4\%$

② **중하중 및 고속 회전용** : 니켈, 니켈 크롬강

③ **마모에 견디는 곳** : 표면 경화강

④ **크랭크 축** : 단조강, 미하나이트 주철

(2) 축의 강도

① **굽힘 모멘트(M)만을 받는 축**

  • 둥근 축의 경우

$$M = \sigma_b Z = \sigma_b \frac{\pi d^3}{32}, \quad d = \sqrt[3]{\frac{10.2M}{\sigma_b}}$$

  여기서, d : 둥근 축의 지름, M : 축에 작용하는 휨 모멘트
  σ_b : 축에 생기는 휨 응력, Z : 축의 단면 계수

② **비틀림 모멘트(T)만을 받는 축**

  • 둥근 축의 경우

$$T = \tau Z_p = \tau \frac{\pi}{16} d^3 = \tau \frac{d^3}{5.1}, \quad d \fallingdotseq \sqrt[3]{\frac{5.1T}{\tau}}$$

  여기서, T : 축에 작용하는 토크, τ : 축에 생기는 전단 응력, Z_p : 축의 극단면 계수

③ **굽힘과 비틀림을 동시에 받는 축** : 상당 굽힘 모멘트 M_e 또는 상당 비틀림 모멘트 T_e를 생각하여 축의 지름을 계산하여 큰 쪽의 값을 취한다.

$$T_e = \sqrt{M^2 + T^2}$$

$$M_e = \frac{1}{2}(M + \sqrt{M^2 + T^2}) = \frac{1}{2}(M + T_e)$$

$$d = \sqrt[3]{\frac{5.1 T_e}{\tau_a}} \quad \text{또는} \quad d = \sqrt[3]{\frac{10.2 M_e}{\sigma_a}}$$

④ **비틀림 각의 제한으로 인한 축 지름** : 지름에 비하여 긴 전동축은 적당한 강도와 강성 (rigidity)이 필요하다. 특히 동기적 또는 확실한 전동을 필요로 할 때에는 축의 비틀림 각의 크기를 $\frac{1}{4}^{\circ}$ 로 제한하여 축 지름을 정한다.

$$\theta^{\circ} = \frac{180^{\circ}}{\pi} \frac{Tl}{GI_p} = 57.3^{\circ} \frac{Tl}{GI_p}$$

여기서, T : 축에 작용하는 토크, I_p : 극단면 2차 모멘트$\left(\dfrac{\pi d^4}{32}\right)$, G : 축재료의 횡탄성계수

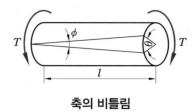

축의 비틀림

(3) 축 설계 시 고려할 사항

① **강도(strength)** : 여러 가지 하중의 작용에 충분히 견딜 수 있는 강함의 크기

② **강성도(stiffness)** : 충분한 강도 이외에 처짐이나 비틀림의 작용에 견딜 수 있는 능력

③ **진동(vibration)** : 회전 시 고유 진동과 강제 진동으로 인하여 공진 현상이 생길 때 축이 파괴된다. 이때 축의 회전 속도를 임계 속도라 한다.

④ **부식(corrosion)** : 방식(防蝕) 처리를 하거나 또는 굵게 설계한다.

⑤ **온도** : 고온의 열을 받는 축은 크리프와 열팽창을 고려해야 한다.

핵심문제

1. 중하중과 고속 회전에 적당한 축은?

① 주철　　　　　② Ni-Cr강　　　　　③ 주강　　　　　④ 단조강　　　　**정답** ②

2. 확실한 전동을 요할 때 허용되는 최대 축의 비틀림 각은?

① $\dfrac{1}{4}^{\circ}$　　　② $\dfrac{1}{3}^{\circ}$　　　③ $\dfrac{1}{2}^{\circ}$　　　④ 1°　　　**정답** ①

3. 비틀림 모멘트가 1000N·mm인 둥근 축의 지름은 얼마인가? (단, 축의 허용 전단 응력은 5MPa이다).

① 10mm　　　　② 100mm　　　　③ 15mm　　　　④ 150mm　　　**정답** ①

해설 $T = \tau_a \cdot Z_p = \tau_a \dfrac{\pi d^3}{16}$에서 $d = \sqrt[3]{\dfrac{16T}{\pi \tau_a}} = \sqrt[3]{\dfrac{16 \times 1000}{\pi \times 5}} = 10.06\text{mm}$

4. 축에서 상당 휨 모멘트 M_e는?

① $M_e = \dfrac{M + T_e}{2}$　　　　　　② $M_e = \sqrt{T^2 + M^2}$

③ $M_e = M + T_e$　　　　　　　　④ $M_e = \dfrac{\sqrt{T^2 + M^2}}{2}$　　　**정답** ①

2. 축 이음(coupling & clutch)

2-1 축 이음의 종류

(1) 커플링

커플링의 종류와 특성

형식		형상	특징
고정식 이음	플랜지 커플링 (flange coupling)		• 가장 널리 쓰이며 주철, 주강, 단조 강재의 플랜지를 이용한다. • 플랜지의 연결은 볼트 또는 리머 볼트로 조인다. • 축지름 50~150mm에서 사용되며 강력전달용이다. • 플랜지 지름이 커져서 축심이 어긋나면 원심력으로 인하여 진동되기 쉽다.
	슬리브 커플링 (sleeve coupling)		• 제일 간단한 방법으로 주철제의 원통 또는 분할 원통 속에 양축을 끼워놓고 키로 고정한다. • 30mm 이하의 작은 축에 사용된다. • 축 방향으로 인장이 걸리는 것에는 부적당하다.
플렉시블 커플링 (flexible coupling)		부시	• 두 축의 중심선을 완전히 일치시키기 어려운 경우, 고속 회전으로 진동을 일으키는 경우, 내연 기관 등에 사용된다. • 가죽, 고무, 연철금속 등을 플랜지 중간에 끼워 넣는다. • 탄성체에 의해 진동, 충격을 완화시킨다. • 양축의 중심이 다소 엇갈려도 상관없다.
올덤 커플링 (Oldham's coupling)		원판	• 두 축의 거리가 짧고 평행이며 중심이 어긋나 있을 때 사용한다. • 진동과 마찰이 많아서 고속엔 부적당하며 윤활이 필요하다.
유니버설 조인트 (universal joint)			• 두 축이 서로 만나거나 평행해도 그 거리가 멀 때 사용한다. • 회전하면서 그 축의 중심선의 위치가 달라지는 것에 동력을 전달하는 데 사용한다. • 원동축이 등속 회전해도 종동축은 부등속 회전한다. • 축각도는 30° 이내이다.

(2) 클러치

① **맞물림 클러치(claw clutch)** : 턱을 가진 한 쌍의 플랜지를 원동축과 종동축의 끝에 붙여서 만든 것으로, 종동축의 플랜지를 축 방향으로 이동시켜 단속하는 클러치이다.

② **마찰 클러치** : 원동축과 종동축에 설치된 마찰 면을 서로 밀어 그 마찰력으로 회전을 전달시키는 클러치로서 축 방향 클러치와 원주 방향 클러치로 크게 나누고, 마찰 면의 모양에 따라 원판 클러치, 원뿔 클러치, 원통 클러치, 밴드 클러치 등으로 나눈다.

③ **유체 클러치** : 원동축의 회전에 따라 중간 매체인 유체가 회전하여 그 유압에 의하여 종동축이 회전하는 클러치이다.

④ **일방향 클러치** : 원동 축의 속도보다 늦게 되었을 경우, 종동 축이 자유 공전할 수 있도록 한 것으로 한 방향으로만 회전력을 전달하고 반대 방향으로는 전달시키지 못하는 비역전 클러치이다.

예 롤러 클러치, 래칫 클러치 등

맞물림 클러치　　　　　원판 클러치　　　　　원뿔 클러치

핵심문제

1. 두 축의 이음을 임의로 단속할 수 있는 축이음은?

① 클러치　　　　　② 특수 커플링
③ 플랜지 커플링　　　　　④ 플렉시블 커플링　　**정답** ①

2. 클러치 물림턱의 모양이 아닌 것은?

① 직사각형　　　　　② 사다리꼴형
③ 톱날형　　　　　④ 반원형　　**정답** ④

해설 ①, ②, ③항 이외에 큰 톱날형에 속하는 덩굴형이 있으며 ①, ②의 형은 어느 방향이든지 회전이 가능하지만, 톱날형과 덩굴형은 한 쪽 방향으로만 회전이 가능하다.

3. 원동축의 회전 운동을 종동축에 전달할 때에 회전을 단속시킬 수 있는 축 이음은?

① 유니버설 조인트
② 올덤 커플링
③ 플렉시블 커플링
④ 클러치
정답 ④

4. 커플링의 설명 중 맞는 것은?

① 올덤 커플링은 두 축이 평행으로 있으면서 축심이 어긋났을 때 사용한다.
② 플랜지 커플링은 축심이 어긋나서 진동하기 쉬운 때 사용한다.
③ 원통 커플링의 지름은 플랜지 커플링보다 크다.
④ 플렉시블 커플링은 양축의 중심선이 일치하는 경우에만 사용한다.
정답 ①

5. 플랜지 커플링은 지름 몇 mm 이상의 축에 널리 쓰이는가?

① 20mm 이상
② 30mm 이상
③ 50mm 이상
④ 100mm 이상
정답 ③

6. 다음 중 주철로 된 원통 속에서 키로 고정시키는 축이음은?

① 슬리브 커플링
② 플랜지 커플링
③ 유니버설 조인트
④ 올덤 커플링
정답 ①

7. 유니버설 조인트에서 축의 각 속도를 같게 하려면 필요한 조인트 수는?

① 1개
② 2개
③ 3개
④ 5개
정답 ②

해설 유니버설 조인트에서 축이음 1개로는 원동축이 등속 회전해도 종동축은 부등속 회전을 하므로, 조인트 2개를 사용하여 원동축과 종동축이 평행 또는 대칭이 되게 하면 양측 모두 같은 속도의 회전을 한다. 최근에는 등속 볼 조인트가 고안되어 자동차에 많이 쓰이고 있다.

8. 유니버설 조인트의 허용축 각도는 얼마 이내인가?

① 15°
② 30°
③ 45°
④ 60°
정답 ②

9. 축이음 기계 요소 중 플렉시블 커플링에 속하는 것은?

① 올덤 커플링
② 셀러 커플링
③ 클램프 커플링
④ 마찰 원통 커플링
정답 ①

3. 저널(journal)과 베어링(bearing)

회전축 또는 왕복 운동하는 축을 지지하여 축에 작용하는 하중을 부담하는 요소를 베어링(bearing)이라 하고, 한편 베어링에 접촉된 축 부분을 저널(journal)이라 한다.

3-1 저널과 베어링의 종류

(1) 저널의 종류

① **레이디얼 저널(radial journal)** : 하중이 축의 중심선에 직각으로 작용한다(반경 방향 하중을 받는다).

② **스러스트 저널(thrust journal)** : 축선 방향으로 하중이 작용한다(축 방향 하중을 받는다).
  ㈎ 피벗 저널(pivot journal)
  ㈏ 칼라 저널(collar journal)

③ **원뿔 저널(cone journal)과 구면 저널(spherical journal)** : 원뿔은 축선과 축선의 직각 방향에 동시에 하중이 작용하는 것이고, 구면은 축을 임의의 방향으로 기울어지게 할 수 있다.

$$베어링 \ 압력 = \frac{P}{d \times l}$$

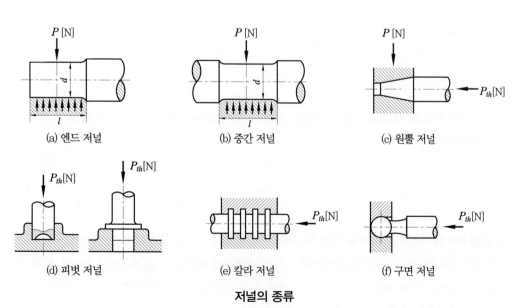

(a) 엔드 저널 (b) 중간 저널 (c) 원뿔 저널
(d) 피벗 저널 (e) 칼라 저널 (f) 구면 저널

저널의 종류

(2) 베어링의 종류

① 하중의 작용에 따른 분류

㈎ 레이디얼 베어링(radial bearing) : 하중을 축의 중심에 대하여 직각으로 받는다.

㈏ 스러스트 베어링(thrust bearing) : 축의 방향으로 하중을 받는다.

㈐ 원뿔 베어링(cone bearing) : 합성 베어링이라고도 하며, 하중의 받는 방향이 축 방향과 축의 직각방향의 합성으로 받는다.

② 접촉면에 따른 분류

㈎ 미끄럼 베어링(sliding bearing) : 저널 부분과 베어링이 미끄럼 접촉을 하는 것으로 슬라이딩 베어링이라고도 한다.

㈏ 구름 베어링(rolling bearing) : 저널과 베어링 사이에 볼이나 롤러를 넣어서 구름 마찰을 하게 한 베어링으로 롤링 베어링이라고도 한다.

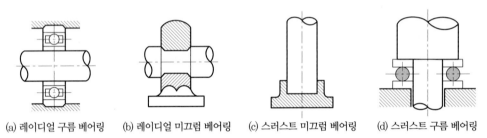

(a) 레이디얼 구름 베어링   (b) 레이디얼 미끄럼 베어링   (c) 스러스트 미끄럼 베어링   (d) 스러스트 구름 베어링

베어링의 종류

핵심문제

1. 저널(journal)이란?

① 축에 접촉되지 않는 베어링의 부분   ② 베어링에 접촉되는 축의 부분

③ 전동축을 지지하는 부품   ④ 축의 맨 가장자리   **정답** ②

해설 저널이란 베어링에 접촉되는 축 부분을 말한다.

2. 저널 베어링에서 저널의 지름이 30mm, 길이가 40mm, 베어링의 하중이 2400N일 때 베어링의 압력(N/mm²)은?

① 1   ② 2   ③ 3   ④ 4   **정답** ②

해설 베어링의 압력 $= \dfrac{P}{A} = \dfrac{P}{d \times l} = \dfrac{2400}{30 \times 40} = 2\,\mathrm{N/mm^2}$

3. 원뿔 베어링이라고도 하며 축 방향 및 축과 직각 방향의 하중을 동시에 받는 베어링은?

① 레이디얼 베어링   ② 테이퍼 베어링   ③ 스러스트 베어링   ④ 슬라이딩 베어링   **정답** ②

해설 • 레이디얼 베어링 : 축의 중심에 대하여 직각 방향으로 하중을 받는다.

• 스러스트 베어링 : 축의 방향으로 하중을 받는다.

3-2 미끄럼 베어링(sliding bearing)

(1) 레이디얼 미끄럼 베어링

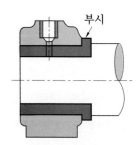

① **일체 베어링(solid bearing)** : 주철제 한덩어리로서 베어링 면에 부시를 끼우기도 한다.

② **분할 베어링(split bearing)** : 본체와 캡으로 되어 있다.

일체 베어링

(2) 스러스트 미끄럼 베어링

① **피벗 베어링(pivot bearing)** : 절구 베어링(foot step bearing)이라고도 하며, 축 끝이 원추형으로 그 끝이 약간 둥글게 되어 있다.

② **칼라 스러스트 베어링(collar thrust bearing)** : 칼라는 여러 장 겹쳐 있으며, 칼라 저널을 만드는 베어링으로서 베어링이 길다.

③ **킹스버리 베어링(kingsbury bearing)** : 미첼 베어링(michell bearing)이라고도 하며, 가동편형의 베어링으로서, 큰 스러스트를 받는 베어링에 쓰인다.

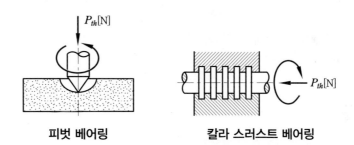

피벗 베어링   칼라 스러스트 베어링

(3) 원뿔 베어링(cone bearing)과 구면 베어링(spherical bearing)

원뿔 베어링은 공작 기계의 메인 베어링으로 응용되며, 다소의 스러스트도 받을 수 있다. 구면 베어링은 극히 저속에 쓰이며 기계에는 별로 쓰이지 않는다.

(4) 미끄럼 베어링의 재료

① **베어링 메탈의 구비 조건**

   (개) 축의 재료보다 연하면서 마모에 견딜 것

   (내) 축과의 마찰 계수가 작을 것

   (대) 내식성이 클 것

   (래) 마찰열의 발산이 잘 되도록 열전도가 좋을 것

   (매) 가공성이 좋으며 유지 및 수리가 쉬울 것

② 베어링 메탈

㈎ 화이트 메탈(white metal) : 가장 널리 쓰이는 것으로 주석계와 납계 그리고 아연계 화이트 메탈이 있다.

㈏ 구리 합금 : 화이트 메탈에 비하여 강도가 크며 청동, 납청동, 인청동, 켈밋 등이 쓰인다.

㈐ 트리 메탈(tri-metal) : 디젤 기관의 메인 베어링으로 쓰이며, 연강의 백 메탈의 안쪽에 켈밋이나 화이트 메탈을 입혀 세 층으로 만든 것이다.

㈑ 비금속 재료 : 함유 베어링(oilless bearing)을 만드는 것으로서 목재, 합성수지 등의 다공질 물질이다.

(5) 미끄럼 베어링의 특징

① 회전 속도가 비교적 느린 경우에 사용한다.

② 베어링에 작용하는 하중이 큰 경우에 사용한다.

③ 베어링에 충격 하중이 걸리는 경우에 사용한다.

④ 진동, 소음이 작다.

⑤ 구조가 간단하며, 값이 싸고 수리가 쉽다.

⑥ 구름 베어링보다 정밀도가 높은 가공법이다.

⑦ 시동 시 마찰 저항이 큰 결점이 있다.

⑧ 윤활유 급유에 신경을 써야 한다.

핵심문제

1. 베어링 메탈의 구비 조건이 아닌 것은?

① 열전도가 좋을 것　　　　　　　　② 유지 및 수리가 용이할 것

③ 되도록 마찰 저항이 클 것　　　　④ 충분한 강도가 있을 것　　　**정답** ③

2. 화이트 메탈의 장점이 아닌 것은?

① 연하며 다듬질이 쉽다.　　　　　② 유막이 생기지 않는다.

③ 마찰 계수가 작다.　　　　　　　④ 윤활성이 좋다.　　　　　　　**정답** ②

3. 중하중에 견디고 열전도가 좋아서 고속 기관용에 적당한 것은?

① 주석계 화이트 메탈　　　　　　② 납계 화이트 메탈

③ 아연계 화이트 메탈　　　　　　④ 합성수지　　　　　　　　　　**정답** ①

해설 주석계 화이트 메탈 : 주석이 주성분이고, 구리 3~10%, 안티모니 3~15%를 포함한 합금으로 점성, 인성이 커서 파손이 안되며, 고속 기관용에 쓰인다.

3-3 ## 3-3 구름 베어링(rolling bearing)

전동체에 따라 볼 베어링과 롤러 베어링으로 나눈다.

(1) 볼 베어링(ball bearing)

① **단열 깊은 홈형 레이디얼 볼 베어링** : 레이디얼 하중과 스러스트 하중에 받으며, 구조가 간단하다.

② **앵귤러 콘텍트 볼 베어링** : 보통 볼 베어링보다 접촉각이 커서 레이디얼 하중 외에 한 방향의 스러스트 하중을 받는데 적합하다.

③ **복렬 자동 조심형 레이디얼 볼 베어링** : 전동 장치에 많이 사용하며 외륜의 내면이 구면 이므로 축심이 자동 조절되며, 무리한 힘이 걸리지 않는다.

④ **단식 스러스트 볼 베어링** : 스러스트 하중만 받으며, 고속에 곤란하고 충격에 약하다.

(2) 롤러 베어링(roller bearing)

① **원통 롤러 베어링** : 레이디얼 부하 용량이 매우 크다. 중하중용. 충격에 강하다.

② **니들 베어링** : 롤러 길이가 길고 가늘며(5mm 이하) 내륜없이 사용이 가능하다. 충격 하 중에 강하다.

③ **테이퍼 롤러 베어링** : 스러스트 하중과 레이디얼 하중에도 분력이 생긴다. 내·외륜 분 리가 가능하며, 공작 기계 주축에 쓰인다.

④ **구면 롤러 베어링** : 고속 회전은 곤란하며, 자동 조심형으로 쓸 경우 복력으로 쓴다.

(a) 복렬 자동 조심형 (b) 단식 스러스트 베어링 (c) 니들 베어링

(d) 원통 롤러 베어링 (e) 테이퍼 롤러 베어링 (f) 구면 롤러 베어링 (g) 단열 깊은홈 레이디얼 볼 베어링

베어링의 종류

(3) 볼 베어링과 롤러 베어링의 비교

비교 항목 〈종류〉	볼 베어링	롤러 베어링
하중	비교적 작은 하중에 적당하다.	비교적 큰 하중에 적당하다.
마찰	작다.	비교적 크다.
회전수	고속회전에 적당하다.	비교적 저속 회전에 적당하다.
충격성	작다.	작지만 볼 베어링보다는 크다.

(4) 구름 베어링의 장·단점(미끄럼 베어링과 비교할 때)

① 마찰 저항이 적고 동력이 절약된다.
② 마멸이 적고 정밀도가 높다.
③ 고속 회전이 가능하며 과열이 없다.
④ 윤활유가 적게 들고 급유가 쉽다.
⑤ 수명이 짧다.
⑥ 가격이 비싸다.
⑦ 충격에 약하다.
⑧ 조립하기가 어렵다.
⑨ 외경이 커지기 쉽다.
⑩ 베어링의 길이가 짧아 기계가 소형화된다.
⑪ 제품이 규격화되어 있어 사용이 편리하다.

핵심문제

1. 보통 볼 베어링보다 접촉각이 커서 레이디얼 하중 이외 스러스트 하중에도 견디는 볼 베어링은?

① 자동 조심형 볼 베어링　　② 마그네트 볼 베어링
③ 앵귤러 콘택트 볼 베어링　　④ 밀봉 플레이트붙이 볼 베어링　　**정답** ③

2. 지름 5mm 이하의 바늘 모양의 롤러를 사용하는 베어링은?

① 니들 롤러 베어링　　② 원통 롤러 베어링
③ 자동 조심형 롤러 베어링　　④ 테이퍼 롤러 베어링　　**정답** ①

3. 구름 베어링 중에서 볼 베어링의 구성 요소와 관련이 없는 것은?

① 외륜　　② 내륜　　③ 니들　　④ 리테이너　　**정답** ③

해설 니들(needle)은 니들 베어링의 구성 요소이다.

4. 전동 장치

전동 장치란 회전하는 두 축 사이에서 동력을 전달해 주는 장치를 말한다.

4-1 전동 장치의 종류

(1) 직접 전달 장치
기어나 마찰차와 같이 직접 접촉으로 전달하는 것으로 축 사이가 비교적 짧은 경우에 쓰인다.

(2) 간접 전달 장치
벨트, 체인, 로프 등을 매개로 한 전달 장치로 축간 사이가 클 경우에 쓰인다.

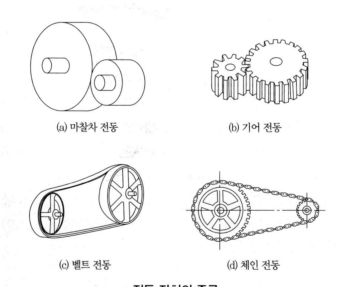

(a) 마찰차 전동   (b) 기어 전동

(c) 벨트 전동   (d) 체인 전동

전동 장치의 종류

핵심문제

1. 전동 장치의 종류가 아닌 것은?
① 마찰차 ② 기어 ③ 체인 ④ 베어링 **정답 ④**

해설 전동 장치의 종류 : 기어, 마찰차, 벨트, 체인, 로프 등

4-2 마찰차

(1) 마찰차 종류

① **원통 마찰차** : 두 축이 평행하며, 마찰차 지름에 따라 속도비가 다르다(외접하는 경우와 내접하는 경우가 있다).
② **원뿔 마찰차** : 두 축이 서로 교차하며, 동력을 전달할 때 사용된다.
③ **홈붙이 마찰차** : 마찰차에 홈을 붙인 것이며, 두 축이 평행하다.
④ **무단 변속 마찰차** : 속도 변환을 위한 특별한 마찰차로서 원판 마찰차, 원뿔 마찰차, 구면 마찰차 등이 있다.

(2) 마찰차의 응용 범위

① 속도비가 중요하지 않은 경우
② 회전 속도가 커서 보통의 기어를 사용하지 못하는 경우
③ 전달 힘이 크지 않아도 되는 경우
④ 두 축 사이를 단속할 필요가 있는 경우

(3) 마찰차의 전달력

① 다음 [그림]에서 2개의 마찰차를 P힘으로 누르면 접촉점에는 $F=\mu P$의 마찰력이 생긴다.
② 이 힘 F로서 피동차를 회전시킬 수 있다.
③ $H \leqq 0.7 \times 10^{-5}\mu PD_1 n_1 = 0.7 \times 10^{-5}\mu PD_2 n_2$

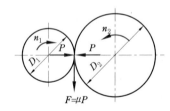

마찰차의 전달력

여기서, μ : 마찰 계수, H : 전달 마력, P : 누르는 힘
n_1, n_2 : 원동차와 피동차의 회전수(rpm)
D_1, D_2 : 원동차와 피동차의 지름(mm)

(가) 속도비 $(i) = \dfrac{n_2}{n_1} = \dfrac{D_1}{D_2}$

(나) 2축간 중심 거리 $(C) = \dfrac{D_1 \pm D_2}{2}$ (+는 외접, −는 내접)

(다) 원주 속도 $(v) = \dfrac{\pi D_1 n_1}{60 \times 10^3} = \dfrac{\pi D_2 n_2}{60 \times 10^3}$ [m/s]

(라) 전달 마력 $(H) = \dfrac{Fv}{1000} = \dfrac{\mu Pv}{1000}$ [kW]

(마) **전동 효율** : 원통 마찰차의 전동 효율은 주철 마찰차와 비금속 마찰차에서는 90%, 2개가 주철 마찰차일 경우에는 80%가 된다.

④ μ값을 크게 하기 위해 피동차에는 금속을, 원동차에는 나무, 생가죽, 파이버(fiber), 고무, 베이클라이트 등을 쓴다. 피동차에 연한 것을 쓰면 마찰면이 부분적으로 마멸되어 울퉁불퉁해질 우려가 있다.

핵심문제

1. 마찰차의 응용 범위가 아닌 것은?

① 속도비가 중요하지 않을 때　　　　　② 전달할 힘이 클 때

③ 회전 속도가 클 때　　　　　　　　　④ 두 축 사이를 단속할 필요가 있을 때　　**정답** ②

2. 지름이 30cm이고, 1분간에 250회전하는 원통 마찰차를 3200N의 힘으로 누르면, 몇 kW를 전달할 수 있는가? (단, $\mu = 0.2$)

① 18.8　　　　　② 2.52　　　　　③ 23.5　　　　　④ 2.35　　**정답** ②

해설 $v = \dfrac{\pi DN}{60} = \dfrac{\pi \times 0.3 \times 250}{60} = 3.93 \text{m/s}$

$kW = \dfrac{\mu Pv}{1000} = \dfrac{0.2 \times 3200 \times 3.93}{1000} = 2.52 \text{kW}$

4-3　기어

(1) 기어

마찰면을 피치원으로 하여 여기에 이(tooth)를 만들어 미끄럼없이 일정한 속도비로 큰 동력을 전달하는 것이다. 한 쌍의 회전비는 1～1/10 정도이며, 잇수가 많은 것을 기어(gear), 작은 것을 피니언(pinion) 이라 한다.

① 큰 동력을 일정한 속도비로 전할 수 있다.

② 사용 범위가 넓다.

③ 전동 효율이 좋고 감속비가 크다.

④ 충격에 약하고 소음과 진동이 발생한다.

(2) 기어의 종류

① 두 축이 만나는 경우

　㈎ 베벨 기어(bevel gear) : 원뿔면에 이를 만든 것으로 이가 직선인 것을 베벨 기어라고 한다.

㈏ 마이터 기어(miter gear) : 잇수가 같은 한 쌍의 베벨 기어이다.

㈐ 스파이럴 베벨 기어(spiral bevel gear) : 이가 구부러진 기어이다.

다음은 각종 기어의 종류와 축간 관계를 표시한 것이다.

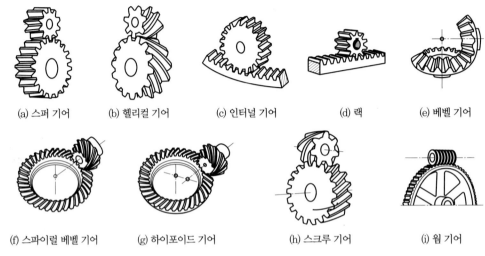

(a) 스퍼 기어　(b) 헬리컬 기어　(c) 인터널 기어　(d) 랙　(e) 베벨 기어

(f) 스파이럴 베벨 기어　(g) 하이포이드 기어　(h) 스크루 기어　(i) 웜 기어

각종 기어

② **두 축이 서로 평행한 경우**

㈎ 스퍼 기어(spur gear) : 이가 축에 평행하다.

㈏ 헬리컬 기어(helical gear) : 이를 축에 경사시킨 것으로 물림이 순조롭고 축에 스러스트가 발생한다.

㈐ 더블 헬리컬 기어(double helical gear) : 방향이 반대인 헬리컬 기어를 같은 축에 고정시킨 것으로 축에 스러스트가 발생하지 않는다.

㈑ 인터널 기어(internal gear) : 맞물린 2개 기어의 회전 방향이 같다.

㈒ 랙(rack) : 피니언과 맞물려서 피니언이 회전하면 랙은 직선 운동한다.

③ **두 축이 만나지도 않고 평행하지도 않은 경우**

㈎ 하이포이드 기어(hypoid gear) : 스파이럴 베벨 기어와 같은 형상이고 축만 엇갈린 기어이다.

㈏ 스크루 기어(screw gear) : 비틀림 각이 서로 다른 헬리컬 기어를 엇갈리는 축에 조합시킨 것이다. 헬리컬 기어가 구름 전동을 하는 데 반해 스크루 기어(나사 기어)는 미끄럼 전동을 하여 마멸이 많은 결점이 있다.

㈐ 웜 기어(worm gear) : 웜과 웜 기어를 한 쌍으로 사용하며, 큰 감속비를 얻을 수 있고, 원동차를 웜으로 한다.

(3) 기어의 각부 명칭과 이의 크기

① 기어 각부 명칭

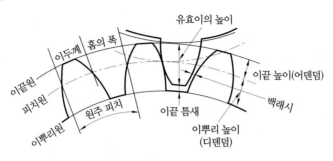

기어의 각부 명칭

- ㈎ **피치원(pitch circle)** : 피치면의 축에 수직한 단면상의 원
- ㈏ **원주 피치(circle pitch)** : 피치원 주위에서 측정한 2개의 이웃에 대응하는 부분간의 거리
- ㈐ **이끝 원(addendum circle)** : 이 끝을 지나는 원
- ㈑ **이뿌리 원(dedendum circle)** : 이 밑을 지나는 원
- ㈒ **이 폭** : 축 단면에서의 이의 길이
- ㈓ **이의 두께** : 피치상에서 잰 이의 두께
- ㈔ **총 이높이** : 이 끝 높이와 이 뿌리의 높이의 합, 즉 이의 총 높이
- ㈕ **이끝 높이(addendum)** : 피치원에서 이끝 원까지의 거리
- ㈖ **이뿌리 높이(dedendum)** : 피치원에서 이뿌리 원까지의 거리

② 이의 크기

모듈 (module, m)	지름 피치 (p_d)	원주 피치 (p)
피치원의 지름 D[mm]를 잇수 Z로 나눈 값, 미터 단위 사용 $$m=\frac{\text{피치원의 지름}}{\text{잇수}}=\frac{D}{Z}[\text{mm}]$$	잇수 Z를 피치원의 지름 D[inch]로 나눈 값으로 인치 단위 사용 $$p_d=\frac{\text{잇수}}{\text{피치원의 지름}}=\frac{Z}{D[\text{inch}]}$$	피치원의 원주를 잇수로 나눈 것으로 근래에는 많이 사용하지 않음. $$p=\frac{\text{피치원의 둘레}}{\text{잇수}}=\frac{\pi D}{Z}[\text{mm}]$$

따라서 모듈과 지름 피치 및 원주 피치 사이에는 다음과 같은 관계가 있다.

$$p=\pi m, \qquad\qquad p_d=\frac{25.4}{m}[\text{mm}]$$

모듈과 지름 피치에서 이의 크기는 m 값이 클수록 커지며, 지름 피치는 그 반대이다.

(4) 기어 열(gear train)과 속도비

① **기어 열(gear train)** : 기어의 속도비가 6 : 1 이상 되면 전동 능력이 저하되므로 원동차와 피동차 사이에 1개 이상의 기어를 넣는다. 이와 같은 것을 기어 열이라고 한다.

㈎ 아이들 기어(idle gear) : 두 기어 사이에 있는 기어로 속도비에 관계없이 회전 방향만 변한다.

㈏ 중간 기어 : 3개 이상의 기어 사이에 있는 기어로 회전 방향과 속도비도 변한다.

② **기어의 속도비** : 원동차, 종동차의 회전수를 각각 n_A, n_B[rpm], 잇수를 Z_A, Z_B, 피치원의 지름을 D_A, D_B[mm]라고 하면,

㈎ 속도비 $(i) = \dfrac{n_B}{n_A} = \dfrac{D_A}{D_B} = \dfrac{mZ_A}{mZ_B} = \dfrac{Z_A}{Z_B}$

㈏ 중심거리 $(C) = \dfrac{D_A + D_B}{2} = \dfrac{m(Z_A + Z_B)}{2}$[mm]

단, m은 모듈(module)이며, $D = mZ$가 된다.

(5) 치형 곡선

① **인벌류트(involute) 곡선**

㈎ 원 기둥에 감은 실을 풀 때 실의 한 점이 그리는 원의 일부 곡선으로 일반적으로 많이 사용한다.

㈏ 압력각이 일정하고 중심거리가 다소 어긋나도 속도비는 불변한다.

㈐ 맞물림이 원활하며 공작이 쉽다.

㈑ 호환성이 있고 이 뿌리가 튼튼하다.

㈒ 결점은 마멸이 많다.

② **사이클로이드(cycloid) 곡선**

㈎ 기준 원 위에 원판을 굴릴 때 원판상의 한 점이 그리는 궤적으로 외전 및 내전 사이클로이드 곡선으로 구분한다.

㈏ 피치원이 완전히 일치해야 바르게 물린다.

㈐ 기어 중심거리가 맞지 않으면 물림이 나쁘다. 이 뿌리가 약하다.

㈑ 효율이 높고 소음 및 마멸이 적다.

(6) 이의 간섭과 언더 컷, 압력각

① **이의 간섭(interference of tooth)** : 2개의 기어가 맞물려 회전 시에 한쪽의 이 끝 부분이 다른 쪽 이 뿌리 부분을 파고 들어 걸리는 현상이다.

② **언더 컷(under cut)** : 이의 간섭에 의하여 이 뿌리가 파여진 현상으로 잇수가 몹시 적은 경우나 잇수비가 매우 클 경우에 생기기 쉽다.

③ **압력각(pressure angle)** : 피치원 상에서 치형의 접선(T)과 작용선이 이루는 각(α)으로 14.5°, 15°, 17.5°, 20°, 22.5°가 있으며 14.5°와 20°가 가장 많이 사용된다.

언더 컷의 한계 잇수는 다음 [표]와 같다.

언더컷의 한계 잇수

압력각	14.5°	15°	20°
이론적 잇수	32	30	17
실용적 잇수	26	25	14

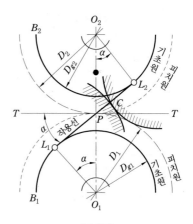

압력각

④ **이의 간섭을 막는 법**

(개) 이의 높이를 줄인다.

(내) 압력각을 증가시킨다(20° 또는 그 이상으로 크게 한다).

(대) 피니언의 반경 방향의 이뿌리면을 파낸다.

(래) 치형의 이끝면을 깎아낸다.

(7) 표준 기어와 전위 기어

① **표준 기어** : 피치원에 따라 잰 이의 두께가 기준 피치의 1/2인 기어이다.

② **전위 기어** : 언더 컷을 방지하기 위해서 기준 랙 공구의 기준 피치선을 기어의 피치원으로부터 적당량만큼 이동하여 절삭한 기어이다.

핵심문제

1. 두 축이 만나는 경우에 쓰이는 기어는?

① 웜 기어   ② 나사 기어   ③ 베벨 기어   ④ 하이포이드 기어   **정답** ③

2. 전위 기어의 장점이 아닌 것은?

① 언더 컷을 방지한다.   ② 물림이 좋아진다.

③ 이 밑이 굵고 튼튼해진다.   ④ 베어링의 마모가 적어진다.   **정답** ④

3. 잇수 32, 피치원의 지름 320mm인 기어의 모듈은?

① $m=5$ ② $m=6$ ③ $m=7$ ④ $m=10$ **정답** ④

해설 $m = \dfrac{D}{Z} = \dfrac{320}{32} = 10$, 즉 m은 10이다.

4. 모듈 2인 한 쌍의 스퍼 기어가 맞물려 있을 때에 각각의 잇수를 20개와 30개라고 하면, 두 기어의 중심 거리는?

① 20   ② 30   ③ 50   ④ 100   **정답** ③

해설 중심거리$(C) = \dfrac{M(Z_1 + Z_2)}{2} = \dfrac{2(20+30)}{2} = 50$

4-4 벨트

축간 거리가 10m 이하이고 속도비는 1 : 6 정도, 속도는 10~30m/s이다. 벨트의 전동 효율은 96~98%이며, 충격 하중에 대한 안전 장치의 역할이 되어 원활한 전동이 가능하다.

(1) 평벨트(flat belt)

① **벨트의 재질** : 가죽 벨트, 고무벨트, 천 벨트, 띠강 벨트 등이 있으며, 가죽 벨트는 마찰 계수가 크며 마멸에 강하고 질기다(가격이 비쌈). 고무 벨트는 인장 강도가 크고 늘어남이 적으며 수명이 길고 두께가 고르나 기름에 약하다.

② **벨트 거는 법**

(가) 두 축이 평행한 경우

㉮ 평행 걸기(open belting) : 동일 방향으로 회전한다.

㉯ 엇 걸기(cross belting) : 반대 방향으로 회전하며, 십자 걸기라고도 한다.

(나) 두 축이 수직인 경우 : [그림]과 같은 요령으로 벨트를 걸면 되는데, 이 경우는 역회전이 불가능하다. 역회전을 가능하게 하기 위하여는 안내 풀리(guide pulley)를 사용하면 된다.

③ **벨트의 접촉 중심각** : 벨트의 미끄러짐을 적게 하려면 풀리와 벨트의 접촉각을 크게 하면 된다. 접촉각을 크게 하는 방법은 이완 쪽이 원동차의 위가 되게 하거나 인장 풀리(tension pulley)를 사용하면 된다.

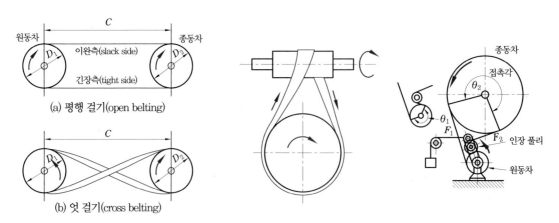

(a) 평행 걸기(open belting)

(b) 엇 걸기(cross belting)

두 축이 평행한 경우의 벨트 거는 방법　　**두 축이 수직인 때의 벨트 걸기**　　**인장풀리**

④ **벨트의 길이** : 두 풀리의 지름을 D_1, D_2[cm], 중심 거리를 C[cm], 벨트의 길이를 L[cm]이라 하면

⒜ 평행 걸기의 경우 : $L \doteqdot 2C + \dfrac{\pi(D_2+D_1)}{2} + \dfrac{(D_2-D_1)^2}{4C}$[mm]

⒝ 엇 걸기(cross belt)의 경우 : $L \doteqdot 2C + \dfrac{\pi(D_2+D_1)}{2} + \dfrac{(D_2+D_1)^2}{4C}$[mm]

⑤ **벨트 풀리(belt pulley)** : 보통 주철제(원주 속도 20m/s 이하)로 하며, 암의 수는 4~8개를 달지만 지름 18cm 이하에서나 고속용은 원판으로 한다. 벨트 풀리의 외주의 중앙부는 벨트의 벗겨짐을 막기 위하여 볼록하게 되어 있다.

⑥ **벨트 풀리에 의한 변속 장치**

⒜ 단차에 의한 변속 : 지름이 다른 벨트 풀리 몇 개를 한몸으로 묶은 것을 단차(stepped pulley)라 하며, 서로 반대 방향으로 놓아서 평 벨트를 건다.

⒝ 원뿔 벨트 풀리(cone pulley)에 의한 방법 : 종동 풀리의 속도를 연속적으로 바꾸려고 할 때 사용한다.

(2) V벨트

축간 거리 5m 이하, 속도비 1 : 7, 속도 10~15m/s에 사용되며, 단면이 V형 이음매가 없다. 전동 효율은 95~99% 정도이며, 홈밑에 접촉하지 않게 되어 있으므로 홈의 빗변으로 벨트가 먹혀 들어가기 때문에 마찰력이 큰데 이것을 쐐기 작용이라 한다.

① **V벨트의 형상** : 다음 [그림]에서 나타냄과 같으며, 고무를 입힌 면포로 싸주고 있다.
② **V벨트의 표준 치수** : V벨트의 표준 치수는 M, A, B, C, D, E의 6종류가 있으며, M에서 E쪽으로 가면 단면이 커진다. V벨트의 표준 치수는 다음과 같다.

V벨트의 표준 치수

단면형	형의 종류	폭(a)	높이(b)	단면적
	M	10.0mm	5.5mm	40.4mm^2
	A	12.5mm	9.0mm	83.0mm^2
	B	16.5mm	11.0mm	137.5mm^2
	C	22.0mm	14.0mm	236.7mm^2
	D	31.5mm	19.0mm	461.1mm^2
	E	38.0mm	25.5mm	732.3mm^2

V벨트의 형상

③ **V벨트의 특징**

⒜ 허용 인장 응력은 약 1.764MPa(N/mm^2)이다.

⒝ 풀리의 지름이 작아지면 풀리의 홈 각도는 40°보다 작게 한다(34°, 36°, 38°의 3종류가 있다).

㈐ 속도비는 1 : 7이다.

㈑ 미끄럼이 적고 전동 회전비가 크다.

㈒ 수명이 길다.

㈓ 운전이 조용하고 진동, 충격의 흡수 효과가 있다.

㈔ 축간 거리가 짧은 데 쓴다(5m 이하).

④ **V벨트의 전달 동력**

V벨트의 전달 동력 H는 다음 식으로 구한다.

$$H = Z \cdot \frac{P_e v}{102}[\text{kW}], \; H = Z \cdot \frac{P_e v}{75}[\text{PS}]$$

여기서, Z : 사용 V벨트의 수, P_e : 유효장력(kgf), v : 벨트의 원주속도

유효장력 $P_e = T_t - T_s$ 장력비 $\dfrac{T_t}{T_s} = e^{\mu\theta}$

여기서, T_t : 긴장측 장력, T_s : 이완측 장력, μ : 마찰계수, θ : 접촉각

핵심문제

1. 두 축이 평행한 평 벨트에 대한 설명 중 틀린 것은?

① 긴장측이 항상 아래쪽이 되어야 한다.
② 오픈 벨팅과 크로스 벨팅이 있다.
③ 크로스 벨팅은 오픈 벨팅보다 접촉각이 크다.
④ 오픈 벨팅에서의 회전 방향은 서로 반대이다.   **정답** ④

2. 오픈 벨트에서 중심거리 3m, 원동차의 지름 0.4m, 피동차의 지름 0.6m일 때, 벨트의 길이(L)는?

① 705cm   ② 757cm   ③ 778cm   ④ 786cm   **정답** ②

해설
$$L = 2C + \frac{\pi}{2}(D_2 + D_1) + \frac{(D_2 - D_1)^2}{4C}$$
$$= 2 \times 300 + \frac{3.14(60 + 40)}{2} + \frac{(60 - 40)^2}{4 \times 300}$$
$$\fallingdotseq 757\text{cm}$$

3. V벨트에서 단면이 가장 큰 치수의 기호는?

① M   ② A   ③ D   ④ E   **정답** ④

해설 V벨트는 그 단면이 사다리꼴이며 M, A, B, C, D, E 순으로 치수가 크다.

4-5 체인

(1) 체인의 종류

① **롤러 체인(roller chain)** : 강철제의 링크를 핀으로 연결하고 핀에는 부시와 롤러를 끼워서 만든 것이다. 고속에서 소음이 나는 결점이 있다.

② **사일런트 체인(silent chain)** : 링크의 바깥면이 스프로킷(sprocket : 사슬 톱니바퀴)의 이에 접촉하여 물리며, 다소 마모가 생겨도 체인과 바퀴 사이에 틈이 없어서 조용한 전동이 된다.

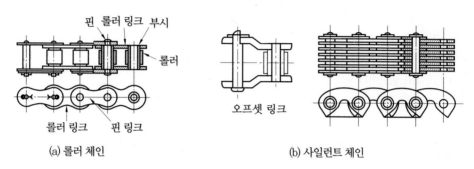

(a) 롤러 체인　　　　(b) 사일런트 체인

체인의 종류

(2) 체인 전동의 특징

① 미끄럼이 없다.
② 속도비가 정확하다.
③ 큰 동력이 전달된다(효율 95% 이상).
④ 수리 및 유지가 쉽다.
⑤ 체인의 탄성으로 어느 정도 충격이 흡수된다.
⑥ 내열, 내유, 내습성이 있다.
⑦ 진동, 소음이 생기기 쉽다.
⑧ 초기 장력이 필요없다.
⑨ 두 축이 평행한 경우에만 전동이 가능하다.

(3) 체인 전동의 주요 공식

① **속도비** : $i = \dfrac{N_2}{N_1} = \dfrac{Z_1}{Z_2}$

여기서, N_1, N_2 : 원동차, 종동차의 회전수(rpm)
　　　　Z_1, Z_2 : 원동차, 종동차의 잇수

② 체인의 평균 속도 v[m/s] : $v = \dfrac{pZ_1N_1}{60 \times 1000} = \dfrac{pZ_2N_2}{60 \times 1000}$[m/s]

여기서, p : 체인의 피치(mm)

③ 전달 동력

$$H = \frac{F_1 v}{102}[\text{kW}], \ H = \frac{F \cdot v}{75}[\text{PS}]$$

여기서, F_1 : 체인의 인장측 장력(kgf), v : 체인의 평균 속도(m/s)

SI 단위인 경우 $H = \dfrac{Fv}{1000}$[kW]   여기서, F의 단위는 뉴턴(N)

핵심문제

1. 다음 중 체인의 특성이 아닌 것은?

① 초기장력이 필요하다.　　　　　　② 내유, 내습성이 크다.

③ 충격 하중을 흡수한다.　　　　　　④ 속도비가 정확하다.　　　**정답** ①

2. 롤러 체인의 연결에서 링크의 수가 홀수일 때 꼭 사용되어야 하는 링크는?

① 핀 링크　　　　　　　　　　　　② 오프셋 링크

③ 부시　　　　　　　　　　　　　　④ 롤러　　　　　　　　　　**정답** ②

3. 체인 휠의 피치가 14mm, 잇수가 40, 회전수 500rpm이면 체인의 평균 속도는?

① 3.5m/s　　　　　　　　　　　　② 4.7m/s

③ 5.3m/s　　　　　　　　　　　　④ 6.7m/s　　　　　　　　　**정답** ②

해설 $V_m = \dfrac{PZN}{60000} = \dfrac{14 \times 40 \times 500}{60000} = 4.7\text{m/s}$

4-6　캠, 스프링, 브레이크

(1) 캠(cam)

캠은 미끄럼면의 접촉으로 운동을 전달한다. 특히 링크 장치로 얻을 수 없는 왕복 운동이나 간헐적인 운동을 종동절에 전하는 데 사용한다.

① 캠의 종류

㈎ **평면 캠** : 원동절과 종동절의 궤적이 한 평면상에 있는 캠이다.

㉮ 판 캠(plate cam) : 평면 곡선을 윤곽으로 하는 캠 C가 등속 회전을 하면 F가 등속 왕복 운동을 하는 판상의 캠이다. 캠의 모양에 따라 하트 캠, 원판 캠, 접선 캠 등이 있다.

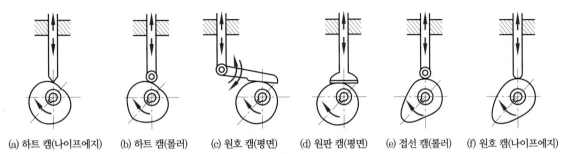

(a) 하트 캠(나이프에지) (b) 하트 캠(롤러) (c) 원호 캠(평면) (d) 원판 캠(평면) (e) 접선 캠(롤러) (f) 원호 캠(나이프에지)

판 캠의 종류

㉯ 정면 캠(확동 캠) : 판의 정면에 캠의 윤곽 곡선에 해당하는 홈을 파고 이곳에 종동절의 롤러를 끼운 캠이다.

㉰ 직동 캠(translation cam) : 주동절의 직선 왕복 운동으로 종동절의 왕복 운동을 시키는 크랭크 기구에 의한 캠이다.

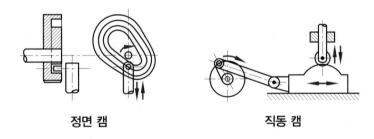

정면 캠   **직동 캠**

(내) **입체 캠** : 주동절과 원동절의 윤곽 곡선이 공간 곡선으로 된 캠이다.

㉮ 실체 캠 : 캠의 축선을 중심으로 한 회전체의 표면 위에 폐곡선의 홈을 파고 이 홈에 따라서 종동절이 규정된 운동을 하는 캠이다.

㉯ 단면 캠 : 원통의 한 끝면의 폐곡선에 따라서 종동절을 왕복 운동시키는 캠이다.

㉰ 경사판 캠 : 회전축에 경사시킨 원판을 붙이고 종동절의 선단에 판을 접촉시켜 종동절을 왕복 운동시키는 캠이다.

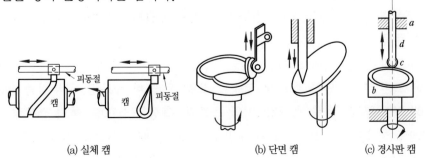

(a) 실체 캠   (b) 단면 캠   (c) 경사판 캠

입체 캠

② **캠의 피치원**

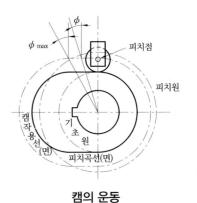

캠의 운동

(가) 피치점(pitch point) : 종동절의 접촉침의 끝이나 롤러 핀의 중심점을 말하며, 이 피치점이 운동하여 남긴 궤적의 곡선을 피치 곡선(pitch curve)이라 한다.

(나) 피치원(pitch circle) : 압력각이 최대로 되는 점을 지나는 캠축 중심원을 말한다.

(다) 리프트(lift travel) : 종동절의 최대 변위량을 나타낸다.

(라) 압력각(pressure angle) : 피치곡선 위의 한 점에 세운 법선과 종동축선과의 교차각이며, 압력각이 커지면 전동이 원활하지 못하므로 압력각의 허용값은 100rpm 이하 저속에서는 45°까지, 그 이상에서는 30° 이하로 제한한다.

③ **캠의 선도** : 캠의 윤곽을 설계할 경우 유의할 점은 돌고 있는 캠의 각 순간에 대한 위치, 속도, 가속도의 3요소이고, 특히 종동절의 각 순간의 위치를 정하는 것이 중요하다. 캠 선도에는 등가속도 캠 선도, 등속도 캠 선도, 단현 운동 캠 선도가 있다.

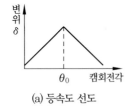

(a) 등속도 선도

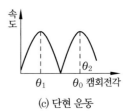

(b) 등가속도 선도　　(c) 단현 운동

변위 선도의 종류

(2) 스프링(spring)

① **스프링의 용도**

(가) 진동 흡수, 충격 완화(철도, 차량)

(나) 에너지 저축(시계 태엽)

(다) 압력의 제한(안전 밸브) 및 힘의 측정(압력 게이지, 저울)

(라) 기계 부품의 운동 제한 및 운동 전달(내연 기관의 밸브 스프링)

② **스프링의 종류**

(가) 재료에 의한 분류 : 금속 스프링, 비금속 스프링, 유체 스프링

(나) 하중에 의한 분류 : 인장 스프링, 압축 스프링, 토션 바 스프링, 구부림을 받는 스프링

(다) 용도에 의한 분류 : 완충 스프링, 가압 스프링, 측정용 스프링, 동력 스프링

(라) 모양에 의한 분류 : 코일 스프링(coil spring), 스파이럴 스프링(spiral spring), 겹판 스프링(leaf spring), 링 스프링(ring spring), 원반 스프링 또는 접시 스프링(disk spring), 토션 바 스프링(torsion bar spring) 등이 있다. 스프링 단면의 형상에는 원형, 직사각형, 사다리꼴 등이 널리 쓰인다.

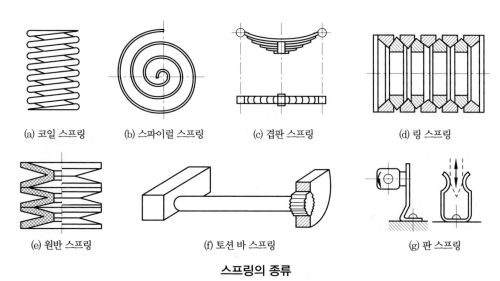

(a) 코일 스프링 (b) 스파이럴 스프링 (c) 겹판 스프링 (d) 링 스프링

(e) 원반 스프링 (f) 토션 바 스프링 (g) 판 스프링

스프링의 종류

③ **스프링의 재료** : 탄성 계수가 크고 탄성 한계나 피로, 크리프 한도가 높아야 하며, 내식성, 내열성 혹은 비자성이나 비전도성 등이 좋아야 된다.

㈎ 금속 재료 : 스프링강, 피아노선, 인청동선, 황동선이 널리 쓰이며 특수용으로 스테인리스강, 고속도강이 쓰인다.

㈏ 비금속 재료 : 고무, 공기, 기름 등이 완충 스프링에 쓰인다.

④ **스프링의 휨과 하중**

㈎ 스프링에 하중을 걸면 하중에 비례하여 인장 또는 압축, 휨 등이 일어난다.

$$W = K\delta \ [\text{kN}]$$

㈏ 하중에 의해 이루어진 일 $U[\text{kJ}]$은 $W = K\delta$의 직선과 가로축 사이의 면적으로 표시한다.

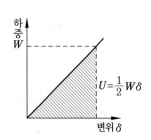

$$U = \frac{1}{2}W\delta = \frac{1}{2}K\delta^2$$

여기서, W : 하중, δ : 늘어난 변위량, K : 스프링 상수, U : 일량

㈐ **스프링 상수**(K) : 스프링의 세기를 나타내며, 스프링 상수가 크면 잘 늘어나지 않는다. 스프링 상수는 작용 하중과 변위량의 비이다.

$$\text{스프링 상수}(K) = \frac{\text{작용 하중(N)}}{\text{변위량(mm)}} = \frac{W}{\delta}[\text{N/mm}]$$

(라) 스프링 상수 K_1, K_2의 2개를 접속시켰을 때 스프링 상수는

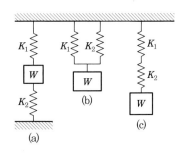

⑦ 병렬의 경우 : $K=K_1+K_2$ [그림 (a), (b)]

④ 직렬의 경우 : $\dfrac{1}{K}=\dfrac{1}{K_1}+\dfrac{1}{K_2}$ [그림 (c)]

스프링 상수

⑤ 코일 스프링의 강도

(가) 스프링의 소선에 작용하는 비틀림 모멘트

$$T=\tau Z_P=\frac{\pi}{16}d^3\tau$$

(나) 스프링의 소선이 받는 전단 응력 : $\tau=\dfrac{8Wd}{\pi d^3}$ [Pa]

(다) $\delta=\dfrac{8nD^3W}{Gd^4}=\dfrac{64nR^3W}{Gd^4}$

(라) 스프링 상수

$$K=\frac{W}{\delta}=\frac{Gd^4}{8nD^3}=\frac{GD}{8nC^4}=\frac{Gd^4}{64R}\text{[N/m]}$$

여기서, τ : 전단 응력(Pa), W : 하중(N), δ : 스프링의 처짐(mm)
G : 가로 탄성 계수(GPa), R : 코일의 평균 반지름, n : 감김 수, C : 스프링 지수
D : 코일의 평균 지름(mm), d : 소선의 지름(mm), T : 토크

⑥ 코일 스프링의 용어

(가) 지름 : 재료의 지름(=소선의 지름 : d), 코일의 평균 지름(D), 코일의 안지름(D_1), 코일의 바깥지름(D_2)이 있다.

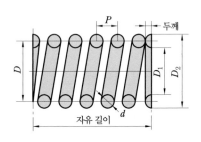

(나) 스프링의 종횡비 : 하중이 없을 때의 스프링 높이를 자유 높이(H_f)라 하는데, 그 자유 높이와 코일의 평균 지름의 비이다.

코일 스프링의 각부 명칭

$$종횡비(\lambda)=\frac{H}{D}\text{[보통 }0.8\sim4]$$

(다) 피치 : 서로 이웃하는 소선의 중심간 거리(P)이다.

(라) 코일의 감김 수

⑦ 총 감김 수 : 코일 끝에서 끝까지의 감김 수

④ 유효 감김 수 : 스프링의 기능을 가진 부분의 감김 수

⑤ 자유 감김수 : 무하중일 때 압축 코일 스프링의 소선이 서로 접하지 않는 부분의 감김 수

㈜ 스프링 지수 : 코일의 평균 지름(D)과 재료의 지름(d)의 비이다.

$$스프링\ 지수(C) = \frac{D}{d}\ [보통\ 4 \sim 10]$$

(3) 브레이크(brake)

브레이크는 기계의 운동 부분의 에너지를 흡수해서 속도를 낮게 하거나 정지시키는 장치이다. 브레이크 재료의 마찰계수는 주철 0.1~0.2, 황동 0.1~0.2, 청동 0.1~0.2, 석면 0.35~0.6, 허용제동압력(MPa)은 주철 1~1.8, 황동 0.5~0.8, 청동 0.5~0.8, 석면 0.07~0.7이다.

① 브레이크의 종류

㈎ 반지름 방향으로 밀어붙이는 형식 : 블록 브레이크(block brake), 밴드 브레이크(band brake), 팽창 브레이크(expansion brake)

㈏ 축 방향으로 밀어붙이는 형식 : 원판 브레이크(disc brake), 원추 브레이크(cone brake)

㈐ 자동 브레이크 : 웜 브레이크(worm brake), 나사 브레이크(screw brake), 캠 브레이크(cam brake), 원심력 브레이크(centrifugal brake)

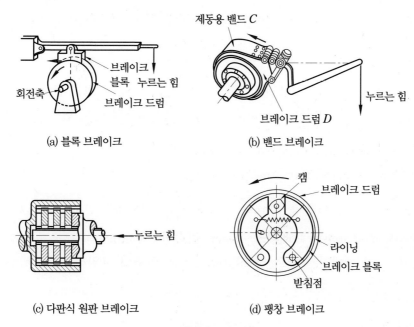

브레이크의 종류

② **단식 블록 브레이크의 제동력** : 마찰 계수 μ인 마찰면에 수직으로 작용하는 힘 $P[\text{N}]$에 의하여 생기는 마찰력 $f[\text{N}]$가 브레이크 작용을 하는 것이다. 이때, f를 제동력(brake force)이라 하면,

$$f = \mu P[\text{N}]$$

조작력 $F[\text{N}]$와 브레이크 제동력 $f[\text{N}]$와의 관계는 다음 [표]와 같이 브레이크 레버 (brake lever)의 작용선 위치에 따라 정해진다.

단식 블록 브레이크의 브레이크 힘

형식			
회전 방향	(a) 내 작용선형($l_3 > 0$)	(b) 중 작용선형($l_3 = 0$)	(c) 외 작용선형($l_3 < 0$)
우회전	$F = \dfrac{f(l_2 + \mu l_3)}{\mu l_1}$	$F = \dfrac{f l_2}{\mu l_1}$	$F = \dfrac{f(l_2 - \mu l_3)}{\mu l_1}$
좌회전	$F = \dfrac{f(l_2 - \mu l_3)}{\mu l_1}$		$F = \dfrac{f(l_2 + \mu l_3)}{\mu l_1}$

③ **단식 블록 브레이크의 용량** : 드럼의 원주 속도를 $v[\text{m/s}]$, 드럼을 블록이 $P[\text{N}]$으로 밀어붙이고, 블록의 접촉 면적을 $A[\text{mm}^2]$라 하면, 브레이크의 단위 면적당의 마찰일 w_f는 다음 식과 같이 된다.

$$w_f = \frac{\mu P v}{A} = \mu p v \ [\text{N/mm}^2 \cdot \text{m/s}] \qquad p = \frac{P}{A} = \frac{P}{eb} \ [\text{N/mm}^2]$$

여기서, $\mu p v$: 브레이크 용량(break capacity), p : 제동압력

브레이크 용량 $\mu p v$는 브레이크 블록의 접촉면적 1mm^2마다 1초 동안에 흡수하는 에너지이다. 이 에너지는 열로 방출된다. 블록의 압력이 균일하도록 $\theta ≒ 50 \sim 70°$가 되도록 $\dfrac{e}{D}$의 값을 갖는다.

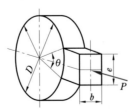

브레이크의 용량

④ **밴드 브레이크** : 브레이크 드럼의 둘레에 강철 밴드를 감아 놓고 레버로 밴드를 잡아당 겼을 때 생기는 접촉면 사이의 마찰력에 의하여 제동하는 장치를 밴드 브레이크라 하며, 레버에 작용하는 힘 F는 다음 [표]와 같다.

브레이크 밴드에 생기는 인장 응력을 σ, 밴드 두께를 t, 너비를 b, 밴드의 인장쪽 장력을 T_1라 하면

$$\sigma = \frac{T_1}{tb}$$

밴드 브레이크의 브레이크 힘

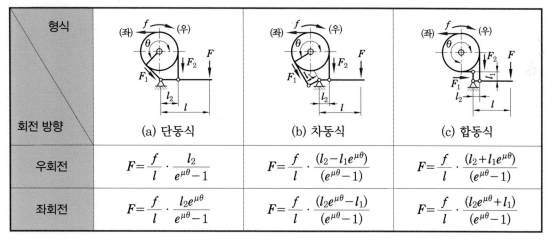

형식 회전 방향	(a) 단동식	(b) 차동식	(c) 합동식
우회전	$F = \dfrac{f}{l} \cdot \dfrac{l_2}{e^{\mu\theta}-1}$	$F = \dfrac{f}{l} \cdot \dfrac{(l_2 - l_1 e^{\mu\theta})}{(e^{\mu\theta}-1)}$	$F = \dfrac{f}{l} \cdot \dfrac{(l_2 + l_1 e^{\mu\theta})}{(e^{\mu\theta}-1)}$
좌회전	$F = \dfrac{f}{l} \cdot \dfrac{l_2 e^{\mu\theta}}{e^{\mu\theta}-1}$	$F = \dfrac{f}{l} \cdot \dfrac{(l_2 e^{\mu\theta} - l_1)}{(e^{\mu\theta}-1)}$	$F = \dfrac{f}{l} \cdot \dfrac{(l_2 e^{\mu\theta} + l_1)}{(e^{\mu\theta}-1)}$

⑤ **원판 브레이크** : 브레이크의 평균 지름 위에 작용하는 마찰력을 f, 접촉면의 수를 n, 제 동 토크를 T_f라 하면,

$$f = \mu F n = \mu p A n = \mu p \frac{\pi(d_2{}^2 - d_1{}^2)}{4} n$$

$$T_f = f \frac{d}{2} = f \frac{d_1 + d_2}{4} = \mu F n \frac{d_1 + d_2}{4} = \mu p \frac{\pi(d_2{}^2 - d_1{}^2)}{4} n \frac{d_1 + d_2}{4}$$

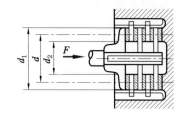

(a) 다판식 원판 브레이크

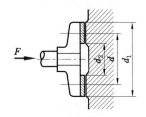

(b) 단판식 원판 브레이크

원판 브레이크의 종류

핵심문제

1. 다음 중 입체 캠에 해당하는 것은?

① 판 캠　　　　② 정면 캠　　　　③ 직동 캠　　　　④ 경사판 캠　　**정답** ④

2. 판의 정면에 캠의 윤곽 곡선에 해당하는 홈을 파고 이곳에 종동절의 롤러를 끼운 형식의 캠은?

① 직동 캠　　　　② 확동 캠　　　　③ 와이퍼 캠　　　　④ 반대 캠　　**정답** ②

3. 다음 중 평면 캠에 해당하는 것은?

① 판 캠　　　　② 실체 캠　　　　③ 단면 캠　　　　④ 경사판 캠　　**정답** ①

해설 캠에는 평면 캠과 윤곽 곡선이 공간에 있는 입체 캠(단면 캠, 실체 캠, 경사판 캠 등)이 있으며, 판 캠은 가장 많이 사용된다.

4. 스프링의 재료가 아닌 것은?

① 인청동　　　　② 주철　　　　③ 스프링강　　　　④ 황동　　**정답** ②

5. 그림과 같은 스프링에서 스프링의 상수가 $K_1 = 2.94\text{N}$, $K_2 = 4.41\text{N}$일 때, 합성 스프링 상수는 얼마인가?

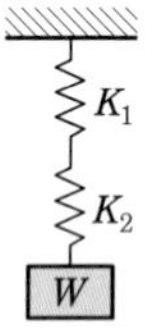

① 0.18N/cm

② 0.18N/mm^2

③ 0.28N/cm

④ 0.28N/cm^2　　**정답** ①

해설 그림과 같이 직렬로 연결했을 때, 전체 스프링 상수는

$$\frac{1}{K_{eq}} = \frac{1}{K_1} + \frac{1}{K_2}$$

$$K_{eq} = \frac{1}{\dfrac{1}{K_1} + \dfrac{1}{K_2}} = \frac{K_1 \cdot K_2}{K_1 + K_2} = \frac{2.94 \times 4.41}{2.94 + 4.41} = 1.764\text{N/mm} ≒ 0.18\text{N/cm}$$

6. 단식 블록 브레이크의 마찰력(f)을 구하는 식은? (단, P : 마찰차를 밀어붙이는 힘(N), μ : 마찰계수)

① $f = \dfrac{P}{\mu}$　　　　② $f = \mu P$　　　　③ $f = \dfrac{\mu P}{2}$　　　　④ $f = \dfrac{\mu}{P}$　　**정답** ②

7. 다음 브레이크 재료 중 마찰계수가 가장 큰 것은 어느 것인가?

① 주철　　　　② 석면 직물　　　　③ 청동　　　　④ 황동　　**정답** ②

해설 브레이크 재료의 마찰계수

• 주철 : 0.1~0.2　　• 석면 직물 : 0.35~0.6　　• 청동 : 0.1~0.2　　• 황동 : 0.1~0.2

제4편

기계 제도
(CAD)

제1장 KS 및 ISO 기계 제도 통칙

1. 제도 통칙

1-1 KS 제도 통칙

(1) 제도의 정의

제도(drawing)라 함은 기계나 구조물의 모양 또는 크기를 일정한 규격에 따라 점, 선, 문자, 숫자, 기호 등을 사용하여 도면으로 작성하는 과정을 말한다.

(2) 제도의 목적

제도의 목적은 설계자의 의도를 도면 사용자에게 확실하고 쉽게 전달하는 데 있다. 그러므로 도면에 물체의 모양이나 치수, 재료, 가공 방법, 표면 정도 등을 정확하게 표시하여 설계자의 의사가 제작 · 시공자에게 확실하게 전달되어야 한다.

(3) KS 제도 통칙

① **제도 통칙 :** 1966년 KS A 0005로 제정

② **기계 제도 :** 1967년 KS B 0001로 제정

핵심문제

1. 제도에 대한 설명으로 적합하지 않은 것은?

① 제도자의 창의력을 발휘하여 주관적인 투상법을 사용할 수 있다.

② 설계자의 의도를 제작자에게 명료하게 전달하는 정보전달 수단으로 사용된다.

③ 기술의 국제 교류가 이루어짐에 따라 도면에도 국제규격을 적용하게 되었다.

④ 우리나라에서는 제도의 기본적이며 공통적인 사항을 제도통칙 KS A에 규정하고 있다.

정답 ①

2. 제도의 목적을 달성하기 위하여 도면이 구비하여야 할 기본요건이 아닌 것은?

① 면의 표면 거칠기, 재료 선택, 가공 방법 등의 정보

② 도면 작성 방법에 있어서 설계자 임의의 창의성

③ 무역 및 기술의 국제 교류를 위한 국제적 통용성

④ 대상물의 도형, 크기, 모양, 자세, 위치의 정보 ②

1-2 국가별 표준 규격 명칭과 기호

다음 [표]는 각국의 표준 규격과 기호이다.

각국의 표준 규격

각국 명칭	표준 규격 기호
국제 표준화 기구(international organization for standardization)	ISO
한국 산업 표준(Korean industrial standards)	KS
영국 규격(British standards)	BS
독일 규격(Deutsches institute fur normung)	DIN
미국 규격(American national standard industrial)	ANSI
스위스 규격(Schweitzerish normen-vereinigung)	SNV
프랑스 규격(norme Francaise)	NF
일본 공업 규격(Japanese industrial standards)	JIS

1-3 KS의 부문별 기호

KS의 분류

기호	부문	기호	부문	기호	부문
KS A	기본(통칙)	KS F	토건	KS M	화학
B	기계	G	일용품	P	의료
C	전기	H	식료품	R	수송기계
D	금속	K	섬유	V	조선
E	광산	L	요업	W	항공

핵심문제

1. 한국 산업 표준을 표시한 것은?

① DIN   ② JIS   ③ KS   ④ ANSI   정답 ③

2. 다음 중 KS에서 기계부문을 나타내는 기호는?

① KS A   ② KS B   ③ KS M   ④ KS X   정답 ②

3. KS의 부문별 기호 연결이 틀린 것은?

① KS A : 기본   ② KS B : 기계   ③ KS C : 전기   ④ KS D : 광산   정답 ④

4. 다음은 어떤 제품의 포장지에 부착되어 있는 내용이다. 우리나라의 산업 부문 어디에 해당하는가?

① 전기
② 토목
③ 건축
④ 조선

KS C−8305
(K)
제 11845호

정답 ①

2. 도면의 크기, 양식, 척도

2-1 도면의 크기(KS B ISO 5457)

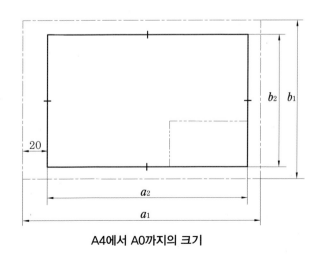

A4에서 A0까지의 크기

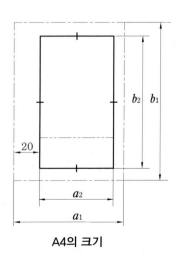

A4의 크기

도면 크기의 종류 및 윤곽의 치수

용지의 호칭	재단한 용지의 크기		제도 공간 (윤곽선)	
	a_1	b_1	a_2	b_2
A0	841	1189	821	1159
A1	594	841	574	811
A2	420	594	400	564
A3	297	420	277	390
A4	210	297	180	277

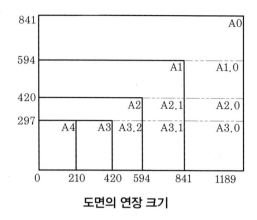

도면의 연장 크기

도면의 크기는 폭과 길이로 나타내는데, 그 비는 $1 : \sqrt{2}$가 되며 A0~A4를 사용한다. 도면은 길이 방향을 좌, 우로 놓고 그리는 것이 바른 위치이다. A4 도면은 세로 방향으로 놓고 그려도 좋다.

핵심문제

1. 제도 용지의 세로(폭)와 가로(길이)의 비는?

① $1 : \sqrt{2}$ ② $\sqrt{2} : 1$ ③ $1 : \sqrt{3}$ ④ $1 : 2$ **정답** ①

2. KS B 0001에 규정된 도면의 크기에 해당하는 A열 사이즈의 호칭에 해당되지 않는 것은?

① A0   ② A3   ③ A5   ④ A1   **정답** ③

2-2   도면의 양식(KS B ISO 5457)

도면에서는 윤곽선을 긋고 그 안에 표제란과 부품란을 그려 넣는다.

(1) 표제란

제도영역의 오른쪽 아래 구석에 마련한다. 도면 번호, 도명, 기업(단체)명, 책임자 서명(도장), 도면 작성 년 월 일, 척도 및 투상법 등을 기입한다. 큰 도면을 접을 때는 A4 크기로 접는 것이 좋다. (KS B 0001)

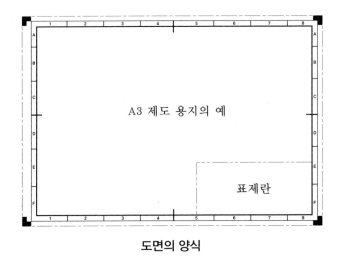

도면의 양식

(2) 경계와 윤곽

제도용지 내의 제도 영역을 4개의 변으로 둘러싸는 윤곽은 0.7mm 굵기의 실선으로 그린다. 왼쪽에서는 20mm, 다른 변에서는 10mm의 간격을 띄어 그린다.

(3) 중심 마크

도면을 다시 만들거나 마이크로필름을 만들 때, 도면의 위치를 잘 잡기 위하여 4개의 중심 마크를 표시한다. 중심 마크는 구역 표시의 경계에서 시작해서 도면의 윤곽을 지나 10mm 까지 0.7mm의 굵기의 실선으로 그린다.

(4) 구역 표시

도면에서 상세, 추가, 수정 등의 위치를 알기 쉽도록 용지를 여러 구역으로 나눈다. 각 구역은 용지의 위쪽에서 아래쪽으로 대문자, 왼쪽에서 오른쪽으로는 숫자로 표시한다. A4 크기의 용지에서는 단지 위쪽과 오른쪽에만 표시한다. 한 구역의 길이는 중심 마크에서 시작해서 50mm이다.

(5) 재단 마크

수동이나 자동으로 용지를 잘라내는 데 편리하도록 재단된 용지의 4변의 경계에 재단 마크를 표시한다. 이 마크는 10×5mm의 두 직사각형이 합쳐진 형태로 표시된다.

(6) 부품란

부품란의 위치는 도면의 오른쪽 윗부분 또는 도면의 오른쪽 아래일 경우에는 표제란 위에 위치하며, 품번, 품명, 재질, 수량, 무게, 공정, 비고란 등을 기입한다.

핵심문제

1. 다음 중 도면 제작 시 도면에 반드시 마련해야 할 사항으로 짝지어진 것은?

① 도면의 윤곽, 표제란, 중심 마크　　　② 도면의 윤곽, 표제란, 비교 눈금

③ 도면의 구역, 재단 마크, 비교 눈금　　④ 도면의 구역, 재단 마크, 중심 마크　　**정답** ①

2. 도면에서 도면의 관리상 필요한 사항(도면 번호, 도명, 책임자, 척도, 투상법 등)과 도면 내에 있는 내용에 관한 사항을 모아서 기입한 것은?

① 주서란　　　　② 요목표　　　　③ 표제란　　　　④ 부품란　　**정답** ③

3. 도면 관리에서 다른 도면과 구별하고 도면 내용을 직접 보지 않고도 제품의 종류 및 형식 등의 도면 내용을 알 수 있게 하기 위해 기입해야 하는 것은?

① 도면 번호　　　② 도면 척도　　　③ 도면 양식　　　④ 부품 번호　　**정답** ①

4. 도면에 반드시 마련해야 하는 양식에 관한 설명 중 틀린 것은?

① 윤곽선은 도면의 크기에 따라 0.5mm 이상의 굵은 실선으로 그린다.

② 표제란은 도면의 윤곽선 오른쪽 아래 구석의 안쪽에 그린다.

③ 도면을 마이크로필름으로 촬영하거나 복사할 때 편의를 위하여 중심 마크를 표시한다.

④ 부품란에는 도면 번호, 도면 명칭, 척도, 투상법 등을 기입한다.　　**정답** ④

5. 도면에 마련하는 양식 중에서 마이크로필름 등으로 촬영하거나 복사 및 철할 때의 편의를 위하여 마련하는 것은?

① 윤곽선　　　　② 표제란　　　　③ 중심 마크　　　④ 구역 표시　　**정답** ③

6. [그림]의 도면 양식에 관한 설명 중 틀린 것은?

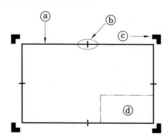

① ⓐ는 0.5mm 이상의 굵은 실선으로 긋고 도면의 윤곽을 나타내는 선이다.

② ⓑ는 0.5mm 이상의 굵은 실선으로 긋고 마이크로필름으로 촬영할 때 편의를 위하여 사용한다.

③ ⓒ는 도면에서 상세, 추가, 수정 등의 위치를 알기 쉽도록 용지를 여러 구역으로 나누는데 사용된다.

④ ⓓ는 표제란으로 척도, 투상법, 도번, 도명, 설계자 등 도면에 관한 정보를 표시한다.　　**정답** ③

7. 다음 중 부품란에 기입할 사항이 아닌 것은?

① 품번　　　　　② 품명　　　　　③ 재질　　　　　④ 투상법　　**정답** ④

2-3 도면에 사용되는 척도

척도는 도면에서 그려진 길이와 대상물의 실제 길이와의 비율로 나타낸다. 도면에 그려진 길이와 대상물의 실제 길이가 같은 현척이 가장 보편적으로 사용되고, 실물보다 축소하여 그린 축척, 실물보다 확대하여 그린 배척이 있다.

(1) 척도의 종류

현척, 배척 및 축척의 값

종류	권장 척도		
현척	1 : 1		
배척	50 : 1 5 : 1	20 : 1 2 : 1	10 : 1
축척	1 : 2 1 : 20 1 : 200 1 : 2000	1 : 5 1 : 50 1 : 500 1 : 5000	1 : 10 1 : 100 1 : 1000 1 : 10000

(2) 척도의 표시 방법

척도의 표시법은 다음과 같다.

```
A : B
 │   └── 물체의 실제 크기
 └────── 도면에서의 크기
```

현척의 경우 A, B 모두를 1로 나타내고, 축척의 경우에는 A를 1, 배척의 경우에는 B를 1로 나타낸다.

(3) 척도 기입 방법

척도는 표제란에 기입하는 것이 원칙이나, 표제란이 없는 경우에는 도명이나 품번의 가까운 곳에 기입한다. 같은 도면에서 서로 다른 척도를 사용하는 경우에는 각 그림 옆에 사용된 척도를 기입하여야 한다. 또, 그림의 형태가 치수와 비례하지 않을 때에는 치수 밑에 밑줄을 긋거나 '비례가 아님' 또는 NS(not to scale) 등의 문자를 기입하여야 한다.

핵심문제

1. 기계 제도 도면에 사용되는 척도의 설명이 틀린 것은?

① 도면에 그려지는 길이와 대상물의 실제 길이와의 비율로 나타낸다.

② 한 도면에서 공통적으로 사용되는 척도는 표제란에 기입한다.

③ 같은 도면에서 다른 척도를 사용할 때에는 필요에 따라 그림 부근에 기입한다.

④ 배척은 대상물보다 크게 그리는 것으로 2 : 1, 3 : 1, 4 : 1, 10 : 1 등 제도자가 임의로 비율을 만들어 사용한다.　　　　　　　　　　　　　　　　　　　　　　　　**정답** ④

2. 우선적으로 사용하는 배척의 종류가 아닌 것은?

① 50 : 1　　　　　　　　　　　② 25 : 1

③ 5 : 1　　　　　　　　　　　　④ 2 : 1　　　　　　　　　**정답** ②

3. 도면을 그릴 때 척도 결정의 기준이 되는 것은 어느 것인가?

① 물체의 재질　　　　　　　　② 물체의 무게

③ 물체의 크기　　　　　　　　④ 물체의 체적　　　　　　**정답** ③

4. 다음 중에서 현척의 의미(뜻)는 어느 것인가?

① 실물보다 축소하여 그린 것　　　② 실물보다 확대하여 그린 것

③ 실물과 관계없이 그린 것　　　　④ 실물과 같은 크기로 그린 것　**정답** ④

5. 다음 축척의 종류 중 우선적으로 사용되는 척도가 아닌 것은?

① 1 : 2　　　　　　　　　　　② 1 : 3

③ 1 : 5　　　　　　　　　　　④ 1 : 10　　　　　　　　**정답** ②

6. 척도의 표시법 A : B 의 설명으로 맞는 것은?

① A는 물체의 실제 크기이다.　　　② B는 도면에서의 크기이다.

③ 배척일 때 B를 1로 나타낸다.　　④ 현척일 때 A만을 1로 나타낸다.　**정답** ③

7. 도면의 표제란에 척도가 1 : 2로 기입되어 있다면 이 도면에서 사용된 척도의 종류는?

① 현척　　　　　　　　　　　② 배척

③ 축척　　　　　　　　　　　④ 실척　　　　　　　　　**정답** ③

8. 도면에서 100mm를 2:1 척도로 그릴 때 도면에 기입되는 치수는?

① 10　　　　　　　　　　　　② 200

③ 50　　　　　　　　　　　　④ 100　　　　　　　　　**정답** ④

9. 길이가 50mm인 축을 도면에 5 : 1 척도로 그릴 때 기입되는 치수로 옳은 것은?

① 10

② 250

③ 50

④ 100

정답 ③

10. 도면에 표시된 척도에서 비례척이 아님을 표시하고자 할 때 사용하는 기호는?

① SN

② NS

③ CS

④ SC

정답 ②

11. 다음 그림에 대한 설명으로 옳은 것은?

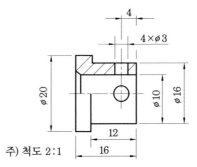

주) 척도 2 : 1

① 실제 제품을 $\frac{1}{2}$로 줄여서 그린 도면이다.

② 실제 제품을 2배로 확대해서 그린 도면이다.

③ 치수는 실제 크기를 $\frac{1}{2}$로 줄여서 기입한 것이다.

④ 치수는 실제 크기를 2배로 늘려서 기입한 것이다.

정답 ②

2-4 도면의 검사 및 관리

(1) 도면의 검사

① **치수 기입, 공차 및 끼워 맞춤** : 부품도에 따라 가공하여 조립하고 사용할 때 이상이 없을지 확인한다. 실물을 참조하여 도면으로 옮겼을 경우는 기존의 부품이 마멸로 인해 치수가 정확하지 않을 수 있으므로 주의해야 한다.

② **가공 기호 및 지시사항** : 표면 거칠기가 같더라도 가공 방법 등에 따라 다듬질면의 외관이 다르게 되므로 주의해야 한다.

③ **요목표** : 기어, 체인 스프로킷, 스프링 등의 요목표에 있는 주요 항목을 확인한다.

④ **재료** : 부품의 제조 방법, 구조물의 강도, 마찰면의 융착, 부품의 중량 등을 고려하여 재료 선택에 주의해야 한다.

⑤ **표제란** : 투상법이나 척도 등의 기입 내용에 이상이 없는지 확인한다.

(2) 도면의 변경

① 물체의 모양, 치수 또는 가공 방법의 개선 등으로 도면의 일부를 변경하는 일이 있다.

② 도면을 변경할 경우 변경한 곳에 적당한 기호(△)를 붙이고, 변경 전의 모양 및 숫자는 적당하게 보존하여 치수를 알아볼 수 있도록 한다.

③ 변경한 날짜, 이유 등을 기입한다.

핵심문제

1. 일반적인 도면의 검사에서 주의할 사항으로 가장 거리가 먼 것은?

① 공차 및 끼워 맞춤, 가공 기호, 재료 선택

② 투상법, 척도, 치수 기입

③ 요목표 작성, 표제란, 지시 사항

④ 도면 보관 방법

정답 ④

2. 도면의 변경 방법에 대한 사항으로 틀린 것은?

① 변경 전의 형상을 알 수 있도록 한다.

② 변경된 부분에 수정 횟수를 삼각형 기호로 표시한다.

③ 도면 변경란에 변경 이유와 연월일을 기입한다.

④ 변경 전의 치수를 지우고 기입한다.

정답 ④

3. 출도 후 도면 내용을 정정할 때 틀린 것은?

① 변경한 곳에 적당한 기호(△)를 표시한다.

② 변경 전의 도형, 치수는 지운다.

③ 변경 연월일, 이유 등을 나타낸다.

④ 변경 전 치수는 한 줄로 그어서 취소함을 표시하고 그대로 둔다.

정답 ②

4. 도면을 접어서 사용하거나 보관하고자 할 때 앞부분에 나타내어 보이도록 하는 부분은?

① 부품 번호가 있는 부분

② 표제란이 있는 부분

③ 조립도가 있는 부분

④ 도면이 그려지지 않은 뒷면

정답 ②

제2장 선의 종류와 용도

1. 선의 종류와 용도

1-1 선의 종류

선은 모양과 굵기에 따라 다른 기능을 갖게 된다. 따라서 제도에서는 선의 모양과 굵기를 규정하여 사용하고 있다.

(1) 모양에 따른 선의 종류

① **실선(continuous line)** ——— : 연속적으로 그어진 선

② **파선(dashed line)** ········· : 일정한 길이로 반복되게 그어진 선(선의 길이 3~5mm, 선과 선의 간격 0.5~1mm 정도)

③ **1점 쇄선(chain line)** —·— : 길고 짧은 길이로 반복되게 그어진 선(긴 선의 길이 10~30mm, 짧은 선의 길이 1~3mm, 선과 선의 간격 0.5~1mm)

④ **2점 쇄선(chain double-dashed line)** —··— : 긴 길이, 짧은 길이 두 개로 반복되게 그어진 선(긴 선의 길이 10~30mm, 짧은 선의 길이 1~3mm, 선과 선의 간격 0.5~1mm)

(2) 굵기에 따른 선의 종류

① **가는 선** —— : 굵기가 0.18~0.5mm인 선

② **굵은 선** —— : 굵기가 0.35~1mm인 선(가는 선의 2배 정도)

③ **아주 굵은 선** ▬ : 굵기가 0.7~2mm인 선(가는 선의 4배 정도)

참고 굵기의 비율은 1 : 2 : 4이다. 선 굵기의 기준은 0.18, 0.25, 0.35, 0.5, 0.7, 1mm로 한다.

1. 제도에 사용하는 선 가는 선, 굵은 선, 아주 굵은 선들의 선 굵기 비율로 옳은 것은?

① 1 : 2 : 4   ② 1 : 2.5 : 5   ③ 1 : 3 : 6   ④ 1 : 3.5 : 7   정답 ①

2. 선의 종류는 굵기에 따라 3가지로 구분한다. 이에 속하지 않는 것은?

① 가는 선   ② 굵은 선   ③ 아주 굵은 선   ④ 해칭선   정답 ④

1-2   선의 용도

용도에 의한 명칭	선의 종류		선의 용도
외형선	굵은 실선	———	대상물이 보이는 부분의 모양을 표시하는 데 쓰인다.
치수선	가는 실선	———	치수를 기입하기 위하여 쓴다.
치수 보조선			치수를 기입하기 위하여 도형으로부터 끌어내는 데 쓰인다.
지시선			기술 · 기호 등을 표시하기 위하여 끌어내는 데 쓰인다.
회전 단면선			도형 내에 그 부분의 끊은 곳을 90° 회전하여 표시하는 데 쓰인다.
중심선			도형의 중심선을 간략하게 표시하는 데 쓰인다.
수준면선[a]			수면, 유면 등의 위치를 표시하는 데 쓰인다.
숨은선	가는 파선 또는 굵은 파선	- - - - - - - -	대상물의 보이지 않는 부분의 모양을 표시하는 데 쓰인다.
중심선	가는 1점 쇄선	—·—·—	(1) 도형의 중심을 표시하는 데 쓰인다. (2) 중심이 이동한 중심 궤적을 표시하는 데 쓰인다.
기준선			특히 위치 결정의 근거가 된다는 것을 명시할 때 쓰인다.
피치선			되풀이하는 도형의 피치를 취하는 기준을 표시하는 데 쓰인다.

특수 지정선	굵은 1점 쇄선	—·—	특수한 가공을 하는 부분 등 특별한 요구 사항을 적용할 수 있는 범위를 표시하는 데 사용한다.
가상선[b]	가는 2점 쇄선	—··—	(1) 인접 부분을 참고로 표시하는 데 사용한다. (2) 공구, 지그 등의 위치를 참고로 나타내는 데 사용한다. (3) 가동 부분을 이동 중의 특정한 위치 또는 이동 한계의 위치로 표시하는 데 사용한다. (4) 가공 전 또는 가공 후의 모양을 표시하는 데 사용한다. (5) 되풀이하는 것을 나타내는 데 사용한다. (6) 도시된 단면의 앞쪽에 있는 부분을 표시하는 데 사용한다.
무게 중심선			단면의 무게중심을 연결한 선을 표시하는 데 사용한다.
파단선	불규칙한 파형의 가는 실선 또는 지그재그선	～～～	대상물의 일부를 파단한 경계 또는 일부를 떼어낸 경계를 표시하는 데 사용한다.
절단선	가는 1점 쇄선으로 끝부분 및 방향이 변하는 부분을 굵게 한 것[c]	⌐_	단면도를 그리는 경우, 그 절단 위치를 대응하는 그림에 표시하는 데 사용한다.
해칭	가는 실선으로 규칙적으로 줄을 늘어놓은 것	/////	도형의 한정된 특정 부분을 다른 부분과 구별하는 데 사용한다. 보기를 들면 단면도의 절단된 부분을 나타낸다.
특수한 용도의 선	가는 실선	——	(1) 외형선 및 숨은 선의 연장을 표시하는 데 사용한다. (2) 평면이란 것을 나타내는 데 사용한다. (3) 위치를 명시하는 데 사용한다.
	아주 굵은 실선	━━	얇은 부분의 단면을 도시하는 데 사용한다.

주 [a] KS A ISO 128에는 규정되어 있지 않다.

[b] 가상선은 투상법 상에서는 도형에 나타나지 않으나, 편의상 필요한 모양을 나타내는 데 사용한다. 또, 기능상·공작상의 이해를 돕기 위하여 도형을 보조적으로 나타내기 위해서도 사용한다.

[c] 다른 용도와 혼용할 염려가 없을 때는 끝부분 및 방향이 변하는 부분을 굵게 할 필요는 없다.

※ 가는 선, 굵은 선 및 극히 굵은 선의 굵기의 비율은 1 : 2 : 4로 한다.

핵심문제

1. 다음 중 물체의 보이는 겉모양을 표시하는 선은?

① 외형선　　　　② 은선　　　　③ 절단선　　　　④ 가상선　　　　**정답** ①

2. 다음 중 선의 굵기가 가장 굵은 것은?

① 도형의 중심을 나타내는 선
② 지시 기호 등을 나타내기 위하여 사용한 선
③ 대상물의 보이는 부분의 윤곽을 표시한 선
④ 대상물의 보이지 않는 부분의 윤곽을 나타내는 선　　　　**정답** ③

3. 기계 제도에서 가는 실선으로 나타내는 것이 아닌 것은?

① 치수선　　　② 회전 단면선　　　③ 외형선　　　④ 해칭선　　　　**정답** ③

4. 다음 선의 용도에 의한 명칭 중 선의 굵기가 다른 것은?

① 치수선　　　　　　　　② 지시선
③ 외형선　　　　　　　　④ 치수 보조선　　　　**정답** ③

5. 도형이 이동한 중심 궤적을 표시할 때 사용하는 선은 어느 것인가?

① 가는 실선　　　　　　② 굵은 실선
③ 가는 2점 쇄선　　　　④ 가는 1점 쇄선　　　　**정답** ④

6. 반복 도형의 피치를 잡는 기준이 되는 피치선의 선의 종류는?

① 가는 실선　　　　　　② 굵은 실선
③ 가는 1점 쇄선　　　　④ 굵은 1점 쇄선　　　　**정답** ③

7. 다음 선의 종류 중 가는 실선을 사용하지 않는 것은 어느 것인가?

① 지시선　　　　　　　② 치수 보조선
③ 해칭선　　　　　　　④ 피치선　　　　**정답** ④

8. 도형의 중심을 표시하는 데 사용되는 선의 종류는?

① 굵은 실선　　　　　　② 가는 실선
③ 가는 1점 쇄선　　　　④ 가는 2점 쇄선　　　　**정답** ③

9. 대상면의 일부에 특수한 가공을 하는 부분의 범위를 표시할 때 사용하는 선은?

① 굵은 1점 쇄선　　　　② 굵은 실선
③ 파선　　　　　　　　④ 가는 2점 쇄선　　　　**정답** ①

10. 부품도에서 일부분만 부분적으로 열처리를 하도록 지시해야 한다. 이때 열처리 범위를 나타 내기 위해 사용하는 특수 지정선은?

① 굵은 1점 쇄선

② 파선

③ 가는 1점 쇄선

④ 가는 실선

정답 ①

11. 일부분에 대하여 특수한 가공인 표면처리를 하고자 한다. 기계 가공 도면에서 표면처리 부분 을 표시하는 선은?

① 가는 2점 쇄선

② 파선

③ 굵은 1점 쇄선

④ 가는 실선

정답 ③

12. 그림에서 ①번 부위에 표시한 굵은 1점 쇄선이 의미하는 뜻은 무엇인가?

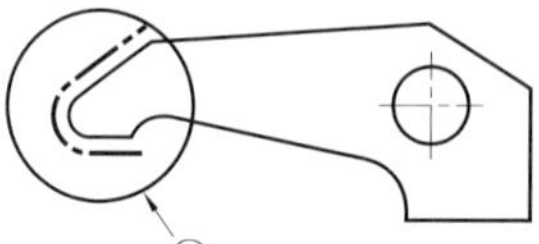

① 연삭 가공 부분

② 열처리 부분

③ 다듬질 부분

④ 원형 가공 부분

정답 ②

13. 다음 그림에서 A 부분을 침탄 열처리를 하려고 할 때 표시하는 선으로 옳은 것은?

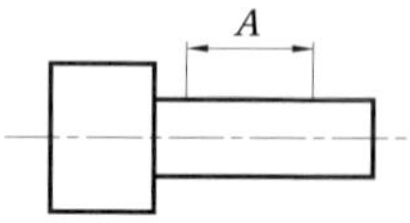

① 굵은 1점 쇄선

② 가는 파선

③ 가는 실선

④ 가는 2점 쇄선

정답 ①

14. 물체의 가공 전이나 가공 후의 모양을 나타낼 때 사용되는 선의 종류는?

① 가는 2점 쇄선

② 굵은 2점 쇄선

③ 가는 1점 쇄선

④ 굵은 1점 쇄선

정답 ①

15. 도면에서 사용되는 선 중에서 가는 2점 쇄선을 사용하는 것은?

① 치수를 기입하기 위한 선

② 해칭선

③ 평면이란 것을 나타내는 선

④ 인접부분을 참고로 표시하는 선

정답 ④

16. 대상물의 일부를 떼어낸 경계를 표시하는 데 사용되는 선의 명칭은?

① 해칭선

② 기준선

③ 치수선

④ 파단선

정답 ④

17. 다음 선의 용도에 대한 설명이 틀린 것은?

① 외형선 : 대상물의 보이는 부분의 겉모양을 표시하는 데 사용

② 숨은선 : 대상물의 보이지 않는 부분의 모양을 표시하는 데 사용

③ 파단선 : 단면도를 그리기 위해 절단 위치를 나타내는 데 사용

④ 해칭선 : 단면도의 절단면을 표시하는 데 사용 **정답** ③

18. 다음 중에서 가는 실선으로만 사용하지 않는 선은 어느 것인가?

① 지시선 ② 절단선 ③ 해칭선 ④ 치수선 **정답** ②

19. 한 도면에 사용되는 선의 종류로 가는 실선으로 부적합한 것은?

① 치수선 ② 지시선 ③ 절단선 ④ 회전 단면선 **정답** ③

20. 외형선 및 숨은선의 연장선을 표시하는 데 사용되는 선은?

① 가는 1점 쇄선 ② 가는 실선

③ 가는 2점 쇄선 ④ 파선 **정답** ②

21. 다음 중 도형 내의 특정한 부분이 평면이라는 것을 나타낼 때 사용하는 선은?

① 2점 쇄선 ② 1점 쇄선

③ 굵은 실선 ④ 가는 실선 **정답** ④

22. 둥근(원형)면에서 어느 부분 면이 평면인 것을 나타낼 필요가 있을 경우에 대각선을 그려 사용하는 데 이때 사용되는 선으로 옳은 것은?

① 굵은 실선 ② 가는 실선

③ 굵은 1점 쇄선 ④ 가는 1점 쇄선 **정답** ②

23. 다음 그림에서 대각선으로 그은 가는 실선이 의미하는 것은?

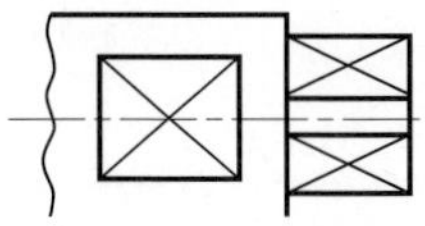

① 열처리 가공 부분 ② 원통의 평면 부분

③ 가공 금지 부분 ④ 단조 가공 부분 **정답** ②

24. 개스킷, 박판, 형강 등과 같이 두께가 얇은 것의 절단면 도시에 사용하는 선은?

① 가는 실선 ② 굵은 1점 쇄선

③ 가는 2점 쇄선 ④ 아주 굵은 실선 **정답** ④

2. 선 그리기

2-1 선의 우선 순위

도면에서 두 종류 이상의 선이 같은 장소에 겹치는 경우에는 다음에 나타낸 순위에 따라 우선되는 종류의 선으로 긋는다.

① 외형선   ② 숨은선   ③ 절단선   ④ 중심선   ⑤ 무게중심선   ⑥ 치수 보조선

2-1 선의 접속 및 선 그리는 방법

(1) 은선 그리기

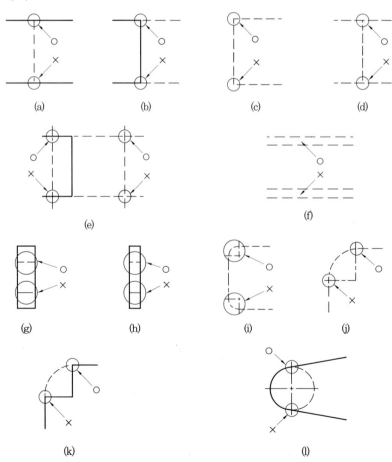

은선 그리는 방법

① 은선이 외형선인 곳에서 끝날 때에는 여유를 두지 않는다(a).

② 은선이 외형선에 접촉할 때에는 여유를 둔다(b).

③ 은선과 다른 은선과의 교점에서는 여유를 두지 않는다(c).

④ 은선이 다른 은선에서 끝날 때에는 여유를 두지 않는다(d).

⑤ 은선이 실선과 교차할 때에는 여유를 둔다(e의 ①).

⑥ 은선이 다른 은선과 교차할 때에는 한 쪽 선만 여유를 두고 교차한다(e의 ②).

⑦ 근접하는 평행한 은선은 여유의 위치를 서로 교체하며 바꾼다(f).

⑧ 두 선 간의 거리가 작은 곳에 은선을 그릴 때에는 은선의 비율을 바꾼다(g, h).

⑨ 모서리 부분 등의 은선은 그림과 같이 긋는다(i, j).

⑩ 은선의 호에 직선 또는 호가 접촉할 때에는 여유를 둔다(k, l).

(2) 중심선 그리기

① 원, 원통, 원추, 구 등의 대칭축을 나타낸다.

② 대칭축을 갖는 물체의 그림에는 반드시 중심선을 넣는다.

③ 원과 구는 직교하는 두 중심선의 교점을 중심으로 하여 긋는다.

④ 중심선은 외형선에서 2~3mm 밖으로 연장하여 긋는다.

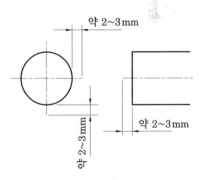

중심선 그리는 방법

핵심문제

1. 도면에 두 종류 이상의 선이 같은 장소에 겹치는 경우 우선순위가 맞는 것은?

① 외형선→절단선→중심선→치수 보조선

② 외형선→중심선→절단선→무게 중심선

③ 숨은선→중심선→절단선→치수 보조선

④ 외형선→중심선→절단선→치수 보조선   **정답** ①

2. 투상에 사용하는 숨은선을 올바르게 적용한 것은?

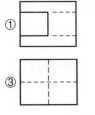 ①

②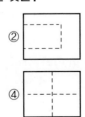

③   ④   **정답** ①

제3장

투상법

1. 투상법

투상법의 종류

어떤 입체물을 도면으로 나타내려면 그 입체를 어느 방향에서 보고 어떤 면을 그렸는지 명확히 밝혀야 한다. 공간에 있는 입체물의 위치, 크기, 모양 등을 평면 위에 나타내는 것을 투상법이라 한다. 이때 평면을 투상면이라 하고, 투상면에 투상된 물건의 모양을 투상도(projection)라고 한다. 투상법의 종류는 다음과 같다.

(1) 정투상법

물체를 네모진 유리 상자 속에 넣고 바깥에서 들여다보면 물체를 유리판에 투상하여 보고 있는 것과 같다. 이때 투상선이 투상면에 대하여 수직으로 되어 투상하는 것을 정투상법(orthographic projection)이라 한다. 물체를 정면에서 투상하여 그린 그림을 정면도(front view), 위에서 투상하여 그린 그림을 평면도(top view), 옆에서 투상하여 그린 그림을 측면도(side view)라 한다.

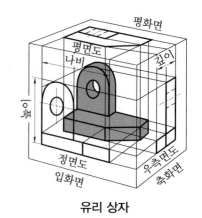

유리 상자

(2) 축측 투상법

정투상도로 나타내면 평행 광선에 의해 투상이 되기 때문에 경우에 따라서는 선이 겹쳐서 이해하기가 어려울 때가 있다. 이를 보완하기 위해 경사진 광선에 의해 투상하는 것을 축측 투상법이라 한다. 축측 투상법의 종류에는 등각 투상도, 부등각 투상도가 있다.

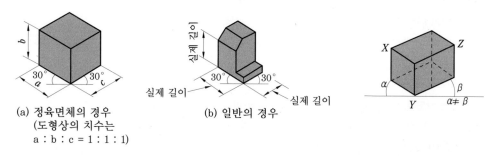

(a) 정육면체의 경우
(도형상의 치수는
a : b : c = 1 : 1 : 1)

(b) 일반의 경우

등각 투상도

부등각 투상도

(3) 사투상법

정투상도에서 정면도의 크기와 모양은 그대로 사용하고, 평면도와 우측면도를 경사시켜 그리는 투상법을 사투상법이라 한다. 사투상법의 종류에는 카발리에도와 캐비닛도가 있다.

경사각은 임의의 각도로 그릴 수 있으나 통상 30°, 45°, 60°로 그린다.

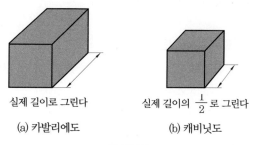

실제 길이로 그린다

(a) 카발리에도

실제 길이의 $\frac{1}{2}$ 로 그린다

(b) 캐비닛도

사투상도

(4) 투시도법

시점과 물체의 각 점을 연결하는 방사선에 의하여 그리는 것으로, 원근감이 있어 건축 조감도 등 건축 제도에 널리 쓰인다.

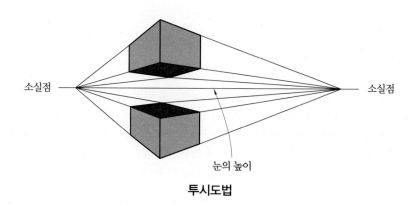

소실점

소실점

눈의 높이

투시도법

핵심문제

1. 평화면에 수직인 직선은 입화면에 어떻게 나타나는가?

① 축소되어 나타난다.　　　　② 점으로 나타난다.

③ 수직으로 나타난다.　　　　④ 실제 길이로 나타난다.　　　**정답** ④

2. 등각 투상도에 대한 설명으로 틀린 것은?

① 등각 투상도는 정면도와 평면도, 측면도가 필요하다.

② 정면, 평면, 측면을 하나의 투상도에서 동시에 볼 수 있다.

③ 직육면체에서 직각으로 만나는 3개의 모서리는 120°를 이룬다.

④ 한 축이 수직일 때에는 나머지 두 축은 수평선과 30°를 이룬다.　　　**정답** ①

3. 다음 중 물체를 입체적으로 나타낸 도면이 아닌 것은 어느 것인가?

① 투시도　　　② 등각도　　　③ 캐비닛도　　　④ 정투상도　　　**정답** ④

4. 원을 등각 투상법으로 투상하면 어떻게 나타나는가?

① 진원　　　② 타원　　　③ 마름모　　　④ 직사각형　　　**정답** ②

5. 등각 투상도에 대한 설명으로 틀린 것은?

① 원근감을 느낄 수 있도록 하나의 시점과 물체의 각 점을 방사선으로 이어서 그린다.

② 정면, 평면, 측면을 하나의 투상도에서 동시에 볼 수 있다.

③ 직육면체에서 직각으로 만나는 3개의 모서리는 120°를 이룬다.

④ 한 축이 수직일 때에는 나머지 두 축은 수평선과 30°를 이룬다.　　　**정답** ①

6. 물체를 입체적으로 나타내는 특수 투상도가 아닌 것은?

① 투시 투상도　　　② 등각 투상도　　　③ 사투상도　　　④ 정투상도　　　**정답** ④

7. 정면, 평면, 측면을 하나의 투상면 위에서 동시에 볼 수 있도록 그린 도법은?

① 보조 투상도　　　② 단면도　　　③ 등각 투상도　　　④ 전개도　　　**정답** ③

8. 다음 설명과 관련된 투상법은?

> • 하나의 그림으로 대상물의 한 면(정면)만을 중점적으로 엄밀, 정확하게 표시할 수 있다.
> • 물체를 투상면에 대하여 한쪽으로 경사지게 투상하여 입체적으로 나타낸 것이다.

① 사투상법　　　　　　　　② 등각 투상법

③ 투시 투상법　　　　　　　④ 부등각 투상법　　　**정답** ①

9. 다음 그림과 같이 정면은 정투상도의 정면도와 같고 옆면 모서리를 수평선과 임의 각도로 하여 그린 투상도는?

① 등각 투상도
② 부등각 투상도
③ 사투상도
④ 투시 투상도

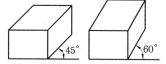

정답 ③

10. 멀고 가까운 거리감을 느낄 수 있도록 하나의 시점과 물체의 각 점을 방사선으로 이어서 그리는 도법은?

① 등각 투상도　　　　　　　　　② 부등각 투상도
③ 사투상도　　　　　　　　　　　④ 투시 투상도

정답 ④

1-2　제1각법과 제3각법

(1) 투상각

서로 직교하는 투상면의 공간을 그림과 같이 4등분한 것을 투상각이라 한다. 기계 제도에서는 3각법에 의한 정투상법을 사용함을 원칙으로 한다. 다만, 필요한 경우에는 제1각법에 따를 수도 있다. 그때 투상법의 기호를 표제란 또는 그 근처에 나타낸다.

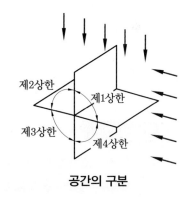

공간의 구분

① **제1각법** : 물체를 제1상한에 놓고 투상하며, 투상면의 앞에 물체를 놓는다. 즉, 순서는 그림과 같이 눈 → 물체 → 화면이다.

② **제3각법** : 물체를 제3상한에 놓고 투상하며, 투상면의 뒤에 물체를 놓는다. 즉, 순서는 그림과 같이 눈 → 화면 → 물체의 순서이다.

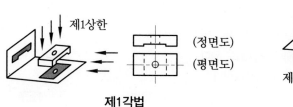

제1각법

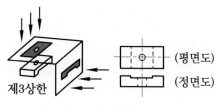

제3각법

(2) 투상각법의 기호

제1각법, 제3각법을 특별히 명시해야 할 때에는 표제란 또는 그 근처에 '1각법' 또는 '3각법'이라 기입하고 문자 대신 [그림]과 같은 기호를 사용한다.

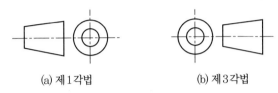

(a) 제1각법   (b) 제3각법

투상각법의 기호

(3) 투상면의 배치

제1각법에서 평면도는 정면도의 바로 아래에 그리고 측면도는 투상체를 왼쪽에서 보고 오른쪽에 그리므로 비교 · 대조하기가 불편하지만, 제3각법은 평면도를 정면도 바로 위에 그리고 측면도는 오른쪽에서 본 것을 정면도의 오른쪽에 그리므로 비교 · 대조하기가 편리하다.

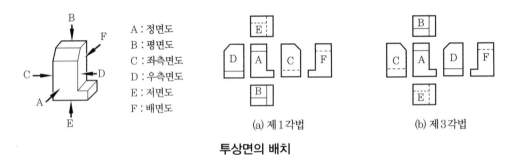

A : 정면도
B : 평면도
C : 좌측면도
D : 우측면도
E : 저면도
F : 배면도

(a) 제1각법   (b) 제3각법

투상면의 배치

핵심문제

1. 다음 중 제3각법에 대한 설명이 아닌 것은?

① 투상도는 정면도를 중심으로 하여 본 위치와 같은 쪽에 그린다.
② 투상면 뒤쪽에 물체를 놓는다.
③ 정면도 위쪽에 평면도를 그린다.
④ 정면도의 좌측에 우측면도를 그린다.   **정답** ④

2. 정투상 방법에 관한 설명 중 틀린 것은?

① 한국 산업 표준에서는 제3각법으로 도면을 작성하는 것을 원칙으로 한다.
② 한 도면에 제1각법과 제3각법을 혼용하여 사용해도 된다.
③ 제3각법은 '눈→투상면→물체' 순으로 놓고 투상한다.
④ 제1각법에서 평면도는 정면도 밑에 우측면도는 정면도 좌측에 배치한다.   **정답** ②

3. 정투상 방법으로 물체를 투상하여 정면도를 기준으로 배열할 때 제1각 방법 또는 제3각 방법에 관계없이 배열의 위치가 같은 투상도는?

　　① 저면도　　　　　　　　　　② 좌측면도

　　③ 평면도　　　　　　　　　　④ 배면도　　　　　　　　　**정답** ④

4. 정투상법의 제1각법에 의한 투상도의 배치에서 정면도의 위쪽에 놓이는 것은?

　　① 우측면도　　　　　　　　　② 평면도

　　③ 배면도　　　　　　　　　　④ 저면도　　　　　　　　　**정답** ④

2. 투상도의 표시 방법

2-1　투상도의 선택

① 정면도에는 대상물의 모양과 기능을 가장 명확하게 표시하는 면을 그린다. 또한, 대상물을 도시하는 상태는 도면의 목적에 따라 다음 어느 것인가에 따른다.

　㈎ 조립도와 같이 기능을 표시하는 도면에서는 대상물을 사용하는 상태

　㈏ 부품도와 같이 가공하기 위한 도면에서는 가공에 있어서 도면을 가장 많이 이용하는 공정에서 대상물을 놓는 상태

　㈐ 특별한 이유가 없는 경우, 대상물을 가로 길이로 놓은 상태

② 주투상도를 보충하는 다른 투상도는 되도록 적게 하고, 주투상도만으로 표시할 수 있는 것에 대해서는 다른 투상도를 그리지 않는다.

③ 서로 관련되는 그림의 배치는 되도록 숨은선을 쓰지 않도록 한다[그림 (a)]. 다만, 비교·대조하기 불편할 경우에는 예외로 한다[그림 (b)].

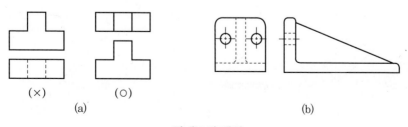

관계도의 배치

1. 기계 제도에서 투상도의 선택 방법에 대한 설명으로 틀린 것은?

① 계획도, 조립도 등 주로 기능을 나타내는 도면에서는 대상물을 사용하는 상태로 놓고 그린다.

② 부품을 가공하기 위한 도면에서는 가공 공정에서 대상물이 놓인 상태로 그린다.

③ 정면도에서는 대상물의 모양이나 기능을 가장 뚜렷하게 나타내는 면을 그린다.

④ 정면도를 보충하는 다른 투상도는 되도록 크게 그리고 많이 그린다.   정답 ④

2. 다음의 투상도 선정과 배치에 관한 설명 중 틀린 것은?

① 물체의 모양과 특징을 가장 잘 나타낼 수 있는 면을 정면도로 선정한다.

② 길이가 긴 물체는 길이 방향으로 놓은 자연스러운 상태로 그린다.

③ 투상도끼리 비교 대조가 용이하도록 투상도를 선정한다.

④ 정면도 하나로 그 물체의 형태를 알 수 있어도 측면이나 평면도를 꼭 그려야 한다.   정답 ④

2-2 보조 투상도

경사면부가 있는 물체는 정투상도로 그리면 물체의 실형을 나타낼 수가 없으므로 오른쪽 그림과 같이 경사면과 맞서는 위치에 보조 투상도를 그려 경사면의 실형을 나타낸다.

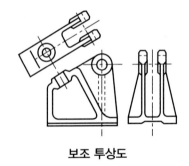

보조 투상도

도면의 관계 등으로 보조 투상도를 경사면에 맞서는 위치에 배치할 수 없는 경우에는 그 뜻을 화살표와 영자의 대문자로 나타낸다[그림 (a)]. 또한 [그림 (b)]와 같이 구부린 중심선에서 연결하여 투상 관계를 나타내도 좋다.

보조 투상도(필요부분의 투상도 포함)의 배치 관계가 분명하지 않을 경우에는 [그림 (c)]와 같이 표시 글자의 각각에 상대방 위치의 도면 구역의 구분 기호를 써 넣는다.

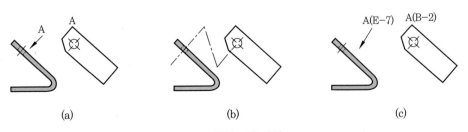

(a)   (b)   (c)

보조 투상도의 배치

핵심문제

1. 투상도의 표시 방법에서 보조 투상도에 관한 설명으로 적합한 것은?

① 복잡한 물체를 절단하여 투상한 것

② 홈, 구멍 등 특정 부위만 도시한 투상도

③ 특정 부분의 도형이 작아서 그 부분만을 확대하여 그린 투상도

④ 경사면부가 있는 물체의 경사면과 마주보는 위치에 그린 투상도   정답 ④

2. 투상도의 표시 방법에 대한 설명으로 틀린 것은?

① 주투상도는 대상물의 모양, 기능을 가장 명확하게 나타낼 수 있는 면을 선정하여 그린다.

② 서로 관련되는 그림의 배치는 되도록 숨은선을 쓰지 않도록 한다.

③ 보조 투상도는 대상물의 구멍, 홈 등 일부의 모양을 확대하여 도시한 것이다.

④ 주투상도를 보충하는 다른 투상도는 되도록 적게 한다.   정답 ③

3. 다음 그림과 같은 투상도의 명칭은?

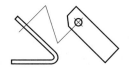

① 부분 투상도   ② 보조 투상도   ③ 국부 투상도   ④ 회전 투상도   정답 ②

2-3 특수 투상도

(1) 회전 투상도

투상면이 어느 각도를 가지고 있기 때문에 실형을 표시하지 못할 때에는 부분을 회전해서 그 실형을 도시할 수 있다. 또한, 잘못 볼 우려가 있을 경우에는 작도에 사용한 선을 남긴다.

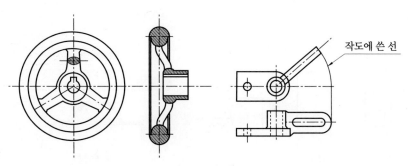

작도에 쓴 선

회전 투상도

(2) 부분 투상도

그림의 일부를 도시하는 것으로 충분한 경우에는 필요 부분만을 부분 투상도로써 표시한다. 이 경우에는 생략한 부분과의 경계를 파단선으로 나타낸다. 다만, 명확한 경우에는 파단선을 생략해도 좋다.

(3) 국부 투상도

대상물의 구멍, 홈 등 한 국부만의 모양을 도시하는 것으로 충분한 경우에는 필요 부분을 국부 투상도로써 나타낸다. 투상 관계를 나타내기 위하여 원칙으로 주된 그림에 중심선, 기준선, 치수 보조선 등으로 연결한다.

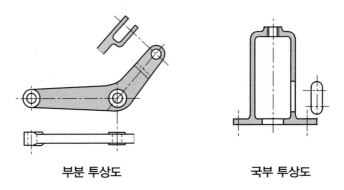

부분 투상도   국부 투상도

(4) 부분 확대도

특정 부분의 도형이 작아서 그 부분의 상세한 도시나 치수 기입을 할 수 없을 때에는 그 부분을 가는 실선으로 에워싸고, 영자의 대문자로 표시함과 동시에 그 해당 부분을 다른 장소에 확대하여 그리고, 표시하는 글자 및 척도를 기입한다. 다만, 확대한 그림의 척도를 나타낼 필요가 없는 경우에는 척도 대신 '확대도'라고 부기하여도 좋다.

(5) 전개 투상도

구부러진 판재를 만들 때는 공작상 불편하므로 실물을 정면도에 그리고 평면도에 전개도를 그린다.

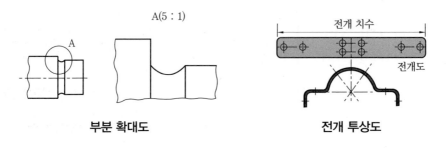

부분 확대도   전개 투상도

핵심문제

1. 보스에서 어느 각도만큼 암이 나와 있는 물체 등을 정투상도에 의하여 나타내면 제도하기가 어렵고 이해하기가 곤란해진다. 이럴 경우, 그 부분을 투상면에 평행한 위치까지 회전시켜 실제 길이가 나타날 수 있도록 그린 투상도는?

① 회전 투상도　　　② 국부 투상도　　　③ 보조 투상도　　　④ 부분 투상도　　**정답** ①

2. 그림과 같이 부품의 일부를 도시하는 것으로 충분한 경우 그 필요 부분만을 도시하는 투상도는?

 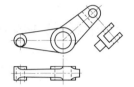

① 회전 투상도　　　② 부분 투상도　　　③ 국부 투상도　　　④ 부분 확대도　　**정답** ②

3. 국부 투상도의 설명에 해당하는 것은?

① 대상물의 구멍, 홈 등과 같이 한 부분의 모양을 도시하는 것으로 충분한 경우의 투상도
② 그림의 특정 부분만을 확대하여 그린 그림
③ 복잡한 물체를 절단하여 투상한 것
④ 물체의 경사면에 맞서는 위치에 그린 투상도　　**정답** ①

4. 부분 확대도의 도시 방법으로 틀린 것은?

① 특정한 부분의 도형이 작아서 그 부분을 확대하여 나타내는 표현 방법이다.
② 확대할 부분을 굵은 실선으로 에워싸고 한글이나 알파벳 대문자로 표시한다.
③ 확대도에는 치수 기입과 표면 거칠기를 표시할 수 있다.
④ 확대한 투상도 위에 확대를 표시하는 문자 기호화 척도를 기입한다.　　**정답** ②

3. 투상도의 해독

3-1　투상도의 누락된 부분 완성하기

　투상도를 해독한다는 것은 투상도를 보고 정투상의 원리를 이용하여 머릿속에 그 물체의 형상을 재현시키는 것이다. 누락된 투상도를 완성하기 위해서는 투상도를 해독하여 물체의 형상을 완전히 이해해야 한다.

핵심문제 1의 입체도

핵심문제 2의 입체도

핵심문제 3의 입체도

핵심문제

1. 다음은 어떤 물체를 제3각법으로 투상하여 정면도와 우측면도를 나타낸 것이다. 평면도로 옳은 것은?

정답 ④

2. 어떤 물체를 제3각법으로 투상했을 때 평면도는?

정답 ①

3. 다음 도면은 3각법에 의한 정면도와 평면도이다. 우측면도를 완성한 것은?

정답 ①

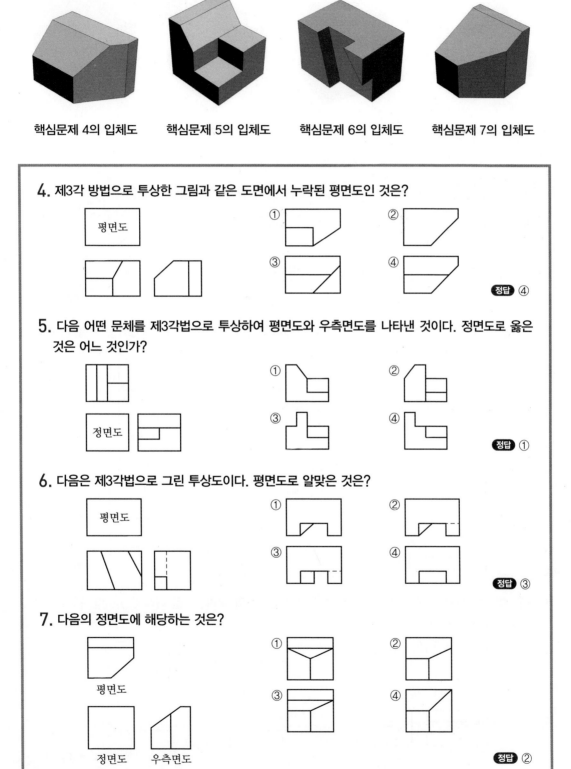

핵심문제 4의 입체도　　핵심문제 5의 입체도　　핵심문제 6의 입체도　　핵심문제 7의 입체도

4. 제3각 방법으로 투상한 그림과 같은 도면에서 누락된 평면도인 것은?

평면도

① ② ③ ④

정답 ④

5. 다음 어떤 문체를 제3각법으로 투상하여 평면도와 우측면도를 나타낸 것이다. 정면도로 옳은 것은 어느 것인가?

정면도

① ② ③ ④

정답 ①

6. 다음은 제3각법으로 그린 투상도이다. 평면도로 알맞은 것은?

평면도

① ② ③ ④

정답 ③

7. 다음의 정면도에 해당하는 것은?

평면도

정면도　　우측면도

① ② ③ ④

정답 ②

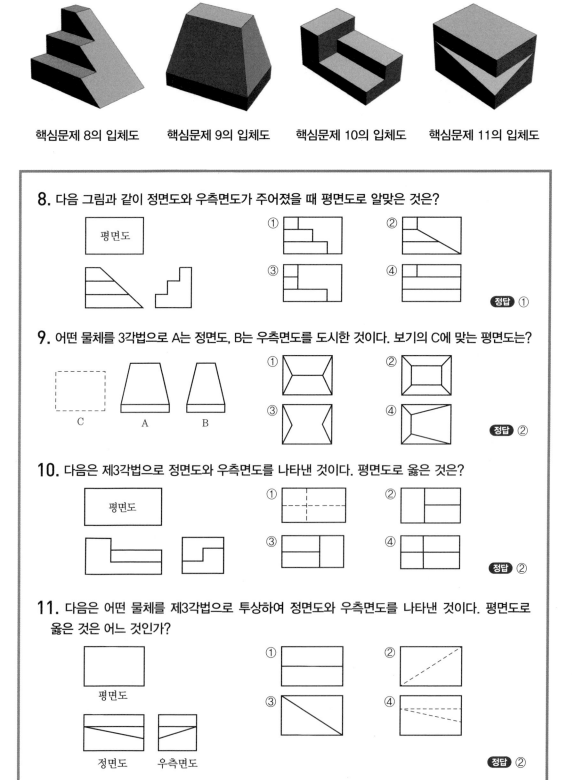

핵심문제 8의 입체도   핵심문제 9의 입체도   핵심문제 10의 입체도   핵심문제 11의 입체도

8. 다음 그림과 같이 정면도와 우측면도가 주어졌을 때 평면도로 알맞은 것은?

평면도

① ② ③ ④

정답 ①

9. 어떤 물체를 3각법으로 A는 정면도, B는 우측면도를 도시한 것이다. 보기의 C에 맞는 평면도는?

C   A   B

① ② ③ ④

정답 ②

10. 다음은 제3각법으로 정면도와 우측면도를 나타낸 것이다. 평면도로 옳은 것은?

평면도

① ② ③ ④

정답 ②

11. 다음은 어떤 물체를 제3각법으로 투상하여 정면도와 우측면도를 나타낸 것이다. 평면도로 옳은 것은 어느 것인가?

평면도

정면도   우측면도

① ② ③ ④

정답 ②

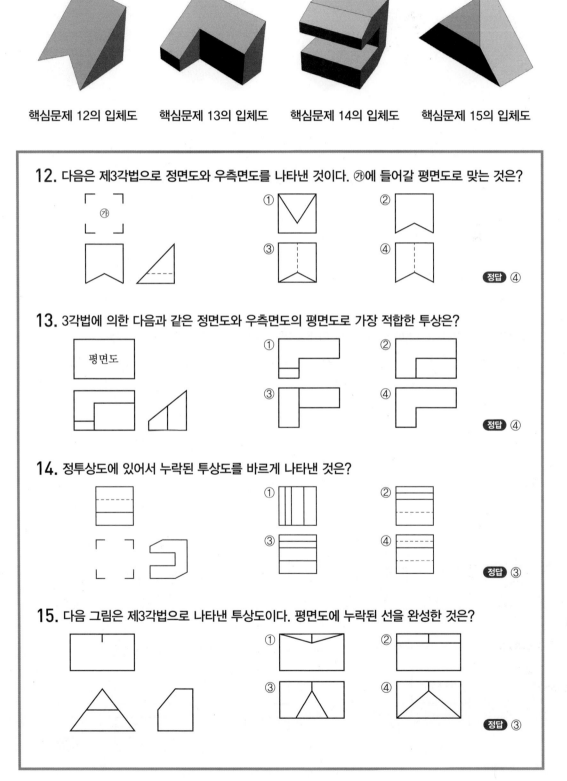

핵심문제 12의 입체도   핵심문제 13의 입체도   핵심문제 14의 입체도   핵심문제 15의 입체도

12. 다음은 제3각법으로 정면도와 우측면도를 나타낸 것이다. ㉮에 들어갈 평면도로 맞는 것은?

정답 ④

13. 3각법에 의한 다음과 같은 정면도와 우측면도의 평면도로 가장 적합한 투상은?

평면도

정답 ④

14. 정투상도에 있어서 누락된 투상도를 바르게 나타낸 것은?

정답 ③

15. 다음 그림은 제3각법으로 나타낸 투상도이다. 평면도에 누락된 선을 완성한 것은?

정답 ③

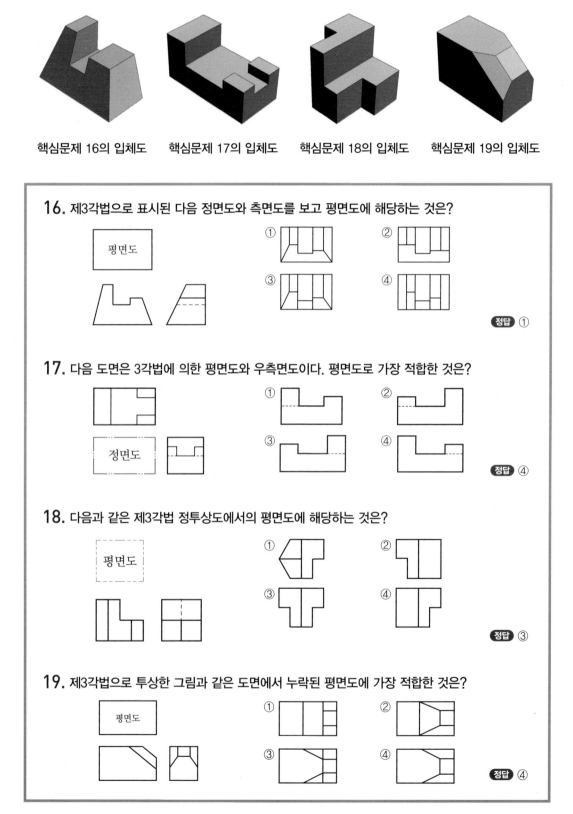

핵심문제 16의 입체도   핵심문제 17의 입체도   핵심문제 18의 입체도   핵심문제 19의 입체도

16. 제3각법으로 표시된 다음 정면도와 측면도를 보고 평면도에 해당하는 것은?

평면도

① ② ③ ④

정답 ①

17. 다음 도면은 3각법에 의한 평면도와 우측면도이다. 평면도로 가장 적합한 것은?

정면도

① ② ③ ④

정답 ④

18. 다음과 같은 제3각법 정투상도에서의 평면도에 해당하는 것은?

평면도

① ② ③ ④

정답 ③

19. 제3각법으로 투상한 그림과 같은 도면에서 누락된 평면도에 가장 적합한 것은?

평면도

① ② ③ ④

정답 ④

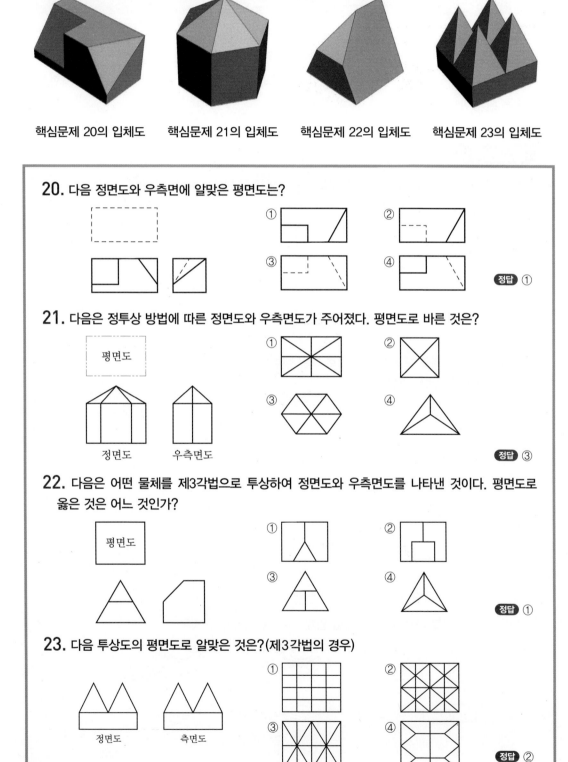

핵심문제 20의 입체도   핵심문제 21의 입체도   핵심문제 22의 입체도   핵심문제 23의 입체도

20. 다음 정면도와 우측면에 알맞은 평면도는?

정답 ①

21. 다음은 정투상 방법에 따른 정면도와 우측면도가 주어졌다. 평면도로 바른 것은?

평면도

정면도   우측면도

정답 ③

22. 다음은 어떤 물체를 제3각법으로 투상하여 정면도와 우측면도를 나타낸 것이다. 평면도로 옳은 것은 어느 것인가?

평면도

정답 ①

23. 다음 투상도의 평면도로 알맞은 것은?(제3각법의 경우)

정면도   측면도

정답 ②

3-2 3각 투상도를 보고 입체도 완성하기

3각 투상도에 선이 나타나는 경우는 면의 선화도, 면의 교차선, 표면의 극한선 중의 하나이다. 인접한 투상도에 나타나는 대응하는 선 또는 점을 참고하여 면의 형상을 재현해서 입체도를 완성한다.

핵심문제

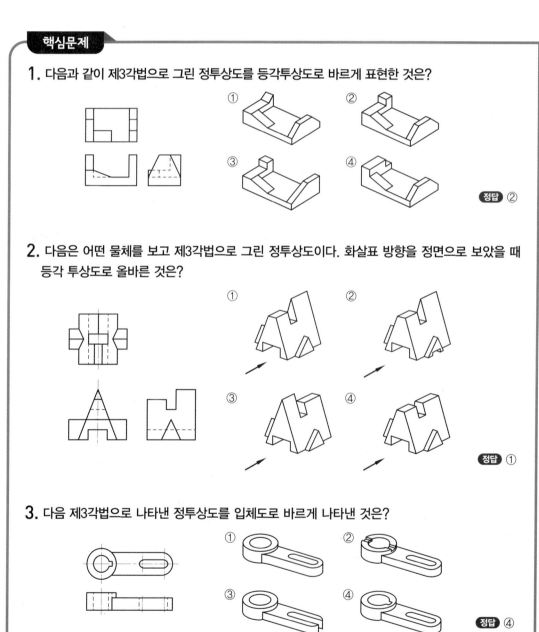

1. 다음과 같이 제3각법으로 그린 정투상도를 등각투상도로 바르게 표현한 것은?

① ②

③ ④

정답 ②

2. 다음은 어떤 물체를 보고 제3각법으로 그린 정투상도이다. 화살표 방향을 정면으로 보았을 때 등각 투상도로 올바른 것은?

① ②

③ ④

정답 ①

3. 다음 제3각법으로 나타낸 정투상도를 입체도로 바르게 나타낸 것은?

① ②

③ ④

정답 ④

4. 다음은 제3각법으로 정투상한 도면이다. 등각 투상도로 적합한 것은?

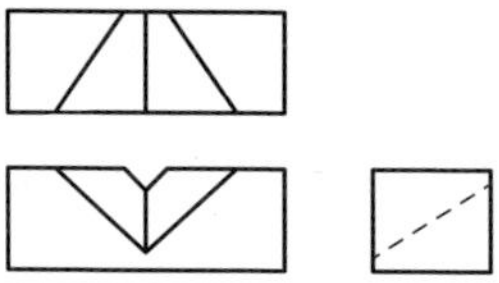

① 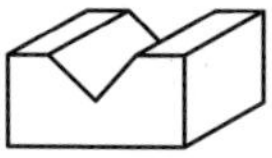 ② 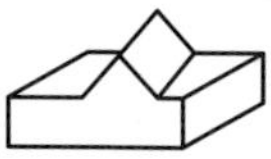 ③ 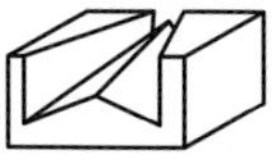 ④

정면도

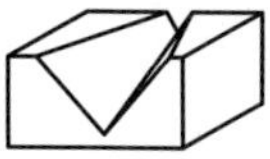

정답 ④

3-3   입체도를 보고 3각 투상도 완성하기

아래와 같은 원리를 참고하여 정면도, 측면도, 평면도에 선을 작도한다.
① 투상면과 나란한 직선은 실장으로 나타난다.
② 투상면과 경사진 직선은 축소된 선으로 나타난다.
③ 투상면과 수직으로 만나는 직선은 점으로 나타난다.

핵심문제

1. 다음의 등각 투상도에서 화살표 방향을 정면도로 하여 제3각법으로 투상하였을 때 맞는 것은 어느 것인가?

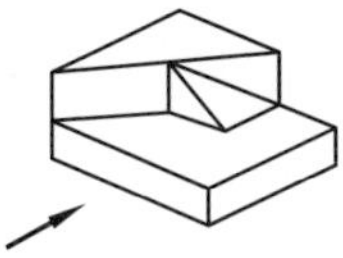

① 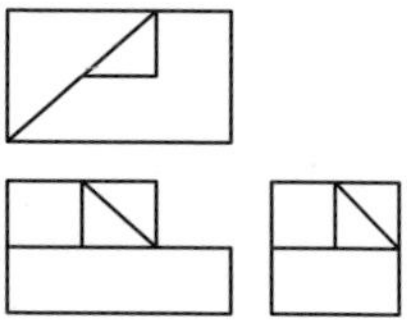 ② 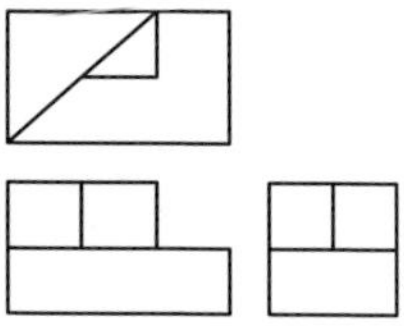 ③ 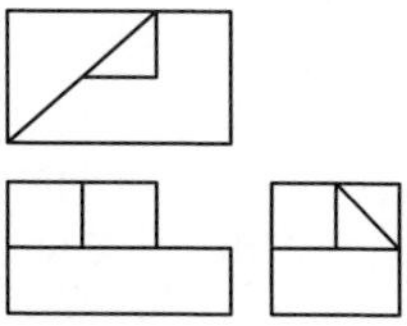 ④

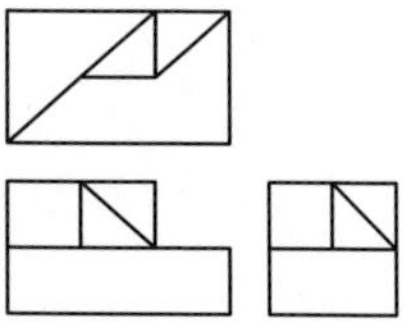

정답 ①

2. 보기의 그림에서 화살표 방향이 정면도일 때 평면도를 올바르게 표시한 것은?

① 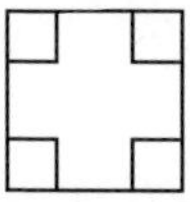 ②  ③ 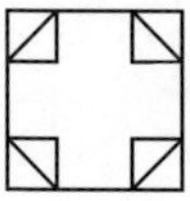 ④

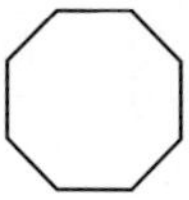

정답 ②

3. 다음 입체도에서 화살표 방향에서 본 투상도로 올바른 것은?

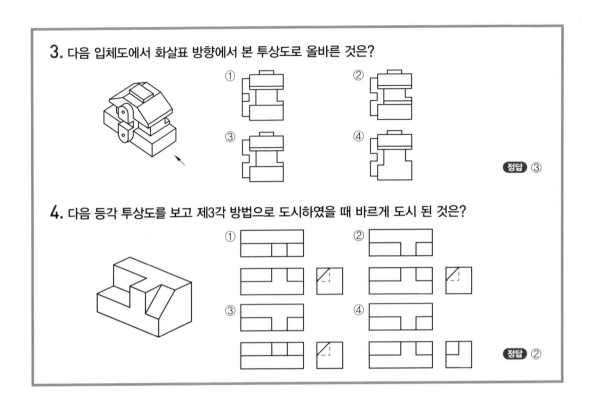

정답 ③

4. 다음 등각 투상도를 보고 제3각 방법으로 도시하였을 때 바르게 도시 된 것은?

정답 ②

3-4 정투상도 완성하기

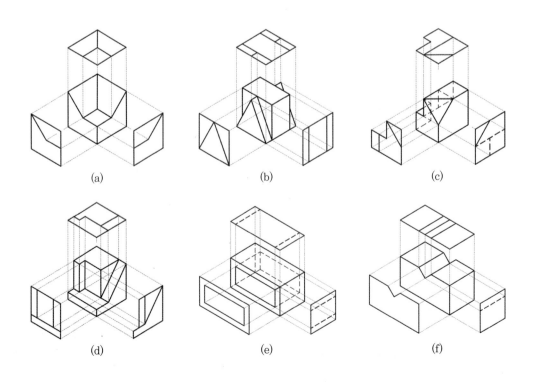

(a)   (b)   (c)

(d)   (e)   (f)

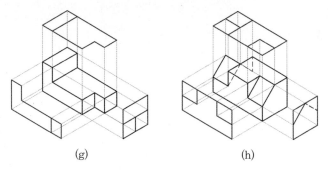

(g)　　　　　　　　　　(h)

정투상도 완성하기의 예

핵심문제

1. 다음 정투상도 중 틀린 것은?(제3각 방법의 경우)

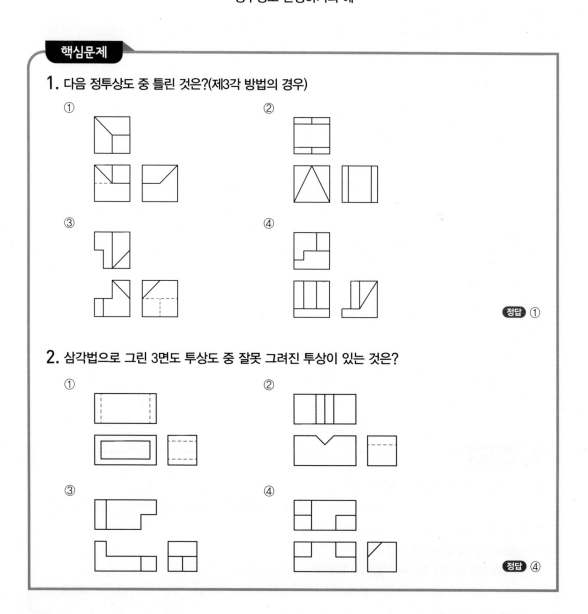

① ② ③ ④

정답 ①

2. 삼각법으로 그린 3면도 투상도 중 잘못 그려진 투상이 있는 것은?

① ② ③ ④

정답 ④

제4장

단면도법

1. 단면도의 종류와 이해

1-1 단면도의 표시 방법

물체 내부와 같이 볼 수 없는 것을 도시할 때, 숨은선으로 표시하면 복잡하므로 이와 같은 부분을 절단하여 내부가 보이도록 하면, 대부분의 숨은선이 없어지고 필요한 곳이 뚜렷하게 도시된다. 이와 같이 나타낸 도면을 단면도(sectional view)라고 하며 다음 규칙에 따른다.

① 단면도와 다른 도면과의 관계는 정투상법에 따른다.

② 절단면은 기본 중심선을 지나고 투상면에 평행한 면을 선택하되, 같은 직선상에 있지 않아도 된다.

③ 투상도는 전부 또는 일부를 단면으로 도시할 수 있다.

④ 단면에는 절단하지 않은 면과 구별하기 위하여 해칭(hatching)이나 스머징(smudging)을 한다. 또한 단면도에 재료 등을 표시하기 위해 특수한 해칭 또는 스머징을 할 수 있다.

⑤ 단면 뒤에 있는 숨은선은 물체가 이해되는 범위 내에서 되도록 생략한다.

⑥ 절단면의 위치는 다른 관계도에 절단선으로 나타낸다. 다만, 절단 위치가 명백할 경우에는 생략해도 좋다.

핵심문제

1. 다음은 단면 표시법이다. 틀린 것은?

① 단면은 원칙적으로 기본 중심선에서 절단한 면으로 표시한다. 이때 절단선은 반드시 기입하여 준다.

② 단면은 필요한 경우에는 기본중심선이 아닌 곳에서 절단한 면으로 표시해도 좋다. 단, 이때에는 절단 위치를 표시해 놓아야 한다.

③ 숨은선은 단면에 되도록 기입하지 않는다.

④ 관련도는 단면을 그리기 위하여 제거했다고 가정한 부분도 그린다.

정답 ①

2. 절단선으로 대상물을 절단하여 단면도를 그릴 때의 설명으로 틀린 것은?

① 절단 뒷면에 나타나는 숨은선이나 중심선은 생략하지 않는다.

② 화살표는 단면을 보는 방향을 나타낸다.

③ 절단한 곳을 나타내는 표시문자는 한글 또는 영문자의 대문자로 표시한다.

④ 절단면은 가는 1점 쇄선으로 표시하고 절단선의 꺾인 부분과 끝 부분은 굵은 실선으로 도시한다.

정답 ①

1-2 단면도의 종류

(1) 온 단면도(full sectional view)

물체를 기본 중심선에서 모두 절단해서 도시한 단면도를 말한다. 이때, 원칙적으로 절단면은 기본 중심선을 지나도록 한다. 또한, 기본 중심선이 아닌 곳에서 물체를 절단하여 필요 부분을 단면으로 도시할 수 있다. 이 경우에는 절단선에 의하여 절단 위치를 나타낸다. 또 단면을 보는 방향을 확실히 하기 위하여 화살표를 한다.

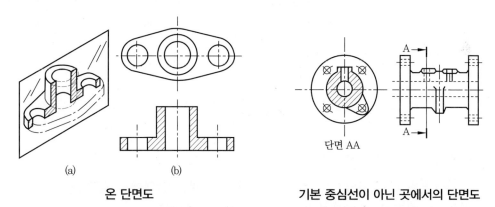

(a) (b)

온 단면도   기본 중심선이 아닌 곳에서의 단면도

단면 AA

(2) 한쪽 단면도(half sectional view)

기본 중심선에 대칭인 물체의 $\frac{1}{4}$만 잘라내어 절반은 단면도로, 다른 절반은 외형도로 나타내는 단면법이다. 이 단면도는 물체의 외형과 내부를 동시에 나타낼 수가 있으며, 절단선은 기입하지 않는다.

(3) 부분 단면도(local sectional view)

외형도에 있어서 필요로 하는 요소의 일부분만을 부분 단면도로 표시할 수 있다. 이 경우 파단선에 의하여 그 경계를 나타낸다.

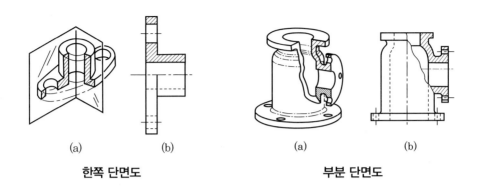

한쪽 단면도 · 부분 단면도

(4) 회전 도시 단면도(revolved section)

핸들이나 바퀴 등의 암 및 림, 리브, 훅, 축, 구조물의 부재 등의 절단면은 다음에 따라 90° 회전하여 표시한다.
① 절단할 곳의 전후를 끊어서 그 사이에 그린다[그림 (a)].
② 절단선의 연장선 위에 그린다[그림 (b)].
③ 도형 내의 절단한 곳에 겹쳐서 가는 실선을 사용하여 그린다[그림 (c)].

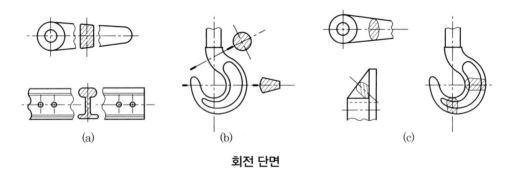

회전 단면

(5) 계단 단면(offset section)

2개 이상의 평면을 계단 모양으로 절단한 단면이다. 계단 단면에서 절단선은 가는 1점 쇄선으로 표시하고 양끝과 중요 부분은 굵은 실선으로 나타낸다.

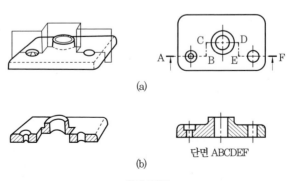

단면 ABCDEF

계단 단면

또 단면은 단면도에서 요철(凹凸)이 없는 것으로 가정하여 한 평면상에 나타낸다.

이 경우 필요에 따라서 단면을 보는 방향을 나타내는 화살표와 글자 기호를 붙인다.

(6) 얇은 두께 부분의 단면도

개스킷, 박판, 형강 등과 같이 절단면이 얇은 경우에는 [그림 (a), (b)]와 같은 절단면을 검게 칠하거나, [그림 (c), (d)]와 같은 실제 치수와 관계없이 1개의 아주 굵은 실선으로 표시한다. 절단면의 뚫린 구멍의 도시는 [그림 (d)]와 같이 나타낸다. 또한, 어떤 경우에도 이들의 단면이 인접되어 있을 경우에는 그것을 표시하는 도형 사이에 0.7mm 이상의 간격을 두어 구별한다.

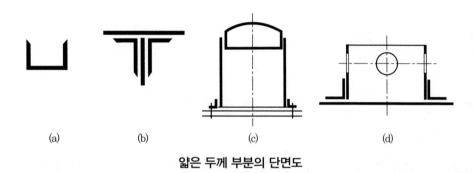

(a) (b) (c) (d)

얇은 두께 부분의 단면도

핵심문제

1. 대칭형 물체를 기본 중심에서 $\frac{1}{2}$ 절단하여 그림과 같이 단면한 것은?

① 한쪽 단면도
② 온 단면도
③ 부분 단면도
④ 회전 단면도

정답 ②

2. 한쪽 단면도는 대칭 모양의 물체를 중심선을 기준으로 얼마나 절단하여 나타내는가?

① 전체 ② $\frac{1}{2}$ ③ $\frac{1}{4}$ ④ $\frac{1}{3}$

정답 ③

3. 다음 그림은 어느 단면도에 해당하는가?

① 온 단면도
② 한쪽 단면도
③ 회전 단면도
④ 부분 단면도

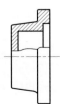

정답 ④

4. 벨트 풀리 암의 단면형을 도형 안에 회전 단면 도시할 때 표현하는 외형선은?

① 가는 실선   ② 굵은 실선

③ 가는 1점 쇄선   ④ 굵은 2점 쇄선   **정답** ①

5. 가는 일점 쇄선으로 끝부분 및 방향이 변하는 부분을 굵게 한 선의 용도에 의한 명칭은?

① 파단선   ② 절단선

③ 가상선   ④ 특수 지시선   **정답** ②

6. 개스킷, 박판, 형강 등과 같이 두께가 얇은 것의 절단면 도시에 사용하는 선은?

① 가는 실선   ② 굵은 1점 쇄선

③ 가는 2점 쇄선   ④ 아주 굵은 실선   **정답** ④

2. 기타 도시법

2-1   도형의 생략 및 단축 도시

생략 도면이란 도형의 일부를 생략해도 도면을 이해할 수 있는 경우를 말한다.

(1) 대칭 도형의 생략

도형이 대칭인 경우에는 대칭 중심선의 한쪽을 생략할 수 있다. [그림]과 같이 대칭 중심선의 한쪽 도형만을 그리고 대칭 중심선의 양 끝 부분에 2개의 나란한 짧은 가는 선(대칭 도시 기호라 한다.)을 그린다.

대칭 도형의 생략

(2) 반복 도형의 생략

같은 종류, 같은 크기의 리벳 구멍, 볼트 구멍, 파이프 구멍 등과 같은 것은 전부 표시하지 않고, 그 양단부 또는 주요 요소만 표시하고, 다른 것은 중심선 또는 중심선의 교차점으로 표시한다.

반복 도형의 생략

(3) 중간 부분의 단축

동일 단면형의 부분(축, 막대, 파이프, 형강), 같은 모양이 규칙적으로 줄지어 있는 부분(래크, 공작 기계의 어미 나사, 교량의 난간, 사다리), 또는 긴 테이퍼 등의 부분(테이퍼

축)은 지면을 생략하기 위하여 중간 부분을 잘라내어 긴요한 부분만을 가까이 하여 도시할 수 있다. 이 경우, 잘라낸 끝부분은 파단선으로 나타낸다. 또, 긴 테이퍼 부분 또는 기울기 부분을 잘라낸 도시에서는 경사가 완만한 것은 실제의 각도로 도시하지 않아도 된다.

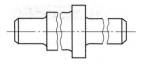

중간 부분의 단축

핵심문제

1. 도형의 생략에 관한 설명 중 틀린 것은?

① 대칭의 경우에는 대칭 중심선의 한쪽 도형만을 그리고 그 대칭 중심선의 양 끝 부분에 짧은 두 개의 나란한 가는 실선을 그린다.

② 도면을 이해할 수 있더라도 숨은선은 생략해서는 안 된다.

③ 같은 종류, 같은 모양의 것이 다수 줄지어 있는 경우에는 지시선을 사용하여 기술할 수 있다.

④ 물체가 긴 경우 도면의 여백을 활용하기 위하여 파단선이나 지그재그선을 사용하여 투상도를 단축할 수 있다.

정답 ②

2-2 해칭과 스머징

① 해칭(hatching)이란 단면 부분에 가는 실선으로 빗금선을 긋는 방법이며, 스머징(smudging)이란 단면 주위를 색연필로 엷게 칠하는 방법이다.

② 중심선 또는 주요 외형선에 45° 경사지게 긋는 것이 원칙이나, 부득이한 경우에는 다른 각도(30°, 60°)로 표시한다.

③ 해칭선의 간격은 도면의 크기에 따라 다르나, 보통 2~3mm의 간격으로 하는 것이 좋다.

④ 2개 이상의 부품이 인접할 경우에는 해칭의 방향과 간격을 다르게 하거나 각도를 다르게 한다.

⑤ 간단한 도면에서 단면을 쉽게 알 수 있는 것은 해칭을 생략할 수 있다.

⑥ 동일 부품의 절단면 해칭은 동일한 모양으로 해칭하여야 한다.

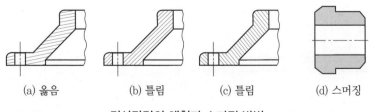

(a) 옳음   (b) 틀림   (c) 틀림   (d) 스머징

경사단면의 해칭과 스머징 방법

⑦ 해칭 또는 스머징을 하는 부분 안에 문자, 기호 등을 기입하기 위하여 해칭 또는 스머징을 중단한다.

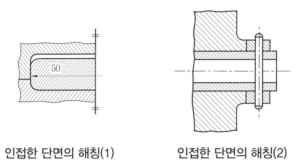

인접한 단면의 해칭(1)   인접한 단면의 해칭(2)

핵심문제

1. 단면도의 해칭 방법에서 틀린 것은?

① 조립도에서 인접하는 부품의 해칭은 선의 방향 또는 각도를 바꾸어 구별한다.
② 절단면적이 넓을 경우에는 외형선을 따라 적절히 해칭을 한다.
③ 해칭면에 문자, 기호 등을 기입할 경우 해칭을 중단해서는 안 된다.
④ KS 규격에 제시된 재료의 단면 표시기호를 사용할 수 있다.   정답 ③

2-3 길이 방향으로 절단하지 않는 부품

리브의 중심을 통하여 그 길이 방향으로 절단 평면이 통과하면 그 물체가 마치 원추형 물체와 같이 오해될 수 있다. 이럴 때는 절단 평면이 리브의 바로 앞을 통과하는 것처럼 그려야 하고 리브에는 해칭을 하지 않아야 한다.

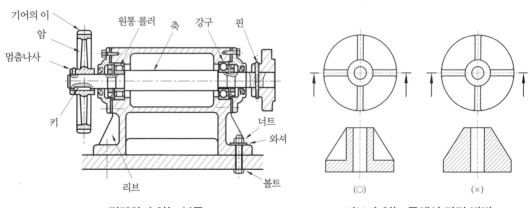

절단하지 않는 부품   리브가 있는 물체의 단면 방법

이와 같이 길이 방향으로 도시하면 이해하기에 지장이 있는 것(보기 1) 또는 절단하여도 의미가 없는 것(보기 2)은 길이 방향으로 절단하여 도시하지 않는다.

 보기
1. 리브, 바퀴의 암, 기어의 이
2. 축, 핀, 볼트, 너트, 와셔, 작은나사, 키, 강구, 원통 롤러

핵심문제

1. 길이 방향으로 단면하여 나타낼 수 있는 것은?
① 기어(gear)의 이 ② 볼트(bolt) ③ 강구(steel ball) ④ 파이프(pipe) 정답 ④

2. 단면도를 나타낼 때 긴 쪽 방향으로 절단하여 도시할 수 있는 것은?
① 볼트, 너트, 와셔 ② 축, 핀, 리브 ③ 리벳, 강구, 키 ④ 기어의 보스 정답 ④

3. 다음은 기계 요소 중에서 원칙적으로 길이 방향으로 절단하여 단면하지 않는 것이다. 틀린 것은 어느 것인가?
① 축, 키 ② 리벳, 핀 ③ 볼트, 작은나사 ④ 베어링, 너트 정답 ④

4. 길이 방향으로 절단해서 단면도를 그리지 않아야 하는 부품은?
① 축 ② 보스 ③ 베어링 ④ 커버 정답 ①

2-4 전개도법의 종류와 용도

① **평행선 전개법** : 각기둥이나 지름이 일정한 원기둥을 연직 평면 위에 전개하는 방법이다.

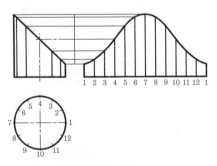

평행선 전개법

② **방사선 전개법** : 각뿔이나 원뿔을 꼭지점을 중심으로 방사상으로 전개하는 방법이다.

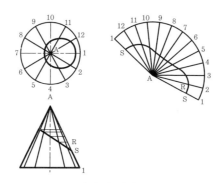

방사선 전개법

③ **삼각형 전개법** : 꼭지점이 지면 밖으로 나갈 정도로 길이가 긴 각뿔이나 원뿔을 전개할 때 사용하는 방법이다.

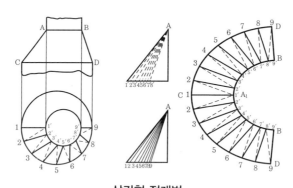

삼각형 전개법

 핵심문제

1. 지름이 일정한 원통을 전개하려고 한다. 어떤 전개 방법을 이용하는 것이 가장 적합한가?

① 삼각형을 이용한 전개도법　　② 방사선을 이용한 전개도법
③ 평행선을 이용한 전개도법　　④ 사각형을 이용한 전개도법　　정답 ③

2. 다음은 잘린 원뿔을 전개한 것이다. 다음 중 어떤 전개 방법을 사용하였는가?

① 삼각형법 전개
② 방사선법 전개
③ 평행선법 전개
④ 사각형법 전개

정답 ②

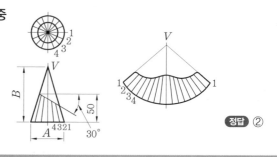

2-5 두 개의 면이 만나는 모양 그리기

(1) 상관선의 관용 투상

도면을 이해하기 쉽도록 두 개 이상의 입체면이 만나는 상관선을 정투상 원칙에 구속되지 않고 간단하게 도시한 것을 관용 투상도라고 한다. 일반적으로 굵기가 두 배 이상인 두 입체가 교차할 때 관용 투상을 적용한다.

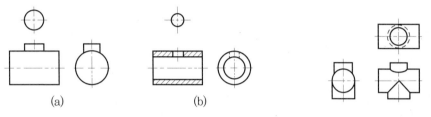

(a)   (b)

굵기가 두 배 이상인 경우   굵기가 두 배 미만인 경우

(2) 2개 면의 교차 부분의 표시

교차 부분에 둥글기가 있는 경우, 이 둥글기의 부분을 도형에 표시할 필요가 있을 때에는 그림과 같이 교차선의 위치에 굵은 실선으로 표시한다.

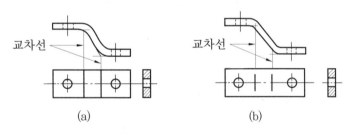

(a)   (b)

2개 면의 교차 부분의 표시

(3) 리브 교차 부분의 표시

리브를 표시하는 선의 끝부분은 [그림 (a)]와 같이 직선 그대로 멈추게 한다. 또 관계있는 둥글기의 반지름이 아주 다를 경우에는 [그림 (b), (c)]와 같이 끝부분을 안쪽 또는 바깥쪽으로 구부려서 멈추게 하여도 좋다.

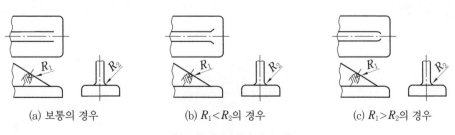

(a) 보통의 경우   (b) $R_1 < R_2$의 경우   (c) $R_1 > R_2$의 경우

리브의 교차 부분의 표시

1. 2개 이상의 입체 면과 면이 만나는 경계선을 무엇이라고 하는가?

① 절단선　　　　② 파단선　　　　③ 작도선　　　　④ 상관선　　　　**정답 ④**

2. 다음의 특수 투상법 중 물체의 형상을 그대로 그리면 복잡하고 이해하는 데 지장이 있는 경우에 간략하게 작도하는 방법은?

① 관용 투상도　　② 부분 투상도　　③ 보조 투상도　　④ 회전 투상도　　**정답 ①**

3. 다음 중 화살표 방향에서 본 그림을 나타낸 것은 어느 것인가?

정답 ①

2-6　특수한 부분의 표시

① 일부분에 특정한 모양을 가진 것은 그 부분이 그림의 위쪽에 나타나도록 그리는 것이 좋다. 예를 들면, 키 홈이 있는 보스 구멍, 벽에 구멍 또는 홈이 있는 관이나 실린더, 쪼개짐을 가진 링 등을 도시하는 경우에는 아래 [그림]에 따르는 것이 좋다.

② **평면의 표시** : 도형 내의 특정한 부분이 평면이란 것을 표시할 필요가 있을 경우에는 가는 실선으로 대각선을 기입한다.

일부분에 특정한 모양을 가진 경우　　　　평면의 표시

1. 그림의 ⓐ 표기 부분이 의미하는 내용은?

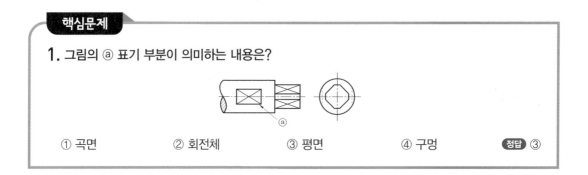

① 곡면　　　　② 회전체　　　　③ 평면　　　　④ 구멍　　　　**정답 ③**

제5장 치수와 표면 거칠기

1. 치수 기입

1-1 치수의 종류

치수에는 재료 치수, 소재 치수, 마무리 치수 등이 있는데 도면에 표시되는 치수는 특별히 명시하지 않는 한 마무리 치수를 기입한다.

(1) 재료 치수

압력 용기, 철골 구조물 등을 만들 때 사용되는 재료가 되는 강판, 형강, 관 등의 치수로서 톱날로 전달되고 다듬어지는 부분을 모두 포함한 치수이다.

(2) 소재 치수

주물 공장에서 주조한 그대로의 치수로서 기계로 다듬기 전의 미완성된 치수이다.

(3) 마무리 치수

마지막 다듬질을 한 완성품의 치수로서의 완성 치수 또는 다듬질 치수라고도 한다.

핵심문제

1. 도면에 기입되는 치수는 특별히 명시하지 않는 한 보통 어떤 치수를 기입하는가?

① 재료 치수   ② 마무리 치수   ③ 반제품 치수   ④ 소재 치수   **정답** ②

2. 다음 중 도면에 기입되는 치수에 대한 설명이 옳은 것은?

① 재료 치수는 재료를 구입하는 데 필요한 치수로 잘림여유나 다듬질 여유가 포함되어 있지 않다.
② 소재 치수는 주물 공장이나 단조 공장에서 만들어진 그대로의 치수를 말하며 가공할 여유가 없는 치수이다.
③ 마무리 치수는 가공 여유를 포함하지 않은 치수로 가공 후 최종으로 검사할 완성된 제품의 치수를 말한다.
④ 도면에 기입되는 치수는 특별히 명시하지 않는 한 소재 치수를 기입한다.   **정답** ③

1-2 치수 기입 방법

(1) 치수 기입의 원칙

도면에서 치수 기입은 중요한 것 중의 하나이다. 작도자가 도면에 기입한 치수는 작업자가 가공 완성한 치수이다. 그러므로 정확한 치수를 기입해야 한다.

도면에 치수를 기입하는 경우에는 다음 사항에 유의하여 기입한다.

① 대상물의 기능·제작·조립 등을 고려하여 필요하다고 생각되는 치수를 명료하게 도면에 지시한다.

② 치수는 대상물의 크기, 자세 및 위치를 가장 명확하게 표시하는 데 필요하고 충분한 것을 기입한다.

③ 도면에 나타내는 치수는 특별히 명시하지 않는 한, 그 도면에 도시한 대상물의 다듬질 치수를 표시한다.

④ 치수에는 기능상 필요한 경우 치수의 허용 한계를 기입한다. 다만, 이론적으로 정확한 치수는 제외한다.

⑤ 치수는 되도록 주투상도에 기입한다.

⑥ 치수는 중복 기입을 피한다.

⑦ 치수는 되도록 계산해서 구할 필요가 없도록 기입한다.

⑧ 치수는 필요에 따라 기준으로 하는 점, 선 또는 면을 기준으로 하여 기입한다.

⑨ 관련되는 치수는 되도록 한 곳에 모아서 기입한다.

⑩ 치수는 되도록 공정마다 배열을 분리하여 기입한다.

⑪ 치수 중 참고 치수에 대하여는 치수 수치에 괄호를 붙인다.

(2) 치수의 단위

치수 수치의 단위는 다음에 따른다.

① 길이의 치수 수치는 원칙적으로 mm의 단위로 기입하고 단위 기호는 붙이지 않는다.

② 각도의 치수 수치는 일반적으로 도의 단위로 기입하고 필요한 경우에는 분 및 초를 병용할 수 있다. 도, 분, 표를 표시하는 데에는 숫자의 오른쪽 어깨에 각각 °, ′, ″를 기입한다.

> **보기** 90°, 22.5°, 6°21′5″(또는 6°21′05″), 8°0′12″(또는 8°00′12″), 3′21″

또, 각도의 치수 수치를 라디안의 단위로 기입하는 경우에는 그 단위 기호 rad를 기입한다.

> **보기** 0.52rad, $\dfrac{\pi}{3}$rad

③ 치수 수치의 소수점은 아래쪽의 점으로 하고 숫자 사이를 적당히 떼어서 그 중간에 약간 크게 쓴다. 또, 치수 수치의 자릿수가 많은 경우 3자리마다 숫자의 사이를 적당히 띄우고 콤마는 찍지 않는다.

> **보기** 123.25, 12.00, 22 320

핵심문제

1. 치수 기입에서 (20)으로 표기 되었다면 무엇을 뜻하는가?

① 기준 치수   ② 완성 치수

③ 참고 치수   ④ 비례척이 아닌 치수   **정답** ③

2. 치수 기입의 원칙에 대한 설명으로 틀린 것은?

① 관련되는 치수는 되도록 한 곳에 모아서 기입한다.

② 치수는 중복 기입을 할 수 있고 각 투상도에 고르게 치수를 기입한다.

③ 치수는 되도록 주 투상도에 집중한다.

④ 치수는 되도록 공정마다 배열을 분리하여 기입한다.   **정답** ②

3. 치수 기입에 있어서 참고 치수를 나타내는 것은 어느 것인가?

① 치수 밑에 줄을 긋는다.

② 치수 앞에 √를 한다.

③ 치수에 (   )를 한다.

④ 치수 앞에 ※표를 한다.   **정답** ③

4. 치수 기입 방법에 대한 설명으로 틀린 것은?

① 치수의 자릿수가 많을 경우에는 세 자리 숫자마다 콤마를 붙인다.

② 길이 치수는 원칙적으로는 밀리미터(mm)의 단위로 기입하고, 단위 기호는 붙이지 않는다.

③ 각도 치수를 라디안의 단위로 기입하는 경우에는 단위 기호 rad를 기입한다.

④ 각도 치수는 일반적으로 도의 단위를 기입하고, 필요한 경우에는 분 및 초를 갈아 사용할 수 있다.   **정답** ①

5. 다음 치수 기입 방법에 대한 설명으로 틀린 것은 어느 것인가?

① 치수의 단위는 mm이고 단위 기호는 붙이지 않는다.

② cm나 m를 사용할 필요가 있을 경우는 반드시 cm나 m 등의 기호를 기입하여야 한다.

③ 한 도면 안에서의 치수는 같은 크기로 기입한다.

④ 치수 숫자의 단위수가 많은 경우에는 3단위마다 숫자 사이를 조금 띄우고 콤마를 사용한다.   **정답** ④

1-3 치수 기입에 사용되는 기호

(1) 치수 기입 요소

치수 기입에는 치수선, 치수 보조선, 지시선, 화살표, 치수 숫자 등이 쓰인다.

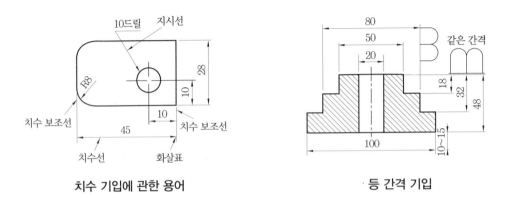

치수 기입에 관한 용어   등 간격 기입

① **치수선** : 0.25mm 이하의 가는 실선으로 그어 외형선과 구별하고 양끝에는 끝부분 기호
를 붙인다.

　㈎ 외형선으로부터 치수선은 약 10~15mm 띄어서 긋고, 계속될 때는 같은 간격으로
　　긋는다.

　㈏ 원호를 나타내는 치수선은 호 쪽에만 화살표를 붙인다.

　㈐ 원호의 지름을 나타내는 치수선은 수평선에 대해 45°의 직선으로 한다.

② **치수 보조선** : 0.25mm 이하의 가는 실선으로 치수선에 직각이 되게 긋고, 치수선의 위
치보다 약간 길게 긋는다. 그러나 치수 보조선이 다음 [그림 (b)]와 같이 외형선과 근접
하므로 선의 구별이 어려울 때에는 치수선과 적당한 각도(60° 방향)를 가지게 한다. 한
중심선에서 다른 중심선까지의 거리를 나타낼 때에는 다음 [그림 (c)]와 같이 중심선으로
치수 보조선을 대신하며, 치수 보조선이 다른 선과 교차되어 복잡하게 될 경우, 또는 치
수를 도형 안에 기입하는 것이 더 뚜렷할 경우에는 [그림 (d)]와 같이 외형선을 치수 보
조선으로 사용할 수 있다.

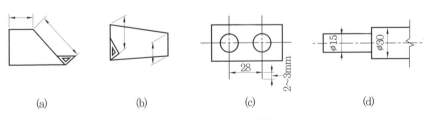

(a)　　　　(b)　　　　(c)　　　　(d)

치수 보조선 긋는 방법

(2) 지시선

구멍의 치수, 가공법 또는 품번 등을 기입하는 데 사용한다. 지시선은 일반적으로 수평선에 60°가 되도록 그으며, 지시되는 쪽에 화살표를 하고, 반대쪽은 수평으로 꺾어 그 위에 지시 사항이나 치수를 기입한다.

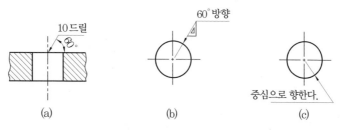

지시선 긋는 방법

(3) 화살표

치수나 각도를 기입하는 치수선의 끝에 화살표를 붙여 그 한계를 표시한다. 한계를 표시하는 기호에는 [그림-치수선의 양단을 표시하는 방법]이 있으며, 화살표를 그릴 때는 길이와 폭의 비율이 조화를 이루게 한다. 한 도면에서는 될 수 있는 대로 화살표의 크기를 같게 한다.

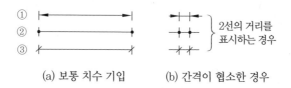

(a) 보통 치수 기입   (b) 간격이 협소한 경우

치수선의 양단을 표시하는 방법

(4) 치수 숫자

치수 숫자는 다음과 같은 원칙에 따라 기입한다.

① 수평 방향의 치수선에는 도면의 밑변 쪽에서 보고 읽을 수 있도록 기입하고, 수직 방향의 치수선에는 도면의 오른쪽에서 보고 읽을 수 있도록 기입한다[그림 (a)].

② 경사 방향의 치수 기입 [그림 (b)]도 ①에 준하나 수직선에서 반시계 방향으로 30° 범위 내에는 가능한 한 치수 기입을 피한다[그림 (c)].

③ 경사 방향의 금지된 구역에 치수 기입이 꼭 필요한 경우는 [그림 (d)]와 같이 한다.

④ 도형이 치수 비례대로 그려져 있지 않을 때는 다음 [그림 (e)]와 같이 치수 밑에 밑줄을 긋는다.

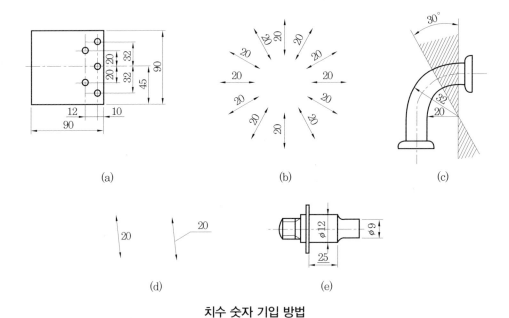

(a)   (b)   (c)

(d)   (e)

치수 숫자 기입 방법

핵심문제

1. 치수 기입의 요소가 아닌 것은?

① 치수선   ② 치수 보조선   ③ 치수 숫자   ④ 해칭선   **정답** ④

2. 치수선과 치수 보조선에 대한 설명으로 틀린 것은 어느 것인가?

① 치수선과 치수 보조선은 가는 실선을 사용한다.
② 치수 보조선은 치수를 기입하는 형상에 대해 평행하게 그린다.
③ 외형선, 중심선, 기준선 및 이들의 연장선을 치수선으로 사용하지 않는다.
④ 치수 보조선과 치수선의 교차는 피해야 하나 불가피한 경우에는 끊김 없이 그린다.   **정답** ②

3. 치수선 끝에 붙는 화살표의 길이와 나비 비율은 어떻게 되는가?

① 2:1   ② 3:1   ③ 4:1   ④ 5:1   **정답** ②

4. 그림과 같이 여러 각도로 기울여진 면의 치수를 기입할 때 잘못 기입된 치수 방향은?

① ㉠
② ㉡
③ ㉢
④ ㉣

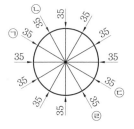

정답 ②

5. 치수 기입에 관한 설명으로 틀린 것은?

① 수직 방향의 치수선에 대해서는 투상도의 오른쪽에서 읽을 수 있도록 기입한다.

② 수치는 치수선 중앙의 위에 약간 띄어서 쓴다.

③ 비례척이 아닌 경우는 치수 수치 위에 선을 긋는다.

④ 한 도면 내의 치수는 일정한 크기로 쓴다. 정답 ③

1-4 치수 보조 기호

(1) 치수 보조 기호의 종류

치수 보조 기호의 종류

기 호	설 명	기 호	설 명
ϕ	지름	⌒	원호의 길이
$S\phi$	구의 지름	C	45° 모따기
□	정육면체의 변	$t=$	두께
R	반지름	⌴	카운터 보어
SR	구의 반지름	∨	카운터 싱크(집시 자리파기)
CR	제어 반지름	⤓	깊이

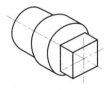

(입체 예)
(a) 정사각형 기호 표시 방법

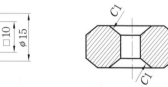

(b) 45° 모따기 기호

(c) 반지름 표시 방법

(d) 두께 표시 방법

(e) 구의 지름 표시 방법

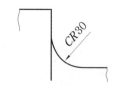

(f) 제어 반지름 지시의 보기

치수 보조 기호 표시 방법

핵심문제

1. 다음 투상도에 표시된 "*SR*"이 의미하는 것은?

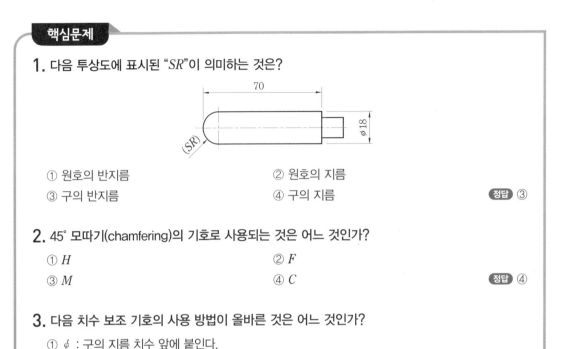

① 원호의 반지름   ② 원호의 지름
③ 구의 반지름   ④ 구의 지름   정답 ③

2. 45° 모따기(chamfering)의 기호로 사용되는 것은 어느 것인가?

① *H*   ② *F*
③ *M*   ④ *C*   정답 ④

3. 다음 치수 보조 기호의 사용 방법이 올바른 것은 어느 것인가?

① ϕ : 구의 지름 치수 앞에 붙인다.
② *R* : 원통의 지름 치수 앞에 붙인다.
③ □ : 정육면체의 변의 치수 수치 앞에 붙인다.
④ *SR* : 원형의 지름 치수 앞에 붙인다.   정답 ③

1-5 여러 가지 치수의 기입

(1) 지름, 반지름의 치수 기입

① 지름의 치수 기입

㈎ 지름 기호 ϕ 는 형체의 단면이 원임을 나타낸다. 도면에서 지름을 지시할 경우에는 ϕ 를 치수값 앞에 기입해야 한다[그림 (a)].

㈏ 180°를 넘는 원호 또는 원형 도형에는 치수 수치 앞에 지름 기호 ϕ 를 기입한다[그림 (b)].

㈐ 일반적으로 180°보다 큰 호에는 지름 치수로 표시한다. 지름을 지시하는 치수선이 하나의 화살표로 나타낼 때 치수선은 원의 중심을 통과하고 초과해야 한다[그림 (b)].

㈑ 지시선을 사용하여 지름을 표시할 수 있다[그림 (c)].

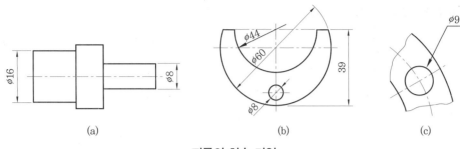

지름의 치수 기입

② 반지름의 치수 기입

⑴ 반지름의 치수는 반지름 기호 R을 치수 수치 앞에 기입하여 표시한다. 단, 반지름을 표시하는 치수선을 원호의 중심까지 긋는 경우에는 R을 생략해도 좋다.

⑵ 원호의 반지름을 표시하는 치수선에는 원호 쪽에만 화살표를 붙인다. 또한, 화살표나 치수 수치를 기입할 여유가 없을 때에는 [그림-반지름이 작은 경우]에 따른다.

⑶ 원호의 중심 위치를 표시할 필요가 있을 때에는 +자 또는 검은 둥근점으로 표시한다.

⑷ 원호의 반지름이 클 때에는 중심을 옮겨 [그림-반지름이 큰 경우]와 같이 치수선을 꺾어 표시해도 좋다. 이때, 화살표가 붙은 치수선은 본래 중심 위치로 향해야 한다.

⑸ 같은 중심을 가진 반지름은 누진 치수 기입법을 사용하여 표시할 수 있다.

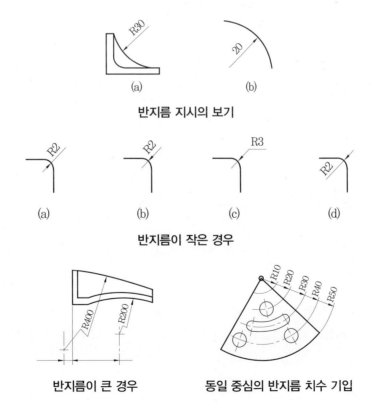

반지름 지시의 보기

반지름이 작은 경우

반지름이 큰 경우   동일 중심의 반지름 치수 기입

(2) 현, 원호, 각도의 치수 기입

현의 길이는 현에 수직으로 치수 보조선을 긋고 현에 평행한 치수선을 사용하여 표시한다. 원호의 길이는 현과 같은 치수 보조선을 긋고 그 원호와 같은 중심의 원호를 치수선으로 하며, 치수 수치의 위에 원호를 표시하는 기호(⌒)를 붙인다.

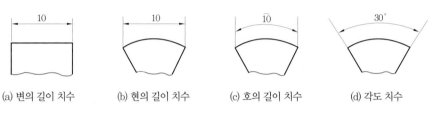

(a) 변의 길이 치수   (b) 현의 길이 치수   (c) 호의 길이 치수   (d) 각도 치수

현 원호 각도의 치수 기입

각도를 기입하는 치수선은 그 각을 구성하는 두 변 또는 연장선 사이에 원호로 나타낸다.

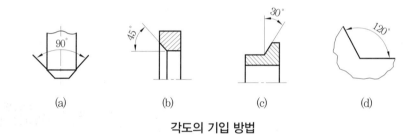

(a)   (b)   (c)   (d)

각도의 기입 방법

(3) 곡선의 치수 기입 방법

곡선 치수는 [그림-곡선의 치수 기입 방법], [그림-좌표에 의한 곡선의 치수 기입 방법]과 같이 원호의 반지름과 중심 위치, 원호의 접선 위치 및 곡선 각 점의 좌표로써 나타낸다.

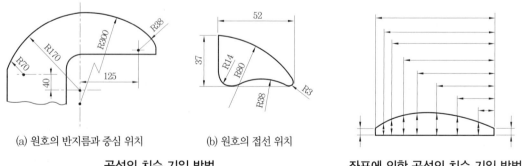

(a) 원호의 반지름과 중심 위치   (b) 원호의 접선 위치

곡선의 치수 기입 방법   **좌표에 의한 곡선의 치수 기입 방법**

(4) 테이퍼, 기울기의 기입 방법

① **테이퍼** : 중심선에 대하여 대칭으로 된 원뿔선의 경사를 테이퍼(taper)라 하며, 치수는 [그림 − 테이퍼]와 같이 나타낸다.

② **기울기** : 기준면에 대한 경사면의 경사를 기울기(물매 또는 구배, slope)라 하며, 치수는 [그림 − 기울기]와 같이 나타낸다.

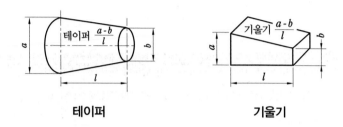

테이퍼   기울기

다음 [그림]은 테이퍼와 기울기의 치수 기입 예이다.

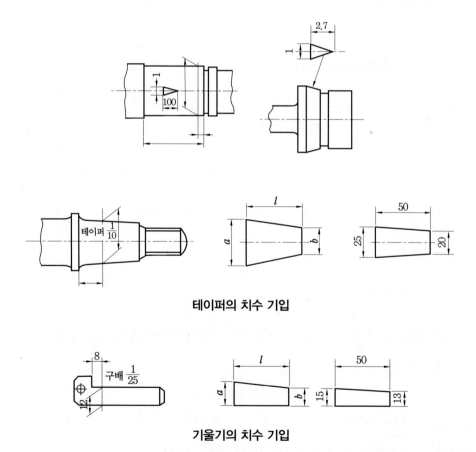

테이퍼의 치수 기입

기울기의 치수 기입

(5) 구멍의 치수 기입 방법

① 드릴 구멍, 펀칭 구멍, 코어 구멍 등 구멍의 가공 방법을 표시할 필요가 있을 때에는 치수 수치 뒤에 가공 방법의 용어를 표시한다.

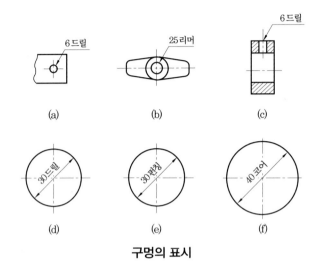

구멍의 표시

② **구멍의 깊이 표시**

　㈎ 구멍의 지름을 나타내는 치수 다음에 구멍의 깊이를 나타내는 기호 ▽를 표기하고, 계속해서 구멍 깊이의 수치를 기입한다[그림 (a)].

　㈏ 관통 구멍일 때는 구멍 깊이를 기입하지 않는다[그림 (b)].

　㈐ 구멍의 깊이란 드릴의 앞 끝의 모따기부 등을 포함하지 않는 원통부의 깊이이다[그림 (c)].

③ 경사진 구멍의 깊이는 구멍의 중심 축 선상의 길이 치수로 나타낸다[그림 (d)].

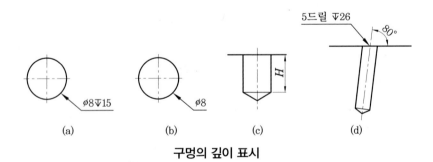

구멍의 깊이 표시

④ **카운터 보어의 표시**

　㈎ 카운터 보어 지름 앞에 카운터 보어를 나타내는 기호 ⌴를 표기하여 기입한다[그림 (a), (b)].

　㈏ 주조품, 단조품 등의 표면을 깎아내어 평면을 확보하기 위한 경우에도 그 깊이를 지

시한다[그림 (c)].

㈐ 깊은 카운터 보어의 바닥 위치를 반대쪽 면에서 치수를 규제할 필요가 있는 경우에는 그 치수를 지시한다[그림 (d)].

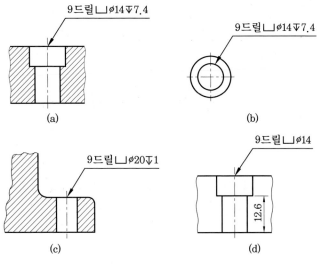

카운터 보어의 표시

⑤ **카운터 싱크의 표시**

㈎ 카운터 싱크를 나타내는 기호 ∨를 표시하고, 그 뒤에 카운터 싱크 입구 지름의 수치를 기입한다[그림 (a)].

㈏ 카운터 싱크 구멍의 깊이 수치를 규제할 필요가 있는 경우에는 개구각 및 카운터 싱크 구멍의 깊이 수치를 기입한다[그림 (b)].

㈐ 원형 형상에 표시할 때는 지시선을 끌어내고 참조선의 상단에 기입한다[그림 (c)].

㈑ 간단한 지시 방법으로는 카운터 싱크 구멍 입구 지름 및 카운터 싱크 구멍이 뚫린 각도를 치수선에 ×를 사이에 적어 기입한다[그림 (d)].

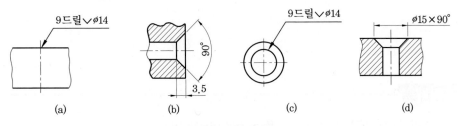

카운터 싱크의 표시

⑥ 하나의 피치 선, 피치 원 상에 배치되는 1군의 동일 치수의 볼트 구멍, 작은 나사 구멍, 핀 구멍, 리벳 구멍 등의 치수는 구멍에서 지시선을 끌어내어 참조선의 상단에 전체 수를 나타내는 숫자 다음에 ×를 사용하여 구멍의 치수를 지시한다. 이 경우 구멍의 전체

수는 동일 개소에서 1군의 구멍의 전체 수(예 양쪽에 플랜지를 갖는 관이음(파이프 커플링)이라면 편측의 플랜지에 대한 전체 수)를 기입한다.

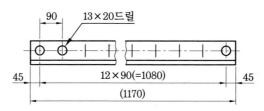

1군의 동일 치수 지시의 보기

(6) 모따기의 치수 기입 방법

일반적인 모따기는 보통 치수 기입 방법에 따라 표시한다. 45° 모따기의 경우에는 모따기의 치수 수치×45° 또는 모따기의 기호 C를 치수 수치 앞에 기입하여 표시한다.

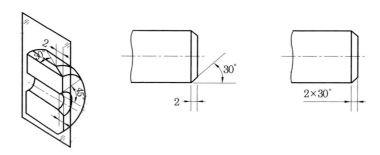

일반적인 모따기 치수 기입

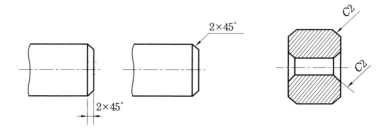

45° 모따기의 치수 기입

핵심문제

1. 원호의 반지름을 기입하는 방법으로 틀린 것은 어느 것인가?

① R20 ② R20 ③ R20 ④ R20

정답 ④

2. 원호의 길이를 나타내는 치수선과 치수 보조선의 도시 방법으로 올바른 것은?

① 　② 　③ 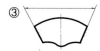　④

정답 ①

3. 각도 치수가 잘못 기입된 것은?

① 　② 　③ 　④

정답 ①

4. 다음 그림과 같이 테이퍼 $\frac{1}{200}$ 로 표시되어 있는 경우 X부분의 치수는?

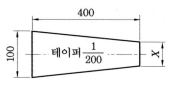

① 89　　　② 92　　　③ 96　　　④ 98

정답 ④

5. 다음 그림에서 ϕ20구멍의 개수와 A부분의 길이는 어느 것인가?

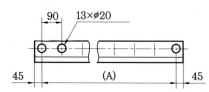

① 13, 1170mm　　　② 20, 1170mm
③ 13, 1080mm　　　④ 20, 1080mm

정답 ③

6. 다음 도면에서 전체 길이 A는 얼마인가?

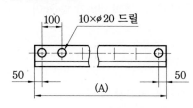

① 700mm　　　② 800mm
③ 900mm　　　④ 1000mm

정답 ④

7. 다음 테이퍼 표기법 중 표기 방법이 틀린 것은 어느 것인가?

①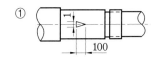

②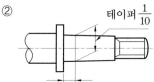

③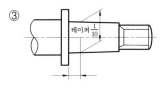

④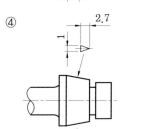

정답 ②

8. 다음 그림에서 모따기가 $C2$일 때 모따기의 각도는 어느 것인가?

① 15°
② 30°
③ 45°
④ 60°

정답 ③

9. 다음은 축의 도시에 대한 설명이다 맞는 것은 어느 것인가?

① 긴 축은 중간 부분을 파단하여 짧게 그리며, 그림의 80은 짧게 줄인 치수를 기입한 것이다.

② 축의 끝에는 모따기를 하고 모따기 치수 기입은 그림과 같이 기입할 수 있다.

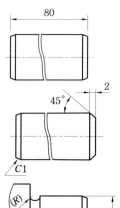

③ 그림은 축에 단을 주는 치수기입으로, 홈의 너비가 12mm이고, 홈의 지름이 2mm이다.

④ 그림은 빗줄널링에 대한 도시이며, 축선에 대하여 45° 엇갈리게 그린다.

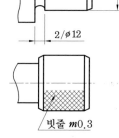

정답 ②

1-6   치수선의 배치

① **직렬 치수 기입법** : 이 기입법은 직렬로 나란히 연결된 개개의 치수에 주어진 공차가 누적되어도 관계없는 경우에 사용한다.

② **병렬 치수 기입법** : 기입된 개개의 치수 공차는 다른 치수의 공차에는 영향을 주지 않으며, 기준이 되는 치수 보조선의 위치는 기능, 가공 등의 조건을 고려하여 적절히 선택한다.

③ **누진 치수 기입법** : 치수 공차에 대해서는 병렬 치수 기입법과 같은 의미를 가지면서 한 개의 연속된 치수선으로 간단하게 표시할 수 있다. 이 경우 치수의 기준이 되는 위치는 기호(○)로 표시하고, 치수선의 다른 끝은 화살표를 그린다. 치수 수치는 치수 보조선에 나란히 기입하거나 화살표 가까운 곳의 치수선 위쪽에 쓴다.

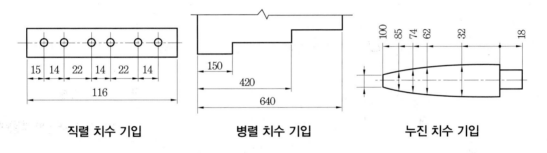

| 직렬 치수 기입 | 병렬 치수 기입 | 누진 치수 기입 |

④ **좌표 치수 기입법** : 구멍의 위치나 크기 등의 치수는 좌표를 사용하여 표로 기입하여도 좋다. 이때, 표에 표시한 X, Y의 수치는 기준점에서의 수치이다. 기준점은 기능 또는 가공 조건을 고려하여 적절히 선택한다.

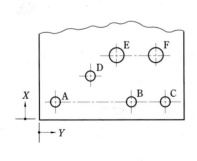

좌표 치수 기입

구분	X	Y	ϕ
A	20	20	13.5
B	140	20	13.5
C	200	20	13.5
D	60	60	13.5
E	100	90	26
F	180	90	26

핵심문제

1. 그림에 사용된 치수의 배치 방법으로 옳은 것은?

① 직렬 치수 기입
② 병렬 치수 기입
③ 누진 치수 기입
④ 좌표 치수 기입

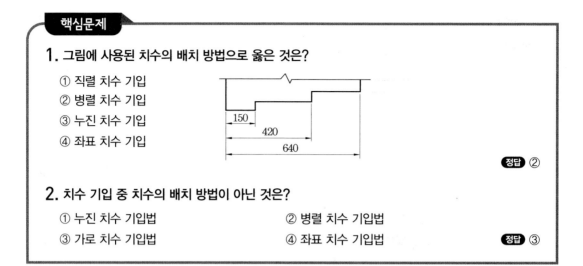

정답 ②

2. 치수 기입 중 치수의 배치 방법이 아닌 것은?

① 누진 치수 기입법　　　　② 병렬 치수 기입법
③ 가로 치수 기입법　　　　④ 좌표 치수 기입법

정답 ③

1-7　치수 기입 상의 유의점

　치수는 다음 사항에 유의하여 기입한다.

① 치수 숫자는 도면에 그린 선에 의하여 분할되지 않는 위치에 쓰는 것이 좋다.

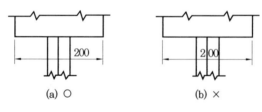

(a) ○　　　　　　　　(b) ×

선에 의해 분할되지 않게 기입한다.

② 치수 숫자는 선에 겹쳐서 기입하면 안 된다. 다만, 할 수 없는 경우에는 숫자와 겹쳐지는 선의 일부분을 중단하여 치수 수치를 기입한다.

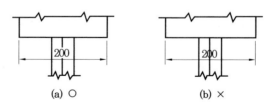

(a) ○　　　　　　　　(b) ×

선을 일부 중단하고 기입한다.

③ 치수가 인접해서 연속될 때에는 되도록 치수선을 일직선이 되게 한다.

④ 치수선이 길어서 그 중앙에 치수 수치를 기입하면 알아보기 어려울 때에는 한쪽 끝부분 화살표 기호 가까이에 기입할 수 있다.

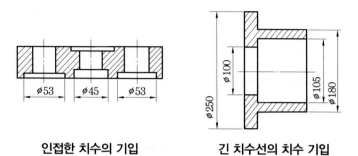

인접한 치수의 기입　　　　**긴 치수선의 치수 기입**

⑤ 경사진 두 면의 만나는 부분이 둥글거나 모따기가 되어 있을 때, 두 면이 만나는 위치를 표시할 때에는 외형선으로부터 그은 연장선이 만나는 점을 기준으로 한다.

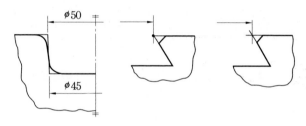

경사면의 치수 기입

⑥ 좁은 곳에서의 치수 기입 방법 : 부분 확대도를 그려서 기입하든지, 다음 중 어느 한 방법을 사용한다.

㈎ 지시선을 끌어내어 그 위 쪽에 치수를 기입하고, 지시선 끝에는 아무것도 붙이지 않는다([그림－지시선을 사용한 치수 기입] 참고).

㈏ 치수선을 연장하여 그 위쪽 또는 바깥 쪽에 기입해도 좋고 치수 보조선의 간격이 좁을 때에는 화살표 대신 검은 둥근점이나 경사선을 사용해도 좋다([그림－좁은 곳의 치수 표시]참고).

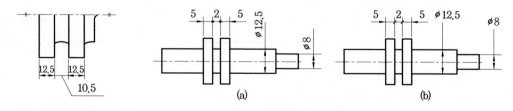

지시선을 사용한 치수 기입　　　　**좁은 곳의 치수 표시**

핵심문제

1. 다음 치수 기입법 중 적당하지 않은 것은?

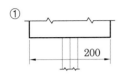
①

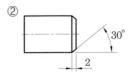
②

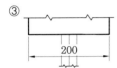
③

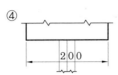
④

정답 ④

2. 치수 기입을 할 때의 유의사항으로 틀린 것은?

① 치수 숫자는 선에 겹쳐서 기입하지 않는다.

② 인접한 치수는 치수선이 일직선상에 있도록 한다.

③ 치수 숫자와 선이 겹칠 때는 선의 겹치는 부분을 중단하고 치수를 기입한다.

④ 치수선이 길어서 치수를 알아보기 어려워도 치수 숫자를 한쪽 끝에 기입하지 않는다.   정답 ④

3. 경사진 두 면이 만나는 부분이 둥글게 되었을 때의 치수 기입 방법으로 가장 적당한 것은?

①

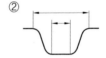
②

③

④

정답 ③

4. 좁은 곳의 치수 기입 방법으로 잘못된 것은?

① 부분 확대도를 그려서 기입한다.

② 지시선을 끌어내어 치수를 기입한다.

③ 치수선을 연장하여 바깥쪽에 기입한다.

④ 치수 보조선의 간격이 좁을 때는 화살표를 겹쳐서 그린다.   정답 ④

2. 표면 거칠기와 면의 지시 기호

2-1 표면 조직의 파라미터

다듬질한 면을 수직한 피측정면으로 절단했을 때, 그 단면에 나타난 윤곽을 표면 프로파일이라고 하며, 프로파일 필터 λ_c를 이용해 장파 성분을 억제한 것을 거칠기 프로파일이라고 한다. 이 프로파일은 거칠기 파라미터를 산출하는 근거가 된다. 거칠기 파라미터는 산술 평균 높이(Ra), 최대 높이(Rz) 등으로 표기되며, KS B ISO 4287에 규정되어 있다.

> **참고** 이전의 표면 거칠기 파라미터 Rz(10점 높이)는 ISO에 의해 더 이상 표준이 아니다. Rz는 이전의 기호 Ry를 대체하였다(이전에는 Ry가 최대 높이 기호였음).
> (출처 : KS A ISO 1302 부속서 H "새로운 ISO 표면의 결 표준의 중요성")

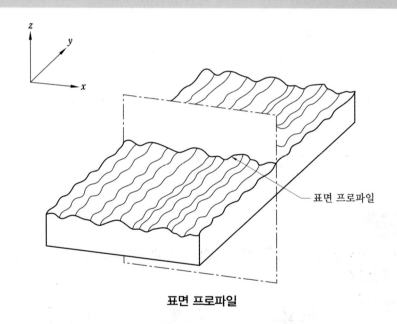

표면 프로파일

2-2 표면의 결 지시 방법(KS A ISO 1302)

(1) 대상면을 지시하는 기호

기본 그림 기호는 대상 면을 나타내는 선에 약 $60°$ 경사되게 서로 다른 길이의 2개 직선으로 구성된다.

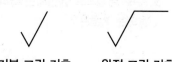

기본 그림 기호　　**완전 그림 기호**

① 절삭 등 제거 가공의 필요 여부를 문제 삼지 않는 경우에는 기본 그림 기호를 사용한다 [그림 (a)].

② 제거 가공을 필요로 한다는 것을 지시할 때에는 기본 그림 기호의 짧은 쪽의 다리 끝에 가로선을 추가한다[그림 (b)].

③ 제거 가공을 해서는 안 된다는 것을 지시할 때에는 기본 그림 기호에 내접하는 원을 추가한다[그림 (c)].

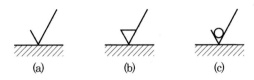

(a)　　　　(b)　　　　(c)

표면의 결 지시용 그림 기호

④ 같은 표면의 결이 가공물 윤곽 주위의 모든 표면에 요구되고, 가공물의 닫힌 윤곽선으로 도면에 표현될 경우 완전 그림 기호에 원을 추가한다.

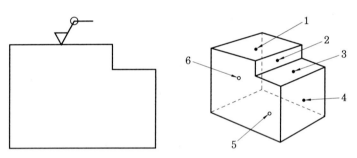

가공물 윤곽 주위의 모든 표면에 대한 그림 기호

핵심문제

1. 주조, 압연, 단조 등으로 생산되어 제거 가공을 하지 않은 상태로 그대로 두고자 할 때 사용하는 지시 기호는?

① ② ③ ④ 　**정답** ③

2. 표면의 결의 지시 기호가 틀린 것은?

① ② ③ ④ 　**정답** ②

3. 주로 금형으로 생산되는 플라스틱 눈금자와 같은 제품 등에 제거 가공 여부를 묻지 않을 때 사용되는 기호는?

① ② ③ ④ 　**정답** ①

2-3 표면 거칠기의 지시 방법

(1) 표면 거칠기 값의 지시

표면의 결 특성에 대한 상호 보완적 요구사항이 지시되어야 할 때는 기본 그림 기호에 보다 긴 선(팔)을 선 끝에 가로로 추가한다.

면의 지시 기호에 대한 각 지시 사항의 기입 위치는 다음 그림과 같다.

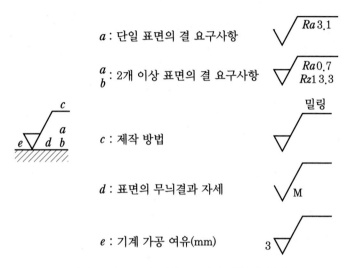

a : 단일 표면의 결 요구사항

$a \atop b$: 2개 이상 표면의 결 요구사항

c : 제작 방법

d : 표면의 무늬결과 자세

e : 기계 가공 여유(mm)

면의 지시 기호에 대한 각 지시 사항의 위치

> **참고** 아래와 같은 지시 방법은 제도 규칙 개정에 의해 새로운 도면에서는 피하여야 하고, 이전에는 수치 값 단독이라면 Ra 파라미터를 나타내었으나, 제도 규칙이 개정되어 "Ra"를 관련 수치 값과 함께 표기해야 한다.

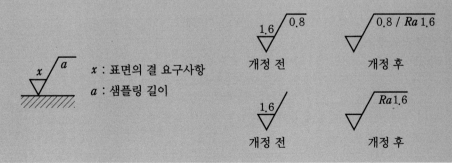

x : 표면의 결 요구사항
a : 샘플링 길이

개정 전   개정 후

개정 전   개정 후

(2) 제작 방법의 표기법

금속 가공 방법의 약호 (KS B 0107)

가공 방법	약호	가공 방법	약호	가공 방법	약호
선반 가공	L	호닝 가공	GH	벨트 샌딩 가공	GR
드릴 가공	D	액체 호닝 가공	SPL	주조	C
보링 머신 가공	B	배럴 연마 가공	SPBR	용접	W
밀링 가공	M	버프 다듬질	FB	압연	R
평삭반 가공	P	블라스트 다듬질	SB	압출	E
형삭반 가공	SH	랩핑 다듬질	FL	단조	F
브로치 가공	BR	줄 다듬질	FF	전조	RL
리머 가공	FR	스크레이퍼 다듬질	FS	인발	D
연삭 가공	G	페이퍼 다듬질	FCA	–	–

(3) 무늬결 방향의 지시 기호

표면의 무늬결 방향을 지시할 때에는 표 [표면의 무늬결 지시]에 나타낸 기호를 사용한다.

표면의 무늬결 지시

기 호	뜻	설명도
=	가공에 의한 커터의 줄무늬 방향이 기호를 기입한 그림의 투상면에 평행 ⓓ 셰이핑 면	
⊥	가공에 의한 커터의 줄무늬 방향이 기호를 기입한 그림 투상면에 직각 ⓓ 셰이핑 면(수평으로 본 상태) 선삭, 원통 연삭면	
×	가공에 의한 커터의 줄무늬 방향이 기호를 기입한 그림의 투상면에 경사지고 두 방향으로 교차 ⓓ 호닝 다듬질면	
M	가공에 의한 커터의 줄무늬가 여러 방향으로 교차 또는 무방향 ⓓ 래핑 다듬질면, 슈퍼 피니싱면, 가로 이송을 한 정면 밀링, 또는 엔드 밀 절삭면	

C	가공에 의한 커터의 줄무늬가 기호를 기입한 면의 중심에 대하여 대략 동심원 모양 **예** 끝면 절삭면 그림	√C
R	가공에 의한 커터의 줄무늬가 기호를 기입한 면의 중심에 대하여 대략 반지름 방향	√R
P	무늬결 방향이 특별하여 방향이 없거나 돌출(돌기가 있는)	√P

(4) 면의 지시 기호 기입하기

① 그림 기호는 아래쪽에서 또는 오른쪽에서 읽을 수 있도록 기입한다[그림 (a)].

② 윤곽선 상에서 또는 기준선과 지시선에 표시되는 그림 기호는 표면에 닿거나 표면에 연결되어야 하고, 가공물 재료의 바깥쪽의 표면에서 윤곽이나 그 연장을 향해서 가리켜야 한다[그림 (b)].

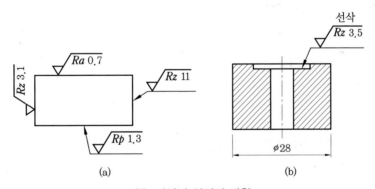

기호 기입의 위치와 방향

③ **도면 기입의 간략법**

㈎ 부품 전체 면을 동일한 거칠기로 지정하고 일부분만 별도로 지정할 때는 그림과 같이 한다.

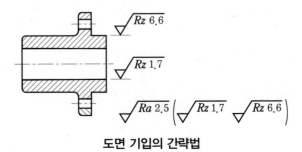

도면 기입의 간략법

(나) 여러 번의 복잡한 지시의 반복을 피하기 위해 주석에 할애된 공간에 문자에 의한 간략화 기준 지시를 설명하고 사용해도 된다.

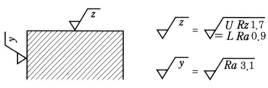

문자로서 그림 기호에 의한 지시

핵심문제

1. 다음의 표면 거칠기 기호에서 2.5가 의미하는 거칠기 값의 종류는?

① 산술 평균 거칠기
② 최대 높이 거칠기
③ 10점 평균 거칠기
④ 최소 높이 거칠기

정답 ①

2. 표면 거칠기의 표시법에서 산술 평균 거칠기를 표시하는 기호는?

① Rz ② Wz ③ Ra ④ $Rxmax$ **정답** ③

3. 다음 중 가장 고운 다듬면을 나타내는 것은?

①   ②   ③   ④   **정답** ②

4. 다음 그림에서 면의 지시 기호에 대한 각 지시 사항의 기입 위치 중 e에 해당되는 것은?

① 표면의 결 요구사항
② 제작 방법
③ 표면의 무늬결
④ 기계 가공 여유

정답 ④

5. 다음과 같이 특정한 가공 방법을 지시하려고 한다. 가공 방법의 지시 기호 위치로 옳은 것은?

①   ②   ③    ④   **정답** ④

6. 다음 그림은 면의 지시 기호이다. 그림에서 M은 무엇을 의미하는가?

① 밀링 가공
② 가공에 의한 무늬결
③ 표면 거칠기
④ 선반 가공

정답 ②

제6장 치수 공차와 끼워 맞춤

1-1 치수 공차의 용어

(1) 공차의 개요

대량 생산 방식에 의해서 제작되는 기계 부품은 호환성을 유지할 수 있도록 가공되어야 한다. 즉, 모든 부품은 확실하게 조립되고 요구되는 성능을 얻을 수 있어야 한다. 또한, 치수 공차와 기하학적 형상 공차 및 표면 거칠기는 상호 상관 관계를 갖도록 설정해야 하고, 이들 중 기본이 되는 것이 치수 공차이다.

이 치수 공차는 IT 공차에 따르며, KS B 0401에 규정되어 있다.

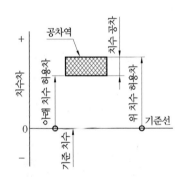

이 그림은 공차역 · 치수 허용차 · 기준선의 상호 관계만을 나타내기 위해 간단화한 것이다. 이와 같이 간단화된 그림에서 기준선은 수평으로 하고 정(+)의 치수 허용차는 그 위쪽에, 부(−)의 치수 허용차는 그 아래쪽에 나타낸다.

치수 공차

(2) 용어의 뜻

① **구멍** : 주로 원통형의 내측 형체를 말하나, 원형 단면이 아닌 내측 형체도 포함된다.

② **축** : 주로 원통형의 외측 형체를 말하나, 원형 단면이 아닌 외측 형체도 포함된다.

③ **기준 치수(basic dimension)** : 치수 허용 한계의 기본이 되는 치수이다. 도면상에는 구멍, 축 등의 호칭 치수와 같다.

④ **기준선(zero line)** : 허용 한계 치수와 끼워 맞춤을 도시할 때 치수 허용차의 기준이 되는 선으로, 치수 허용차가 0(zero)인 직선이며 기준 치수를 나타낼 때 사용한다.

⑤ **허용 한계 치수(limits of size)** : 형체의 실치수가 그 사이에 들어가도록 정한, 허용할 수 있는 대소 2개의 극한의 치수. 즉, 최대 허용 치수 및 최소 허용 치수이다.

⑥ **실치수(actual size)** : 형체를 측정한 실측 치수이다.

⑦ **최대 허용 치수**(maximum limits of size) : 형체의 허용되는 최대 치수이다.

⑧ **최소 허용 치수**(minimum limits of size) : 형체의 허용되는 최소 치수이다.

⑨ **공차**(tolerance) : 최대 허용 한계 치수와 최소 허용 한계 치수와의 차이다(치수 허용차).

⑩ **치수 허용차**(deviation) : 허용 한계 치수에서 기준 치수를 뺀 값으로서 허용차라고도 한다.

⑪ **위 치수 허용차**(upper deviation) : 최대 허용 치수에서 기준 치수를 뺀 값이다.

⑫ **아래 치수 허용차**(lower deviation) : 최소 허용 치수에서 기준 치수를 뺀 값이다.

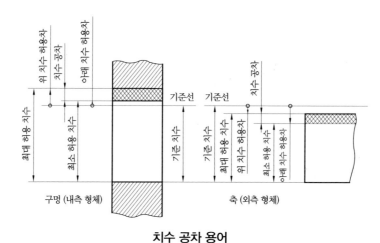

치수 공차 용어

핵심문제

1. 위 치수 허용차와 아래 치수 허용차의 차이 값은 어느 것인가?

    ① 치수 공차   ② 기준 치수   ③ 치수 허용차   ④ 허용 한계 치수 **정답** ①

2. 도면에 $\phi 70^{+0.07}_{-0.04}$ 로 표시되어 있을 때 치수 공차는?

    ① +0.07   ② −0.04   ③ 0.03   ④ 0.11 **정답** ④

3. 축의 지름이 $\phi 50^{+0.025}_{-0.020}$ 일 때 공차는?

    ① 0.025   ② 0.02   ③ 0.045   ④ 0.005 **정답** ③

4. 허용 한계 치수에서 기준 치수를 뺀 값을 무엇이라 하는가?

    ① 실치수   ② 치수 허용차   ③ 치수 공차   ④ 틈새 **정답** ②

5. 기준 치수가 30, 최대 허용 치수가 29.98, 최소 허용 치수가 29.95일 때 아래 치수 허용차는?

    ① +0.03   ② +0.05   ③ −0.02   ④ −0.05 **정답** ④

1-2 IT 기본 공차

(1) 기본 공차의 구분 및 적용

기본 공차는 IT01, IT0 그리고 IT1~IT18까지 20등급으로 구분하여 규정되어 있으며, IT01과 IT0에 대한 값은 사용 빈도가 적으므로 별도로 정하고 있다. IT 공차를 구멍과 축의 제작 공차로 적용할 때 제작의 난이도를 고려하여 구멍에는 IT_n, 축에는 IT_{n-1}을 부여하며 다음과 같다.

기본 공차의 적용

용도	게이지 제작 공차	끼워 맞춤 공차	끼워 맞춤 이외 공차
구멍	IT01~IT5	IT6~IT10	IT11~IT18
축	IT01~IT4	IT5~IT9	IT10~IT18

(2) IT 공차의 수치

다음 [표 – 기본 공차의 수치(공차 등급 IT01 및 IT0)]은 IT01~IT0에 대한 수치를 나타낸 것이다.

기본 공차의 수치(공차 등급 IT01 및 IT0)

기준 치수의 구분(mm)	초과	–	3	6	10	18	30	50	80	120	180	250	315	400
	이하	3	6	10	18	30	50	80	120	180	250	315	400	500
기본 공차의 수치(μm)	IT01	0.3	0.4	0.4	0.5	0.6	0.6	0.8	1	1.2	2	2.5	3	4
	IT0	0.5	0.6	0.6	0.8	1	1	1.2	1.5	2	3	4	5	6

다음 [표 – 기본 공차의 수치]는 기준 치수가 500 이하인 경우와 500을 초과하여 3150 이하인 경우 공차 등급 IT1부터 IT18에 대한 기본 공차 수치를 나타낸 것이다.

기본 공차의 수치

기준 치수의 구분(mm)		공차 등급																
		1	2	3	4	5	6	7	8	9	10	11	12	13	14[1]	15[1]	16[1]	17[1]	18[1]
초과	이하	기본 공차의 수치(μm)											기본 공차의 수치(mm)						
–	3[1]	0.8	1.2	2	3	4	6	10	14	25	40	60	0.10	0.14	0.26	0.40	0.60	1.00	1.40
3	6	1	1.5	2.5	4	5	8	12	18	30	48	75	0.12	0.18	0.30	0.48	0.75	1.20	1.80
6	10	1	1.5	2.5	4	6	9	15	22	36	58	90	0.15	0.22	0.36	0.58	0.90	1.50	2.20
10	18	1.2	2	3	5	8	11	18	27	43	70	110	0.18	0.27	0.43	0.70	1.10	1.80	2.70
18	30	1.5	2.5	4	6	9	13	21	33	52	84	130	0.21	0.33	0.52	0.84	1.30	2.10	3.30
30	50	1.5	2.5	4	7	11	16	25	39	62	100	160	0.25	0.39	0.62	1.00	1.60	2.50	3.90
50	80	2	3	5	8	13	19	30	46	114	120	190	0.30	0.46	0.74	1.20	1.90	3.00	4.60
80	120	2.5	4	6	10	15	22	35	54	87	140	220	0.35	0.54	0.87	1.40	2.20	3.50	5.40
120	180	3.5	5	8	12	18	25	40	63	100	160	250	0.40	0.63	1.00	1.60	2.50	4.00	6.30
180	250	4.5	7	10	14	20	29	46	72	115	185	290	0.46	0.72	1.15	1.85	2.90	4.60	7.20
250	315	6	8	12	16	23	32	52	81	130	210	320	0.52	0.81	1.30	2.10	3.20	5.20	8.10
315	400	7	9	13	18	25	36	57	89	140	230	360	0.57	0.89	1.40	2.30	3.60	5.70	8.90
400	500	8	10	15	20	27	40	63	97	155	250	400	0.63	0.97	1.55	2.50	4.00	6.30	9.70
500	630	9[2]	11	16	22	30	44	70	110	175	280	440	0.70	1.10	1.75	2.80	4.40	7.00	11.00
630	800	10	13	18	25	35	50	80	125	200	320	500	0.80	1.25	2.00	3.20	5.00	8.00	12.50
800	100	11	15	21	29	40	56	90	140	230	360	560	0.90	1.40	2.30	3.60	5.60	9.00	14.00
1000	1250	13	18	24	34	46	66	105	165	260	420	660	1.05	1.65	2.60	4.20	6.60	10.50	16.50
1250	1600	15	21	29	40	54	78	125	195	310	500	780	1.25	1.95	3.10	5.00	7.80	12.50	19.50
1600	2000	18	25	35	48	65	92	150	230	370	600	920	1.50	2.30	3.70	6.00	9.20	15.00	23.00
2000	2500	22	30	41	57	77	110	175	280	440	700	1100	1.75	2.80	4.40	7.00	11.00	17.50	28.00
2500	3150	26	36	50	69	93	135	210	330	540	860	1350	2.10	3.30	5.40	8.60	13.50	21.00	33.00

주 [1] 공차 등급 IT14~IT18은 기준 치수 1mm 이하에는 적용하지 않는다.
[2] 500mm를 초과하는 기준 치수에 대한 공차 등급 IT1~IT5의 공차값은 실험적으로 사용하기 위한 잠정적인 것이다.

핵심문제

1. IT 기본 공차에 대한 설명으로 틀린 것은?

① IT 기본 공차는 치수 공차와 끼워맞춤에 있어서 정해진 모든 치수 공차를 의미한다.

② IT 기본 공차의 등급은 IT01부터 IT18까지 20등급으로 구분되어 있다.

③ IT 공차 적용 시 제작의 난이도를 고려하여 구멍에는 IT_{n-1}, 축에는 IT_n을 부여한다.

④ 끼워맞춤 공차를 적용할 때 구멍일 경우 IT6~IT10이고, 축일 때에는 IT5~IT9이다.　**정답** ③

2. 다음 중 구멍용 게이지 제작 공차에 적용되는 IT 공차는?

① IT6 ~ IT10

② IT01 ~ IT5

③ IT11 ~ IT18

④ IT5 ~ IT9　**정답** ②

3. IT 기본 공차에서 주로 축의 끼워 맞춤 공차에 적용되는 공차의 등급은?

① IT01 ~ IT5

② IT6 ~ IT10

③ IT01 ~IT4

④ IT5 ~IT9　**정답** ④

4. 치수 공차에 대한 설명으로 옳지 않은 것은?

① 최대 허용 한계 치수와 최소 허용 한계 치수의 차를 공차라 한다.

② 구멍일 경우 끼워 맞춤 공차의 적용 범위는 IT6~IT10이다.

③ IT 기본 공차의 등급 수치가 작을수록 공차의 범위 값은 크다.

④ 구멍일 경우에는 영문 대문자로 축일 경우에는 영문 소문자로 표기한다.　**정답** ③

5. IT 기본 공차의 등급 수는 몇 가지인가?

① 16

② 18

③ 20

④ 22　**정답** ③

6. 끼워 맞춤에서 IT 기본 공차의 등급이 커질 때 공차값은? (단, 기타 조건은 일정함)

① 작아진다.

② 커진다.

③ 일정하다.

④ 관계없다.　**정답** ②

1-3 끼워 맞춤의 종류

(1) 틈새와 죔새

구멍과 축이 조립되는 관계를 끼워 맞춤(fitting)이라 한다.

① **틈새**(clearance) : 구멍의 지름이 축의 지름보다 큰 경우 두 지름의 차이다[그림 (a)].

② **죔새**(interference) : 축의 지름이 구멍의 지름보다 큰 경우 두 지름의 차이다[그림 (b)].

　㈎ 최소 틈새 : 구멍의 최소 허용 치수－축의 최대 허용 치수

　㈏ 최대 틈새 : 구멍의 최대 허용 치수－축의 최소 허용 치수

　㈐ 최소 죔새 : 축의 최소 허용 치수－구멍의 최대 허용 치수

　㈑ 최대 죔새 : 축의 최대 허용 치수－구멍의 최소 허용 치수

 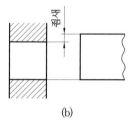

틈새와 죔새

(2) 헐거움과 억지 끼워 맞춤

① **헐거운 끼워 맞춤** : 구멍의 최소 치수가 축의 최대 치수보다 큰 경우이며, 항상 틈새가 생기는 끼워 맞춤이다.

② **억지 끼워 맞춤** : 구멍의 최대 치수가 축의 최소 치수보다 작은 경우이며, 항상 죔새가 생기는 끼워 맞춤이다.

③ **중간 끼워 맞춤** : 중간 끼워 맞춤은 축, 구멍의 치수에 따라 틈새 또는 죔새가 생기는 끼워 맞춤으로, 헐거운 끼워 맞춤이나 억지 끼워 맞춤으로 얻을 수 없는 더욱 작은 틈새나 죔새를 얻는 데 적용된다.

A : 구멍의 최소 허용 치수　　B : 구멍의 최대 허용 치수　　a : 축의 최대 허용 치수　　b : 축의 최소 허용 치수

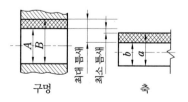 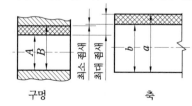 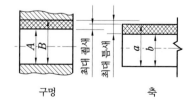

(a) 헐거운 끼워 맞춤　　　　　　(b) 억지 끼워 맞춤　　　　　　(c) 중간 끼워 맞춤

끼워 맞춤의 종류

(3) 구멍 기준식과 축 기준식

① **구멍 기준식 끼워 맞춤** : 아래 치수 허용차가 0인 H 기호 구멍을 기준 구멍으로 하고, 이에 적당한 축을 선정하여 필요한 죔새나 틈새를 얻는 끼워 맞춤이다. H6~H10의 다섯 가지 구멍을 기준 구멍으로 사용한다.

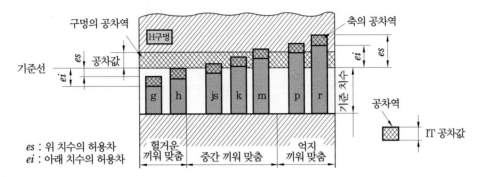

es : 위 치수의 허용차
ei : 아래 치수의 허용차

기초가 되는 허용차 : 기준선에 대한 공차역의 위치를 정한 치수 허용차이다. 위 치수 허용차 또는 아래 치수 허용차의 한쪽이며, 기준선과 가까운 쪽이 된다.

구멍 기준 끼워 맞춤

상용하는 구멍 기준 끼워 맞춤

기준 구멍	축의 공차역 클래스																
	헐거운 끼워 맞춤							중간 끼워 맞춤			억지 끼워 맞춤						
H6						g5	h5	js5	k5	m5							
					f6	g6	h6	js6	k6	m6	n6	p6					
H7					f6	g6	h6	js6	k6	m6	n6	p6	r6	s6	t6	u6	x6
				e7	f7		h7	js7									
H8					f7		h7										
				e8	f8		h8										
			d9	e9													
H9			d8	e8			h8										
		c9	d9	e9			h9										
H10	b9	c9	d9														

② **축 기준식 끼워 맞춤** : 위 치수 허용차가 0인 h축을 기준으로 하고, 이에 적당한 구멍을 선정하여 필요한 죔새나 틈새를 얻는 끼워 맞춤이다. h5~h9의 다섯 가지 축을 기준 축으로 사용한다.

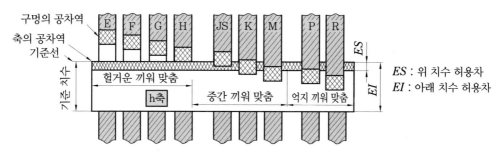

기초가 되는 치수 허용차 : *ES* 또는 *EI* 중 기준선과 가까운 것

축 기준 끼워 맞춤

상용하는 축 기준 끼워 맞춤

기준 축	구멍의 공차역 클래스														
	헐거운 끼워 맞춤					중간 끼워 맞춤			억지 끼워 맞춤						
h5					H6	JS6	K6	M6	N6	P6					
h6				F6	G6	H6	JS6	K6	M6	N6	P6				
				F7	G7	H7	JS7	K7	M7	N7	P7	R7	S7	T7	U7	K7
h7			E7	F7		H7									
				F8		H8									
h8		D8	E8	F8		H8									
		D9	E9			H9									
H9		D8	E8			H8									
	C9	D9	E9			H9									
	B10	C10	D10												

(4) 구멍과 축의 종류

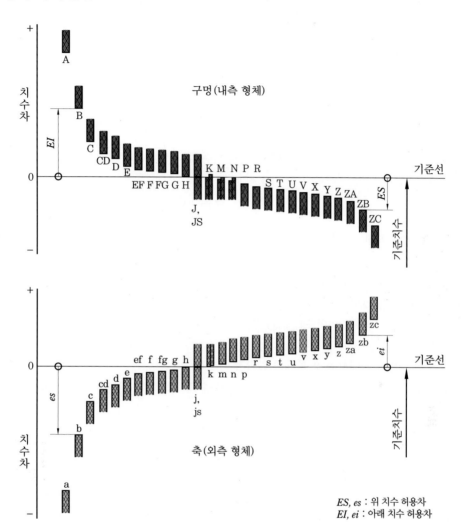

구멍과 축의 종류

참고 JS 구멍의 경우

$$|ES|=|EI|=\frac{\text{IT 기본 공차}}{2}$$

js 축의 경우

$$|es|=|ei|=\frac{\text{IT 기본 공차}}{2}$$

핵심문제

1. 끼워 맞춤 방식에서 축의 지름이 구멍의 지름보다 큰 경우 조립 전 두 지름의 차를 무엇이라고 하는가?

① 죔새   ② 틈새   ③ 공차   ④ 허용차   **정답** ①

2. 치수 공차와 끼워 맞춤 용어의 뜻이 잘못된 것은 어느 것인가?

① 실치수 : 부품을 실제로 측정한 치수
② 틈새 : 구멍의 치수가 축의 치수보다 작을 때의 치수 차
③ 치수 공차 : 최대 허용 치수와 최소 허용 치수의 차
④ 위 치수 허용차 : 최대 허용 치수에서 기준 치수를 뺀 값   **정답** ②

3. 끼워 맞춤에서 최대 죔새를 구하는 방법은?

① 축의 최대 허용 치수－구멍의 최소 허용 치수
② 구멍의 최소 허용 치수－축의 최대 허용 치수
③ 구멍의 최대 허용 치수－축의 최소 허용 치수
④ 축의 최소 허용 치수－구멍의 최대 허용 치수   **정답** ①

4. 표와 같은 구멍과 축에서 최소 틈새는 얼마가 되는가?

	구멍	축
최대 허용 치수	30.05	29.975
최소 허용 치수	30.00	29.950

① 0.05   ② 0.025   ③ 0.01   ④ 0.075   **정답** ②

5. 헐거운 끼워 맞춤에서 구멍의 최소 허용 치수와 축의 최대 허용 치수와의 차이 값을 무엇이라고 하는가?

① 최대 죔새   ② 최대 틈새   ③ 최소 죔새   ④ 최소 틈새   **정답** ④

6. 구멍의 최소 치수가 축의 최대 치수보다 큰 경우이며, 항상 틈새가 생기는 끼워 맞춤으로 직선 운동이나 회전 운동이 필요한 기계 부품의 조립에 적용하는 것은 어느 것인가?

① 억지 끼워 맞춤   ② 중간 끼워 맞춤
③ 헐거운 끼워 맞춤   ④ 구멍기준식 끼워 맞춤   **정답** ③

7. 구멍과 축 사이에 항상 죔새가 있는 끼워 맞춤은 어느 것인가?

① 헐거운 끼워 맞춤   ② 억지 끼워 맞춤
③ 중간 끼워 맞춤   ④ 억지 중간 끼워 맞춤   **정답** ②

8. 다음 그림은 20H7-p6로 억지 끼워 맞춤을 나타내는 것이다. 최대 죔새는?

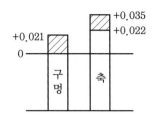

① 0.001   ② 0.014   ③ 0.035   ④ 0.043   **정답** ③

9. "ϕ100 H7/g6"은 어떤 끼워 맞춤 상태를 나타낸 것인가?

① 구멍 기준식 중간 끼워맞춤   ② 구멍 기준식 헐거운 끼워맞춤

③ 축 기준식 억지 끼워맞춤   ④ 축 기준식 중간 끼워맞춤   **정답** ②

10. 축의 치수 $\phi 100^{+0.02}_{+0.01}$ 와 구멍의 치수 $\phi 100^{-0.01}_{-0.02}$ 의 최대 죔새와 최소 죔새값은?

① 최대 죔새 : 0.05, 최소 죔새 : 0.02   ② 최대 죔새 : 0.04, 최소 죔새 : 0.02

③ 최대 죔새 : 0.04, 최소 죔새 : 0.00   ④ 최대 죔새 : 0.05, 최소 죔새 : 0.00   **정답** ②

11. ϕ40g6 축을 가공할 때 허용 한계 치수가 맞게 계산된 것은? (단, IT6의 공차값 T=16μm, ϕ40g6 축에 대한 기초가 되는 치수 허용차 값 i=$-$9μm)

① 위 치수 허용차 = 39.991, 아래 치수 허용차 = 39.975

② 위 치수 허용차 = 40.009, 아래 치수 허용차 = 40.016

③ 위 치수 허용차 = 39.975, 아래 치수 허용차 = 39.964

④ 위 치수 허용차 = 40.016, 아래 치수 허용차 = 40.025   **정답** ①

12. ϕ50H7과의 끼워 맞춤에서 틈새가 가장 큰 경우는 어느 것인가?

① ϕ50g6   ② ϕ50n6   ③ ϕ50js6   ④ ϕ50p6   **정답** ①

13. 다음 중 억지 끼워 맞춤은?

① H7/h6   ② F7/h6   ③ G7/h6   ④ H7/p6   **정답** ④

14. 다음 중 위 치수 허용차가 "0"이 되는 IT 공차는 어느 것인가?

① js7   ② g7   ③ h7   ④ k7   **정답** ③

15. 18JS7의 공차 표시가 옳은 것은? (단, 기본 공차의 수치는 18μm이다.)

① $18^{+0.03}_{-0.02}$ ② $18^{-0}_{-0.018}$ ③ 18±0.009   ④ 18±0.018   **정답** ③

1-4 **치수 공차의 기입 방법**

(1) 차수 공차를 수치에 의해 기입하는 방법

① 기준 치수 다음에 치수 허용차의 수치를 기입하여 표시한다.

  ⑺ 외측 형체, 내측 형체에 관계없이 위 치수 허용차는 위에, 아래 치수 허용차는 아래에 기입한다[그림 (a)].

  ⑷ 위·아래 치수 허용차의 어느 한 쪽이 0일 때는 숫자 0으로 표시하고 부호는 붙이지 않는다[그림 (b)].

  ⑸ 위·아래 치수 허용차와의 수치가 같을 때는 수치를 하나만 쓰고 위치 앞에 ±기호를 붙인다[그림 (c)].

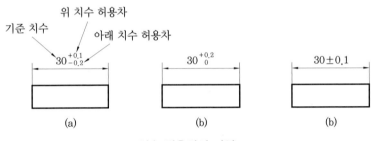

치수 허용차의 기입

② 치수 공차를 허용 한계 치수로 나타낼 때에는 최대 허용 치수를 위에, 최소 허용 치수를 아래에 기입한다.

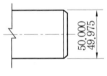

허용 한계 치수의 기입

(2) 치수 공차를 기호에 의해 기입하는 방법

① 기준 치수 다음에 치수 허용차의 기호를 기입하여 표시한다. 이때 구멍에는 대문자로, 축에는 소문자료 표시한다.

② 위·아래 치수 허용차를 괄호 안에 부기하거나 [그림 (b)], 허용 한계 치수를 괄호 안에 부기하여도 된다[그림 (c)].

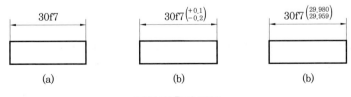

끼워 맞춤의 종류

(3) 치수 공차의 누적

1개의 부품에서 서로 관련되는 치수에 치수 공차를 기입하는 경우에는 다음과 같이 한다.

① 기준면이 없이 직렬로 기입할 경우에는 치수 공차가 누적되므로 공차 누적이 기능에 관계되지 않을 때에 사용하는 것이 좋다[그림 (a), (b)].

② 치수 중 기능상 중요도가 적은 치수는 (   )를 붙여서 참고 치수로 나타낸다[그림 (c)].

③ [그림 (d)]는 한 변을 기준으로 하여 병렬로 기입하는 방법이고, [그림 (e)]는 누진 치수로 기입하는 방법이다. 이런 경우 기입된 공차가 다른 치수의 공차에 영향을 주지 않는다.

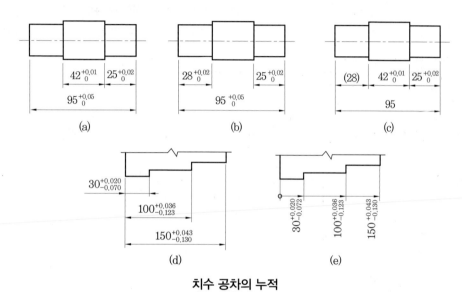

치수 공차의 누적

(4) 조합한 상태에서의 기입 방법

① **공차 기호에 의한 기입법** : 끼워 맞춤은 구멍, 축의 공통 기준 치수에 구멍의 공차 기호와 축의 공차 기호를 계속하여 [보기]와 같이 표시한다.

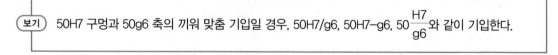

보기) 50H7 구멍과 50g6 축의 끼워 맞춤 기입일 경우, 50H7/g6, 50H7−g6, $50\dfrac{H7}{g6}$와 같이 기입한다.

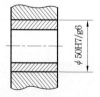

공차 기호에 의한 기입법

② **공차값에 의한 기입법** : 같은 기준 치수에 대하여 구멍 및 축에 대한 위·아래 치수 허용차를 명기할 필요가 있을 때에는 구멍에 대한 기준 치수와 허용차를 위쪽에, 축에 대한 기준 치수와 허용차를 아래쪽에 기입하고, 구멍과 축의 기준 치수 앞에 '구멍', '축'이라고 명기하거나, 부품의 번호를 사용하여 명기한다.

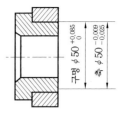

공차값에 의한 기입법

핵심문제

1. 어떤 구멍의 치수 $\phi 20^{+0.041}_{+0.025}$에 대한 설명으로 틀린 것은?

① 구멍의 기준 치수는 $\phi 20$이다.　　② 구멍의 위 치수 허용차는 +0.041이다.

③ 최대 허용 한계 치수는 $\phi 20.041$이다.　④ 구멍의 공차는 0.066이다.　　**정답** ④

2. 조립한 상태에서 끼워 맞춤 공차의 기호를 표시한 것으로 옳은 것은?

① $\phi 30g6H7$　　② $\phi 30g6-H7$　　③ $\phi 30g6/H7$　　④ $\phi 30\dfrac{H7}{g6}$　　**정답** ④

3. 다음 그림에서 부품 ①의 공차와 부품 ②의 공차가 순서대로 바르게 나열된 것은?

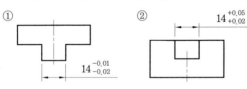

① 0.01, 0.02　　② 0.01, 0.03　　③ 0.03, 0.03　　④ 0.03, 0.07　　**정답** ②

4. 다음 중 끼워 맞춤에서 치수 기입 방법으로 틀린 것은?

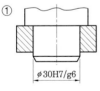

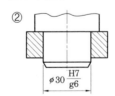

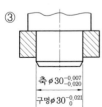

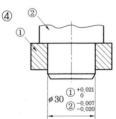

정답 ③

5. 50H7 구멍과 50g6 축의 끼워 맞춤 기입법으로 틀린 것은?

① 50H7/g6　　② 50H7-g6　　③ 50H7+g6　　④ $50\dfrac{H7}{g6}$　　**정답** ③

제7장

기하 공차

1. 기하 공차의 종류

1-1 기하 공차의 분류

(1) 단독 형체에 대한 기하 공차

① 기하학적으로 옳은 모양에 대한 기하 편차의 허용값을 의미한다.

② 진직도, 평면도, 진원도, 원통도, 선의 윤곽도와 같은 모양 공차가 여기에 속한다.

③ 공차 기입 틀을 그 형체에 지시선으로 연결한다.

④ 데이텀이 필요 없다.

(2) 관련 형체에 대한 기하 공차

① 기하학적으로 옳은 자세 또는 위치로부터 벗어나는 기하 편차의 허용값을 의미한다.

② 평행도, 직각도, 경사도와 같은 자세 공차, 위치도, 동축도, 또는 동심도, 대칭도와 같은 위치 공차, 그리고 흔들림 공차가 여기에 속한다.

③ 공차를 지정하는 형체와 관련된 기준점, 기준선, 기준면을 데이텀이라고 한다.

④ 데이텀과 관련하여 공차 기입 틀을 그 형체에 지시선으로 연결한다.

핵심문제

1. 다음 중 기하 공차를 분류한 것으로 틀린 것은?

① 모양 공차   ② 자세 공차   ③ 위치 공차   ④ 치수 공차   **정답** ④

2. 기하 공차의 분류 중 적용하는 형체가 관련 형체에 속하지 않는 것은?

① 자세 공차   ② 모양 공차   ③ 위치 공차   ④ 흔들림 공차   **정답** ②

3. 다음 기하 공차 중에서 데이텀이 필요없이 단독으로 규제가 가능한 것은?

① 평행도   ② 진원도   ③ 동심도   ④ 대칭도   **정답** ②

1-2 기하 공차의 기호

용 도	공차의 명칭		기 호
단독 형체	모양 공차	진직도 공차	—
		평면도 공차	▱
		진원도 공차	○
		원통도 공차	⌀
단독 형체 또는 관련 형체		선의 윤곽도 공차	⌒
		면의 윤곽도 공차	⌓
관련 형체	자세 공차	평행도 공차	//
		직각도 공차	⊥
		경사도 공차	∠
	위치 공차	위치도 공차	⊕
		동축도 공차 또는 동심도 공차	◎
		대칭도 공차	≡
	흔들림 공차	원주 흔들림 공차	↗
		온 흔들림 공차	↗↗

표시하는 내용		표시 방법
공차붙이 형체	직접 표시하는 경우	
	문자 기호에 의하여 표시하는 경우	
데이텀(datum)	직접 표시하는 경우	
	문자 기호에 의하여 표시하는 경우	

데이텀 타깃(target) 기입틀	$\phi 2$ / A1
이론적으로 정확한 치수(데이텀 치수)	50
돌출 공차역	P
최대 실체 공차 방식	M
대칭인 부품	‖ ‖

핵심문제

1. 기하 공차의 종류 중 자세 공차가 아닌 것은?

① ∥   ② ⊥   ③ ⊕   ④ ∠   **정답** ③

2. 기하 공차의 기호 연결이 옳은 것은?

① 진원도 : ◎   ② 원통도 : ○   ③ 위치도 : ⊕   ④ 진직도 : ⊥   **정답** ③

3. 다음 중 기하 공차의 기호 설명으로 잘못된 것은?

① 원통도 : ○   ② 평행도 : ∥   ③ 경사도 : ∠   ④ 평면도 : ▱   **정답** ①

4. 다음 중 대칭도 공차를 나타내는 기호는?

① ═   ② ◎   ③ ⊕   ④ ∥   **정답** ①

5. 기하 공차의 종류와 기호가 잘못 연결된 것은?

① 원통도 : ⌀   ② 평행도 : ∥   ③ 원주 흔들림 : ↗   ④ 대칭도 : ═   **정답** ③

6. 기하 공차의 종류에서 위치 공차인 것은?

① 평면도   ② 원통도   ③ 동심도   ④ 직각도   **정답** ③

7. 다음 치수 중 ☐이 뜻하는 것은?

① 정사각형의 한 변의 치수
② 참고 치수
③ 판 두께의 치수
④ 이론적으로 정확한 치수

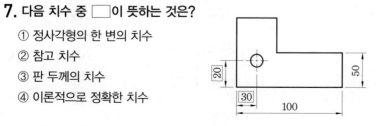

정답 ④

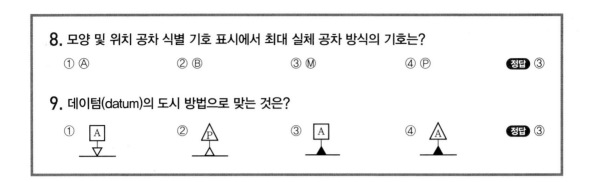

8. 모양 및 위치 공차 식별 기호 표시에서 최대 실체 공차 방식의 기호는?

① Ⓐ   ② Ⓑ   ③ Ⓜ   ④ Ⓟ   **정답** ③

9. 데이텀(datum)의 도시 방법으로 맞는 것은?

①   ②   ③   ④   **정답** ③

2. 기하 공차의 기입 방법

2-1   기하 공차의 표시 방법

(1) 기하 공차 기입틀

정도 표시테로 두 칸 혹은 세 칸으로 된 직사각형으로 그린다. 직사각형의 칸에는 좌로부터 다음 순서에 의해 기입한다.

① 공차의 종류를 나타내는 기호와 공차값은 [그림 (a)]와 같이 나타내며, 데이텀(datum, 기준선 또는 기준면)을 지시하는 문자 기호는 [그림 (b), (c)]와 같이 기입한다.

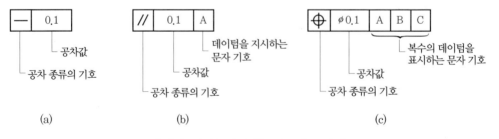

(a)   (b)   (c)

공차의 종류를 나타내는 기호와 공차값

② '6구멍', '4면'과 같이 형체의 공차에 연관시켜 지시할 때에는 [그림 (a)]와 같이 기입한다.
③ 1개의 형체에 2개 이상의 공차를 표시할 때에는 [그림 (b)]와 같이 겹쳐서 기입한다.

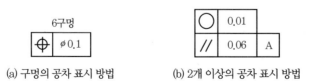

(a) 구멍의 공차 표시 방법   (b) 2개 이상의 공차 표시 방법

형체의 공차 표시

(2) 규제되는 형체의 지정 방법

① 선 또는 면 자체에 공차를 지정하는 경우에는 형체의 외형선 위 또는 외형선의 연장선 위에 (치수선의 위치를 피해서) 지시선의 화살표를 [그림 (a)] 및 [그림 (b)]와 같이 수직으로 나타낸다.

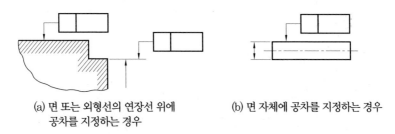

(a) 면 또는 외형선의 연장선 위에
공차를 지정하는 경우

(b) 면 자체에 공차를 지정하는 경우

선 또는 면 자체에 지시선을 붙이는 경우

② 치수가 지정되어 있는 형체의 축선 또는 중심면에 공차를 지정하는 경우에는 치수선의 연장선이 공차 기입란으로부터 지시선이 되도록 [그림 (a), (b), (c)]와 같이 나타낸다.

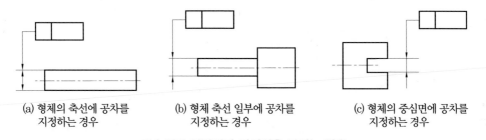

(a) 형체의 축선에 공차를
지정하는 경우

(b) 형체 축선 일부에 공차를
지정하는 경우

(c) 형체의 중심면에 공차를
지정하는 경우

치수선의 연장선에 지시선을 붙이는 경우

③ 축선 또는 중심면이 형체의 공통일 경우에는 축선 또는 중심면을 나타내는 중심선에 수직으로, 공차 기입란으로부터 지시선의 화살표를 [그림 (a), (b)]와 같이 나타낸다.

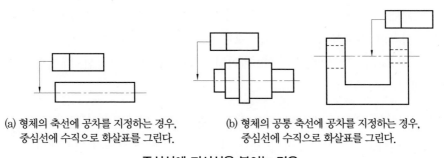

(a) 형체의 축선에 공차를 지정하는 경우,
중심선에 수직으로 화살표를 그린다.

(b) 형체의 공통 축선에 공차를 지정하는 경우,
중심선에 수직으로 화살표를 그린다.

중심선에 지시선을 붙이는 경우

(3) 기하 공차의 공차역

① 공차값 앞에 ϕ가 있는 경우에 공차역은 원 또는 원통의 내부에 존재하는 것으로 [그림]
과 같이 표시한다.

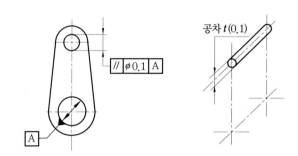

공차값 앞에 ϕ가 있는 경우, 공차의 도시 방법과 공차역의 관계

② 공차역의 나비가 규제면에 대하여 법선 방향으로 존재하는 것으로 취급할 경우에는 [그
림]과 같이 도시한다.

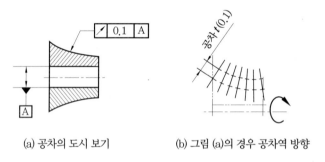

(a) 공차의 도시 보기　　　(b) 그림 (a)의 경우 공차역 방향

공차역의 나비가 규제면에 대하여 법선 방향으로 존재하는 것으로 취급할 경우

(4) 데이텀 지정 방법

데이텀은 관련 형체에 기하 공차를 지시할 때 그 공차 영역을 규제하기 위하여 설정된
이론적으로 정확한 기하학적 기준이다. 예를 들어, 그 기준이 점, 직선, 축 직선, 평면 및
중심 평면인 경우에는 각각 데이텀 점, 데이텀 직선, 데이텀 축 직선, 데이텀 평면 및 데이
텀 중심 평면이라고 부른다.

① 형체에 지정하는 공차가 데이텀과 관련되는 경우에는 데이텀은 영문자의 대문자를 정사
각형으로 둘러싸고, 이것과 데이텀 삼각 기호 지시선을 연결해서 나타낸다. 이때 데이텀
삼각 기호는 까맣게 칠해도 좋고 칠하지 않아도 좋다.

② 선 또는 면 자체가 데이텀 형체인 경우에는 형체의 외형선 위 또는 외형선을 연장한 가
는 선 위에 (치수선의 위치를 피해서) 데이텀 삼각 기호를 붙인다[그림 (a)].

③ 치수가 지정되어 있는 형체의 축 직선, 또는 중심 평면이 데이텀인 경우에는 치수선의 연장선을 데이텀의 지시선으로 사용하여 붙인다[그림 (b)].

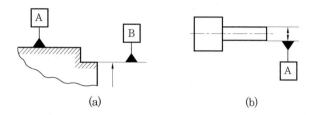

(a)   (b)

④ 축 직선 또는 중심 평면이 공통인 형체에 데이텀을 표시할 경우에는 축 직선, 또는 중심 평면을 나타내는 중심선에 데이텀 삼각 기호를 붙인다[그림 (c)].

⑤ 잘못 볼 염려가 없는 경우에는 공차 기입란과 데이텀 삼각 기호를 직접 지시선에 연결하여 데이텀을 지시하는 문자 기호를 생략할 수 있다[그림 (d)].

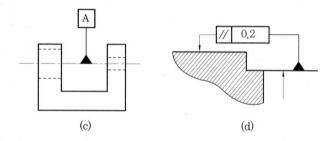

(c)   (d)

(5) 공차 적용의 한정

① 대상으로 한 형체의 임의의 위치에서 특정한 길이마다 공차를 지정할 경우에는 공차값 다음에 사선을 긋고 지정 길이를 기입한다.

//	0.1/100	A		평행도	공차값/지정 길이	문자 기호(데이텀)

② 대상으로 한 형체의 전체에 대한 공차값과 그 형체의 어느 길이마다에 대한 공차값을 동시에 지정할 때에는 다음과 같이 기입한다.

//	0.1 / 0.05/200	A		평행도	형체의 전체 공차값 / 지정 길이의 공차값/지정 길이	문자 기호 (데이텀)

③ 공차역 내에서 형체의 성질을 특별히 지시하고 싶을 때에는 공차 기입란 부근에 요구사항을 기입하거나 또는 이것을 인출선으로 연결한다.

④ 선 또는 면의 어느 한정된 범위에만 공차값을 적용할 때에는 굵은 1점 쇄선으로 한정하는 범위를 나타내고 도시한다.

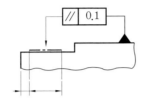

어느 한정된 범위에만 공차값을 적용할 경우

(6) 데이텀 기입 방법

① 한 개의 형체에 의하여 설정하는 데이텀은 그 데이텀을 지시하는 한 개의 문자 기호로 나타낸다[그림 (a)].

② 두 개의 데이텀 형체에 의하여 설정하는 공통 데이텀을 지시하는 두 개의 문자 기호를 하이픈으로 연결한 기호로 나타낸다[그림 (b)].

③ 두 개 이상의 데이텀이 있고, 그들 데이텀에 우선순위를 지정할 때에는 우선순위가 높은 순서로 왼쪽에서 오른쪽으로 데이텀을 지시하는 문자 기호를 각각 다른 구획에 기입한다[그림 (c)].

④ 두 개 이상의 데이텀이 있고 그들 데이텀의 우선 순위를 문제삼지 않을 때에는 데이텀을 지시하는 문자 기호를 같은 구획 내에 나란히 기입한다[그림 (d)].

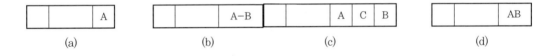

(7) 최대 실체 공차 방식

① 최대 실체 공차 방식을 공차의 대상으로 적용하는 경우에는 공차값 뒤에 Ⓜ을 기입한다[그림 (a)].

② 최대 실체 공차 방식을 공차의 대상으로 데이텀 형체에 적용하는 경우에는 데이텀을 나타내는 문자 기호 뒤에 Ⓜ을 기입한다[그림 (b)].

③ 최대 실체 공차 방식을 공차의 대상으로 공차붙이 형체와 그 데이텀 형체의 양자에 적용하는 경우에는 공차값 뒤에 데이텀을 나타내는 문자 기호 뒤에 Ⓜ을 기입한다[그림 (c)].

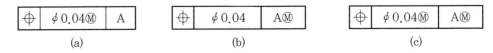

핵심문제

1. 다음과 같은 기하 공차를 기입하는 틀의 지시사항에 해당하지 않는 것은?

① 데이텀 문자 기호
② 공차값
③ 물체의 등급
④ 공차의 종류 기호

⊥	0.01	A

정답 ③

2. 다음과 같이 기하 공차가 기입되었을 때 설명으로 틀린 것은?

① 0.01은 공차값이다.
② //은 모양 공차이다.
③ //은 공차의 종류 기호이다.
④ A는 데이텀을 지시하는 문자 기호이다.

//	0.01	A

정답 ②

3. 다음 공차 기입의 표시 방법 중 복수의 데이텀(datum)을 표시하는 방법으로 올바른 것은?

①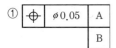

②

③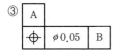

④

정답 ④

4. "6구멍"과 같이 형체의 공차에 연관시켜 지시할 때 올바른 기입 방법은?

①

②

③

④ 6구멍 $\oplus$ $\phi 0.1$

정답 ②

5. 모양 및 위치의 정밀도 허용값을 도시한 것 중 올바르게 나타낸 것은?

①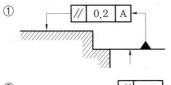

②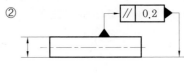

③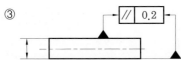

④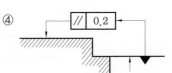

정답 ①

6. 다음 그림이 뜻하는 기하 공차는?

① A부분의 진직도
② B부분의 진직도
③ C부분의 진직도
④ D부분의 진직도

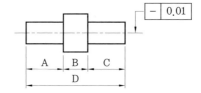

정답 ④

7. 다음 도면의 형상 기호 해독으로 가장 올바른 것은?

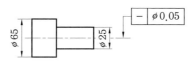

① ⌀25mm 부분만 중심축에 대한 평면도가 ⌀0.05mm 이내
② 중심축에 대한 전체 평면도가 ⌀0.05mm 이내
③ ⌀25mm 부분만 중심축에 대한 진직도가 ⌀0.05mm 이내
④ 중심축에 대한 전체의 진직도 ⌀0.05mm 이내

정답 ④

8. 다음 투상도에서 | // | ⌀0.03 | A | 표시에 맞는 설명은?

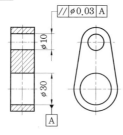

① 데이텀 A에 대칭하는 허용값이 지름 0.03의 원통 안에 있어야 한다.
② 데이텀 A에 평행하고 허용값이 지름 0.03 떨어진 두 평면 안에 있어야 한다.
③ 데이텀 A에 평행하고 허용값이 지름 0.03의 원통 안에 있어야 한다.
④ 데이텀 A와 수직인 허용값이 지름 0.03의 두 평면 안에 있어야 한다.

정답 ③

9. 기준점, 선, 평면, 원통 등으로 관련 형체에 기하 공차를 지시할 때 그 공차 영역을 규제하기 위하여 설정된 기준을 무엇이라고 하는가?

① 돌출 공차역   ② 데이텀   ③ 최대실체 공차방식   ④ 기준 치수

정답 ②

10. 다음과 같은 기하학적 치수 공차 방식의 설명으로 틀린 것은?

① ⊥ : 공차의 종류 기호
② 0.009 : 공차값
③ 150 : 전체 길이
④ A : 데이텀 문자 기호

| ⊥ | 0.009/150 | A |

정답 ③

2-1 기하 공차의 해석

형상 공차	위치	표시 방법	해설
(1) 진직도 (—) 이상 직선과의 차이 나는 정도를 뜻한다.	① 공차의 치수가 기호 ϕ 뒤에 있을 때의 공차역은 지름 t의 원통이 된다. ϕt	$\boxed{-\ \phi 0.08}$	실제 원통 외주의 지름은 그 축심이 0.08mm의 원통상 내에 있지 않으면 안 된다. $\phi 0.08$ 공차역
	② 공차가 1개의 평면 내에서만 규정되었을 때 공차역은 t 만큼 떨어진 평행 직선 사이가 된다. t	$\boxed{-\ 0.08}$	화살표 한 원통이 이루는 0.08 mm만큼 떨어진 2개의 평행 직선 사이에 있어야 한다. 0.08 0.08
	③ 공차가 서로 수직한 두 평면 내에 규정될 경우의 공차역은 단면이 $t_1 \times t_2$인 평행 6면체가 된다. t_1 t_2	$\boxed{-\ 0.1}$ $\boxed{-\ 0.2}$	육면체의 축심은 수직 방향에서 0.1mm, 수평 방향에 0.2mm의 폭을 갖는 평행 육면체 내에 있어야 한다. 0.2 0.1
	④ 선의 진직도 공차 : 공차역은 1개의 평면에 투상되었을 때에는 t만큼 떨어진 2개의 평행한 직선 사이에 있는 영역이다. t	$\boxed{-\ 0.1}$ △	지시선의 화살표로 나타낸 직선은 화살표 방향으로 0.1 mm만큼 떨어진 2개의 평행한 평면 사이에 있어야 한다.

(2) 평면도 (▱) 이상 평면에 대해서 차이 나는 정도를 뜻한다.	공차역은 t만큼 떨어져 있는 두 개의 평행 평면 사이가 된다.		지시된 면은 0.08mm만큼 떨어져 있는 두 개의 평행 평면 사이에 있어야 한다.
(3) 진원도 (○) 이상적인 진 원에 대해 벗어난 정도 를 뜻한다.	진원도 공차역은 t만큼 떨어져 있는 2중의 동심원 사이가 된다.		원판의 원주는 0.03mm만큼 떨어진 2개의 동심원 사이에 있어야 한다.
(4) 원통도 (⌀) 원통 부분의 2개소 이상에서의 지름의 불균일한 차이를 뜻한다.	공차역은 t만큼 떨어져 있는 동일축의 원통 사이가 된다.		대상이 되는 표면은 0.05만큼 반지름이 차이가 나는 2개의 동축원통 사이에 있어야 한다.
(5) 임의의 선의 윤곽도 (⌒)	공차역은 정확한 기하학적 형상의 선 위에 중심을 두는 지름 t의 원이 이루는 두 개의 포락선 사이가 된다.		투상면에 평행한 각 단면은 형상의 선을 중심으로 한 지름 0.04mm의 원을 이루는 두 개의 포락선 사이에 있어야 한다.
(6) 임의의 표 면에 대한 윤곽도 (⌓)	공차역은 올바른 기하학적 형상의 표면을 중심으로 한 지름 t의 공이 이루는 두 개의 포락면 사이가 된다.		지시된 면은 올바른 기하학적 형상을 갖는 면을 중심으로 지름 0.02mm의 구를 이루는 두 개의 포락면 사이에 있어야 한다.

(7) **평행도(∥)** : 직선과 직선, 직선과 평면, 평면과 평면 사이 중 어느 한 쪽을 이상 직선 또는 이상 평면으로 기준을 삼아 상대적인 직선 또는 평면 부분이 어느 정도 평행한가를 나타내는 것이다.

㈎ 기준선에 대한 선의 평행도 (∥)	① 공차역은 공차의 수치 앞에 ϕ가 있을 때 기준선에 평행한 지름 t의 원통 내가 된다.		위 축은 밑의 축 A에 평행한 지름 0.03mm의 원통 내에 있지 않으면 안 된다.
	② 공차가 평면 내에서만 규정될 때의 공차역은 t만큼만 서로 떨어져서 기준선과 평행한 두 개의 평행 직선 내에 있다.		위 축은 밑의 축 A에 평행하고 수직면 내에 있는 0.1mm 간격의 두 직선 사이에 있지 않으면 안 된다.
			위 축은 밑의 축에 평행하고 수평면 내에 있는 0.1 mm 간격의 두 직선 사이에 있지 않으면 안 된다.
	③ 서로 직각인 두 개에 규정되어 있을 경우는 $t_1 \times t_2$의 단면을 갖고 기준선에 평행한 평면 6면체가 된다.		위 축은 수평 방향으로 0.2 mm, 수직 방향으로 0.1mm의 폭을 갖고 기준축 A에 평행한 평행 육면체 내에 들어 있어야 한다.

(나) 기준면에 대한 평행도 (∥)	① 기준면에 대한 면의 평행도의 공차역은 t 만큼 떨어지고 기준면에 평행한 2개의 평행 평면 사이에 있다.		구멍의 축심은 기준면 A에 평행하고 0.01mm 떨어진 두 개의 평행면 사이에 있어야 한다.
	② 기준면과 선에 대한 면의 평행도 공차역은 기준면과 선에 평행하고 t 만큼 떨어진 두 개의 평행면 사이가 된다.		윗면은 구멍의 축(기준선)에 평행하고 0.1mm 만큼 떨어진 두 개의 평행면 사이에 있어야 한다.
			윗면은 밑면 A에 평행하고 0.01mm만큼 떨어진 두 개의 평행 평면 사이에 있어야 한다.

(8) **직각도(⊥)** : 직선과 직선, 직선과 평면, 평면과 평면 사이 중 이상 직선 또는 이상 평면으로 기준을 삼아 상대적인 직선 또는 상대적인 평면 부분이 어느 정도 직각인가를 나타내는 것이다.

| (가) 기준선에 대한 선의 직각도 (⊥) | 공차역이 기준선에 직각이고 t 만큼 떨어진 두 개의 평행 평면 사이에 있는 경우 | | 수직 방향의 구멍축심은 기준 구멍 A의 축심과 직각이고 0.05 mm만큼 떨어진 두 개의 평행 평면 사이에 있어야 한다. |

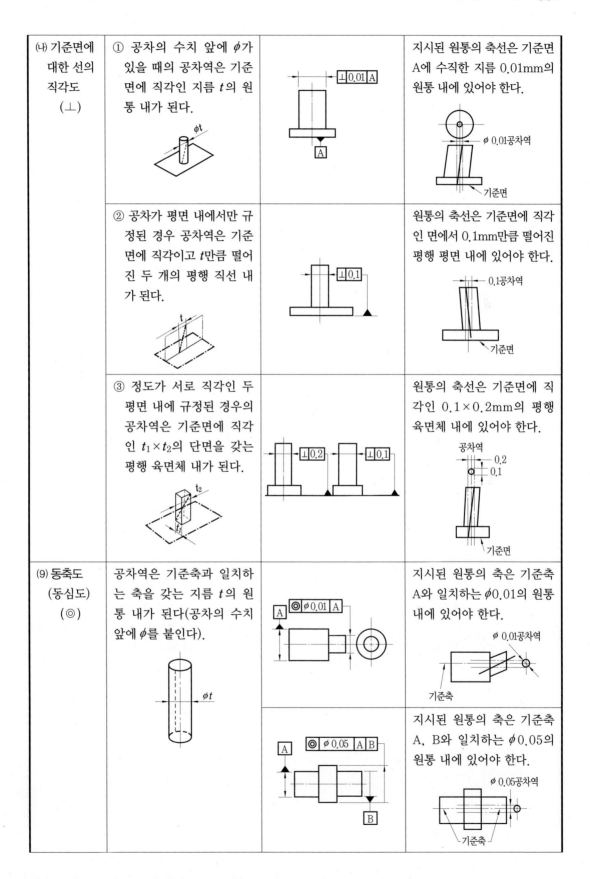

(나) 기준면에 대한 선의 직각도 (⊥)	① 공차의 수치 앞에 ϕ가 있을 때의 공차역은 기준 면에 직각인 지름 t의 원통 내가 된다.		지시된 원통의 축선은 기준면 A에 수직한 지름 0.01mm의 원통 내에 있어야 한다.
	② 공차가 평면 내에서만 규정된 경우 공차역은 기준면에 직각이고 t만큼 떨어진 두 개의 평행 직선 내가 된다.		원통의 축선은 기준면에 직각인 면에서 0.1mm만큼 떨어진 평행 평면 내에 있어야 한다.
	③ 정도가 서로 직각인 두 평면 내에 규정된 경우의 공차역은 기준면에 직각인 $t_1 \times t_2$의 단면을 갖는 평행 육면체 내가 된다.		원통의 축선은 기준면에 직각인 0.1×0.2mm의 평행 육면체 내에 있어야 한다.
(9) 동축도 (동심도) (◎)	공차역은 기준축과 일치하는 축을 갖는 지름 t의 원통 내가 된다(공차의 수치 앞에 ϕ를 붙인다).		지시된 원통의 축은 기준축 A와 일치하는 ϕ0.01의 원통 내에 있어야 한다.
			지시된 원통의 축은 기준축 A, B와 일치하는 ϕ0.05의 원통 내에 있어야 한다.

⑽ 대칭도 (≐) 선의 대칭도	공차가 한 평면 내에서 규정될 경우 공차역은 기준축 (혹은 기준면)에 대해서 대칭이고 t만큼 떨어져 있는 두 개의 평면 사이가 된다.		실제 구멍의 축은 기준이 되는 홈 A 및 B의 실제의 공통 중 양면에 대해서 대칭하고 0.08만큼 떨어져 있는 두 개의 평행 평면 사이에 있어야 한다.
⑾ 경사도 공차 (∠)	① 데이텀 직선에 대한 선의 경사도 공차 : 한 평면에 투상되었을 때의 공차역은 데이텀 직선에 대하여 지정된 각도로 기울고, t만큼 떨어진 2개의 평행한 직선 사이에 있는 영역이다. 		지시선의 화살표로 나타낸 구멍의 축선은 데이텀 축 직선 A−B에 대하여 이론적으로 정확하게 60° 기울고, 지시선의 화살표 방향으로 0.08mm만큼 떨어진 2개의 평행한 평면 사이에 있어야 한다.
	② 데이텀 평면에 대한 선의 경사도 공차 : 한 평면에 투상된 공차역은 데이텀 평면에 대하여 지정된 각도로 기울고, t만큼 떨어진 2개의 평행한 직선 사이에 있는 영역이다. 		지시선의 화살표로 나타내는 원통의 축선은 데이텀 평면에 대하여 정확하게 80° 기울고, 지시선의 화살표 방향으로 0.08mm만큼 떨어진 2개의 평행한 평면 사이에 있어야 한다.

⑿ 위치도 공차 ($\oplus$)	① 점의 위치도 공차 : 공차 역은 대상으로 하고 있는 점의 정확한 위치(이하 전위차라 한다.)를 중심 으로 하는 지름 t의 원 안 또는 구 안의 영역이다. 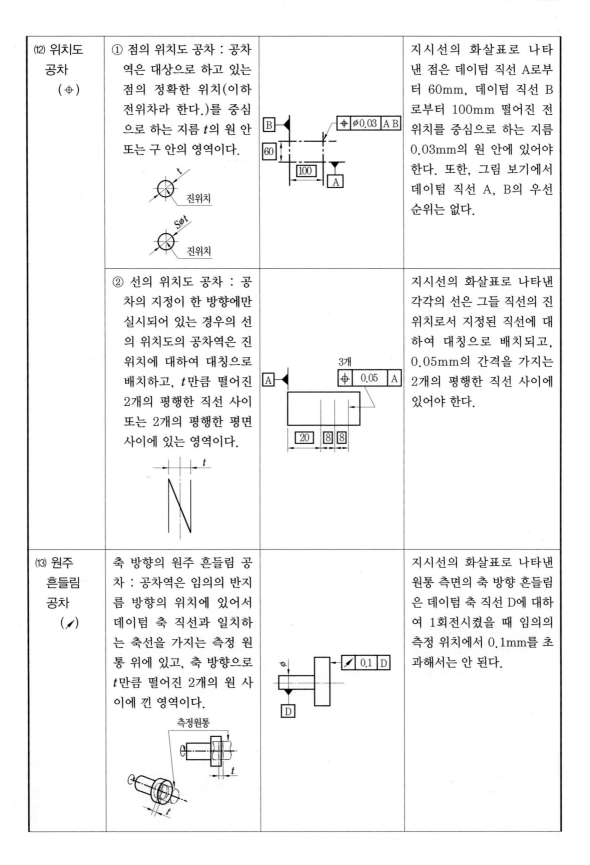		지시선의 화살표로 나타 낸 점은 데이텀 직선 A로부 터 60mm, 데이텀 직선 B 로부터 100mm 떨어진 전 위치를 중심으로 하는 지름 0.03mm의 원 안에 있어야 한다. 또한, 그림 보기에서 데이텀 직선 A, B의 우선 순위는 없다.
	② 선의 위치도 공차 : 공 차의 지정이 한 방향에만 실시되어 있는 경우의 선 의 위치도의 공차역은 진 위치에 대하여 대칭으로 배치하고, t만큼 떨어진 2개의 평행한 직선 사이 또는 2개의 평행한 평면 사이에 있는 영역이다.		지시선의 화살표로 나타낸 각각의 선은 그들 직선의 진 위치로서 지정된 직선에 대 하여 대칭으로 배치되고, 0.05mm의 간격을 가지는 2개의 평행한 직선 사이에 있어야 한다.
⒀ 원주 흔들림 공차 ($\nearrow$)	축 방향의 원주 흔들림 공 차 : 공차역은 임의의 반지 름 방향의 위치에 있어서 데이텀 축 직선과 일치하 는 축선을 가지는 측정 원 통 위에 있고, 축 방향으로 t만큼 떨어진 2개의 원 사 이에 낀 영역이다.		지시선의 화살표로 나타낸 원통 측면의 축 방향 흔들림 은 데이텀 축 직선 D에 대하 여 1회전시켰을 때 임의의 측정 위치에서 0.1mm를 초 과해서는 안 된다.

(14) 온 흔들림 공차 (↗)	① 반지름 방향의 온 흔들림 공차 : 공차역은 데이텀 축 직선과 일치하는 축선을 가지고, 반지름 방향으로 t만큼 떨어진 2개의 동축 원통 사이의 영역이다. 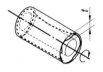	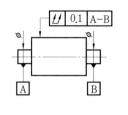	지시선과 화살표로 나타낸 원통면의 반지름 방향의 온 흔들림은 데이텀 축 직선 A−B에 관하여 원통 부분을 회전시켰을 때, 원통 표면 위의 임의의 점에서 0.1mm를 초과해서는 안 된다.
	② 축 방향 온 흔들림 공차 : 공차역은 데이텀 축 직선에 수직하고, 데이텀 축 직선 방향으로 t만큼 떨어진 2개의 평행한 평면 사이에 끼인 영역이다. 	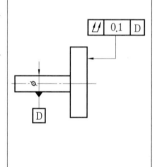	지시선의 화살표로 나타낸 원통 방향의 온 흔들림은 데이텀 축 직선 D에 관하여 원통 측면을 회전시켰을 때, 원통 측면 위의 임의의 점에서 0.1 mm를 초과해서는 안 된다.

핵심문제

1. 다음 도면의 기하 공차가 지시하는 공차역의 위치는?

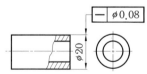

① 0.08mm 떨어진 두 평면
② 지름 0.08mm의 원통
③ 0.08mm만큼 떨어져 있는 동축 원통 사이
④ 0.08mm만큼 떨어져 있는 동심원 사이

정답 ②

2. 다음 그림에서 표시된 기하 공차 기호는?

① 선의 윤곽도
② 면의 윤곽도
③ 원통도
④ 위치도

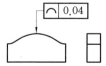

정답 ①

3. 다음 설명에 맞는 기하 공차의 표시는?

> 기하 공차로 지시한 축은 데이텀 A로 지정된 축에 평행한 지름 0.03mm의 원통 내에 있어야 한다.

① // 0.03

② // 0.03 A

③ // ∅0.03 A

④ // ∅0.03

정답 ③

4. 그림에서 기하 공차의 해석으로 맞는 것은?

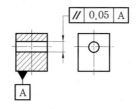

① 데이텀 A를 기준으로 0.05mm 이내로 평면이어야 한다.
② 데이텀 A를 기준으로 0.05mm 이내로 평행해야 한다.
③ 데이텀 A를 기준으로 0.05mm 이내로 직각이 되어야 한다.
④ 데이텀 A를 기준으로 0.05mm 이내로 대칭이어야 한다.

정답 ②

5. 다음 그림과 같이 기하 공차를 적용할 때 알맞은 기하 공차 기호는?

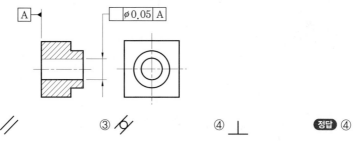

① ◎   ② //   ③ ⌿   ④ ⊥

정답 ④

6. 그림에서 기하 공차 기호 ◎ ∅0.08 A-B 의 설명으로 옳은 것은?

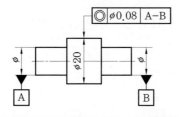

① 데이텀 A-B를 기준으로 흔들림 공차가 지름 0.08mm의 원통 안에 있어야 한다.
② 데이텀 A-B를 기준으로 동심도 공차가 지름 0.08mm의 두 평면 안에 있어야 한다.
③ 데이텀 A-B를 기준으로 동심도 공차가 지름 0.08mm의 원통 안에 있어야 한다.
④ 데이텀 A-B를 기준으로 원통도 공차가 지름 0.08mm의 두 평면 안에 있어야 한다.

정답 ③

7. 다음 그림의 빈칸에 들어갈 알맞은 기하 공차 기호는?

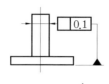

① $\overparen{\quad}$　　　② $\perp$　　　③ $/\!/$　　　④ $\cancel{\circ}$　　　**정답** ②

8. 형상정도 표기 내용 중 기호 표시가 잘못된 것은?

① 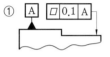　　　②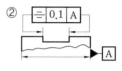

③ 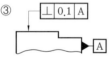　　　④

정답 ②

9. 다음의 기하 공차는 무엇을 뜻하는가?

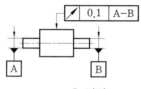

① 원주 흔들림　　　　　② 진직도
③ 대칭도　　　　　　　④ 원통도　　　　**정답** ①

10. $\boxed{\diagup \quad 0.1 \quad A}$ 로 표시된 기하 공차 도면에서 $\diagup$ 가 의미하는 것은?

① 원주 흔들림 공차　　　② 진원도 공차
③ 온 흔들림 공차　　　　④ 경사도 공차　　　**정답** ①

11. 다음 도면의 기하 공차가 나타내고 있는 것은 어느 것인가?

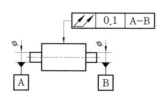

① 원통도　　　　　　　② 진원도
③ 온 흔들림　　　　　　④ 원주 흔들림

제8장

기계 재료 표시법 및 스케치도 작성법

1. 기계 재료 표시법

　도면에서 부품의 금속 재료를 표시할 때 KS D에 정해진 기호를 사용하면 재질, 형상, 강도 등을 간단 명료하게 나타낼 수 있다.

1-1　재료 기호의 표시 방법

(1) 재료 기호의 구성

① **처음 부분** : 재질을 나타내는 기호이며, 영어 또는 로마자의 머리문자 또는 원소 기호를 표시한다.

② **중간 부분** : 판, 봉, 관, 선, 주조품 등의 제품명 또는 용도를 표시한다.

③ **끝 부분** : 금속종별의 탄소 함유량, 최저 인장 강도, 종별 번호 또는 기호를 표시한다.

④ **끝 부분에 덧붙이는 기호** : 제조법, 제품 형상 기호 등을 덧붙일 수 있다.

재질을 나타내는 기호

기호	재질명	예시	기호	재질명	예시
A	aluminium (알루미늄)	A2024 (고력 알루미늄 합금)	S	steel(강)	SM20C (기계 구조용 탄소강재)
C	copper(구리)	C1020P(동판)	Z	zinc(아연)	ZDC (아연 합금 다이 캐스팅)
G	gray iron(회주철)	GC200(회주철품)	–	–	–

제품명 또는 용도를 나타내는 기호

기 호	제품명 또는 용도	예시
B	봉(bar)	C5111B(인청동봉)
P	판(plate)	SPC(냉간 압연 강판)
W	선(wire)	PW(피아노선)

기 호	제품명 또는 용도	예시
T	구조용 관(tube)	STK(일반 구조용 탄소 강관)
PP	배관용 관(pipe for piping)	SPP(배관용 탄소 강관)
C	주조용(casting)	SC(탄소강 주강품)
F	단조용(forging)	SF(탄소강 단강품)
DC	다이 캐스팅용(die casting)	ALDC(다이 캐스팅용 알루미늄 합금)
S	일반 구조용(general structure)	SS(일반 구조용 압연 강재)
M	기계 구조용(machne structure)	SM(기계 구조용 탄소 강재)
B	보일러용(boiler)	SB(보일러 및 압력 용기용 탄소강)
K 또는 T	공구용(工具, tool)	SKH(고속도 공구강 강재) STC(탄소 공구 강재)

금속 종별을 나타내는 숫자 또는 기호

표시 방법	예시	의미
탄소 함유량의 평균치×100	SM 20C	20C : 탄소 함유량 0.15~0.25%
최저 인장 강도	SS 330 GC 200	330 : 최저 인장 강도 330MPa 200 : 최저 인장 강도 200MPa
종별 번호	STS 2 STD 11	S2종 : 절삭용(탭, 드릴) D11종 : 냉간가공용(다이스)
종별 기호	STKM 12A STKM 12B STKM 12C	12종 A : 최저 인장 강도 240MPa 이상 12종 B : 최저 인장 강도 390MPa 이상 12종 C : 최저 인장 강도 478MPa 이상

제조법 기호

구분	기호	기호의 의미	구분	기호	기호의 의미
조질도 기호	A	어닐링한 상태	열처리 기호	N	노멀라이징
	H	경질		Q	퀜칭, 템퍼링
	1/2H	1/2 경질		SR	시험편에만 노멀라이징
	S	표준 조질		TN	시험편에 용접 후 열처리
표면 마무리 기호	D	무광택 마무리 (dull finishing)	기타	CF	원심력 주강판
				K	킬드강
	B	광택 마무리 (bright finishing)		CR	제어 압연한 강판
				R	압연한 그대로의 강판

제품 형상 기호

기호	제품	기호	제품	기호	제품
P	강판	□	각재	▱	평강
⊘	둥근강	⚠	6각 강	I	I 형강
◎	파이프	8	8각 강	⊏	채널(channel)

(2) 재료 기호의 해석

다음 [표]는 재료를 기호로 표시하는 것을 보기로 든 것이다.

기호	처음 부분	중간 부분	끝 부분
SS400(일반 구조용 압연 강재)	S(steel)	S(일반 구조용 압연재)	400(최저 인장 강도)
SM45C(기계 구조용 탄소 강재)	S(steel)	M(기계 구조용)	45C(탄소 함유량 중간값의 100배)
SF340A(탄소강 단강품)	S(steel)	F(단조품)	340A(최저 인장 강도)
PW1(피아노 선)	없음	PW(피아노 선)	1(1종)
SC410(탄소강 주강품)	S(steel)	C(주조품)	410(최저 인장 강도)
GC200(회주철품)	G(gray iron)	C(주조품)	200(최저 인장 강도)

핵심문제

1. 기계 재료 기호의 구성에 대한 설명으로 틀린 것은 어느 것인가?

① 처음 부분은 재질을 나타낸다.
② 중간 부분은 규격명, 제품명 등을 나타낸다.
③ 끝 부분은 재질의 종류 번호, 최저 인장 강도를 숫자나 영문자로 표시한다.
④ SM20C는 일반 구조용 압연강재이다.   **정답** ④

2. 기계 재료의 표시 [SM 45C]에서 S가 나타내는 것은 어느 것인가?

① 재질을 나타내는 부분
② 규격명을 나타내는 부분
③ 제품명을 나타내는 부분
④ 최저 인장 강도를 나타내는 부분   **정답** ①

3. 다음은 재료 기호의 중간 부분의 기호이다. 공구강을 나타내는 기호는?

① K

② B

③ C

④ W

정답 ①

4. 기계 재료 표시법 중 중간 부분의 기호에서 단조품을 나타내는 기호는?

① F

② C

③ B

④ G

정답 ①

5. 다음에 제시된 재료 기호 중 200이 의미하는 것은 어느 것인가?

> GC 200

① 재질 등급

② 열처리 온도

③ 탄소 함유량

④ 최저 인장 강도

정답 ④

6. 기계 구조용 탄소 강재를 나타내는 재료 표시 기호 SM20C에 대한 설명 중 틀린 것은?

① S는 강(steel)을 나타낸다.

② M은 기계 구조용을 나타낸다.

③ 20은 탄소 함유량이 15~25%의 중간값을 나타낸다.

④ C는 탄소를 의미한다.

정답 ③

1-2 철강 및 비철금속 기계 재료의 기호

KS 분류번호	명칭	KS 기호	KS 분류번호	명칭	KS 기호
KS D 3501	열간 압연 연강판 및 강대	SPH	KS D 3517	기계 구조용 탄소 강관	STKM
KS D 3503	일반 구조용 압연 강재	SS	KS D 3522	고속도 공구강 강재	SKH
KS D 3507	배관용 탄소 강관	SPP	KS D 3533	고압 가스 용기용 강판 및 강대	SG
KS D 3508	아크 용접봉 심선재	SWR			
KS D 3509	피아노 선재	SWRS	KS D 3554	연강 선재	SWRM
KS D 3510	경강선	SW	KS D 3556	피아노선	PW
KS D 3512	냉간 압연 강판 및 강대	SPC	KS D 3557	리벳용 원형강	SV
KS D 3515	용접 구조용 압연 강재	SM	KS D 3559	경강 선재	HSWR

KS 분류번호	명칭	KS 기호	KS 분류번호	명칭	KS 기호
KS D 3560	보일러 및 압력 용기용 탄소강	SB	KS D 4101	탄소강 주강품	SC
			KS D 4102	구조용 합금강 주강품	SCC
KS D 3566	일반 구조용 탄소 강관	STK	KS D 4104	고망간강 주강품	SCMnH
KS D 3701	스프링 강재	SPS	KS D 4301	회주철품	GC
KS D 3710	탄소강 단강품	SF	KS D 4302	구상 흑연 주철품	GCD
KS D 3751	탄소 공구강 강재	STC	KS D 5102	인청동봉	C5111B (구 PBR)
KS D 3752	기계 구조용 탄소 강재	SM			
KS D 3753	합금 공구강 강재 (주로 절삭, 내충격용)	STS	KS D ISO 5922	백심 가단 주철품	GCMW (구 WMC)
KS D 3753	합금 공구강 강재 (주로 내마멸성 불변형용)	STD		흑심 가단 주철품	GCMB (구 BMC)
KS D 3753	합금 공구강 강재 (주로 열간 가공용)	STF	KS D 6005	아연 합금 다이 캐스팅	ZDC
KS D 3867	크롬강	SCr	KS D 6006	다이 캐스팅용 알루미늄 합금	ALDC
KS D 3867	니켈 크롬강	SNC	KS D 6008	보통 주조용 알루미늄 합금	AC1A
KS D 3867	니켈 크롬 몰리브덴강	SNCM			
KS D 3867	크롬 몰리브덴강	SCM	KS D 6010	인청동 주물	PB(폐지)

핵심문제

1. 다음 중 회주철의 재료 기호는?

① GC   ② SC

③ SS   ④ SM   정답 ①

2. 합금 공구강의 KS 재료 기호는?

① SKH   ② SPS

③ STS   ④ GC   정답 ③

2. 스케치도 작성법

2-1 스케치의 원칙과 용구

(1) 스케치의 필요성과 원칙

① 현재 사용 중인 기기나 부품과 동일한 모양을 만들 때

② 부품을 교환할 때(마모나 파손 시)

③ 실물을 모델로 하여 개량 기계를 설계할 때의 참고 자료를 그릴 때

④ 보통 3각법에 의한다.

⑤ 3각법으로 곤란한 경우는 사투상도나 투시도를 병용한다.

⑥ 자나 컴퍼스보다는 프리 핸드법에 의하여 그린다.

⑦ 스케치도는 제작도를 만드는 데 기초가 된다.

⑧ 스케치도가 제작도를 겸하는 경우도 있다(급히 기계를 제작하는 경우와 도면을 보존할 필요가 없을 때).

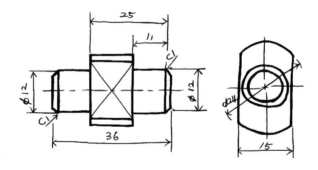

스케치도의 예(프리 핸드법)

(2) 스케치 용구

분류	용구 명칭	비고
항상 필요한 것	연필	B, HB, H 정도의 것, 색연필
	용지(방안지, 백지, 모조지)	그림을 그리고 본뜬다.
	마분지, 스케치도판	밑받침
	광명단	프린트법에서 사용하는 붉은 칠감
	강철자	길이 300mm, 눈금 0.5mm의 것
	접는자, 캘리퍼스	긴 물건 측정

항상 필요한 것	외경(내경) 캘리퍼스	외경(내경) 측정
	버니어 캘리퍼스	내경, 외경, 길이, 깊이 등의 정밀 측정
	깊이 게이지	구멍의 깊이, 홈의 정밀 측정
	외경(내경) 마이크로미터	외경(내경) 정밀 측정
	직각자	각도, 평면 정도의 측정
	정반	각도, 평면 정도의 측정
	기타	칼, 지우개, 샌드페이퍼, 종이집게, 압침 등
있으면 편리한 것	경도 시험기	경도, 재질 판정
	표면 거칠기 견본	표면 거칠기 판정
	기타	컴퍼스, 삼각자 등
특수 용구	피치 게이지	나사 피치나 산의 수 측정
	치형 게이지	치형 측정
	틈새 게이지	부품 사이의 틈새 측정
기타	꼬리표	부품에 번호 붙임
	납선 또는 동선	본뜨기용
	기타	비누, 걸레, 기름, 풀 등

핵심문제

1. 스케치도를 작성할 필요가 없는 경우는?

① 도면이 없는 부품을 제작하고자 할 경우
② 도면이 없는 부품이 파손되어 수리 제작할 경우
③ 현품을 기준으로 개선된 부품을 고안하려 할 경우
④ 제품 제작을 위해 도면을 복사할 경우　　　　정답 ④

2. 스케치도를 그리는 원칙으로 잘못된 것은?

① CAD 소프트웨어를 이용하여 정확하게 그려야 한다.
② 보통 3각법으로 그린다.
③ 사투상도나 투시도로 그려도 된다.
④ 프리 핸드법으로 그린다.　　　　정답 ①

3. 나사부가 있는 부품을 스케치할 때 사용되는 도구로서 나사의 피치나 산의 수를 측정하는 용구는?

① 강철자　　　　② 경도 시험기
③ 피치 게이지　　　　④ 틈새 게이지　　　　정답 ③

2-2 스케치 방법과 작성 순서

(1) 스케치 방법

① **프린트법** : 부품 표면에 광명단을 칠한 후, 종이를 대고 눌러 실제 모양을 뜨는 방법이다.

② **모양 뜨기** : 불규칙한 곡선을 가진 물체를 직접 종이에 대고 그리거나, 납선 또는 동선 등을 부품의 윤곽 곡선과 같이 만들어 종이에 옮기는 방법이다.

③ **사진 촬영** : 사진기로 직접 찍어서 도면을 그리는 방법이다.

④ **프리 핸드법** : 손으로 직접 그리는 방법이다.

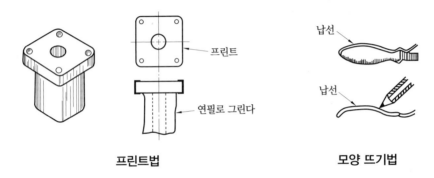

프린트법   모양 뜨기법

(2) 스케치의 작성 순서

① 기계를 분해하기 전에 조립도 또는 부분 조립도를 그리고 주요 치수를 기입한다.

② 기계를 분해하여 부품도를 그리고 세부 치수를 기입한다.

③ 분해한 부품에 꼬리표를 붙이고 분해 순서대로 번호를 기입한다.

④ 각 부품도에 가공법, 재질, 개수, 다듬질 기호, 끼워 맞춤 기호 등을 기입한다.

⑤ 완전한가를 검토하여 주요 치수 등의 틀림이나 누락을 살핀다.

핵심문제

1. 스케치도를 그리는 방법으로 올바르지 않은 것은?

① 스케치할 물체의 특징을 파악하여 주투상도를 결정한다.

② 스케치도에는 주투상도만 그리고 치수, 재질, 가공법 등은 기입하지 않는다.

③ 부품 표면에 광명단 또는 스탬프 잉크를 칠한 다음 용지에 찍어 실제 형상으로 모양을 뜨는 방법도 있다.

④ 실제 부품을 용지 위에 올려놓고 본을 뜨는 방법도 있다.　　　　　**정답** ②

2. 스케치를 할 물체의 표면에 광명단을 얇게 칠하고 그 위에 종이를 대고 눌러서 실제의 모양을 뜨는 스케치 방법은?

① 프린트법　　② 모양뜨기 방법　　③ 프리 핸드법　　④ 사진법　　**정답** ①

제9장 결합용 기계 요소의 제도

1. 나사, 볼트, 너트의 제도

1-1 나사의 호칭과 도시법

(1) 나사의 도시법

① 수나사의 바깥지름과 암나사의 안지름을 나타내는 선은 굵은 실선으로 그린다.

② 수나사와 암나사의 골을 표시하는 선은 가는 실선으로 그린다.

③ 수나사와 암나사의 측면 도시에서 각각의 골지름은 가는 실선으로 약 $\dfrac{3}{4}$ 만큼 그린다.

④ 완전 나사부와 불완전 나사부의 경계선은 굵은 실선으로 그린다.

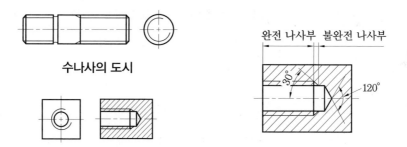

수나사의 도시

암나사의 도시

나사의 완전 나사부 및 불완전 나사부

⑤ 불완전 나사부의 골 밑을 나타내는 선은 축선에 대하여 30°의 가는 실선으로 그린다.

⑥ 암나사 탭 구멍의 드릴 자리는 120°의 굵은 실선으로 그린다.

⑦ 가려서 보이지 않는 나사부의 산봉우리와 골을 나타내는 선은 같은 굵기의 파선으로 한다.

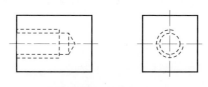

보이지 않는 나사부의 도시

⑧ 수나사와 암나사의 결합부분은 수나사로 표시한다.

⑨ 단면시 나사부의 해칭은 수나사는 바깥지름, 암나사는 안지름까지 해칭한다.

⑩ 간단한 도면에서는 불완전 나사부를 생략한다.

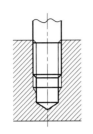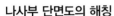 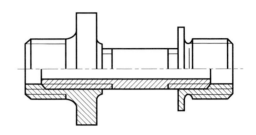

나사부 단면도의 해칭   수나사와 암나사의 결합부분의 도시

(2) 나사의 호칭 표시 방법

나사의 호칭은 나사의 종류를 표시하는 기호, 나사의 지름을 표시하는 숫자 및 피치 또는 25.4mm에 대한 나사산의 수(이하 산의 수라 한다)를 사용하여 다음과 같이 구성한다.

나사의 호칭 지름은 수나사의 바깥지름으로 한다.

① 피치를 밀리미터로 표시하는 나사의 경우

나사의 종류를 표시하는 기호	나사의 호칭 지름을 표시하는 숫자	×	피치

다만, 미터 보통 나사와 같이 동일한 지름에 대하여 피치가 하나만 규정되어 있는 나사에서는 원칙으로 피치를 생략한다.

② 피치를 산의 수로 표시하는 나사(유니파이 나사를 제외)의 경우

나사의 종류를 표시하는 기호	나사의 지름을 표시하는 숫자	산	피치

다만, 관용 나사와 같이 동일한 지름에 대하여 산의 수가 단 하나만 규정되어 있는 나사에서는 원칙으로 산의 수를 생략한다. 또한, 혼동될 우려가 없을 때에는 '산' 대신에 하이픈 '－'을 사용할 수 있다.

③ 유니파이 나사의 경우

나사의 지름을 표시하는 숫자 또는 번호	－	산의 수	나사의 종류를 표시하는 기호

(3) 나사의 종류 표시 기호

나사의 종류를 표시하는 기호 및 나사의 호칭에 대한 표시 방법의 보기

구분		나사의 종류		나사의 종류를 표시하는 기호	나사의 호칭에 대한 표시 방법의 보기
일반용	ISO 규격에 있는 것	미터 보통 나사		M	M 8
		미터 가는 나사			M 8×1
		미니추어 나사		S	S 0.5
		유니파이 보통 나사		UNC	3/8−16 UNC
		유니파이 가는 나사		UNF	No. 8−36 UNF
		미터 사다리꼴 나사		Tr	Tr 10×2
		관용 테이퍼 나사	테이퍼 수나사	R	R 3/4
			테이퍼 암나사	Rc	Rc 3/4
			평행 암나사[1]	Rp	Rp 3/4
	ISO 규격에 없는 것	관용 평행 나사		G	G 1/2
		30° 사다리꼴 나사		TM	TM 18
		29° 사다리꼴 나사		TW	TW 20
		관용 테이퍼 나사	테이퍼 나사	PT	PT 7
			평행 암나사[2]	PS	PS 7
		관용 평행 나사		PF	PF 7

주 [1] 이 평행 암나사 Rp는 테이퍼 수나사 R에 대해서만 사용한다.
　　[2] 이 평행 암나사 PS는 테이퍼 수나사 PT에 대해서만 사용한다.

(4) 나사의 등급과 기호

정도에 따라 표시하는 나사의 등급과 나사의 기호는 다음 [표]와 같다.

나사의 등급

나사 종류	미터 나사			유니파이 나사			파이프용 평행나사
수나사	4h	6g	8g	3A	2A	1A	A
암나사	5H	6H	7H	3B	2B	1B	B

참고 1. 나사 종류에 따라 좌에서 우로 갈수록 등급이 낮아진다.
　　　2. 휘트워드 나사 등급은 KS에서 폐기되었다.

(5) 나사의 표시 방법

나사의 표시 방법은 나사의 호칭, 나사의 등급, 나사산의 감김 방향 및 나사산의 줄의 수에 대하여 다음과 같이 구성한다.

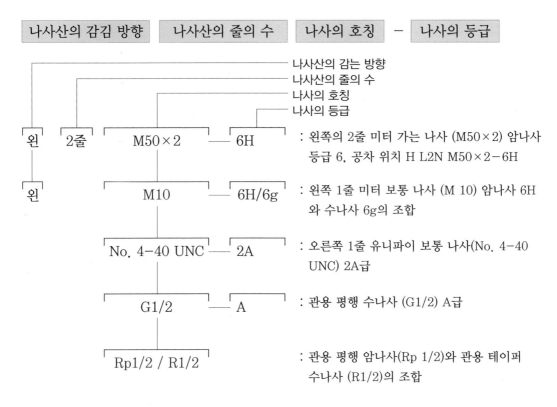

나사산의 감김 방향	나사산의 줄의 수	나사의 호칭	—	나사의 등급

나사산의 감는 방향
나사산의 줄의 수
나사의 호칭
나사의 등급

왼	2줄	M50×2	6H	: 왼쪽의 2줄 미터 가는 나사 (M50×2) 암나사 등급 6, 공차 위치 H L2N M50×2−6H
왼		M10	6H/6g	: 왼쪽 1줄 미터 보통 나사 (M 10) 암나사 6H 와 수나사 6g의 조합
		No. 4−40 UNC	2A	: 오른쪽 1줄 유니파이 보통 나사(No. 4−40 UNC) 2A급
		G1/2	A	: 관용 평행 수나사 (G1/2) A급
		Rp1/2 / R1/2		: 관용 평행 암나사(Rp 1/2)와 관용 테이퍼 수나사 (R1/2)의 조합

(6) 나사 표시의 유의 사항

① 나사의 방향 표시는 왼쪽 나사에만 표시한다. 표시는 '왼' 또는 'L'을 사용한다.
② 나사의 줄수 표시는 두 줄 이상인 경우만 표시한다. 표시는 '줄' 또는 'N'을 사용한다.

핵심문제

1. 나사 제도에서 완전 나사부와 불완전 나사부의 경계선을 나타내는 선은?

① 가는 실선　　② 파선　　③ 가는 1점 쇄선　　④ 굵은 실선　　**정답** ④

2. 수나사의 측면도를 도시한 것으로 옳은 것은?

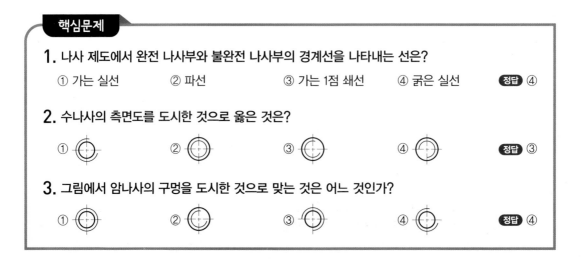

①　　②　　③　　④　　**정답** ③

3. 그림에서 암나사의 구멍을 도시한 것으로 맞는 것은 어느 것인가?

①　　②　　③　　④　　**정답** ④

4. 나사를 도시할 때 나사 중심선과 불완전 나사부가 이루는 각도는 얼마인가?

① 15°   ② 30°   ③ 45°   ④ 70°   **정답** ②

5. 나사의 제도 방법에 대한 설명으로 옳은 것은?

① 암나사의 안지름은 가는 실선으로 그린다.
② 불완전 나사부와 완전 나사부의 경계선은 가는 실선으로 그린다.
③ 수나사와 암나사의 결합 부분은 암나사 기준으로 표시한다.
④ 단면 시 암나사는 안지름까지 해칭한다.   **정답** ④

6. 나사의 각부를 표시하는 선에 대한 설명으로 틀린 것은?

① 수나사의 바깥지름과 암나사의 안지름은 굵은 실선으로 그린다.
② 수나사와 암나사의 골을 표시하는 선은 굵은 실선으로 그린다.
③ 완전 나사부와 불완전 나사부의 경계선은 굵은 실선으로 그린다.
④ 가려서 보이지 않는 나사부는 파선으로 그린다.   **정답** ②

7. 다음의 나사 제도에 대한 설명 중 틀린 것은?

① 완전 나사부와 불안전 나사부의 경계는 굵은 실선으로 그린다.
② 수나사의 바깥지름과 암나사의 안지름은 굵은 실선으로 그린다.
③ 나사 부분의 단면 표시에 해칭을 할 경우에는 산봉우리 부분까지 미치게 한다.
④ 수나사와 암나사의 측면도시에서 골 지름은 굵은 실선으로 그린다.   **정답** ④

8. 암나사의 호칭 지름은 무엇으로 나타내는가?

① 암나사의 안지름   ② 암나사의 유효 지름
③ 암나사에 맞는 수나사의 유효 지름   ④ 암나사에 맞는 수나사의 바깥지름   **정답** ④

9. M22인 수나사의 표시 중 22는 무엇을 나타내는 것인가?

① 나사부의 길이가 22mm이다.
② 완전 나사부와 불완전 나사부를 합한 길이가 22mm이다.
③ 나사의 유효 지름이 22mm이다.
④ 나사의 바깥지름이 22mm이다.   **정답** ④

10. 유니파이 나사에서 호칭 치수 3/8인치, 1인치 사이에 16산의 보통 나사가 있다. 표시 방법으로 옳은 것은?

① 8/3-16 UNC   ② 3/8-16 UNF   ③ 3/8-16 UNC   ④ 8/3-16 UNF   **정답** ③

11. "M20×2"는 미터 가는 나사의 호칭 보기이다. 여기서 2는 무엇을 나타내는가?

① 나사의 피치   ② 나사의 호칭 지름   ③ 나사의 등급   ④ 나사의 경도   **정답** ①

12. 미터 가는 나사의 표시 방법으로 맞는 것은?

① 3/8-16UNC　② M8×1　③ Tr 12×3　④ Rp 3/4　**정답** ②

13. ISO 규격에 있는 것으로 미터 사다리꼴 나사의 종류를 표시하는 기호는?

① M　② S　③ Rc　④ Tr　**정답** ④

14. 관용 테이퍼 수나사의 ISO 규격의 기호는?

① R　② M　③ G　④ E　**정답** ①

15. ISO 표준에 있는 일반용으로 관용 테이퍼 암나사의 호칭 기호는?

① R　② Rc　③ Rp　④ G　**정답** ②

16. 나사의 종류를 나타내는 기호 중 틀린 것은?

① R : 관용 테이퍼 수나사　② S : 미니어처 나사
③ UNC : 유니파이 보통 나사　④ TM : 29° 사다리꼴 나사
※ KS규격 (KS B 0228)이 폐지되어 S라는 기호를 사용하지 않는다.　**정답** ④

17. 나사 종류의 표시 기호 중 틀린 것은?

① 미터 보통 나사 – M　② 유니파이 가는 나사 – UNC
③ 미터 사다리꼴 나사 – Tr　④ 관용 평행 나사 – G　**정답** ②

18. "M24 – 6H/5g"로 표시된 나사의 설명으로 틀린 것은?

① 미터 나사　② 호칭 지름은 24mm
③ 암나사 5급　④ 수나사 5급　**정답** ③

19. 다음은 나사의 표시 방법이다. 설명으로 틀린 것은 어느 것인가?

① 2줄 왼나사이다.
② 미터 가는 나사이다.
③ 유니파이 나사를 의미한다.
④ 6H는 나사의 등급을 의미한다.

> 왼 2줄 M50×2-6H

정답 ③

20. 호칭 지름 40mm, 피치가 7mm인 미터 사다리꼴 왼나사의 표시 방법은?

① TM40×7LH　② Tr40×7LH　③ TM40×7H　④ Tr40×7H　**정답** ②

21. 미터 사다리꼴 나사의 호칭 지름 40mm, 피치 7, 수나사 등급이 7e인 경우 옳게 표시한 방법은?

① TM40×7-7e　② TW40×7-7e　③ Tr40×7-7e　④ TS40×7-7e　**정답** ③

22. 나사의 표시 방법 중 Tr40×14(P7)−7e에 대한 설명 중 틀린 것은?

① Tr은 미터사다리꼴 나사를 뜻한다.　　② 줄수는 7줄이다.

③ 40은 호칭 지름 40mm를 뜻한다.　　④ 리드는 14mm이다.　　　**정답** ②

23. 〈보기〉의 설명을 나사 표시 방법으로 옳게 나타낸 것은?

> **보기**
> · 왼나사이며 두 줄 나사이다.
> · 미터 가는 나사로 호칭 지름이 50mm, 피치가 2mm이다.
> · 수나사 등급이 4h 정밀급 나사이다.

① 왼 2줄 M50×2−4h　　　　　② 우 2줄 M50×2−4h

③ 오른 2줄 M50×2−4h　　　　④ 좌 2줄 M50×2−4h　　　**정답** ①

24. 다음 중 나사의 표시 방법으로 틀린 것은?

① 나사산의 감긴 방향이 오른 나사인 경우에는 표시하지 않는다.

② 나사산의 줄 수는 한줄 나사인 경우에는 표시하지 않는다.

③ 암나사와 수나사의 등급을 동시에 나타낼 필요가 있을 경우는 암나사의 등급, 수나사의 등급 순서로 그 사이에 사선(/)을 넣는다.

④ 나사의 등급은 생략하면 안 된다.　　　　　　　　　　　　　**정답** ④

1-2 　볼트, 너트의 호칭과 도시법

(1) 볼트, 너트의 도시법

볼트의 머리부나 너트의 모양을 규격의 치수와 같게 표시하려면 힘이 들기 때문에 다음 [그림]과 같이 약도로 그린다. [그림−6각 볼트와 너트, 4각 볼트와 너트, 6각 구멍붙이 볼트]는 제작도용 약도와 간략도를 나란히 그려놓은 것이다.

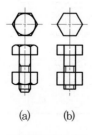
(a)　　(b)
6각 볼트와 너트

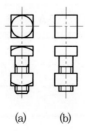
(a)　　(b)
4각 볼트와 너트

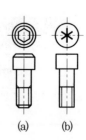
(a)　　(b)
6각 구멍붙이 볼트

제작도에서는 불완전 나사부를 그리지만 간략도에서는 불완전 나사부를 그리지 않는다. 볼트, 너트의 그리는 법은 [그림 – 볼트, 너트의 도시법]과 같다.

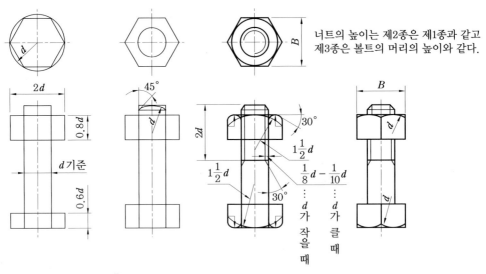

너트의 높이는 제2종은 제1종과 같고 제3종은 볼트의 머리의 높이와 같다.

볼트, 너트의 도시법

(2) 볼트의 호칭 방법

KS B 1002	6각 볼트	A	M12	×	80	–	8.8	MFZn2–C
규격 번호	볼트의 종류	부품 등급	나사의 호칭		호칭 길이		강도 구분 또는 성상 구분	아연 도금 $2\mu m$ 크로메이트 처리

볼트의 종류	재료에 따른 구분	등급		대응 국제 규격
		부품 등급	강도 구분 또는 성상 구분	
호칭 지름 6각 볼트	강	A	8.8	ISO 4014
		B		
		C	4.6, 4.8	ISO 4016
	스테인리스강	A	A2–70	ISO 4014
		B		
	비철 금속	A	–	
		C		

(3) 너트의 호칭 방법

KS B 1002	6각 너트	스타일1	B	M12	–	8	MFZn2–C
규격 번호	너트의 종류	형식	부품 등급	나사의 호칭		강도 구분	아연 도금 2μm 크로메이트 처리

너트의 종류	형식	부품 등급	강도 구분
6각 너트	스타일1	A, B	M3 미만 : 6 M3 이상 : 6, 8, 10
	스타일2	A, B	9, 12
	–	C	4, 5

스타일에 의한 구분은 6각 너트에서의 높이 차이를 나타낸 것으로 스타일2는 스타일1보다 높다.

핵심문제

1. 다음 중 볼트를 제도한 것으로 바르게 나타낸 것은 어느 것인가?

① ② ③ ④ **정답** ③

2. 볼트에서 골 지름은 어떤 선으로 긋는가?

① 굵은 실선　　　　　　② 가는 실선

③ 숨은선　　　　　　　④ 가는 2점 쇄선　　　**정답** ②

3. 다음은 육각 볼트의 호칭이다. ③이 의미하는 것은 무엇인가?

KS B 1002	6각 볼트	A	M12×80	–8.8	MFZn2
①	②	③	④	⑤	⑥

① 강도　　　　② 부품 등급　　　③ 종류　　　　④ 규격 번호　　**정답** ②

4. 다음과 같이 표시된 너트의 호칭 중에서 형식을 나타내는 것은?

KS B 1012 6각 너트 스타일1 B M12–8 MFZnⅡ–C

① 스타일1　　② B　　　　③ M12　　　④ 8　　　**정답** ①

2. 키, 핀, 리벳의 제도

2-1 키(key)의 제도

키는 기어, 벨트, 풀리 등을 회전축에 고정할 때 사용한다.

① **키의 호칭법** : 표준 치수로 만들어지므로 부품도에 도시하지 않고 부품표의 품명란에 그 호칭만 적는다. 그러나 표준 이외의 것은 도시하고 치수를 적는다. 키는 긴 쪽으로 절단하여 도시하지 않는다. 품명란에 기입하여 표시할 때에는 다음과 같이 표기한다.

보기

규격 번호 또는 명칭	호칭 치수	×	길이	끝 모양의 특별지정	재료
KB B 1313 또는 미끄럼 키	11×8	×	50	양끝 둥금	SM 45C
평행 키	25×14	×	90	양끝 모짐	SM 40C

② **키 홈의 도시법** : 키 홈은 가능한 한 위쪽에 표시하고, 키 홈의 치수는 다음과 같이 한다.

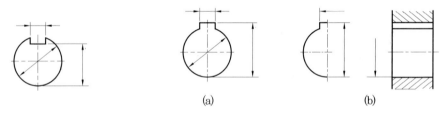

(a)   (b)

축의 키 홈 도시법   보스의 키 홈 도시법

③ **키의 종류 및 보조 기호** : KS B 1311에는 일반 기계에 사용하는 강제의 평행 키 및 반달 키와 이것들에 대응하는 키 홈에 대하여 규정하고 있다.

키의 종류	모양	보조 기호
평행 키	나사용 구멍 없음	P
	나사용 구멍 있음	PS
경사 키	머리 없음	T
	머리 있음	TG
반달 키	둥근 바닥	WA
	납작 바닥	WB

④ **키의 호칭 치수** : 키의 호칭 치수는 폭×높이로 표시하며 KS 규격에서 키의 호칭 치수를 선택할 때는 적용하는 축의 지름을 기준으로 한다.

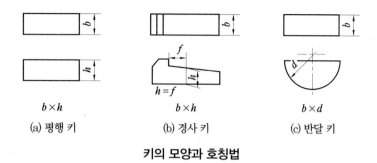

(a) 평행 키　　　　　(b) 경사 키　　　　　(c) 반달 키

키의 모양과 호칭법

핵심문제

1. 키의 호칭 방법으로 맞는 것은?

① KS B 1311 평행 키 10×8×25 양 끝 둥금 SM45C

② 양 끝 둥금 KS B 1311 평행 키 10×8×25 SM45C

③ KS B 1311 SM45C 평행 키 10×8×25 양 끝 둥금

④ 평행 키 10×8×25 양 끝 둥금 SM45C KS B 1311　　　　**정답** ①

2. 키 홈 제도에서 키 홈의 가장 적당한 위치는?

① 도형의 아래쪽　　　　　　　② 도형의 위쪽

③ 도형의 좌우　　　　　　　　④ 어떤 곳이라도 관계없다.　　**정답** ②

3. 평행 키에서 나사용 구멍이 없는 것의 보조 기호는 어느 것인가?

① P　　　　　② PS　　　　　③ T　　　　　④ TG　　**정답** ①

4. 키의 호칭 '평행 키 10×8×25'에서 '10'이 나타내는 것은?

① 키의 폭　　　② 키의 높이　　　③ 키의 길이　　　④ 키의 등급　　**정답** ①

5. 축과 보스의 키 홈에 KS 규격으로 치수를 기입하려고 할 때 적용 기준이 되는 것은?

① 보스 구멍의 지름　② 축의 지름　　③ 키의 두께　　④ 키의 폭　　**정답** ②

6. 다음 그림과 같은 반달 키의 호칭 치수 표시 방법으로 맞는 것은?

① $b \times d$

② $b \times L$

③ $b \times h$

④ $h \times L$

정답 ①

2-2 핀의 제도

둥근 핀(round pin)의 단면은 원형이며 테이퍼 핀(tapered pin)과 평행 핀(dowel pin)이 있다. 테이퍼 핀은 대게 $\frac{1}{50}$의 테이퍼를 가진다. 끝 부분이 갈라진 것은 슬롯 테이퍼 핀이라고 한다. 테이퍼 핀의 호칭 지름은 작은 쪽 지름이다.

분할 핀(split pin)은 핀을 박은 후 끝을 벌려 주어 풀림을 방지하기 위해 사용한다.

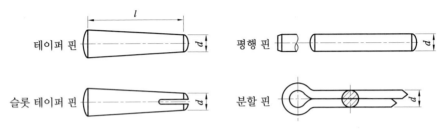

핀의 종류와 호칭 지름

① 평행 핀의 호칭법

| 평행 핀 또는 KS B 1320 | – | 호칭 지름 | 공차 | × | 호칭 길이 | – | 재질 |

비경화강 평행 핀, 호칭 지름 6mm, 공차 m6, 호칭 길이 30mm일 경우 다음 보기와 같이 표시한다.

> **보기** 평행 핀 또는 KS B 1320–6 m6×30–St

② 테이퍼 핀의 호칭법

| 규격 번호 또는 명칭 | 등급 | 호칭 지름 × 길이 | 재료 |

> **보기** KS B 1322 2×20 SM 25C–Q
> 테이퍼 핀 2급 6×70 STS 303

핵심문제

1. 테이퍼 핀의 호칭 지름을 표시하는 부분은?

① 핀의 큰 쪽 지름   ② 핀의 작은 쪽 지름

③ 핀의 작은 쪽 지름에서 전체의 $\frac{1}{3}$되는 부분   ④ 핀의 중간 부분 지름   **정답** ②

2-3 리벳의 제도

① 리벳의 위치만 나타내는 경우는 중심선만으로 표시한다[그림 (a)].

② 리벳은 키, 핀, 코터와 같이 길이 방향으로 절단하지 않는다[그림 (b)].

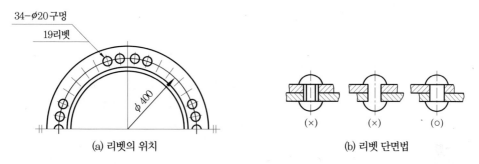

(a) 리벳의 위치   (b) 리벳 단면법

③ 같은 피치, 같은 종류의 구멍은

피치의 수 × 피치의 치수 (= 합계 치수)로 표시한다[그림 (c)].

④ 박판, 얇은 형강은 그 단면을 굵은 실선으로 표시한다[그림 (d)].

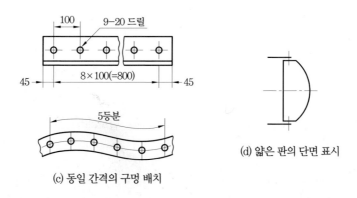

(c) 동일 간격의 구멍 배치   (d) 얇은 판의 단면 표시

⑤ 평강 또는 형강의 치수 표시는 나비×나비×두께−길이로 표시하며 형강도면 위쪽에 기입한다.

⑥ 철골 구조와 건축물 구조도에서의 리벳은 치수선을 생략하고, 선도의 한쪽에 치수를 기입한다.

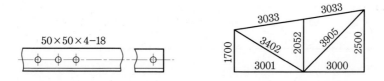

⑦ 리벳의 호칭은 | 규격 번호 | 재료 | 호칭 지름 | × | 길이 | 재료 |

KS B 1102　열간 둥근머리 리벳　16　×　40　SBV 34

⑧ 리벳의 호칭 길이에서 접시머리 리벳만 머리를 포함한 전체의 길이로 호칭되고, 그 외의 리벳은 머리부의 길이는 포함되지 않는다.

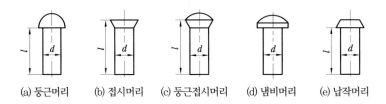

(a) 둥근머리　(b) 접시머리　(c) 둥근접시머리　(d) 냄비머리　(e) 납작머리

⑨ 2장 이상 판이 겹쳐 있을 때, 각 판의 파단선은 서로 어긋나게 외형선으로 긋는다.

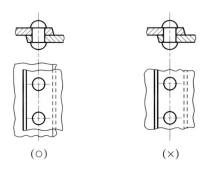

(○)　(×)

⑩ **리벳의 기호**

종별	둥근 머리	접시머리					납작머리			둥근접시머리		
약도	공장 리벳	○	◎	(◎)	∅	⊘	(∅)	⊘	⊘	⊘	⊗	◎	⊗
	현장 리벳	●	◉	(◉)	⦸	⊛	(⦸)	⊛	⊛	⊛	⊗	◉	⊗

핵심문제

1. 다음은 리벳에 대한 설명 중 틀린 것은?

① 리벳은 길이 방향으로 단면하여 도시한다.

② 리벳을 크게 도시할 필요가 없을 때에는 리벳 구멍을 약도로 도시한다.

③ 리벳의 체결 위치만 표시할 경우에는 중심선만을 그린다.

④ 같은 위치로 연속되는 같은 종류의 리벳 구멍을 표시할 때는 피치의 수×피치의 간격 = (합계 치수)로 기입할 수 있다.   **정답** ①

2. 리벳 이음의 제도에 관한 설명으로 바른 것은?

① 리벳은 길이 방향으로 절단하여 표시하지 않는다.

② 얇은 판, 형강 등 얇은 것의 단면은 가는 실선으로 그린다.

③ 형판 또는 형강의 치수는 "호칭 지름×길이×재료"로 표시한다.

④ 리벳의 위치만을 표시할 때에는 원 모두를 굵게 그린다.   **정답** ①

3. 리벳에 대한 호칭법 및 도시법에 대한 설명 중 틀린 것은?

① 리벳의 호칭 방법은 규격 번호, 종류, 호칭 지름×길이, 재료 순으로 표시한다.

② 둥근머리 리벳의 길이는 머리 부분을 제외한다.

③ 리벳의 지름과 구멍의 지름은 같아야 한다.

④ 리벳은 길이 방향으로 단면하여 도시하지 않는다.   **정답** ③

5. 호칭 길이의 표시 방법이 다른 리벳은?

① 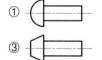   ②

③ 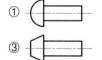   ④   **정답** ②

5. 그림과 같은 둥근머리 리벳을 공장 리벳으로 나타낸 기호는?

①   ② ●   ③   ④   **정답** ①

6. 리벳 이음의 도시 방법에 대한 설명으로 틀린 것은?

① 리벳은 길이 방향으로 단면하여 도시한다.

② 2장 이상의 판이 겹쳐 있을 때, 각 판의 파단선은 서로 어긋나게 외형선으로 긋는다.

③ 리벳의 체결 위치만 표시할 때에는 중심선만을 그린다.

④ 리벳을 크게 도시할 필요가 없을 때에는 리벳구멍을 약도로 도시한다.   **정답** ①

제10장 전동용 기계 요소의 제도

1. 축용 기계 요소의 도시법

1-1 축의 도시법

① 축은 중심선이 수평 방향으로 길게 놓인 상태로 그린다[그림 (a)].
② 가공 방향을 고려하여 직경이 큰 쪽이 왼쪽에 있도록 그린다[그림 (b)].

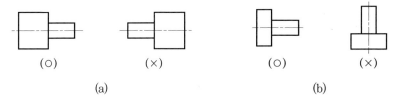

(○)   (×)   (○)   (×)

(a)　　　　　　　　　(b)

③ 축은 길이 방향으로 절단하여 온 단면도로 표현하지 않는다[그림 (c)].
④ 키 홈과 같이 특정한 부분에 대해서는 부분 단면하여 나타낼 수 있다[그림 (d)].

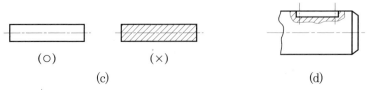

(○)　　　(×)

(c)　　　　　　　　(d)

⑤ 길이가 긴 축은 중간 부분을 생략하여 도시할 수 있으나 치수는 실제 길이를 기입해야 한다[그림 (e)].
⑥ 구석 홈 가공부는 확대하여 상세 치수를 기입할 수 있다[그림 (f)].

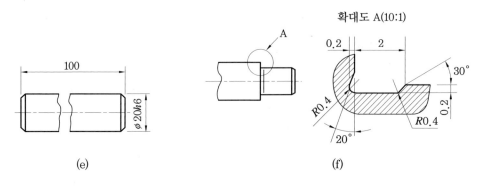

(e)　　　　　　　　(f)

⑦ 축의 일부 중 평면 부위는 가는 실선의 대각선으로 표시한다[그림 (g)].

⑧ 축에 빗줄형 널링을 표시할 경우에는 축선에 대하여 30°로 엇갈리게 그린다[그림 (h)].

⑨ 축의 끝에는 조립을 쉽고 정확하게 하기 위해서 모따기를 할 수 있다. 1×45° 모따기는 C1로 표기할 수 있다[그림 (i)].

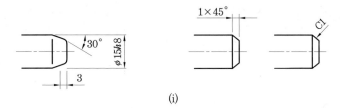

(i)

핵심문제

1. 기계 제도에서 축을 도시할 때의 설명으로 틀린 것은?

① 중심선을 수평 방향으로 놓고 축을 길게 놓인 상태로 그린다.

② 축의 가공 방향은 관계없이 직경이 큰 쪽이 오른쪽에 있도록 그린다.

③ 축은 길이 방향으로 절단하여 온 단면도로 표현하지 않는다.

④ 단면 모양이 같은 긴 축은 중간 부분을 파단하여 짧게 표현하고, 전체 길이를 기입한다. **정답** ②

2. 축을 도시하는 방법으로 틀린 것은?

① 가공 방향을 고려하여 도시한다.

② 길이 방향으로 절단하여 온 단면도를 표현한다.

③ 축의 끝에는 모따기를 할 경우 모따기 모양을 도시한다.

④ 중심선을 수평 방향으로 놓고 옆으로 길게 놓은 상태로 도시한다. **정답** ②

3. 축의 도시법에 대한 설명 중 틀린 것은?

① 축은 길이 방향으로 절단하여 온 단면도로 도시한다.

② 긴 축은 중간을 파단하여 짧게 그리고 치수는 실제 치수를 기입한다.

③ 축에 빗줄 널링을 표시할 경우에는 축선에 대하여 30°로 엇갈리게 그린다.

④ 축의 키 홈은 부분 단면하여 나타낼 수 있다. **정답** ①

4. 축의 도시법에서 잘못된 것은?

① 축의 구석 홈 가공부는 확대하여 상세 치수를 기입할 수 있다.

② 길이가 긴 축의 중간 부분을 생략하여 도시하였을 때 치수는 실제 길이를 기입한다.

③ 축은 일반적으로 길이 방향으로 절단하지 않는다.

④ 축은 일반적으로 축 중심선을 수직 방향으로 놓고 그린다. **정답** ④

412 제4편 기계 제도

1-2 베어링의 도시법

(1) 베어링의 종류와 형식 번호

베어링의 종류	깊은 홈 볼 베어링	앵귤러 볼 베어링	자동 조심 볼 베어링	원통 롤러 베어링				
형식 번호	6	7	1, 2	NJ	NU	NF	N	NN
베어링의 도시 방법								
상세한 간략 도시 방법								
계통도 도시 방법								

베어링의 종류	니들 롤러 베어링		테이퍼 롤러 베어링	자동 조심 롤러 베어링	평면 자리형 스러스트 볼 베어링		스러스트 자동조심 롤러 베어링	구름 베어링의 일반적인 간략 도시 방법
					단식	복식		
형식 번호	NA	RNA	3	2	5	5	2	–
베어링의 도시 방법								
상세한 간략 도시 방법								
계통도 도시 방법								

① 안지름 번호

안지름 9mm 이하에서는 안지름 번호가 안지름과 같고, 20mm 이상에서는 지름을 5로 나눈 값이 안지름 번호이다. 10~17mm까지의 안지름 번호는 아래와 같다.

00 : 안지름 10mm   01 : 안지름 12mm

02 : 안지름 15mm   03 : 안지름 17mm

호칭 베어링 안지름 mm	안지름 번호	호칭 베어링 안지름 mm	안지름 번호	호칭 베어링 안지름 mm	안지름 번호	호칭 베어링 안지름 mm	안지름 번호	호칭 베어링 안지름 mm	안지름 번호
0.6	10.6[*]	25	05	105	21	360	72	950	/950
1	1	28	/28	110	22	380	76	1000	/1000
1.5	/1.5[*]	30	06	120	24	400	80	1060	/1060
2	2	32	/32	130	26	420	84	1120	/1120
2.5	/2.5[*]	35	07	140	28	440	88	1180	/1180
3	3	40	08	150	30	460	92	1250	/1250
4	4	45	09	160	32	480	96	1320	/1320
5	5	50	10	170	34	500	/500	1400	/1400
6	6	55	11	180	36	530	/530	1500	/1500
7	7	60	12	190	38	560	/560	1600	/1600
8	8	65	13	200	40	600	/600	1700	/1700
9	9	70	14	220	44	630	/630	1800	/1800
10	00	75	15	240	48	670	/670	1900	/1900
12	01	80	16	260	52	710	/710	2000	/2000
15	02	85	17	280	56	750	/750	2120	/2120
17	03	90	18	300	60	800	/800	2240	/2240
20	04	95	19	320	64	850	/850	2360	/2360
22	/22	100	20	340	68	900	/900	2500	/2500

주 [*] : 다른 약호를 사용할 수 있다.

② 접촉각 기호

베어링 형식	호칭 접촉각	접촉각 기호
단열 앵귤러 볼 베어링	10° 초과 22° 이하	C
	22° 초과 32° 이하(보통 30°)	A(생략 가능)
	32° 초과 45° 이하(보통 40°)	B
단열 원추 롤러 베어링	24° 초과 32° 이하	D

③ 보조 기호

리테이너		실·실드		궤도륜 모양		베어링의 조합		내부 틈새		등급	
내용	기호	내용	기호	내용	기호	종류	기호	구분	기호	등급	기호
리테이너 없음	V	양쪽 실붙이	UU	내륜 원통 구멍	없음	면조합	DB	보통의 레이디얼 내부틈새보다 작다.	C2	0급	없음
		한쪽 실붙이	U	내륜 내경 테이퍼 구멍	K	정면조합	DF	보통의 레이디얼 내부틈새	없음	6X급	P6X
										6급	P6
		양쪽 실드붙이	ZZ	외륜 외경에 스냅링 홈 부착	N			보통의 레이디얼 내부틈새보다 크다.	C3	5급	P5
		한쪽 실드붙이	Z	외륜 외경에 스냅링 홈 스냅링 부착	NR	병렬조합	DT	C3보다 크다.	C4	4급	P4
								C4보다 크다.	C5	2급	P2

(2) 호칭 번호의 구성

기본 기호				보조 기호					
베어링 계열 번호		안지름 번호	접촉각 기호	리테이너 기호	실, 실드 기호	궤도륜 모양 기호	조합 기호	내부 틈새 기호	등급 기호
형식 번호	치수 계열								

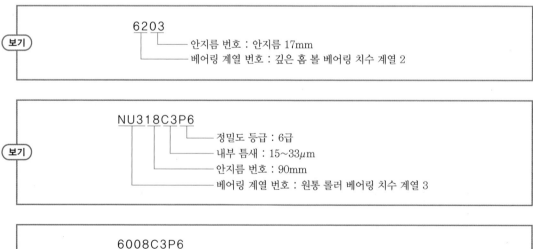

보기
6203
— 안지름 번호 : 안지름 17mm
— 베어링 계열 번호 : 깊은 홈 볼 베어링 치수 계열 2

보기
NU318C3P6
— 정밀도 등급 : 6급
— 내부 틈새 : 15~33μm
— 안지름 번호 : 90mm
— 베어링 계열 번호 : 원통 롤러 베어링 치수 계열 3

보기
6008C3P6
— 정밀도 등급 : 6급
— 내부 틈새 : 15~33μm
— 안지름 번호 : 40mm
— 베어링 계열 번호 : 깊은 홈 볼 베어링 치수 계열 0

핵심문제

1. 구름 베어링 제도 시 계통을 표시하는 경우의 도시 방법 중 다음 그림이 뜻하는 것은?

① 앵귤러 볼 베어링
② 원통 롤러 베어링
③ 자동조심 볼 베어링
④ 니들 롤러 베어링

$$\frac{\cdot\cdot}{\cdot\cdot}$$

정답 ③

2. 베어링의 호칭 번호가 608일 때, 이 베어링의 안지름은 몇 mm 인가?

① 8   ② 12   ③ 15   ④ 40   **정답** ①

3. 베어링의 호칭 번호가 6000P6일 때 베어링 안지름은 몇 mm 인가?

① 60   ② 100   ③ 600   ④ 10   **정답** ④

4. 호칭 번호가 62/22인 깊은 홈 볼 베어링의 안지름 치수는 몇 mm인가?

① 22   ② 110   ③ 310   ④ 55   **정답** ①

5. 베어링 기호 NA4916V의 설명 중 틀린 것은?

① NA : 니들 베어링   ② 16 : 치수 계열
③ 49 : 안지름 번호   ④ V : 접촉각 기호   **정답** ④

6. 볼 베어링의 KS 호칭 번호가 6026 P6일 때 P6이 나타내는 것은?

① 등급 기호   ② 틈새 기호   ③ 실드 기호   ④ 복합 표시 기호   **정답** ①

7. 구름 베어링의 호칭 번호 "608C2P6"에서 C2가 나타내는 것은?

① 베어링 계열 번호   ② 안지름 번호   ③ 접촉각 기호   ④ 내부 틈새 기호   **정답** ④

8. 베어링의 호칭 번호 6203Z에서 Z가 뜻하는 것은 무엇인가?

① 한쪽 실드   ② 리테이너 없음   ③ 보통 틈새   ④ 등급 표시   **정답** ①

9. 베어링의 호칭 번호 6304에서 6은 무엇을 나타내는가?

① 형식 기호   ② 치수 기호   ③ 지름 번호   ④ 등급 기준   **정답** ①

10. 베어링 NU318C3P6에 대한 설명 중 틀린 것은?

① 원통 롤러 베어링이다.
② 베어링 안지름이 318mm이다.
③ 틈새는 C3이다.
④ 등급은 6등급이다.

정답 ②

11. 다음 KS규격에 의한 구름 베어링의 호칭 번호 중 기본 기호에 해당하지 않는 것은?

① 봉입 그리스 기호　　　　　　　　　② 형식 기호

③ 치수 계열 기호　　　　　　　　　　④ 안지름 번호　　　　　　　　　정답 ①

12. 구름 베어링의 호칭 번호 6008 C2 P6를 설명한 것이다. 번호와 설명이 일치하지 않는 것은?

① 60-베어링 계열 기호　　　　　　　② 08-안지름 번호

③ C2-밀봉 또는 실드 기호　　　　　④ P6-정밀도 등급 기호(6급)　　정답 ③

2. 기어의 도시법

2-1　스퍼 기어의 도시법

　기어는 약도로 나타내되, 축에 직각인 방향에서 본 것을 정면도, 축 방향에서 본 것을 측면도로 하여 다음과 같이 도시한다.

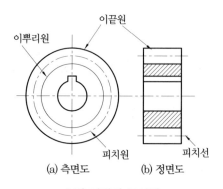

이뿌리원　이끝원　피치원　피치선

(a) 측면도　　　(b) 정면도

스퍼 기어의 도시법

① 이끝원은 굵은 실선으로 그린다.

② 피치원은 가는 1점 쇄선으로 그린다.

③ 이뿌리원은 가는 실선으로 그린다. 단, 정면도를 단면으로 도시할 때는 굵은 실선으로 그린다.

④ 이뿌리원은 측면도에서 생략해도 좋다.

⑤ 스퍼 기어의 표준 압력각 $\alpha=20°$로 규정하고 있다.

⑥ 맞물리는 한 쌍의 스퍼 기어를 그릴 때에는 측면도의 이끝원은 항상 굵은 실선으로 그린다. 그리고 정면도를 단면도로 나타낼 때는 물리는 부분의 한쪽 이끝원을 파선으로 그린다.

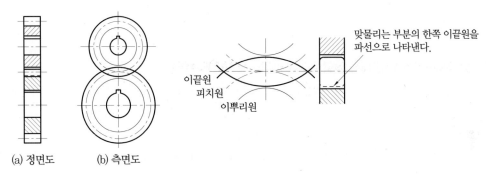

(a) 정면도   (b) 측면도

맞물리는 한 쌍의 스퍼 기어의 도시

스퍼 기어 요목표				
기어 치형		전위	다듬질 방법	호브 절삭
기준 래크	치형	보통이	정밀도	KS B 1405 5급
	모듈	6	상대 기어 전위량	0
	압력각	20°	상대 기어 잇수	50
잇수		18	중심거리	207
기준 피치원의 지름		108	백래시	0.20~0.89
전위량		+3.16	재료*	
전체 이높이		13.34	열처리*	
이두께	벌림 이두께	$47.96^{-0.08}_{-0.38}$ (벌림 잇수 =3)	경도*	

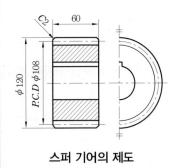

스퍼 기어의 제도

🈷 *표를 붙인 사항은 필요에 따라 기입한다.

핵심문제

1. 기어 도시에서 단면을 하지 않을 경우 이뿌리원을 그리는 선은?

① 가는 실선   ② 가는 은선   ③ 굵은 실선   ④ 1점 쇄선   **정답 ①**

2. 스퍼 기어의 도시법에서 피치원을 나타내는 선의 종류는?

① 가는 실선   ② 가는 1점 쇄선

③ 가는 2점 쇄선   ④ 굵은 실선   **정답 ②**

3. 기어의 도시 방법에 대한 설명으로 틀린 것은?

① 기어의 도면에는 주로 기어 소재를 제작하는 데 필요한 치수만을 기입한다.

② 피치원 지름을 기입할 때에는 치수 앞에 PCR(pitch circle radius)이라 기입한다.

③ 요목표의 위치는 도시된 기어와 가까운 곳에 정한다.

④ 요목표에는 치형, 모듈, 압력각 등 이의 가공에 필요한 사항을 기입한다.   **정답 ②**

4. 기어의 제작상 중요한 치형, 모듈, 압력각, 피치원 지름 등 기타 필요한 사항들을 기록한 것을 무엇이라 하는가?

① 주서   ② 표제란

③ 부품란   ④ 요목표   **정답 ④**

5. 스퍼기어 제도 시 요목표에 기입되지 않는 것은 어느 것인가?

① 입력각   ② 모듈

③ 잇수   ④ 비틀림각   **정답 ④**

6. 다음 표는 스퍼 기어의 요목표이다. 빈칸 (A), (B)에 적합한 숫자로 맞는 것은?

스퍼 기어 요목표		
기어 치형		표준
기준 래크	치형	보통 이
	모듈	2
	압력각	20°
잇수		45
피치원 지름		(A)
전체 이 높이		(B)
다듬질 방법		호브 절삭

① A : $\phi 90$, B : 4.5   ② A : $\phi 45$, B : 4.5

③ A : $\phi 90$, B : 4.0   ④ A: $\phi 45$, B : 4.0   **정답 ①**

2-2 헬리컬 기어의 도시법

도시법은 스퍼 기어의 도시법과 같으나 잇줄의 비틀림을 그리는 것이 다르다.

헬리컬 기어 요목표		
기어 치형		표준
치형 기준 단면		치직각
공구	치형	보통이
	모듈	4
	압력각	20°
잇수		19
비틀림각 및 방향		26°42′ 왼쪽
기준 피치원 지름		85.071

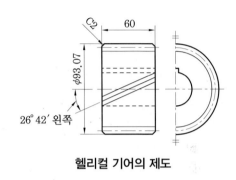

헬리컬 기어의 제도

① 요목표에 이 모양이 잇줄 직각 방식인지, 축 직각 방식인지 기입한다.
② 잇줄의 방향은 정면도에 항상 3줄의 가는 실선을 그린다. 정면도가 단면으로 표시되어 있을 때에는 3줄의 가는 2점 쇄선으로 그린다.
③ 잇줄의 비틀림각은 잇줄을 표시하는 3개의 평행선 중 중앙선을 연장하여 그 방향과 함께 기입한다.

핵심문제

1. 외접 헬리컬 기어의 주투상도를 단면으로 도시할 때, 잇줄 방향의 표시 방법은?
  ① 1개의 가는 실선   ② 3개의 가는 실선
  ③ 1개의 가는 2점 쇄선   ④ 3개의 가는 2점 쇄선   **정답** ④

2. 기어의 도시 방법에 관한 내용으로 올바른 것은 어느 것인가?
  ① 이끝원은 가는 실선으로 그린다.   ② 피치원은 가는 1점 쇄선으로 그린다.
  ③ 잇줄 방향은 보통 3개의 파선으로 그린다.   ④ 이뿌리원은 2점 쇄선으로 그린다.   **정답** ②

3. 기어 제도법에 대한 설명 중 옳지 않은 것은?
  ① 스퍼 기어의 이끝원은 굵은 실선으로 그린다.
  ② 맞물리는 한 쌍 기어의 도시에서 맞물림부의 이끝원은 모두 굵은 실선으로 그린다.
  ③ 헬리컬 기어의 잇줄 방향은 3개의 가는 실선으로 그린다.
  ④ 스퍼 기어의 피치원은 가는 2점 쇄선으로 그린다.   **정답** ④

2-3 베벨 기어의 도시법

① 베벨 기어의 정면도의 단면도에서 이끝선과 이뿌리선은 굵은 실선, 피치선은 가는 1점 쇄선으로 그린다.

② 축 방향에서 본 베벨 기어의 측면도에서 이끝원은 외단부와 내단부를 모두 굵은 실선으로, 피치원은 외단부만 가는 1점 쇄선으로 그리며, 이뿌리원은 생략한다.

③ 한 쌍의 맞물리는 기어는 맞물리는 부분의 이끝원을 숨은선으로 그린다.

④ 스파이럴 베벨 기어의 약도에서 잇줄을 나타내는 선은 한 줄의 굵은 실선으로 나타낸다.

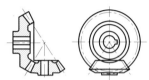   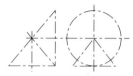

베벨 기어의 제도　　　스퍼 베벨 기어, 스파이럴 베벨 기어의 약도　　　위치만 표시할 때 약도

2-4 웜 기어의 도시법

① 웜 기어의 잇줄 방향은 헬리컬 기어에 준하여 3줄의 가는 실선으로 그린다.

② 웜휠의 측면도는 기어의 바깥지름을 굵은 실선으로 그리고, 피치원은 가는 1점 쇄선으로 그리며, 이뿌리원과 목부분의 원은 그리지 않는다.

③ 요목표에는 이 직각 방식인지 또는 축 직각 방식인지를 기입한다.

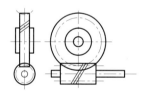

웜과 웜 휠의 약도　　　위치만 표시할 때의 약도

핵심문제

1. 베벨 기어에서 피치원은 무슨 선으로 그리는가?

　① 가는 1점 쇄선　　② 굵은 1점 쇄선　　③ 가는 실선　　④ 굵은 실선　　**정답** ①

2. 다음 그림은 어떤 기어(gear)를 간략 도시한 것인가?

　① 베벨 기어　　② 스파이럴 베벨 기어

　③ 헬리컬 기어　　④ 웜과 웜 기어　　　　　　　　　　　　　**정답** ②

3. 벨트 풀리의 도시법

3-1 평벨트 풀리의 도시법

(1) 호칭법

예	명칭	종류	호칭 지름	×	호칭 폭	재료
	평벨트 풀리 일체형	1	125	×	25	주철

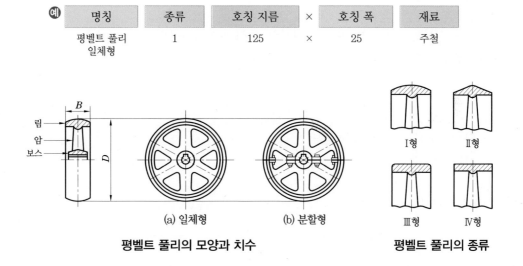

평벨트 풀리의 모양과 치수   평벨트 풀리의 종류

(2) 제도법

① 벨트 풀리와 같이 대칭형인 것은 전체를 표시하지 않고, 그 일부분만을 표시할 수 있다.

② 암(arm)과 같은 방사형의 것은 수직 또는 수평 중심선까지 회전하여 투상한다.

③ 암은 길이 방향으로 절단하여 도시하지 않는다.

④ 암의 단면형은 도형의 밖이나 도형의 안에 회전 도시 단면도로 도시하고, 도형의 안에 도시할 경우에는 가는 실선으로 그린다. 단면형은 대개 타원이며 근사화법의 원호를 그린다.

⑤ 테이퍼 부분의 치수를 기입할 때, 치수 보조선은 경사선(수평과 $60°$ 또는 $30°$)으로 긋는다.

⑥ 끼워 맞춤은 축 기준식인지 구멍 기준식인지를 명기한다.

⑦ 벨트 풀리는 축직각 방향의 투상을 정면도로 한다.

핵심문제

1. 평벨트 풀리의 호칭 지름은 다음 중 어느 것을 말하는 것인가?

① 축 지름   ② 피치원 지름   ③ 바깥지름   ④ 보스 지름   **정답** ③

3-2 V벨트 풀리의 도시법

(1) V벨트 풀리의 호칭법

규격 번호 또는 규격 명칭	호칭 지름	풀리의 종류	보스 위치의 구별	구멍의 치수	구멍의 종류 및 등급
KS B 1400	250	A1	II	40	H8
주철제 V벨트 풀리	200	B3	V		

① **호칭 지름** : V벨트 풀리는 피치원 지름을 호칭 지름으로 한다.

② **풀리의 종류** : V벨트의 종류와 홈의 수를 조합하여 나타낸다.

풀리의 종류

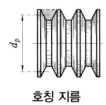

호칭 지름

V벨트의 종류 ＼ 홈의 수	1	2	3	4	5	6
A	A1	A2	A3	–	–	–
B	B1	B2	B3	B4	B5	–
C	–	–	C3	C4	C5	C6

③ **보스 위치의 구별**

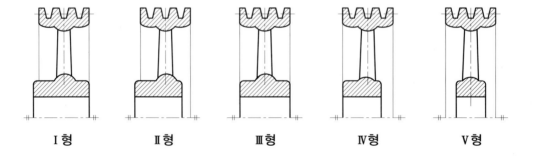

| I 형 | II 형 | III 형 | IV 형 | V 형 |

(2) V벨트 풀리의 홈 형상과 치수

① **V벨트 풀리의 형상과 치수** : V벨트 폴리는 림(rim)을 제외한 나머지 부분은 평벨트 풀리와 같이 도시하여야 하고, 림에 있는 홈의 형상과 치수는 아래 표와 같다.

종류	호칭 지름(d_p)	$a(°)$	l_0	k	k_0	e	f
M	50 이상 71 이하 71 초과 90 이하 90을 초과	34 36 38	8.0	2.7	6.3	$-^{(1)}$	9.5
A	71 이상 100 이하 100 초과 125 이하 125를 초과	34 36 38	9.2	4.5	8.0	15.0	10.0
B	125 이상 160 이하 160 초과 200 이하 200을 초과	34 36 38	12.5	5.5	9.5	19.0	12.5
C	200 이상 250 이하 250 초과 315 이하 315를 초과	34 36 38	16.9	7.0	12.0	25.5	17.0
D	355 이상 450 이하 450을 초과	36 38	24.6	9.5	15.5	37.0	24.0
E	500 이상 630 이하 630을 초과	36 38	28.7	12.7	19.3	44.5	29.0

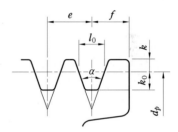

여기서, d_p는 홈의 나바가 l_0인 곳의 지름이다.

주 [1] : M형은 원칙적으로 한 줄만 걸친다.

참고 벨트의 종류별 치수

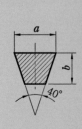

종류	a(mm)	b(mm)	단면적(mm²)
M	10.0	5.5	44
A	12.5	9.0	83
B	16.5	11.0	137
C	22.0	14.0	237
D	31.5	19.0	467
E	38.0	25.0	732

② **V벨트 풀리의 홈의 각도** : V벨트가 굽혀지면 안쪽은 압축을 받아 넓어지고 바깥쪽은 인장을 받아 좁아지므로 본래의 V벨트의 각도 40°보다 작아진다. 풀리의 지름이 작아질수록 각도는 더 좁아진다. 따라서, V벨트 풀리의 홈의 각도는 풀리의 지름에 따라 34°, 36°, 38°의 3종류로 한다.

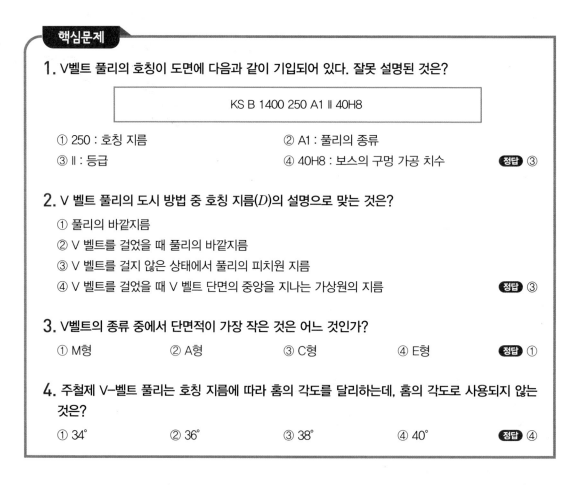

핵심문제

1. V벨트 풀리의 호칭이 도면에 다음과 같이 기입되어 있다. 잘못 설명된 것은?

> KS B 1400 250 A1 Ⅱ 40H8

① 250 : 호칭 지름
② A1 : 풀리의 종류
③ Ⅱ : 등급
④ 40H8 : 보스의 구멍 가공 치수   **정답** ③

2. V 벨트 풀리의 도시 방법 중 호칭 지름(D)의 설명으로 맞는 것은?

① 풀리의 바깥지름
② V 벨트를 걸었을 때 풀리의 바깥지름
③ V 벨트를 걸지 않은 상태에서 풀리의 피치원 지름
④ V 벨트를 걸었을 때 V 벨트 단면의 중앙을 지나는 가상원의 지름   **정답** ③

3. V벨트의 종류 중에서 단면적이 가장 작은 것은 어느 것인가?

① M형
② A형
③ C형
④ E형   **정답** ①

4. 주철제 V-벨트 풀리는 호칭 지름에 따라 홈의 각도를 달리하는데, 홈의 각도로 사용되지 않는 것은?

① 34°
② 36°
③ 38°
④ 40°   **정답** ④

4. 스프로킷의 도시법

(1) 호칭법

예	명 칭	체인 호칭 번호	잇수	치형
	스프로킷	40	N30	S

(2) 제도법

① 이끝원은 굵은 실선, 피치원은 가는 일점 쇄선, 이뿌리원은 가는 실선으로 긋고, 이 모양은 2~3개 그린다.

② 이의 부분을 상세히 그릴 때에는 단면 부위를 나타내고 부분 확대도로 그린다.

③ 간략하게 그릴 때에는 이끝원과 피치원만을 그린다.

④ 요목표에는 톱니의 특성을 기입한다.

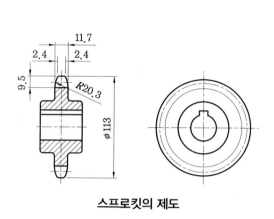

스프로킷의 제도

스프로킷 요목표		
구분	호칭 번호	60
롤러 체인	피치	19.05
	롤러 바깥지름	11.91
	잇수	17
스프로킷	치형	S
	피치원 지름	103.67
	바깥지름	113
	이골원의 지름	91.76
	치저 거리	91.32

핵심문제

1. 스프로킷 휠의 도시법에 대한 설명으로 틀린 것은 어느 것인가?

① 바깥지름은 굵은 실선, 피치원은 가는 1점 쇄선으로 도시한다.

② 이뿌리원을 축에 직각인 방향에서 단면 도시할 경우에는 가는 실선으로 도시한다.

③ 이뿌리원은 가는 실선으로 도시하나 기입을 생략해도 좋다.

④ 항목표에는 원칙적으로 이의 특성에 관한 사항과 이의 절삭에 필요한 치수를 기입한다. **정답** ②

5. 스프링의 도시법

5-1 스프링 제도의 일반사항

스프링 제도는 도면과 요목표를 병용하되, 다음 원칙에 따른다.

① 코일 스프링, 벌류트 스프링, 스파이럴 스프링은 하중이 걸리지 않는 상태에서 그리고, 겹판 스프링은 상용 하중 상태에서 그리는 것을 표준으로 한다. 겹판 스프링의 무하중

상태를 나타내는 선은 가상선으로 한다.

② 하중이 걸려 있는 상태에서 치수를 기입할 경우에는 하중을 명기한다.

③ 하중과 높이(또는 길이) 또는 휨과의 관계를 표시할 필요가 있을 때에는 선도(diagram) 또는 표로써 나타낸다. 이 선도는 편의상 직선으로 표시해도 좋으며, 스프링의 모양을 나타내는 선과 같은 굵기로 한다.

④ 도면에 특별한 설명이 없는 코일 스프링 및 벌류트 스프링은 모두 오른쪽으로 감긴 것을 나타낸다.

⑤ 그림에 기입하기 어려운 사항은 일괄하여 요목표로 나타낸다.

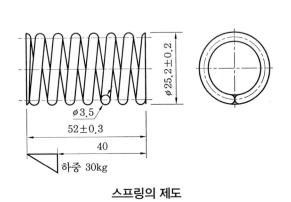

스프링의 제도

스프링 요목표	
재료의 지름	$\phi 3.5$
코일의 바깥지름	$\phi 25.2$
총 감김수	8
유효 감김수	6
감긴 방향	좌
자유 높이	52
하중	30kg
하중 시 높이	40
표면 처리	쇼트 피닝

핵심문제

1. 스프링 제도 시 원칙적으로 상용하중 상태에서 그리는 스프링은?

  ① 코일 스프링
  ② 벌류트 스프링
  ③ 겹판 스프링
  ④ 스파이럴 스프링

  정답 ③

2. 겹판 스프링 제도 시 무하중 상태를 나타내는 선의 종류는?

  ① 가는 실선
  ② 가는 파선
  ③ 가상선
  ④ 파단선

  정답 ③

5-2 코일 스프링 제도

① 스프링 전체의 겉모양이나 전체 단면을 나타낸다.

② 코일 부분은 같은 나선이 되고, 피치는 유효 길이를 유효 감김수로 나눈 값으로 한다.

③ 중간 일부를 생략할 때에는 생략 부분을 가는 1점 쇄선 또는 가는 2점 쇄선으로 표시한다.

④ 스프링의 종류 및 모양만을 간략하게 그릴 때에는 스프링 소선의 중심선을 굵은 실선으로 그리며, 정면도만 그리면 된다.

⑤ 조립도나 설명도 등에는 단면만을 나타낼 수도 있다.

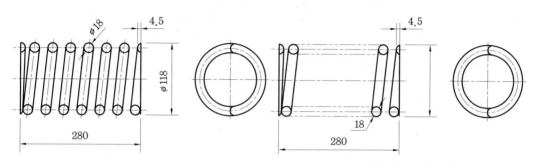

전체 단면으로 나타낸 경우   중간 일부를 생략한 경우

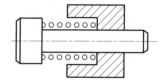

종류 및 모양만 간략하게 그린 경우   조립도에 스프링을 나타내는 경우

핵심문제

1. 다음 중 스프링의 종류와 모양만을 간략도로 도시할 경우 스프링 재료를 나타내는 선의 종류는 어느 것인가?

① 가는 1점 쇄선   ② 가는 2점 쇄선   ③ 굵은 실선   ④ 가는 실선   **정답** ③

2. 코일 스프링에서 양 끝을 제외한 동일 모양 부분의 일부를 생략하는 경우 생략되는 부분의 선 지름의 중심선을 나타내는 선은?

① 가는 실선   ② 가는 1점 쇄선   ③ 굵은 실선   ④ 은선   **정답** ②

3. 코일 스프링의 중간 부분을 생략도로 그릴 경우 생략 부분은 어느 선으로 표시하는가?

① 가는 실선   ② 가는 2점 쇄선   ③ 굵은 실선   ④ 은선   **정답** ②

제11장 산업설비 제도

1. 배관 제도

1-1 배관 제도의 일반사항

① 관은 원칙적으로 1줄의 실선으로 도시하고 같은 도면 내에서는 같은 굵기의 선을 사용한다. 단, 관의 계통, 상태, 목적을 표시하기 위하여 선의 종류를 바꾸어 도시하여도 좋다. 이 경우 각각의 선 종류의 뜻을 도면상 보기 쉬운 곳에 명기한다. 또한, 관을 파단하여 표시하는 경우에는 그림과 같이 파단선으로 표시한다.

② 이송 유체의 종류는 문자 기호를 사용하여 표시한다.

 ㈎ 공기 : A(air) ㈏ 가스 : G(gas) ㈐ 기름 : O(oil)

 ㈑ 증기 : S(steam) ㈒ 물 : W(water)

관을 파단하여 표시한 경우   이송유체의 종류 표시

③ 관 내의 유체 흐름 방향을 표시할 때에는 화살표로 나타낸다.

④ 배관계의 부속품, 기기 내의 흐름 방향을 특별히 표시할 필요가 있는 경우에는 그림 기호에 따르는 화살표로 표시한다.

유체 흐름의 방향 도시   부속품, 기기 내의 흐름과 방향 도시

⑤ 관의 접속 상태의 도시 방법

접속하고 있지 않을 때			접속하고 있을 때		
┼	┼ 또는 ─┤├─		교차	┿	분기

⑥ 투영에 의한 입체적 도시 방법

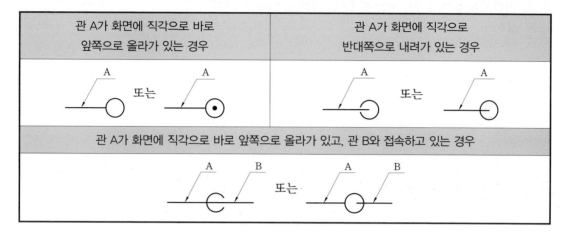

⑦ 계기를 표시하는 경우에는 관을 표시하는 선에 그림과 같이 원을 그려 표시한다.
⑧ 지지 장치를 표시하는 경우에는 그림과 같이 그림 기호에 따라 표시한다.

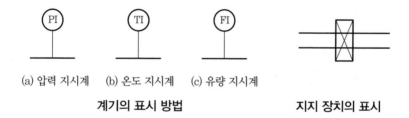

(a) 압력 지시계   (b) 온도 지시계   (c) 유량 지시계

계기의 표시 방법   **지지 장치의 표시**

참고   계기의 측정하는 변동량 및 기능 등을 표시하는 글자 기호는 KS A 3016에 따른다.

핵심문제

1. 파이프의 도시 기호에서 글자 기호 "G"가 나타내는 유체의 종류는?

① 공기   ② 가스   ③ 기름   ④ 수증기   **정답** ②

2. 배관 기호의 표시 방법으로 틀린 것은?

① 관은 1줄의 실선으로 표시한다.
② 가스의 문자 기호는 G로 표현한다.
③ 유체의 흐름 방향은 실선에 화살표의 방향으로 표시한다.
④ 물의 문자 기호는 A로 표현한다.   **정답** ④

3. 관의 접속 표시를 나타낸 것이다. 관이 접속되어 있을 때의 상태를 도시한 것은?

①   ②   ③   ④   **정답** ①

4. 배관 제도의 계기 표시 방법 중 압력 지시계를 나타낸 것은?

① Ⓕ FI ② Ⓟ PI ③ Ⓣ TI ④ Ⓢ SI

정답 ②

1-2 밸브 및 콕의 기호

밸브 및 콕의 표시는 아래와 같은 그림 기호를 사용하여 표시한다.

밸브 및 콕의 표시 방법

밸브·콕의 종류	그림 기호	밸브·콕의 종류	그림 기호
밸브 일반	▷◁	앵글 밸브	◁
게이트 밸브	▶◁	3방향 밸브	▷◁
글로브 밸브	▷●◁	안전 밸브	▷◁ ◁
체크 밸브	▷◀ 또는 ﹀		
볼 밸브	▷⊗◁	콕 일반	▷◁
버터플라이 밸브	▷◁ 또는 ﹂﹄		

주 밸브 및 콕이 닫혀 있는 상태를 특별히 표시할 필요가 있는 경우에는 다음 그림과 같이 그림 기호를 칠하여 표시하거나 또는 닫혀있는 것을 표시하는 글자("폐", "C" 등)를 첨가하여 표시한다.

핵심문제

1. 다음 기호 중 안전 밸브를 나타낸 것은?

① ▷◁ ② ▷◁ ③ ﹀ ④ ◁

정답 ②

2. 다음 기호는 어떤 밸브를 나타낸 것인가?

﹀

① 체크 밸브 ② 게이트 밸브 ③ 글로브 밸브 ④ 슬루스 밸브 정답 ①

3. 유체를 한 방향으로만 흐르게 하여 역류를 방지하는 구조의 밸브는?

① 안전 밸브 ② 스톱 밸브 ③ 슬루스 밸브 ④ 체크 밸브 정답 ④

4. 다음 밸브 그림 기호 설명 중 맞는 것은?

① ▷◁ : 밸브일반   ② ▷◁ : 앵글 밸브   ③ ▷◁ : 안전 밸브   ④ ◁ : 체크 밸브   **정답** ④

5. 다음 그림은 어떤 밸브에 대한 도시 기호인가?

① 글로브 밸브   ② 앵글 밸브   ③ 체크 밸브   ④ 게이트 밸브   **정답** ②

1-3 배관 설비 도면의 작성

관 결합 방식의 표시 방법

결합 방식의 종류	그림 기호	결합 방식의 종류	그림 기호	결합 방식의 종류	그림 기호
일반	─┼─	용접식	──●──	플랜지식	─╫─
턱걸이식	──>─	유니언식	─╫─		

관 끝부분의 표시 방법

끝 부분의 종류	그림 기호	끝 부분의 종류	그림 기호	끝 부분의 종류	그림 기호
막힌 플랜지	─┤	나사 박음식 캠 및 나사 박음식 플러그	─┐	용접식 캡	─▷

신축 이음

팽창 이음쇠	─[ ]─	플렉시블 이음쇠	∿

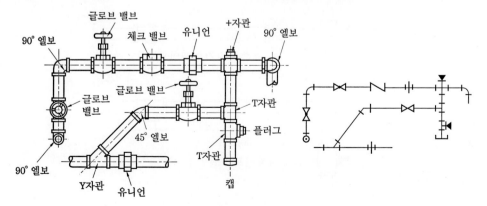

배관 설비 도면의 예

핵심문제

1. 다음 배관 설비 도면에서 글로브 밸브 기호는?

① ⓐ
② ⓑ
③ ⓒ
④ ⓓ

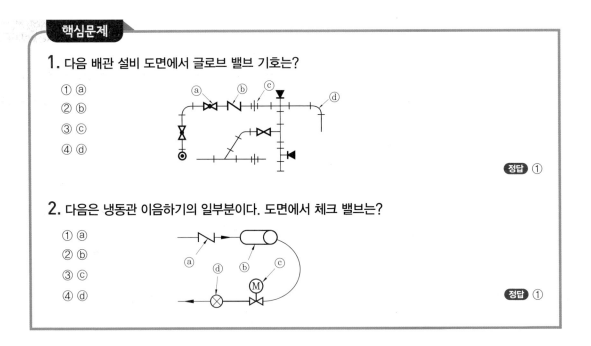

정답 ①

2. 다음은 냉동관 이음하기의 일부분이다. 도면에서 체크 밸브는?

① ⓐ
② ⓑ
③ ⓒ
④ ⓓ

정답 ①

1-4 배관도의 치수 기입 방법

① 파이프, 밸브, 파이프 조인트 등은 입구의 중심에서 중심까지의 치수를 적는다.
② 파이프, 밸브 등의 호칭 지름은 도면의 밖으로 끌어낸 지시선에 의하여 지시한다. 이때 각 취부품의 명칭을 도면에 적는다.
③ 부속품에 아무런 지시가 없을 때에는 같은 치수의 입구를 갖는 것으로 본다.
④ 파이프의 끝 부분에 나사를 깎을 필요가 없을 경우 또는 왼나사를 필요로 할 때 그 뜻은 지시선에 의하여 도시한다.

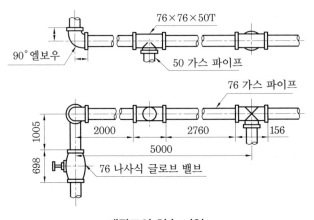

배관도의 치수 기입

⑤ 파이프 자리는 베드 부분 또는 기계 중심으로부터 분명히 적고 불분명하지 않도록 한다.

⑥ 보통 정면도, 평면도 두 가지 도면으로 표시하지만 특별한 경우 부분 상세도를 그린다.

⑦ 관의 구배는 관을 표시하는 선의 위쪽을 따라 붙인 그림 기호 "◺"(가는 선으로 그린다) 와 구배를 표시하는 수치로 표시한다.

◺ 1:500	◿ 1/500	◺ 0.2%	◿ 3°
(a)	(b)	(c)	(d)

관의 구배 표시 방법

핵심문제

1. 배관도의 치수 기입 요령으로 틀린 것은 어느 것인가?

① 치수는 관, 관이음, 밸브의 입구 중심에서 중심까지의 길이로 표시한다.

② 관이나 밸브 등의 호칭 지름은 관선 밖으로 지시선을 끌어내어 표시한다.

③ 설치 이유가 중요한 장치에서는 단선 도시 방법을 이용한다.

④ 관의 끝 부분에 왼나사를 필요로 할 때에는 지시선으로 나타내어 표시한다.　　**정답** ③

---

2. 용접 이음 제도

2-1　용접 이음의 종류

(1) 용접 이음의 종류

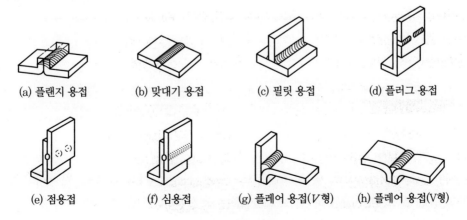

(a) 플랜지 용접　(b) 맞대기 용접　(c) 필릿 용접　(d) 플러그 용접

(e) 점용접　(f) 심용접　(g) 플레어 용접(V형)　(h) 플레어 용접(V형)

용접 이음의 종류

(2) 접속부의 모양

접합하는 두 부재에 만든 홈을 groove라 하며, 이 홈의 모양에 따라 형식명을 붙인다.

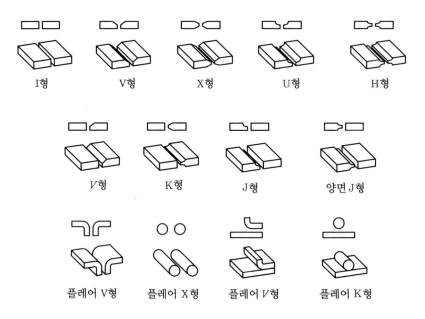

I형   V형   X형   U형   H형

*V*형   K형   J형   양면 J형

플레어 V형   플레어 X형   플레어 *V*형   플레어 K형

핵심문제

1. 다음 용접 이음 중 맞대기 이음은?

①   ②   ③   ④

정답 ①

2. 두 장의 판을 T자 형으로 세워서 붙이거나 겹쳐 붙일 때 생기는 코너 부분을 용접하는 것은?

① 플랜지 용접   ② 맞대기 용접
③ 필릿 용접   ④ 플러그 용접

정답 ③

2-2 용접 기호 및 도시법

(1) 용접 기호의 종류

용접부의 기호는 기본 기호 및 보조 기호로 구분되는데, 기본 기호는 원칙적으로 두 부재 사이의 용접부 모양을 표시하며, 보조 기호는 용접부의 표면 형상과 다듬질 방법, 혹은 시공 상의 주의사항을 표시하고 있다.

① 기본 기호

명 칭	기호	명 칭	기호
돌출된 모서리를 가진 평판 사이의 맞대기 용접 에지 플랜지형 용접(미국)/돌출된 모서리는 완전 용해	八	평행 맞대기 용접(I형)	||
넓은 루트면이 있는 한 면 개선형 맞대기 용접	Υ	V형 맞대기 용접 양면 V형 홈 맞대기 용접(X형)	V
U형 맞대기 용접(평행면 또는 경사면) 양면 U형 맞대기 용접(H형)	Y	J형 맞대기 용접	Ρ
일면 개선형 맞대기 용접(V형) 양면 개선형 맞대기 용접(K형)	V	이면 용접(뒷면 용접)	⌣
필릿 용접 (지그재그 필릿 용접은 ▷ 또는 ◿)	◺	넓은 루트면이 있는 V형 맞대기 용접	Y
플러그 용접 : 플러그 또는 슬롯 용접(미국)	⊓	가장자리(edge) 용접	|||
점(spot) 용접	○	표면 육성(덧살 붙임)	◠
심(seam) 용접	⊖	표면(surface) 접합부	=
개선 각이 급격한 V형 맞대기 용접	⋁	경사 접합부	⫽
개선 각이 급격한 일면 개선형 맞대기 용접	⋁	겹침 접합부	⊋

② 보조 기호

용접부 및 용접부 표면의 형상	기호	용접부 및 용접부 표면의 형상	기호
평면(동일한 면으로 마감 처리)	——	토를 매끄럽게 함	⏝
볼록형	⌢	영구적인 이면 판재(backing strip) 사용	M
오목형	⌣	제거 가능한 이면 판재 사용	MR

보조 기호의 적용 보기

명칭	그림	기호	명칭	그림	기호
평면 마감 처리한 V형 맞대기 용접		▽	이면 용접이 있으며 표면 모두 평면 마감 처리한 V형 맞대기 용접		⫰
볼록 양면 V형 용접		⑧			
오목 필릿 용접		◺	매끄럽게 처리한 필릿 용접		◺

③ 보조 표시

명칭	기호	용도
현장 용접	▶	현장 용접을 표시할 때는 깃발 기호를 사용한다.
전체 둘레 용접(일주 용접)	○	용접이 부재의 전둘레를 둘러서 이루어질 때는 원으로 표시한다.
전체 둘레 현장 용접	⦅▶	—

> **참고** 비파괴 시험 방법
> 방사선 투과 시험 : RT   자기분말 탐상 시험 : MT   초음파 탐상 시험 : UT   침투 탐상 시험 : PT

(2) 용접부의 기호 표시 방법

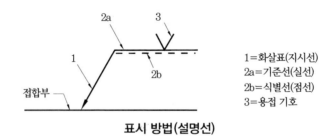

1=화살표(지시선)
2a=기준선(실선)
2b=식별선(점선)
3=용접 기호

표시 방법(설명선)

용접부가 접합부의 화살표 쪽에 있다면 기호는 기준선(실선)쪽에 표시하고 반대쪽에 있다면 식별선(점선)쪽에 표시한다.

(a) 화살표쪽 용접   (b) 화살표 반대쪽 용접   (c) 양면 대칭 용접

기준선에 따른 기본 기호의 위치

(3) 용접부의 치수 표시 방법

여기서, s : 가로 단면의 주요 치수
l : 세로 단면 방향의 치수

맞대기 용접부의 치수 기입

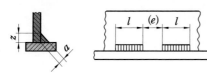

여기서, a : 목 두께, z : 목 길이
l : 용접 길이(크레이터 제외)
(e) : 인접한 용접부 간격

필릿 용접부의 치수 기입

핵심문제

1. 스폿 용접 이음의 기호는?

① ○   ② ⊖   ③ ◺   ④ ⌐   **정답** ①

2. 용접부의 기호 중 플러그 용접을 나타내는 것은?

① ‖   ② ○   ③ ◺   ④ ⌐   **정답** ④

3. 용접부 표면 또는 용접부 형상의 보조 기호 중 영구적인 이면 판재(backing strip) 사용을 표시하는 기호는?

① ——   ② ⌣   ③ MR   ④ M   **정답** ④

4. 전체 둘레 현장 용접을 나타내는 보조 기호는?

① ▶   ② ○   ③ ⚑   ④ ⊳   **정답** ③

5. 용접부 표면의 형상에서 동일 평면으로 다듬질함을 표시하는 보조 기호는?

① ——   ② ⌒   ③ ⌣   ④ ⌣   **정답** ①

6. 다음 그림은 용접부의 기호 표시 방법이다. (가)와 (나)에 대한 설명으로 틀린 것은?

(가)   (나)

① 그림 (가)의 실제 모양이다. (한쪽 용접)

② 그림 (나)의 실제 모양이다. (양쪽 용접)

③ 그림 (가)는 화살표 쪽을 용접하라는 뜻이다.
④ 그림 (나)는 화살표 반대쪽을 용접하라는 뜻이다.   **정답** ②

제12장

CAD 일반

1. CAD 시스템의 좌표계

1-1 좌표계의 종류

① **2차원 직교 좌표계** : x, y로 표시

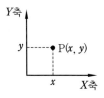

② **3차원 직교 좌표계** : x, y, z로 표시

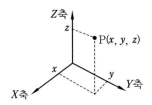

③ **극좌표계** : r, θ로 표시

$$x = r\cos\theta$$
$$y = r\sin\theta$$
$$r = \sqrt{x^2+y^2}$$
$$\theta = \tan^{-1}\left(\frac{y}{x}\right)$$

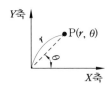

④ **원통 좌표계** : r, θ, h로 표시

$$x = r\cos\theta$$
$$y = r\sin\theta$$
$$z = h$$

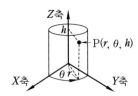

⑤ **구면 좌표계** : ρ, ϕ, θ로 표시

$$x = \rho \sin \phi \cos\theta$$
$$y = \rho \sin \phi \sin\theta$$
$$z = \rho \cos\phi$$

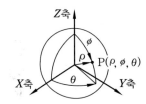

핵심문제

1. x, y 좌표계(절대 좌표)에서 (6, 5)의 위치를 극좌표계로 표현한 것은?

① $\left(\sqrt{61}, \tan^{-1}\left(\dfrac{6}{5}\right)\right)$

② $\left(\sqrt{61}, \sin^{-1}\left(\dfrac{6}{\sqrt{61}}\right)\right)$

③ $\left(\sqrt{52}, \cos^{-1}\left(\dfrac{6}{\sqrt{61}}\right)\right)$

④ $\left(\sqrt{52}, \tan^{-1}\left(\dfrac{6}{5}\right)\right)$ 정답 ①

2. CAD 시스템에서 점을 정의하기 위해 사용되는 좌표계가 아닌 것은?

① 극 좌표계   ② 원통 좌표계

③ 회전 좌표계   ④ 직교 좌표계   정답 ③

1-2 절대 좌표와 상대 좌표

(1) 절대 좌표

X축, Y축이 이루는 평면에서 두 축이 교차하는 지점을 원점(0, 0)으로 지정하고, 원점으로부터의 거리를 X, Y값으로 좌표를 표시한다.

(2) 상대 좌표

마지막에 입력한 점을 기준점으로 X축과 Y축의 변위를 좌표로 표시한다.

(3) 상대 극 좌표

마지막에 입력한 점을 기준점으로 하고, 기준점으로부터의 거리와 X축이 이루는 각도로 표시한다.

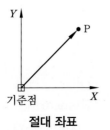
절대 좌표

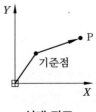
상대 좌표

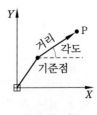
상대 극 좌표

핵심문제

1. CAD 시스템에서 마지막 입력점을 기준으로 다음점까지의 직선 거리와 기준 직교축과 그 직선이 이루는 각도로 입력하는 좌표계는?

① 절대 좌표계   ② 구면 좌표계

③ 원통 좌표계   ④ 상대 극 좌표계   **정답** ④

2. CAD 시스템에서 도면상 임의의 점을 입력할 때 변하지 않는 원점(0, 0)을 기준으로 정한 좌표계는 어느 것인가?

① 상대 좌표계   ② 상승 좌표계

③ 증분 좌표계   ④ 절대 좌표계   **정답** ④

3. CAD 프로그램의 좌표에서 사용되지 않는 좌표계는 어느 것인가?

① 직교 좌표   ② 상대 좌표

③ 극 좌표   ④ 원형 좌표   **정답** ④

4. 그림과 같이 점 A에서 점 B로 이동하려고 한다. 좌표계 중 어느 것을 사용해야 하는가? (단, A, B 점의 위치는 알 수 없다.)

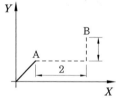

① 상대 좌표   ② 절대 좌표   ③ 극 좌표   ④ 원통 좌표   **정답** ①

1-3   동차 변환 행렬

(1) 2차원에서 동차 좌표에 의한 행렬

2차원에서 HC의 일반적인 행렬은 3×3 변환 행렬이 되며 다음과 같이 쓸 수 있다.

$$T_H = \begin{bmatrix} a & b & p \\ c & d & q \\ m & n & s \end{bmatrix}$$

여기서 a, b, c, d는 스케일링(scaling), 회전(rotation) 및 전단(shearing) 등에 관계되고 m과 n은 이동(translation), p, q는 투사(projection), s는 전체적인 스케일링(overall scaling)에 관계된다.

(2) 3차원에서 동차 좌표에 의한 행렬

3차원 변환은 2차원 변환에 z축에 대한 개념을 추가하여 다음과 같이 쓸 수 있다.

$$T_H = \begin{bmatrix} a & d & g & 0 \\ b & e & h & 0 \\ c & f & i & 0 \\ \hline j & k & l & s \end{bmatrix}$$

• $a, b, c, d, e, f, g, h, i$: 회전과 개별 스케일링
• j, k, l : x축, y축 및 z축의 평행 이동
• s : 전체 스케일링

(3) 이동(translation) 변환

$$[x'\ y'\ 1] = [x\ y\ 1] \begin{bmatrix} 1 & 0 & 0 \\ 0 & 1 & 0 \\ m & n & 1 \end{bmatrix}$$

(4) 스케일링(scaling) 변환

$$[x'\ y'\ 1] = [x\ y\ 1] \begin{bmatrix} S_x & 0 & 0 \\ 0 & S_y & 0 \\ 0 & 0 & 1 \end{bmatrix}$$

(5) 반전(reflection) 또는 대칭 변환

$$[x'\ y'\ 1] = [x\ y\ 1] \begin{bmatrix} -1 & 0 & 0 \\ 0 & 1 & 0 \\ 0 & 0 & 1 \end{bmatrix}$$

$$[x'\ y'\ 1] = [x\ y\ 1] \begin{bmatrix} 1 & 0 & 0 \\ 0 & -1 & 0 \\ 0 & 0 & 1 \end{bmatrix}$$

 y축에 대칭인 변환 x축에 대칭인 변환

(6) 회전(rotation) 변환

$$[x'\ y'\ 1] = [x\ y\ 1] \begin{bmatrix} \cos\theta & \sin\theta & 0 \\ -\sin\theta & \cos\theta & 0 \\ 0 & 0 & 1 \end{bmatrix}$$

$$[x'\ y'\ 1] = [x\ y\ 1] \begin{bmatrix} \cos\theta & -\sin\theta & 0 \\ \sin\theta & \cos\theta & 0 \\ 0 & 0 & 1 \end{bmatrix}$$

 반시계 방향 회전   시계 방향 회전

1. 다음은 2차원에서의 변환 행렬이다. 틀린 것은?

$$T_H = \begin{bmatrix} a & b & p \\ c & d & q \\ \hline m & n & s \end{bmatrix}$$

① a, b, c, d는 회전(rotation), 스케일링(scaling)에 관계된다.
② p, q는 대칭 변환에 관계된다.
③ m, n은 이동(translation)에 관계된다.
④ s는 전체적인 스케일링(overall scaling)에 관계된다.　　**정답** ②

2. 동차 좌표계(homogeneous coordinate system)를 이용하는 경우 2차원 CAD에서 최대 좌표 변환 행렬은?

① 2×2　　　　　　　　② 4×4
③ 3×3　　　　　　　　④ 3×4　　**정답** ③

3. 3차원 CAD에서 최대 변환 매트릭스는?

① 2×2　　　　　　　　② 3×3
③ 4×4　　　　　　　　④ $n×n$　　**정답** ③

4. 다음과 같은 2차원의 동차 좌표에서 이동(translation)에 관계되는 것은?

$$T_H = \begin{bmatrix} a & b & p \\ c & d & q \\ \hline m & n & s \end{bmatrix}$$

① s　　　　　　　　② m, n
③ p, q　　　　　　　④ a, b, c, d　　**정답** ②

5. 평면 위 임의의 두 점 (0, −1), (4, 2) 사이의 직선 거리는?

① 3　　　　　　　　② 4
③ 5　　　　　　　　④ 6　　**정답** ③

6. 점 P(3, 2)를 원점을 중심으로 90° 회전시킬 때 회전한 점의 좌표는? (반시계 방향으로 회전)

① (−1, 4)　　　　　　② (2, −3)
③ (−3,−2)　　　　　　④ (−2, 3)　　**정답** ④

2. 3차원 형상 모델링

2-1 와이어 프레임 모델링

3차원적인 형상을 면과 면이 만나는 에지(edge)로 나타내는 것이다. 즉, 공간상의 선으로 표현하게 되며, 점과 선으로 구성된다. 와이어 프레임 모델은 점과 선으로 구성되기 때문에 실체감이 나타나지 않으며 디스플레이된 형상을 보는 견지에 따라 서로 다른 해석이 될 수도 있다.

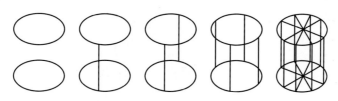

실린더의 와이어 프레임 표현의 예

그림에서와 같이 실린더나 구(sphere)상의 형상 표현은 약간 곤란한 점이 있다. 와이어 프레임 모델은 데이터 구조가 간단하다는 장점이 있으나 물리적 성질의 계산(질량, 관성 모멘트 등)에 대한 정보가 부족하고 단면에 대한 정보를 갖지 못하여 은선 처리가 불가능하다. 와이어 프레임 모델의 특징을 요약하면 다음과 같다.

① 데이터의 구성이 간단하다.
② 모델 작성을 쉽게 할 수 있다.
③ 처리 속도가 빠르다.
④ 3면 투시도의 작성이 용이하다.
⑤ 은선 제거가 불가능하다.
⑥ 단면도 작성이 불가능하다.
⑦ 물리적 성질의 계산이 불가능하다.
⑧ 내부에 관한 정보가 없어 해석용 모델로 사용되지 못한다.

핵심문제

1. 다음 설명에 해당하는 3차원 모델링에 해당하는 것은?

> 보기
> - 데이터의 구조가 간단하다.
> - 단면도 작성이 불가능하다.
> - 처리 속도가 빠르다.
> - 은선 제거가 불가능하다.

① 서피스 모델링
② 솔리드 모델링
③ 시스템 모델링
④ 와이어 프레임 모델링　　　**정답** ④

2. 다음 그림은 공간상의 선을 이용하여 3차원 물체의 가장자리 능선을 표시하여 주는 모델이다. 이러한 모델링은?

① 서피스 모델링
② 와이어 프레임 모델링
③ 솔리드 모델링
④ 이미지 모델링

정답 ②

2-2　서피스 모델링

　서피스 모델은 와이어 프레임 모델의 선으로 둘러싸인 면을 정의한 것으로 와이어 프레임 모델에서 나타나는 시각적인 장애는 극복되며, 에지(edge) 대신에 면을 사용하므로 은선 처리가 가능하고, 면의 구분이 가능하므로 가공면을 자동적으로 처리할 수 있어서 NC 가공이 가능하다.

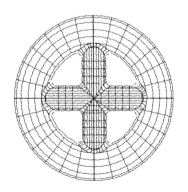
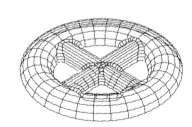

서피스 모델

또한, 회전에 의한 곡면(surface of revolution), 룰드 곡면(ruled surface), 테이퍼 곡면(tapered surface), 경계 곡면, 스위프 곡면, Lofted 곡면 등을 사용하여 Boolean 연산을 함으로써 복잡하고 새로운 하나의 형상을 표현할 수 있다. 서피스 모델의 특징을 요약하면 다음과 같다.

① 은선 제거가 가능하다.
② 단면도를 작성할 수 있다.
③ 복잡한 형상 표현이 가능하다.
④ 2개면의 교선을 구할 수 있다.
⑤ NC 가공 정보를 얻을 수 있다.
⑥ 물리적 성질을 계산하기가 곤란하다.
⑦ 유한 요소법(FEM)의 적용을 위한 요소 분할이 어렵다.

핵심문제

1. 다음 그림과 같은 3차원 모델링 중 은선 처리가 가능하고 면의 구분이 가능하므로 일반적인 NC 가공에 가장 적합한 모델링은?

① 이미지 모델링
② 솔리드 모델링
③ 서피스 모델링
④ 와이어 프레임 모델링

정답 ③

2. 서피스 모델을 임의의 평면으로 절단했을 때 어떤 도형으로 나타나는가?

① 선(line)   ② 점(point)   ③ 면(face)   ④ 표면(surface)   **정답** ①

2-3 솔리드 모델링

솔리드 모델은 1973년 부다페스트의 PROLAMAT 국제 회의에서 케임브리지 대학의 브레이드(I. C. Braid)가 BUILD를 발표한 후 다수의 대학, 연구소 및 소프트웨어 개발 회사에서 참여하기 시작하였다. 솔리드 모델은 가장 고급 모델로서 물리적 성질(체적, 무게중심, 관성 모멘트 등)을 제공할 수 있다는 장점이 있다.

솔리드 모델링은 일반적으로 입체의 경계면을 평면에 근사시킨 다면체로서 취급하게 되고 컴퓨터는 이 면과 변, 꼭지점의 수를 관리하게 된다. 다면체에서 오일러 지수는 다음과 같다.

오일러 지수＝꼭지점의 수－변의 수－면의 수

솔리드 모델의 특징을 요약하면 다음과 같다.

① 은선 제거가 가능하다.
② 물리적 성질 등의 계산이 가능하다.
③ 간섭 체크가 용이하다.
④ Boolean 연산(합, 차, 적)을 통하여 복잡한 형상 표현도 가능하다.
⑤ 형상을 절단한 단면도 작성이 용이하다.
⑥ 컴퓨터의 메모리량이 많아진다.
⑦ 데이터의 처리가 많아진다.
⑧ 이동 · 회전 등을 통하여 정확한 형상 파악을 할 수 있다.
⑨ FEM을 위한 메시 자동 분할이 가능하다.

솔리드 모델링은 상업적으로 널리 알려진 CAD 시스템에서는 아래의 방식을 채택하고 있다.
- B−Rep(boundary representation) 방식(경계 표현)
- CSG(constructive solid geometry) 방식(기본 입체의 집합 연산 표현)
- Hybrid 방식(경계 표현과 집합 연산 표현을 혼용)

핵심문제

1. CAD 시스템에서 3차원 모델링 중 솔리드(solid) 모델링의 특징으로 틀린 것은?
① 데이터의 구성이 간단하다.
② 데이터의 메모리량이 많다.
③ 정확한 형상을 파악할 수 있다.
④ 물리적 성질의 계산이 가능하다. **정답** ①

2. 다음 중 솔리드 모델링의 특징에 해당하지 않는 것은 어느 것인가?
① 복잡한 형상의 표현이 가능하다.
② 체적 관성 모멘트 등의 계산이 가능하다.
③ 부품 상호 간의 간섭을 체크할 수 있다.
④ 다른 모델링에 비해 데이터의 양이 적다. **정답** ④

제1장 기계 안전

1. 주요 기계 작업 시 안전 수칙

(1) 공작 기계의 안전 수칙

① 기계 위에 공구나 재료를 올려놓지 않는다.
② 이송을 걸어 놓은 채 기계를 정지시키지 않는다.
③ 기계의 회전을 손이나 공구로 멈추지 않는다.
④ 가공물, 절삭 공구의 설치를 확실히 한다.
⑤ 절삭 공구는 짧게 설치하고 절삭성이 나쁘면 일찍 바꾼다.
⑥ 칩이 비산할 때는 보안경을 사용한다.
⑦ 칩을 제거할 때는 브러시나 칩 클리너를 사용하고 맨손으로 하지 않는다.
⑧ 절삭 중 절삭면에 손이 닿아서는 안 된다.
⑨ 절삭 중이나 회전 중에는 공작물을 측정하지 않는다.

(2) 선반 작업

① 가공물을 설치할 때에는 전원 스위치를 끄고 바이트를 충분히 뗀 다음 설치한다.
② 돌리개는 적당한 크기의 것을 선택하고 심압대 스핀들이 지나치게 나오지 않도록 한다.
③ 공작물의 설치가 끝나면 척, 렌치류는 곧 떼어 놓는다.
④ 편심된 가공물을 설치할 때에는 균형 추를 부착시킨다.
⑤ 바이트는 기계를 정지시킨 다음에 설치한다.
⑥ 줄 작업이나 사포로 연마할 때는 몸자세 · 손동작에 유의한다.

(3) 밀링 작업

① 절삭 공구 설치 시 시동 레버와 접촉하지 않도록 한다.
② 공작물 설치 시 절삭 공구의 회전을 정지시킨다.
③ 상하 이송용 핸들은 사용 후 반드시 벗겨 놓는다.
④ 가공 중에는 얼굴을 기계에 가까이 대지 않도록 한다.
⑤ 절삭 공구에 절삭유를 줄 때는 커터 위에서부터 주유한다.

⑥ 칩이 비산하는 재료는 커터 부분에 커버를 하거나 보안경을 착용한다.

(4) 연삭 작업

① 숫돌은 반드시 시운전에 지정된 사람이 설치해야 한다.

② 숫돌을 설치하기 전에 나무망치로 숫돌을 때려 조사한다
   (균열이 있으면 탁한 소리가 난다).

③ 숫돌차는 기계에 규정된 것을 사용한다.

④ 숫돌차의 안지름은 축의 지름보다 0.05~0.15mm 정도
   커야 한다.

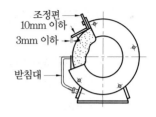

연삭 숫돌의 커버

⑤ 플랜지는 좌우 같은 것을 사용하고 숫돌 바깥지름의 1/3 이상의 것을 사용한다.

⑥ 플랜지와 숫돌 사이에는 플랜지와 같은 크기의 패킹을 양쪽에 끼우고 너트를 너무 강하게 조이지 않도록 한다.

⑦ 숫돌은 3분 이상, 작업 개시 전에는 1분 이상 시운전한다. 그때 숫돌의 회전 방향으로부터 몸을 피하여 안전에 유의한다.

⑧ 숫돌과 받침대의 간격은 항상 3mm(1.5mm 정도) 이하로 유지한다.

⑨ 공작물과 숫돌은 조용하게 접촉하고, 무리한 압력으로 연삭해서는 안 된다.

⑩ 공작물은 받침대로 확실하게 지지한다.

⑪ 소형 숫돌은 측압에 약하므로 컵형 숫돌 외에는 측면 사용을 피한다.

⑫ 숫돌의 커버를 벗겨 놓은 채 사용해서는 안 된다.

⑬ 안전 차폐막을 갖추지 않은 연삭기를 사용할 때는 방진 안경을 사용한다.

(5) 드릴 작업

① 회전하고 있는 주축이나 드릴에 손이나 걸레를 대거나 머리를 가까이 해서는 안 된다.

② 드릴은 양호한 것을 사용하고, 섕크에 상처나 균열이 있는 것을 사용해서는 안 된다.

③ 가공 중에는 드릴의 절삭성이 나빠지면 곧 드릴을 재연삭하여 사용한다.

④ 드릴을 고정하거나 풀 때는 주축이 완전히 멈춘 후에 한다.

⑤ 작은 물건은 바이스나 고정구로 고정하고 직접 손으로 잡지 말아야 한다.

⑥ 얇은 물건을 드릴 작업할 때는 밑에 나무 등을 놓고 구멍을 뚫어야 한다.

⑦ 드릴 끝이 가공물의 맨 밑에 나올 때, 가공물이 회전하기 쉬우므로 이때는 이송을 늦춘다.

⑧ 가공 중 드릴이 가공물에 박히면 기계를 정지시키고 손으로 돌려서 드릴을 뽑아야 한다.

⑨ 드릴이나 소켓 등을 뽑을 때는 드릴 뽑게를 사용하며, 해머 등으로 두들겨 뽑지 않도록 한다.

⑩ 드릴 및 척을 뽑을 때는 주축과 테이블의 간격을 좁히고 테이블 위에 나무 조각을 놓고 받는다.

핵심문제

1. CNC 선반 작업 중 측정기 및 공구를 사용할 때 안전 사항이 틀린 것은?

① 공구는 항상 기계 위에 올려놓고 정리정돈하며 사용한다.

② 측정기는 서로 겹쳐 놓지 않는다.

③ 측정 전에 측정기가 맞는지 0점 세팅(setting)한다.

④ 측정을 할 때는 반드시 기계를 정지한다.

정답 ①

해설 공구는 작업대 위에 올려놓고 사용한다.

2. 선반 작업의 안전 사항으로 틀린 것은?

① 절삭공구는 가능한 길게 고정한다.

② 칩의 비산에 대비하여 보안경을 착용한다.

③ 공작물 측정은 정지 후에 한다.

④ 칩은 맨손으로 제거하지 않는다.

정답 ①

해설 절삭공구를 길게 고정하면 진동이 발생될 수 있으므로 좋지 않다.

3. 밀링 작업에서 주의할 점 중 잘못 설명한 것은?

① 보호 안경을 사용한다.

② 커터에 옷이 감기지 않도록 한다.

③ 절삭 중 측정기로 측정한다.

④ 일감은 기계가 정지한 상태에서 고정한다.

정답 ③

4. 밀링 작업에 대한 설명 중 틀린 것은?

① 일감의 고정과 제거는 기계 정지 후 실시한다.

② 측정은 기계 정지 후 실시한다.

③ 기계 사용 후 이송 장치 핸들은 풀어 놓는다.

④ 절삭 중 칩 제거는 칩 브레이커로 한다.

정답 ④

해설 선반 작업에서는 칩이 길게 연속적으로 나오기 때문에 칩 브레이커가 필요하나, 밀링 작업에서는 칩이 짧게 끊어져 나오기 때문에 칩 브레이커가 필요없다.

5. 드릴 머신에서 얇은 판에 구멍을 뚫을 때 가장 좋은 방법은?

① 손으로 잡는다.

② 바이스에 고정한다.

③ 판 밑에 나무를 놓는다.

④ 테이블 위에 직접 고정한다.

정답 ③

해설 얇은 판에 구멍을 뚫을 때는 밑에 나무를 놓고 뚫으면 판이 갈라지거나 회전하는 일이 적다.

제2장 산업 안전

1. 산업 안전과 그 대책

1-1 안전 표지와 색채

(1) 녹십자 표지

1964년 노동부 예규 제6호로 제정했으며, 그 목적은 다음과 같다.

① 각종 산업 재해로부터 근로자의 생명권 보장

② 국가 산업 발전에 기여

산업 안전의 상징인 녹십자 표시

(2) 안전 표지와 색채 사용도

① **적색** : 방화 금지, 방향 표시, 규제, 고도의 위험 등에 사용

② **오렌지색(주황색)** : 위험, 일반 위험 등에 쓰임.

③ **황색** : 주의 표시(충돌, 장애물 등)

④ **녹색** : 안전지도, 위생 표시, 대피소, 구호소 위치, 진행 등에 쓰임.

⑤ **청색** : 주의 수리 중, 송전 중 표시

⑥ **진한 보라색** : 방사능 위험 표시(자주색)

⑦ **백색** : 글씨 및 보조색, 통로, 정리 정돈

⑧ **흑색** : 방향 표시, 글씨

⑨ **파랑색** : 출입 금지

> **예** 산소(녹색), 수소(주황색), 액화 이산화탄소(파란색), 액화 암모니아(흰색), 액화 염소(갈색), 아세틸렌(노란색), 기타(쥐색)

1-2 화재 및 폭발 재해

(1) 화재 및 폭발의 방지 대책
① 인화성 액체의 반응 또는 취급은 폭발 범위 이외의 농도로 할 것
② 석유류와 같이 도전성이 나쁜 액체의 취급이나 수송 때에는 유동이나 마찰 기타에 의해 정전기가 발생하기 쉬우므로, 취급 배관이나 기기에 어스(earth, 地)나 본드를 하도록 하여 정전하(靜電荷)의 방전을 피할 것
③ 부근에 위험한 점화원이 존재하지 않도록 점화원의 관리를 적절히 할 것
④ 조업 중의 정전은 큰 혼란을 초래하거나 때로는 화재 발생의 위험을 가지고 있으므로, 예비 전원의 설치 등 필요한 조치를 할 것
⑤ 배관 또는 기기에서 가연성 가스나 증기의 누출 여부를 철저히 점검할 것
⑥ 기기의 오동작(誤動作)을 막기 위해 자동 제어 기구를 채용함과 동시에 혼동하기 쉬운 밸브의 배치를 피하고, 개폐 상태 등의 표시를 명확히 할 것
⑦ 화재 발생 시의 연소를 방지하기 위해 그 물질로부터 적절한 보유 거리를 확보할 것
⑧ 필요한 곳에 화재를 진화하기 위한 방화 설비를 설치할 것

(2) 작업상 화재
① 용접
  ㈎ 용접 작업장은 원칙으로 가연물에서 격리된 곳에서 한다.
  ㈏ 인화성 물질이나 가연물의 곁에서는 절대로 작업을 하지 않는다.
  ㈐ 마루 바닥이나 벽, 창 등의 갈라진 틈에 불꽃이 튀어 들어가는 경우가 있으므로 막을 수 있는 방법을 취해야 한다.
  ㈑ 실내에서 할 때에는 가연물에서 가급적 떨어져서 가연물에 불연성 커버를 덮어 물 뿌리는 등의 방법을 취한다.
  ㈒ 작업 중에는 완전한 소화기를 준비하는 등의 대책이 필요하다.
② 전기 설비
  ㈎ 전기로, 건조기 등의 전열기를 사용할 때에는 가연물과의 접촉이나 근접을 피하고, 특히 코드 절연, 열화가 생기기 쉬우므로 잘 점검한다.
  ㈏ 기타의 전기 설비 배선 기구에 대해서는 기구 장치류를 청소 점검을 하고 발열이나 과열 아크 등이 일어나지 않게 주의한다.

(3) 소화 대책

① 소화기의 배치는 눈에 잘 띄는 장소에 하고, 예상되는 발화 장소에서 이용하기 쉬운 위치를 선택한다.
② 실외에 설치할 때는 상자에 넣어 둔다.
③ 위험물이나 타기 쉬운 물질에 가까이 두지 않는다.
④ 소화기는 정기적으로 점검하고 언제나 유효하도록 유지한다.

소화기 종류와 용도

소화기 \ 종류	보통 화재	기름 화재	전기 화재
포말 소화기	적합	적합	부적합
분말 소화기	양호	적합	양호
CO_2 소화기	양호	양호	적합

핵심문제

1. 다음 중 보통 화재(종이, 목재)에 가장 적합한 소화기구는?

① 포말 소화기
② 분말 소화기
③ CO_2 소화기
④ 모래   **정답** ①

2. 화재에 대한 방화 조치로서 적당하지 않은 것은?

① 화기는 정해진 장소에서 취급한다.
② 유류 취급 장소에는 방화수를 준비한다.
③ 흡연은 정해진 장소에서만 한다.
④ 기름 걸레 등은 정해진 용기에 보관한다.   **정답** ②

해설 기름 화재에 물(방화수)은 오히려 불을 더 크게 하고 증발 증기에 대한 위험이 더 커진다.

3. 폭발 인화성 위험물 취급에서 주의할 사항 중 틀린 것은 어느 것인가?

① 위험물은 취급자 외에 취급해서는 안 된다.
② 위험물 부근에서는 화기를 사용하지 않는다.
③ 위험물은 습기가 없고 양지바르고 온도가 높은 곳에 둔다.
④ 위험물이 든 용기에 충격을 주거나 난폭하게 취급해서는 안 된다.   **정답** ③

부록

CBT 대비 실전문제

제1회 CBT 대비 실전문제

1. 규격 중 기계 부분에 해당하는 것은?

① KS D
② KS C
③ KS B
④ KS A

해설 • KS A : KS 규격에서 기본 사항
• KS B : KS 규격에서 기계 부분
• KS C : KS 규격에서 전기 부분
• KS D : KS 규격에서 금속 부분

2. 다음 중 투상도의 올바른 선택 방법으로 틀린 것은 어느 것인가?

① 대상 물체의 모양이나 기능을 가장 잘 나타낼 수 있는 면을 주투상도로 한다.
② 조립도와 같이 주로 물체의 기능을 표시하는 도면에서는 대상물을 사용하는 상태로 그린다.
③ 부품도는 조립도와 같은 방향으로만 그려야 한다.
④ 길이가 긴 물체는 특별한 사유가 없는 한 안정감 있게 옆으로 누워서 그린다.

해설 조립도는 기능을 표시하기 위한 도면이므로 대상물을 사용하는 상태의 방향으로 그려야 하고, 부품도는 가공을 하기 위한 도면이므로 가공할 때 놓여지는 방향으로 그려야 한다.

3. 다음 중 가상선의 용도에 대한 설명으로 틀린 것은 어느 것인가?

① 인접 부분을 참고로 표시하는 데 사용한다.
② 수면, 유면 등의 위치를 표시하는 데 사용한다.
③ 가공 전, 가공 후의 모양을 표시하는 데 사용한다.
④ 도시된 단면의 앞쪽에 있는 부분을 표시하는 데 사용한다.

해설 수면, 유면 등의 위치를 표시하는 데는 수준면선을 사용하여야 한다. 수준면선은 가는 실선으로 그린다.

4. 도면에서 반드시 있어야 할 사항이 아닌 것은?

① 윤곽선
② 표제란
③ 중심 마크
④ 비교 눈금

해설 • 도면에 반드시 마련해야 할 사항 : 윤곽선, 표제란, 중심 마크
• 도면에 마련하는 것이 바람직한 사항 : 비교 눈금, 구역을 표시하는 구분선이나 기호, 재단 마크

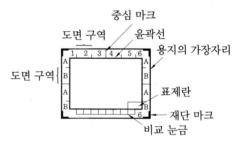

5. 선의 길이가 3~5mm, 선과 선의 간격이 0.5~1mm 정도의 모양으로 일정한 길이로 반복되게 그어진 선의 종류는 무엇인가?

① 쇄선
② 파선
③ 실선
④ 점선

해설 파선(破線, 깨뜨릴 파, 줄 선)은 선이 끊어져서 같은 간격으로 띄어 놓은 선을 말하므로 문제의 설명에 맞다. 외형을 가상으로 절단한 곳을 나타내는 파단선(破斷線)과는 다른 것이다. 쇄선(鎖線, 쇠사슬 쇄, 줄 선)은 일정한 길이의 조금 긴 선들 사이에 짧은 선이 들어가서 쇠사슬 모양처럼 보이는 선이고, 점선(點線, 점 점, 줄 선)은 선이 아닌 점이 나열된 것이므로 답이 될 수 없다.

정답 1. ③ 2. ③ 3. ② 4. ④ 5. ②

6. 패킹, 박판, 형강 등 얇은 물체의 단면 표시 방법으로 맞는 것은?

① 1개의 굵은 실선

② 1개의 가는 실선

③ 은선

④ 파선

해설 외형선의 굵기는 일반적으로 0.5mm인데, 외형선보다 얇은 패킹, 박판 등의 외형을 그대로 그리면 실제 형상보다 두꺼워지므로 1개의 굵은 실선으로 표시한다.

7. 알루미늄 합금 중에서 열팽창 계수가 가장 작은 것은?

① 실루민 ② 두랄루민

③ 로엑스 ④ 와이합금

해설 ・실루민 : 주조용(주조성은 좋으나 절삭성이 나쁨)

・두랄루민 : 항공기용 재료(무게에 비해 강도가 큼)

・로엑스 : 내열용(열팽창 계수가 작음)

・와이합금 : 내열용(고온 강도가 큼)

・하이드로날륨 : 선박용 재료(해수에 강함)

8. 다음 그림을 제3각법으로 투상했을 때, 각 그림과 투상도의 이름이 잘못된 것은?

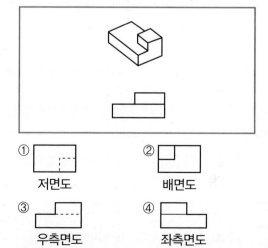

① 저면도 ② 배면도

③ 우측면도 ④ 좌측면도

해설 3각법에서 저면도는 밑에서 본 것이고, 배면도는 뒤에서 본 것이다.

9. 그림의 도면은 제3각법으로 그려진 평면도와 우측면도이다. 누락된 정면도로 가장 적합한 것은?

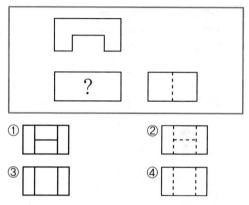

① ② ③ ④

해설 평면도에 모서리의 점으로 나타나고 측면도에 선으로 나타나는 도형 요소는 정면도에서 세로 방향의 직선으로 나타난다.

10. CAD로 2차원 평면에서 원을 정의하고자 한다. 다음 중 특정 원을 정의할 수 없는 것은?

① 원의 반지름과 원을 지나는 하나의 접선으로 정의

② 원의 중심점과 반지름으로 정의

③ 원의 중심점과 원을 지나는 하나의 접선으로 정의

④ 원을 지나는 3개의 점으로 정의

해설 하나의 접선과 원의 반지름만으로는 중심이 서로 다른 수없이 많은 원이 존재할 수 있으므로 특정 원을 정의할 수 없다.

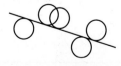

11. 다음 평면도에 해당하는 것은? (제3각법의 경우)

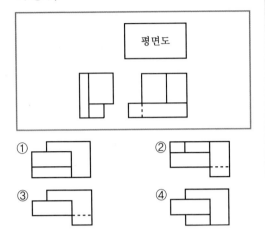

12. 다음 중 단면 도시 방법에 대한 설명으로 틀린 것은?

① 단면 부분을 확실하게 표시하기 위하여 보통 해칭(hatching)을 한다.

② 해칭을 하지 않아도 단면이라는 것을 알 수 있을 때에는 해칭을 생략해도 된다.

③ 같은 절단면 위에 나타나는 같은 부품의 단면은 해칭선의 간격을 달리한다.

④ 단면은 필요로 하는 부분만을 파단하여 표시할 수 있다.

해설 같은 절단면에서의 단면은 해칭선 간격과 같게 표시되어야 한다.

13. 다음 투상도의 설명으로 틀린 것은?

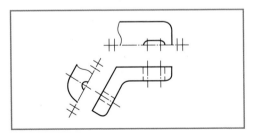

① 경사면을 보조 투상도로 나타낸 도면이다.

② 평면도의 일부를 생략한 도면이다.

③ 좌측면도를 회전 투상도로 나타낸 도면이다.

④ 대칭 기호를 사용해 한쪽을 생략한 도면이다.

해설 좌측면이 경사져 있으므로 보조 투상도로 나타낸 것이다.

14. 규소강의 용도는 어느 것인가?

① 버니어 캘리퍼스   ② 줄, 해머

③ 선반용 바이트   ④ 변압기 철심

해설 ① 버니어 캘리퍼스 : 스테인리스
② 줄, 해머 : 공구강
③ 선반용 바이트 : 공구강 또는 초경합금
④ 변압기 철심 : 규소강

15. 다음 중 담금질 조직이 아닌 것은?

① 소르바이트   ② 레데부라이트

③ 마텐자이트   ④ 트루스타이트

해설 레데부라이트(ledeburite) : 공정 반응에서 생긴 공정 조직을 말하며 탄소 함량은 4.3%이며 오스테나이트와 시멘타이트의 공정이다.

16. 각 좌표계에서 현재 위치, 즉 출발점을 항상 원점으로 하여 임의의 위치까지의 거리로 나타내는 좌표계 방식은?

① 직교 좌표계   ② 극 좌표계

③ 상대 좌표계   ④ 원통 좌표계

해설 이동하는 두 점 간의 상대적인 거리에 의해 위치를 표시하는 좌표계를 상대 좌표계라고 한다.

17. 길이 치수의 치수 공차 표시 방법으로 틀린 것은 어느 것인가?

① $50^{-0.05}_{\ \ \ 0}$ ② $50^{+0.05}_{\ \ \ 0}$

③ $50^{+0.05}_{+0.02}$ ④ 50 ± 0.05

해설 치수 허용차 중 큰 값이 위 치수 허용차이고 작은 값이 아래 치수 허용차이다. 0과 −0.05 중에 0이 큰 값이므로 아래와 같이 기입해야 한다.

$$50^{\ 0}_{-0.05}$$

18. 일부의 도형이 치수 수치에 비례하지 않을 때의 표시법으로 올바른 것은?

① 치수 수치의 아래에 실선을 긋는다.
② 치수 수치에 ( )를 한다.
③ 치수 수치를 사각형으로 둘러 싼다.
④ 치수 수치 앞에 "실" 또는 "전개"의 글자 기호를 기입한다.

해설 도면 중 특정 부분의 길이가 표시되는 치수와 다른 경우 치수 수치에 밑줄을 그어 비례척과 다름을 표시해야 한다.

19. 축의 지름이 $80^{+0.025}_{-0.020}$일 때, 공차는?

① 0.025　　　　② 0.02
③ 0.045　　　　④ 0.005

해설 허용되는 최대 지름은 $80.025\,\mathrm{mm}$이고, 최소 지름은 $79.98\,\mathrm{mm}$이므로 공차는
$80.025 - 79.98 = 0.045\,\mathrm{mm}$

20. "$\phi60\ H7$"에서 각각의 항목에 대한 설명으로 틀린 것은?

① ϕ : 지름 치수를 의미
② 60 : 기준 치수
③ H : 축의 공차역의 위치
④ 7 : IT 공차 등급

해설 H는 대문자이므로 구멍 기호이다.

21. 기하 공차 중 데이텀이 적용되지 않는 것은?

① 평행도　　　② 평면도
③ 동심도　　　④ 직각도

해설 기하 공차를 규제할 때 단독 형상이 아닌 관련되는 형체의 기준으로부터 기하 공차를 규제하는 경우, 어느 부분의 형체를 기준으로 기하 공차를 규제하느냐에 따른 기준이 되는 형체를 데이텀이라 하며, 평면도는 적용되지 않는다.

22. 구멍의 최소치수가 축의 최대치수보다 큰 경우는 무슨 끼워 맞춤인가?

① 헐거운 끼워 맞춤　　② 중간 끼워 맞춤
③ 억지 끼워 맞춤　　　④ 강한 억지 끼워 맞춤

해설 헐거운 끼워 맞춤이란 부품을 가공할 때 구멍을 축보다 약간 크게 만들어 조립하는 맞춤 방법이다. 이런 맞춤 방법은 항상 틈새를 갖게 되므로 미끄러짐이 원활하도록 할 경우에 적용된다.

23. $\phi50H7/p6$과 같은 끼워 맞춤에서 H7의 공차값은 $^{+0.025}_{\ \ 0}$이고, p6의 공차값은 $^{+0.042}_{+0.026}$이다. 최대 죔새는?

① 0.001　　　　② 0.027
③ 0.042　　　　④ 0.067

해설 최대 죔새는 구멍이 가장 작을 때와 축이 가장 클 때의 죔새를 말한다. 축은 가장 작을 때 $50.0\,\mathrm{mm}$이고, 축은 가장 클 때 $50.042\,\mathrm{mm}$이므로 최대 죔새는 $0.042\,\mathrm{mm}$이다.

24. 기하 공차 표기에서 그림과 같이 수치에 사각형 테두리를 씌운 것은 무엇을 나타내는 것인가?

52

① 데이텀
② 돌출 공차역
③ 이론적으로 정확한 치수
④ 최대 실체 공차 방식

해설 치수 공차가 적용되지 않는 이론적으로 정확한 위치를 표시할 때는 치수 수치에 사각형 테두리를 씌운다.

정답 18. ①　19. ③　20. ③　21. ②　22. ①　23. ③　24. ③

25. 아래 그림에서 표면 거칠기 기호 표시가 잘못된 곳은?

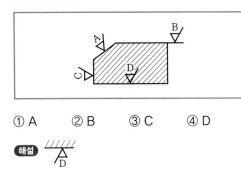

① A   ② B   ③ C   ④ D

해설

26. 그림과 같이 기입된 표면 지시 기호의 설명으로 옳은 것은?

① 연삭 가공을 하고 가공 무늬는 동심원이 되게 한다.
② 밀링 가공을 하고 가공 무늬는 동심원이 되게 한다.
③ 연삭 가공을 하고 가공 무늬는 방사상이 되게 한다.
④ 밀링 가공을 하고 가공 무늬는 방사상이 되게 한다.

해설 • 가공 방법 : 면의 지시 기호의 긴 쪽 다리에 가로선을 붙여서 기입한다. 예 M : 밀링 가공
• 줄무늬 방향 : 가공으로 생긴 선의 방향을 표시하며 면의 지시 기호의 오른쪽에 기입한다.
예 C : 동심원

27. 다음 중 게이지 블록과 함께 사용하여 삼각함수 계산식을 이용하여 각도를 구하는 것은?

① 수준기
② 사인 바
③ 요한슨식 각도 게이지
④ 콤비네이션 세트

해설

수준기	수평 또는 수직을 측정
요한슨식 각도 게이지	지그, 공구, 측정기구
콤비네이션 세트	각도 측정, 중심내기 등에 사용

28. 3각법으로 그린 다음과 같은 투상도의 입체도로 가장 적합한 것은?

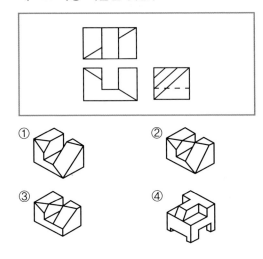

29. 다음과 같은 투상도는 어느 입체도에 해당하는가? (3각법)

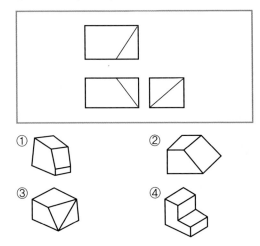

30. 면을 사용하여 은선을 제거시킬 수 있고 또 면의 구분이 가능하므로 가공면을 자동적으로 인식 처리할 수 있어서 NC data에 의한 NC 가공 작업이 가능하나 질량 등의 물리적 성질은 구할 수 없는 모델링 방법은?

① 서피스 모델링
② 솔리드 모델링
③ 시스템 모델링
④ 와이어 프레임 모델링

해설 솔리드 모델링은 질량 등의 물리적 성질을 구할 수 있고, 와이어 프레임 모델링은 은선을 제거할 수 없다.

31. 각도 측정기가 아닌 것은?

① 사인 바 　　② 수준기
③ 오토 콜리메이터　　④ 외경 마이크로미터

해설 외경 마이크로미터는 길이 측정기이다.

32. 측정자의 직선 또는 원호 운동을 기계적으로 확대하여 그 움직임을 지침의 회전변위로 변환시켜 눈금을 읽을 수 있는 측정기는?

① 다이얼 게이지　　② 마이크로미터
③ 만능 투영기　　④ 3차원 측정기

해설 마이크로미터는 나사의 원리를 이용한 것이고, 만능 투영기는 광학적인 확대경이고, 3차원 측정기는 전자식 프로브에 의해 공작물의 형상을 측정하는 것이다.

33. 버니어 캘리퍼스의 종류가 아닌 것은?

① B형　② M형　③ CB형　④ CM형

해설 M형
• M1형 : 슬라이드가 홈형
• M2형 : M1형에 미동 슬라이드 장치 부착

34. 롤러의 중심 거리가 100 mm인 사인 바로 5°의 테이퍼 값이 측정되었을 때 정반 위에 놓인 사인 바의 양 롤러 간의 높이의 차는 약 몇 mm인가?

① 8.72　　② 7.72
③ 4.36　　④ 3.36

해설 $100 \times \sin 5° = 8.72 \, \text{mm}$

35. 핀 이음에서 한쪽 포크(fork)에 아이(eye) 부분을 연결하여 구멍에 수직으로 평행 핀을 끼워 두 부분이 상대적으로 각운동을 할 수 있도록 연결한 것은?

① 코터　　② 너클 핀
③ 분할 핀　　④ 스플라인

해설 코터는 쐐기 모양, 분할 핀은 머리핀 모양, 스플라인은 추로스 모양이다.

36. 나사 종류의 표시기호 중 틀린 것은?

① 미터 보통 나사 – M
② 유니파이 가는 나사 – UNC
③ 미터 사다리꼴 나사 – Tr
④ 관용 평행 나사 – G

해설 UNC는 유니파이 보통 나사를 표시하며, 유니파이 가는 나사는 UNF로 표시한다.

37. 기어의 도시 방법에 관한 내용으로 올바른 것은?

① 이끝원은 가는 실선으로 그린다.
② 피치원은 가는 일점쇄선으로 그린다.
③ 이뿌리원은 이점쇄선으로 그린다.
④ 잇줄 방향은 보통 3개의 파선으로 그린다.

해설 이끝원은 굵은 실선, 이뿌리원은 가는 실선, 잇줄 방향은 3개의 가는 실선으로 그린다.

38. 길이가 200mm인 스프링의 한 끝을 천장에 고정하고, 다른 한 끝에 무게 100N의 물체를 달았더니 스프링의 길이가 240mm로 늘어났다. 스프링 상수(N/mm)는?

① 1　　② 2　　③ 2.5　　④ 4

해설 k : 스프링 상수
P : 하중
x : 늘어난 길이라고 할 때
$$k = \frac{P}{x} = \frac{100}{240-200} = \frac{100}{40} = 2.5$$

39. 강판 또는 형강 등을 영구적으로 결합하는 데 사용되는 것은?

① 핀　　　　② 키
③ 용접　　　④ 볼트와 너트

해설 핀, 키, 볼트와 너트는 분해가 필요한 경우에 사용하며, 다시 분해할 필요가 없을 때만 용접으로 결합시킨다.

40. V벨트 전동의 특징에 대한 설명으로 틀린 것은?

① 평 벨트보다 잘 벗겨진다.
② 이음매가 없어 운전이 정숙하다.
③ 평 벨트보다 비교적 작은 장력으로 큰 회전력을 전달할 수 있다.
④ 지름이 작은 풀리에도 사용할 수 있다.

해설 풀리에 V홈이 있으므로 잘 벗겨지지 않는다.

41. 나사산의 모양에 따른 나사의 종류에서 삼각나사에 해당하지 않는 것은?

① 미터 나사　　② 유니파이 나사
③ 관용 나사　　④ 톱니 나사

해설 나사산의 모양은 삼각, 사각, 사다리꼴, 둥근형, 톱니형으로 구분한다. 미터나사, 유니파이나사, 관용 나사는 모두 나사산이 삼각형이다.

42. 나사의 도시에서 굵은 실선으로 도시되는 부분이 아닌 것은?

① 수나사의 바깥지름
② 암나사의 안지름
③ 암나사의 골지름
④ 완전 나사부와 불완전 나사부의 경계선

해설 암나사의 골지름은 가는 실선으로 도시한다.

43. 표준 평기어에서 피치원 지름이 600mm이고, 모듈이 10인 경우 기어의 잇수는 몇 개인가?

① 50　　　　② 60
③ 100　　　④ 120

해설 $Z = \frac{D}{m} = \frac{600}{10} = 60$

44. 다음 체인 전동의 특성 중 틀린 것은?

① 정확한 속도비를 얻을 수 있다.
② 벨트에 비해 소음과 진동이 심하다.
③ 2축이 평행한 경우에만 전동이 가능하다.
④ 축간 거리는 10~15m가 적합하다.

해설 체인 전동의 축간 거리는 $40p$~$50p$(p는 피치)가 적당하다. 보통 1m 이하이며 피치가 매우 큰 경우 2~3m도 가능하다.

45. 평벨트 풀리의 제도 방법을 설명한 것 중 틀린 것은?

① 암은 길이 방향으로 절단하여 단면도를 도시한다.
② 벨트 풀리는 대치형이므로 그 일부분만을 도시할 수 있다.
③ 암의 테이퍼 부분 치수를 기입할 때 치수 보조선은 경사선으로 긋는다.
④ 암의 단면 모양은 도형의 안이나 밖에 회전 단면을 도시한다.

해설 풀리의 암은 길이 방향으로 단면하지 않는다.

46. 다음 나사 중 백래시를 작게 할 수 있고 높은 정밀도를 오래 유지할 수 있으며 효율이 가장 좋은 것은?

① 사각 나사
② 톱니 나사
③ 볼 나사
④ 둥근 나사

해설 볼 나사는 수나사와 암나사 사이의 백래시 공간에 볼을 채워 넣어 백래시를 제거한 것이다. 백래시가 없어야 하는 리드 스크루에 사용된다.

47. 테이퍼 핀의 호칭 지름을 표시하는 부분은?

① 핀의 큰 쪽 지름
② 핀의 작은 쪽 지름
③ 핀의 중간 부분 지름
④ 핀의 작은 쪽 지름에서 전체의 $\frac{1}{3}$이 되는 부분

해설 테이퍼 핀은 한쪽은 굵고, 한쪽은 얇은 핀이다. 핀의 작은 쪽 지름으로 호칭 지름을 표시한다.

48. 베어링의 호칭 번호 6203Z에서 Z가 뜻하는 것은?

① 한쪽 실드
② 리테이너 없음
③ 보통 틈새
④ 등급 표시

해설 Z가 하나이면 실드가 한쪽에만 있는 것이고, 두 개이면 실드가 양쪽에 모두 있는 것이다.
틈새는 C, 등급은 P로 표시한다.

49. 둥근 축 또는 원뿔 축과 보스의 둘레에 같은 간격으로 가공된 나사산 모양을 갖는 수많은 작은 삼각형의 스플라인은?

① 코터
② 반달 키
③ 묻힘 키
④ 세레이션

해설 축의 둘레에 수많은 삼각형 돌기를 만들어 놓은 것을 세레이션이라고 한다. 돌릴 때 미끄러지지 않는다.

50. 다음 제동장치 중 회전하는 브레이크 드럼을 브레이크 블록으로 누르게 한 것은?

① 밴드 브레이크
② 원판 브레이크
③ 블록 브레이크
④ 원추 브레이크

해설 밴드 브레이크, 원판 브레이크, 원추 브레이크는 브레이크 블록이 없다.

51. 비틀림 모멘트를 받는 회전축으로 치수가 정밀하고 변형량이 적어 주로 공작기계의 주축에 사용하는 축은?

① 차축
② 스핀들
③ 플렉시블축
④ 크랭크축

해설 축이 받는 하중의 종류에 따른 분류
• 차축 : 주로 굽힘 모멘트를 받는다.
• 전동축 : 주로 비틀림과 굽힘 모멘트를 받는다.
• 스핀들 : 주로 비틀림 모멘트를 받는다.

52. 나사를 기능상으로 분류했을 때 운동용 나사에 속하지 않는 것은?

① 볼 나사
② 관용 나사
③ 둥근 나사
④ 사다리꼴 나사

해설 관용 나사는 배관을 연결할 때 사용되는 나사이다.

53. 베어링 호칭 번호 "6308 Z NR"로 되어 있을 때 각각의 기호 및 번호에 대한 설명으로 틀린 것은?

① 63 : 베어링 계열 기호
② 08 : 베어링 안지름 번호
③ Z : 레이디얼 내부 틈새 기호
④ NR : 궤도륜 모양 기호

해설 Z는 한쪽 실드붙이를 의미한다.

정답 46. ③　47. ②　48. ①　49. ④　50. ③　51. ②　52. ②　53. ③

54. 평기어에서 피치원의 지름이 132mm, 잇수가 44개인 기어의 모듈은?

① 1 ② 3 ③ 4 ④ 6

해설 $m = \dfrac{D}{Z} = \dfrac{132}{44} = 3$

55. 평판 모양의 쐐기를 이용하여 인장력이나 압축력을 받는 2개의 축을 연결하는 결합용 기계요소는?

① 코터 ② 커플링
③ 아이 볼트 ④ 테이퍼 키

해설 테이퍼 키는 평판 모양이 아니라 원뿔 모양이다.

56. 도면에 3/8−16UNC−2A로 표시되어 있다. 이에 대한 설명 중 틀린 것은?

① 3/8은 나사의 지름을 표시하는 숫자이다.
② 16은 1인치 내의 나사산의 수를 표시한 것이다.
③ UNC는 유니파이 보통나사를 의미한다.
④ 2A는 수량을 의미한다.

해설 2A는 나사의 등급을 표시한다.

57. 유체가 나사의 접촉면 사이의 틈새나 볼트의 구멍으로 흘러나오는 것을 방지할 필요가 있을 때 사용하는 너트는?

① 캡 너트 ② 홈붙이 너트
③ 플랜지 너트 ④ 슬리브 너트

해설

홈붙이 너트	너트의 풀림을 막기 위하여 분할 핀을 꽂을 수 있게 홈이 6개 또는 10개 정도 있는 것이다.
플랜지 너트	볼트 구멍이 클 때, 접촉면이 거칠거나 큰 면압을 피하려 할 때 쓰인다.
슬리브 너트	머리 밑에 슬리브가 달린 너트로서 수나사의 편심을 방지하는 데 사용한다.

58. 축이음 기계 요소 중 플렉시블 커플링에 속하는 것은?

① 올덤 커플링
② 셀러 커플링
③ 클램프 커플링
④ 마찰 원통 커플링

해설 올덤 커플링은 요철이 있는 원판을 사이에 두고 미끄러지면서 축이 어긋난 경우도 동력을 전달할 수 있는 커플링이다. 이렇게 어긋난 축에 동력을 전달할 수 있는 것을 플렉시블(flexible)하다고 한다.

59. 스퍼 기어에서 Z는 잇수(개)이고, P가 지름 피치(인치)일 때 피치원 지름(D, mm)을 구하는 공식은?

① $D = \dfrac{PZ}{25.4}$ ② $D = \dfrac{25.4}{PZ}$

③ $D = \dfrac{P}{25.4Z}$ ④ $D = \dfrac{25.4Z}{P}$

해설 지름 피치는 잇수를 피치원 지름으로 나눈 값이다. 단위로 인치(inch)를 사용하므로 mm로 환산하기 위해서는 25.4를 곱해 주어야 한다.

$P = \dfrac{Z}{D}[\text{in}] = \dfrac{25.4Z}{D}[\text{mm}]$이므로,

$D = \dfrac{25.4Z}{P}$

60. 축의 설계 시 고려해야 할 사항으로 거리가 먼 것은?

① 강도 ② 제동 장치
③ 부식 ④ 변형

해설 부품을 설계한다는 것은 부품의 모양이나 재질 등을 결정하는 것을 말한다. 축은 강도나 변형을 고려하여 굵기와 모양을 결정하고 부식을 고려하여 재질을 결정한다.

전산응용기계제도기능사

제2회 CBT 대비 실전문제

1. 제도 용지의 규격 중에서 "297×420"은 다음 중 어느 것에 해당하는가?

① A1 ② A2
③ A3 ④ A4

해설 제도 용지의 비율은 1 : √2이다. 가장 큰 것은 A0 규격인데 841×1189이고, 한 번 접으면 A1, 두 번 접으면 A2, 세 번 접으면 A3가 된다. 접을 때는 긴 쪽을 반으로 접는다.

2. 대칭선, 중심선을 나타내는 선은?

① 가는 실선
② 가는 이점쇄선
③ 가는 일점쇄선
④ 굵은 쇄선

해설 가는 일점쇄선의 굵기는 0.3mm 이하이며, 기어나 체인의 피치선, 피치원의 표시에 쓰인다.

3. 파단선의 설명 중 틀린 것은?

① 불규칙한 실선
② 프리핸드(free hand)로 그린다.
③ 굵기는 외형선과 같다.
④ 선의 굵기는 외형선의 1/20이다.

해설 파단선의 굵기는 가는 실선이다.

4. 투상도의 선택법 중 잘못된 것은?

① 은선이 적게 나타나도록 한다.
② 정면도를 중심이 되도록 한다.
③ 정면도 하나로 나타낼 수도 있다.
④ 2면도 이상을 선택해야 한다.

해설 필요한 경우에만 2면도 이상을 선택하고 불필요한 경우는 1면도만으로도 충분하다.

5. 다음에 나타낸 정면도에 해당되는 평면도는?

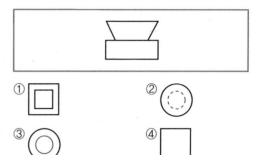

해설 평면도는 물체를 위에서 내려 본 모양을 그린 것이다. 보기의 형상은 원형이나 사각형 모두 가능하지만, 가운데 부분이 가려져서 파선으로 나와야 한다.

6. 부품의 일부분이 특수한 모양으로 되어 있으면 그 부분의 모양은 정면도만을 그려서 알 수 없을 경우가 있다. 이때 평면도를 다 그릴 필요가 없이 특정 부분의 모양만을 그리는 것은?

① 부투상도 ② 국부 투상도
③ 전개도법 ④ 보조 투상도

해설 국부 투상도는 투상면 전체를 그릴 필요가 없을 때 특정 부분만 그린 것이다.

7. 복각 투상도를 바르게 설명한 것은?

① 도면에서 정면도 옆에 저면도를 나타낸다.
② 도면에서 앞면과 뒷면을 동시에 나타낸다.
③ 도면에서 정면도를 2개로 나타낸다.
④ 도면에서 평면도를 2개로 나타낸다.

해설 복각 투상도는 앞면과 뒷면을 하나의 투상면에 그린 것으로서 앞뒷면의 대조가 용이하며 지면을 적게 차지한다.

정답 1. ③ 2. ③ 3. ③ 4. ④ 5. ② 6. ② 7. ②

8. 제3각법으로 정투상한 그림과 같은 정면도와 평면도에 가장 적합한 우측면도는?

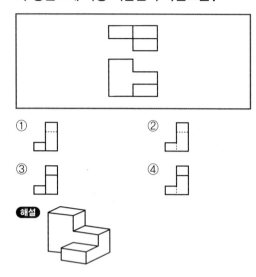

① ② ③ ④

해설

9. 제3각법으로 투상된 그림과 같은 투상도에서 평면도로 가장 적합한 것은?

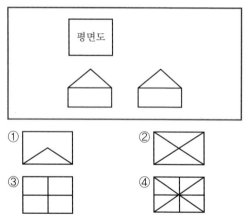

평면도

① ② ③ ④

해설 정면도와 측면도에서 모두 경사진 선은 평면도에서도 경사지게 표시된다.

10. 좌우 또는 상하가 대칭인 물체의 $\frac{1}{4}$을 잘라내고 중심선을 기준으로 외형도와 내부 단면도를 나타내는 단면의 도시 방법은?

① 한쪽 단면도　　② 부분 단면도
③ 회전 단면도　　④ 온단면도

해설 한쪽 단면도는 외부와 내부를 반반씩 나타내므로 반단면도라고도 한다. 온단면도는 $\frac{1}{4}$을 잘라낸 것이다.

11. 투상도의 표시 방법에서 보조 투상도에 관한 설명으로 옳은 것은?

① 복잡한 물체를 절단하여 나타낸 투상도
② 경사면부가 있는 물체의 경사면과 맞서는 위치에 그린 투상도
③ 특정 부분의 도형이 작아서 그 부분만을 확대하여 그린 투상도
④ 물체의 홈, 구멍 등 특정 부위만 도시한 투상도

해설 정투상면에 경사진 형상을 정확한 모양으로 그리려면 정투상면에는 투상이 불가능하므로 경사진 투상면을 추가로 그리게 되는데 이것을 보조 투상도라고 한다.

12. 다음 중 특수 황동이 아닌 것은?

① 델타 메탈　　② 퍼멀로이
③ 주석 황동　　④ 연황동

해설 특수 황동에는 Pb을 넣은 연황동, Sn을 넣은 주석 황동, Fe을 첨가한 델타 황동, Mn, Al, Fe, Ni, Sn을 첨가한 강력 황동이 있다. 퍼멀로이는 20~75% Ni, 5~40% Co, 나머지 Fe의 Ni-Fe 합금이다.

13. 다음 구멍과 축의 끼워 맞춤 조합에서 헐거운 끼워 맞춤은?

① ϕ40 H7/g6　　② ϕ50 H7/k6
③ ϕ60 H7/p6　　④ ϕ70 H7/s6

해설 소문자로 표기된 축의 종류가 h를 기준으로 a쪽에 가까운 문자 표기이면 헐거운 끼워 맞춤이고, z쪽에 가까운 문자 표기이면 억지 끼워 맞춤이다.

14. 합성수지의 공통적 성질이 아닌 것은?

① 가볍고 튼튼하다.

② 성형성이 나쁘다.

③ 전기 절연성이 좋다.

④ 단단하나 열에 약하다.

해설 ㉠ 가볍고 튼튼하다(비중 1~1.5).
㉡ 가공성이 크고 성형이 간단하다.
㉢ 전기 절연성이 좋다.
㉣ 산, 알칼리, 유류, 약품 등에 강하다.
㉤ 단단하나 열에 약하다.
㉥ 투명한 것이 많으며 착색이 자유롭다.
㉦ 비중과 강도의 비인 비강도가 비교적 높다.

15. CAD 시스템의 입력 장치가 아닌 것은?

① 키보드 ② 라이트 펜

③ 플로터 ④ 마우스

해설 플로터는 CAD 시스템의 출력 장치이다.

16. 상용하는 공차역에서 위 치수허용차와 아래 치수허용차의 절댓값이 같은 것은?

① H ② js

③ h ④ E

해설 공차역이란 위 치수허용차와 아래 치수허용차 사이의 범위를 나타낸다. 이 두 가지 허용차의 절댓값이 같다는 것은 예를 들어 ±0.02와 같이 표시할 수 있다는 것을 의미한다. 이러한 공차역에 해당하는 것은 js이다.

17. 도면에 치수를 기입할 때의 주의사항으로 틀린 것은?

① 치수는 정면도, 측면도, 평면도에 보기 좋게 골고루 배치한다.

② 외형선, 중심선 혹은 그 연장선은 치수선으로 사용하지 않는다.

③ 치수는 가능한 한 도형의 오른쪽과 위쪽에 기입한다.

④ 한 도면 내에서는 같은 크기의 숫자로 치수를 기입한다.

해설 치수는 가능하면 주투상도에 집중하여 기입해야 한다.

18. 치수 보조 기호에 대한 설명으로 틀린 것은?

① C : 45도 모따기 기호

② SR : 구의 반지름 기호

③ ( ) : 직접적으로 필요하지 않으나 참고로 나타낼 때 사용하는 참고 치수 기호

④ t : 리벳 이음 등에서 피치를 나타낼 때 사용하는 피치 기호

해설 t : 두께 기호

19. 구멍의 치수가 $\phi30^{+0.025}_{0}$, 축의 치수가 $\phi30^{+0.020}_{-0.005}$일 때 최대 죔새는 얼마인가?

① 0.030 ② 0.025

③ 0.020 ④ 0.005

해설 최대 죔새란 축이 구멍보다 가장 크게 제작될 때의 치수이다. 따라서, 최대 죔새는 30.020 − 30.0 = 0.020 mm가 된다.

20. 도면에서 구멍의 치수가 $\phi60^{+0.03}_{-0.02}$로 표기되어 있을 때 아래 치수 허용차 값은?

① +0.03 ② +0.01

③ −0.02 ④ −0.01

해설 기준 치수 옆에 있는 것이 치수 허용차인데 위에 있는 것을 위 치수 허용차, 아래에 있는 것을 아래 치수 허용차라고 한다. 항상 큰 치수를 위에, 작은 치수를 아래에 기입해야 한다.

21. 기하 공차의 구분 중 모양 공차의 종류에 속하지 않는 것은?

① 진직도 공차 ② 평행도 공차

③ 진원도 공차 ④ 면의 윤곽도 공차

해설 평행도 공차는 자세 공차에 속한다.

22. 데이터이 필요치 않은 기하 공차의 기호는?

① ◎   ② ⊥

③ ∠   ④ ○

해설 평행도 공차는 자세 공차에 속한다.

23. KS 규격에서 φ90 h 6은 다음 중 무엇을 뜻하는가?

① 축 기준식   ② 축과 구멍 기준식

③ 구멍 기준식   ④ 억지 끼워 맞춤

해설 기준 치수 뒤에 있는 영문자가 대문자이면 구멍의 종류이고, 소문자이면 축의 종류이다. 특히, 구멍 기준식 끼워 맞춤을 할 때는 H 구멍을 사용하고, 축 기준식 끼워 맞춤을 할 때는 h 축을 사용한다.

24. 다음 그림은 제 3각법으로 제도한 것이다. 이 물체의 등각 투상도로 알맞은 것은?

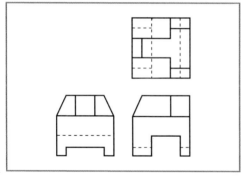

①   ②

③   ④

해설 정투상을 보고 3D 모델링을 하려면 홈의 깊이와 경사면의 위치를 면밀히 관찰해야 한다.

25. 도면에서 다음과 같은 기하 공차 기호에 알맞은 설명은?

//	0.01/100	A

① 평면도가 평면 A에 대하여 지정 길이 0.01mm에 대한 100mm의 허용값을 가지는 것을 말한다.

② 평면도가 직선 A에 대하여 지정 길이 100mm에 대한 0.01mm의 허용값을 가지는 것을 말한다.

③ 평행도가 기준 A에 대하여 지정 길이 0.01mm에 대한 100mm의 허용값을 가지는 것을 말한다.

④ 평행도가 기준 A에 대하여 지정 길이 100mm에 대한 0.01mm의 허용값을 가지는 것을 말한다.

해설 사선 두 개는 평행도 공차를 의미하고, A는 기준, 분모의 100은 지정 길이, 0.01은 허용값을 의미한다. 평면도는 평행 사변형으로 표시한다.

26. 다음은 제 3 각법으로 그린 정투상도이다. 입체도로 옳은 것은?

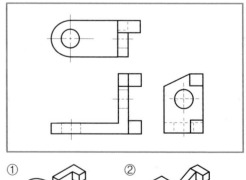

①   ②

③   ④

정답 22. ④ 23. ① 24. ③ 25. ④ 26. ③

해설 바닥 면이 사각이 아니라 원형이고 측면의 돌기가 삼각이 아니라 아래 위 모두 사각인 것은 3번이다.

27. 표면거칠기 값(6.3)만을 직접 면에 지시하는 경우 표시 방향이 잘못된 것은?

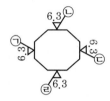

① ㉠　　② ㉡　　③ ㉢　　④ ㉣

해설 제도에서 문자 또는 숫자는 왼쪽에서 오른쪽으로, 아래쪽에서 위쪽 방향으로 기입해야 하는데, 보기 ㉢은 위쪽에서 아래쪽 방향으로 기입한 것이므로 잘못되었다.

28. 가공에 의한 커터의 줄무늬 방향이 그림과 같을 때, (가) 부분의 기호는?

① C　　② M　　③ R　　④ X

해설 평면을 가공하면 커터의 종류나 작업 방법에 따라 각기 다른 무늬가 나타난다. C는 동심원, M은 방향 없음, R은 방사형, X는 교차 형태를 표시하는 기호이다.

29. 솔리드 모델링의 특징을 열거한 것 중 틀린 것은 어느 것인가?

① 은선 제거가 불가능하다.
② 간섭 체크가 용이하다.
③ 물리적 성질 등의 계산이 가능하다.
④ 형상을 절단하여 단면도 작성이 용이하다.

해설 솔리드 모델링은 면을 표현할 수 있으므로 은선 제거가 가능하다.

30. 직육면체나 원기둥과 같은 도형단위요소를 합집합, 차집합, 교집합 연산처리를 통해 3D 모델링하는 방식은?

① CSG　　　　② B-rep
③ Bezier　　　④ NURBS

해설 CSG(Constructive Solid Geometry)는 직육면체, 원기둥 등의 단순한 도형단위요소(primitive)를 합집합, 차집합, 교집합 연산처리하여 3D 모델링함으로써 중량, 체적 등을 구하기 용이하다.

31. 다음 중 비교 측정에 사용하는 측정기가 아닌 것은?

① 버니어 캘리퍼스
② 다이얼 테스트 인디케이터
③ 다이얼 게이지
④ 지침 측미기

해설 버니어 캘리퍼스는 길이를 직접 측정한다.

32. 공기 마이크로미터의 장점으로 볼 수 없는 것은 어느 것인가?

① 안지름 측정이 가능하다.
② 일반적으로 배율이 1000배에서 10000배까지 가능하다.
③ 피측정물에 붙어 있는 기름이나 먼지를 분출 공기로 불어 내어 정확한 측정을 할 수 있다.
④ 응답 시간이 매우 빠르다.

해설 공기 마이크로미터의 응답 시간은 측정에 비해서 조금 늦어져 약 0.2초 걸리며, 경우에 따라서는 1초 가까이 걸리는 경우도 있다.

33. 다음 중 동력전달용 V벨트의 규격(형)이 아닌 것은?

① B　　② A　　③ F　　④ E

해설 V벨트의 규격에는 M, A, B, C, D, E형이 있다.

34. 시준기와 망원경을 조합한 것으로 미소각 도를 측정하는 광학적 측정기는?

① 오토 콜리메이터 ② 콤비네이션 세트
③ 사인 바 ④ 측장기

해설 오토 콜리메이터는 정반이나 긴 안내면 등 평면의 직진도, 진각도 및 단면 게이지의 평행도 등을 측정하는 계기이다.

35. 다음 그림과 같이 사인 바를 사용하여 각 도를 측정하는 경우 a는 몇 도인가?

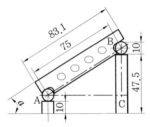

① 20° ② 25° ③ 30° ④ 35°

해설 $\sin a = \dfrac{57.5-20}{75} = 0.5$이므로 $a = 30°$가 된다.

36. 스퍼 기어에서 모듈이 2, 기어의 잇수가 30인 경우 피치원의 지름은 몇 mm인가?

① 15 ② 32 ③ 60 ④ 120

해설 $D = m \cdot Z = 2 \times 30 = 60$

37. 소선의 지름이 8mm, 스프링 전체의 평균 지름이 80mm인 압축 코일 스프링이 있다. 이 스프링의 스프링 지수는?

① 10 ② 40 ③ 64 ④ 72

해설 C : 스프링 지수
D : 스프링 전체의 평균 지름
d : 소선의 지름
$$C = \frac{D}{d} = \frac{80}{8} = 10$$

38. 전자력을 이용하여 제동력을 가해 주는 브레이크는?

① 블록 브레이크 ② 밴드 브레이크
③ 디스크 브레이크 ④ 전자 브레이크

해설 전자 브레이크는 전자석의 힘으로 제동력을 가하는 브레이크이다.

39. 구름 베어링의 호칭 번호가 6205일 때 베 어링의 안지름은?

① 5mm ② 20mm
③ 25mm ④ 62mm

해설 호칭 번호 뒤쪽 두 숫자가 안지름 기호이다. 안지름이 20mm 이상일 경우는 안지름을 5로 나 눈 숫자로 표기한다. 20mm 미만은 특별한 숫자 를 사용하는데 00은 10mm, 01은 12mm, 02는 15mm, 03은 17mm이다.

40. 웜의 제도 시 이뿌리원 도시 방법으로 옳 은 것은?

① 가는 실선으로 도시한다.
② 파선으로 도시한다.
③ 굵은 실선으로 도시한다.
④ 굵은 일점쇄선으로 도시한다.

해설 웜기어의 이끝원은 굵은 실선으로, 이뿌리원 은 가는 실선으로 도시한다.

41. 일반적으로 테이퍼 핀의 테이퍼 값은?

① $\dfrac{1}{20}$ ② $\dfrac{1}{30}$
③ $\dfrac{1}{40}$ ④ $\dfrac{1}{50}$

해설 테이퍼란 한쪽은 굵고 한쪽은 얇은 것을 말 하며, 그 뾰족한 정도를 테이퍼라고 한다. 구멍과 핀의 테이퍼 값이 일치해야 조립이 가능하다. 일 반적인 테이퍼 핀의 테이퍼 값은 1/50이다.

정답 34. ① 35. ③ 36. ③ 37. ① 38. ④ 39. ③ 40. ① 41. ④

42. 다음 그림은 어떤 키(key)를 나타낸 것인가?

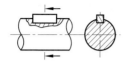

① 묻힘 키 ② 안장 키
③ 접선 키 ④ 원뿔 키

해설 축에 홈을 파고 묻어서 고정하는 키를 묻힘 키라고 한다. 안장 키는 축에 홈을 파지 않으며, 접선 키는 축의 원주상에 접선 방향으로 설치하고, 원뿔 키는 키와 홈이 모두 원뿔 모양이다.

43. 6각의 대각선 거리보다 큰 지름의 자리면이 달린 너트로서 볼트 구멍이 클 때, 접촉면을 거칠게 다듬질했었을 때 또는 큰 면압을 피하려고 할 때 쓰이는 너트(nut)는?

① 둥근 너트 ② 플랜지 너트
③ 아이 너트 ④ 홈붙이 너트

해설 접촉되는 자리면을 넓힌 것을 플랜지 너트라고 한다.

44. 그림과 같은 리벳 이음의 명칭은?

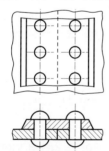

① 1줄 겹치기 리벳 이음
② 1줄 맞대기 리벳 이음
③ 2줄 겹치기 리벳 이음
④ 2줄 맞대기 리벳 이음

해설 맞대는 양쪽에 모두 두 줄씩 있는 것이 2줄 맞대기 리벳 이음이다. 그림은 한쪽에 한 줄씩 있으므로 1줄 맞대기 리벳 이음이다.

45. 평벨트 풀리의 구조에서 벨트와 직접 접촉하여 동력을 전달하는 부분은?

① 림 ② 암
③ 보스 ④ 리브

해설 풀리란 벨트를 걸어 돌리는 바퀴를 말하며, 림(rim)이란 가장 외곽의 테 부분을 말한다.

46. 맞물리는 한 쌍의 평기어에서 모듈이 2이고, 잇수가 각각 20, 30일 때 두 기어의 중심 거리는?

① 30 mm ② 40 mm
③ 50 mm ④ 60 mm

해설 $D_1 = m \cdot Z_1 = 2 \times 20 = 40$
$D_2 = m \cdot Z_2 = 2 \times 30 = 60$
$C = \dfrac{D_1 + D_2}{2} = \dfrac{40 + 60}{2} = 50$

47. 나사의 도시법 중 측면에서 본 그림 및 그 단면도에서 보이는 상태에서 나사의 골밑(골 지름)은 어떤 선으로 도시하는가?

① 굵은 실선 ② 가는 이점쇄선
③ 가는 실선 ④ 가는 일점쇄선

해설 나사의 산 윗부분을 이은 선은 굵은 실선으로 그리고, 나사의 골밑을 이은 선은 가는 실선으로 그린다.

48. 다음 중 전위 기어의 사용 목적으로 가장 옳은 것은?

① 베어링 압력을 증대시키기 위함
② 속도비를 크게 하기 위함
③ 언더컷을 방지하기 위함
④ 전동 효율을 높이기 위함

해설 언더컷이란 래크 공구나 호브로 기어를 창성할 때 간섭에 의해 기어의 이뿌리가 깎여 가늘어지는 것을 말하며, 언더컷 방지를 위해 전위 기어로 가공한다.

49. 지름 5mm 이하의 바늘 모양의 롤러를 사용하는 베어링은?

① 니들 롤러 베어링
② 원통 롤러 베어링
③ 자동 조심형 롤러 베어링
④ 테이퍼 롤러 베어링

[해설] 니들(needle)은 영어로 바늘이란 뜻이며 바늘처럼 가늘고 긴 모양을 나타내기도 한다.

50. 기어의 도시방법을 설명한 것 중 틀린 것은?

① 피치원은 굵은 실선으로 그린다.
② 잇봉우리원은 굵은 실선으로 그린다.
③ 이골원은 가는 실선으로 그린다.
④ 잇줄 방향은 보통 3개의 가는 실선으로 그린다.

[해설] 피치원은 가는 일점쇄선으로 그린다.

51. 다음 용접 이음의 기본 기호 중에서 잘못 도시된 것은?

① V형 맞대기 용접 : ∨
② 필릿 용접 : ◺
③ 플러그 용접 : ⊓
④ 심 용접 : ○

[해설] 심 용접 : ⊖

52. 회전 운동을 하는 드럼이 안쪽에 있고, 바깥에서 양쪽 대칭으로 드럼을 밀어 붙여 마찰력이 발생하도록 한 브레이크는?

① 블록 브레이크
② 밴드 브레이크
③ 드럼 브레이크
④ 캘리퍼형 원판 브레이크

[해설] 밴드 브레이크는 드럼을 밴드로 조여서 제동하는 것이고, 드럼 브레이크는 바깥쪽의 드럼을 안쪽에 있는 라이닝으로 제동하는 것이고, 캐리퍼형 원판 브레이크는 원판을 원판 양쪽에서 눌러 잡아서 제동하는 것이다.

53. 키의 너비만큼 축을 평평하게 가공하고, 안장키보다 약간 큰 토크 전달이 가능하게 제작된 키는?

① 접선 키　　② 평키
③ 원뿔 키　　④ 둥근 키

[해설] 축의 한쪽 부분을 평평하게 가공해서 축을 D자 모양으로 만들고 여기에 키를 조립하여 회전력을 전달하는 것이다.

54. 회전체의 균형을 좋게 하거나 너트를 외부에 돌출시키지 않으려고 할 때 주로 사용하는 너트는?

① 캡 너트　　② 둥근 너트
③ 육각 너트　　④ 와셔붙이 너트

[해설] 둥근 너트는 너트의 바깥이 원형으로 되어 있어서 공작기계의 스핀들처럼 돌출되서 회전하는 부분에 사용한다. 조일 때는 둘레에 있는 홈을 이용한다.

55. 다음 중 분할 핀에 관한 설명으로 틀린 것은?

① 핀 한쪽 끝이 두 갈래로 되어 있다.
② 너트의 풀림 방지에 사용된다.
③ 축에 끼워진 부품이 빠지는 것을 방지하는 데 사용된다.
④ 테이퍼 핀의 일종이다.

[해설] 분할 핀과 테이퍼 핀은 다른 종류이다. 분할 테이퍼 핀 또는 스플릿 테이퍼 핀이라고 하는 것은 테이퍼 핀의 일종이다.

56. 큰 토크를 전달시키기 위해 같은 모양의 키 홈을 등간격으로 파서 축과 보스를 잘 미끄러질 수 있도록 만든 기계 요소는?

① 코터   ② 묻힘 키

③ 스플라인   ④ 테이퍼 키

해설 스플라인 홈은 축의 원주상에 길이 방향으로 길게 가공되어 있어서 보스의 축 방향 이동이 가능하므로 변속기에 사용된다.

57. 나사의 용어 중 리드에 대한 설명으로 맞는 것은 어느 것인가?

① 1회전 시 작용되는 토크

② 1회전 시 이동한 거리

③ 나사산과 나사산의 거리

④ 1회전 시 원주의 길이

해설 나사의 리드는 나사가 1회전할 때 나사가 너트에 대해서 이동한 거리이다.

58. 전동축에 큰 휨(deflection)을 주어서 축의 방향을 자유롭게 바꾸거나 충격을 완화시키기 위하여 사용하는 축은?

① 크랭크 축   ② 플렉시블 축

③ 차축   ④ 직선 축

해설 플렉시블 축은 휘어질 수 있어서 축의 방향을 바꾸거나 충격을 완화시킬 때 사용한다.

59. 유니파이 나사의 호칭 1/2–13UNC에서 13이 뜻하는 것은?

① 바깥지름   ② 피치

③ 1인치당 나사산 수 ④ 등급

해설
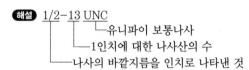

60. 벨트 전동 장치의 특성에 관한 설명으로 틀린 것은 어느 것인가?

① 회전비가 부정확하여 강력 고속 전동이 곤란하다.

② 전동 효율이 작아 각종 기계 장치의 운전에 널리 사용하기에는 부적합하다.

③ 중동축에 과대 하중이 작용할 때에는 벨트와 풀리 부분이 미끄러져서 전동 장치의 파손을 방지할 수 있다.

④ 전동 장치가 조작이 간단하고 비용이 싸다.

해설 벨트 전동은 전동 효율이 높아 기계 장치의 운전에 널리 사용되고 있다.

제3회 CBT 대비 실전문제

1. 제작 도면으로 완성된 도면에서 문자, 선 등이 겹칠 때 우선순위로 맞는 것은?

① 외형선 → 숨은선 → 중심선 → 숫자, 문자
② 숫자, 문자 → 외형선 → 숨은선 → 중심선
③ 외형선 → 숫자, 문자 → 중심선 → 숨은선
④ 숫자, 문자 → 숨은선 → 외형선 → 중심선

해설 도면에서 선과 문자가 겹쳐지면 문자를 우선적으로 표기하고 겹쳐지는 선은 끊어 놓는다. 같은 위치에 선이 겹쳐진다면 외형선-숨은선-중심선 순으로 우선순위를 갖는다.

2. 다음 중 가는 선 : 굵은 선 : 아주 굵은선 굵기의 비율이 옳은 것은?

① 1 : 2 : 4　　　　② 1 : 3 : 4
③ 1 : 3 : 6　　　　④ 1 : 4 : 8

해설 일반적으로 가는 선의 굵기는 0.25mm, 굵은 선의 굵기는 0.5mm, 아주 굵은 선의 굵기는 1mm이다.

3. 다음 물체를 화살표 방향에서 볼 때 제3각법에서 그림 (a), (b)는 무엇인가?

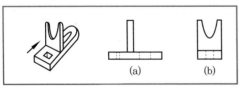

(a)　　　　(b)

① (a) : 우측면도, (b) : 저면도
② (a) : 좌측면도, (b) : 정면도
③ (a) : 우측면도, (b) : 정면도
④ (a) : 좌측면도, (b) : 저면도

해설 화살표 방향이 정면도라면 바닥면의 길이가 왼쪽이 짧고 오른쪽이 길게 보이는 것은 우측면도이다.

4. 가는 실선을 사용하지 않는 것은?

① 치수선　　　　② 해칭선
③ 회전 단면 외형선　　④ 은선

해설 은선은 중간 굵기의 파선을 사용한다. 파선이란 일정한 간격으로 끊어진 선을 말한다.

5. 다음 보기와 같은 그림은 어느 것에 속하는가?

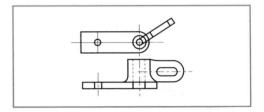

① 보조 투상도　　　② 국부 투상도
③ 회전 투상도　　　④ 관용도

해설 부품의 형상이 기울어져서 정투상면에서 정확한 형상으로 보이지 않을 때는 투상면에 평행하게 회전해서 그려도 되는데 이런 것을 회전 투상도라고 한다. 이 문제의 보기에서는 경사진 둥근 형체가 정면도에서 정확한 반원이 아닌 타원으로 나오게 되므로 회전 투상하여 정확한 반원으로 도시한 것이다.

6. 정면도의 정의에 해당되는 것은?

① 물체의 모양을 가장 잘 표시하고 물체의 특징을 잡기 쉬운 면을 그린다.
② 물체의 정면에서 보고 그린 그림으로, 도면의 상부에 위치한다.
③ 물체의 각 면 중 가장 그리기 쉬운 면을 그린다.
④ 물체의 뒷면을 그린다.

정답 1. ②　2. ①　3. ③　4. ④　5. ③　6. ①

해설 정면도는 도면의 가운데에 위치해야 하며 복잡하더라도 물체의 모양을 가장 잘 표현할 수 있는 쪽을 정면으로 잡아야 한다.

7. 다음 그림 중 A와 같은 투상도를 무엇이라 하는가?

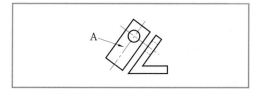

① 보조 투상도   ② 국부 투상도
③ 가상도   ④ 회전도법

해설 정면에서 경사진 면은 평면도나 측면도에서도 실제 길이를 도시할 수 없고 실제보다 짧게 나타나므로 실제 길이로 도시하기 위해서 경사진 면에 평행하게 보조 투상도를 그린다.

8. 투상도의 선택 방법에 대한 설명으로 틀린 것은 어느 것인가?

① 조립도 등 주로 기능을 나타내는 도면에서는 대상물을 사용하는 상태로 놓고 그린다.
② 부품을 가공하기 위한 도면에서는 가공 공정에서 대상물이 놓인 상태로 그린다.
③ 주 투상도에서는 대상물의 모양이나 기능을 가장 뚜렷하게 나타내는 면을 그린다.
④ 주 투상도를 보충하는 다른 투상도는 명확한 이해를 위해 되도록 많이 그린다.

해설 되도록 적은 수의 투상도를 그려야 한다.

9. 해칭선의 각도는 다음 중 어느 것을 원칙으로 하는가?

① 수평선에 대하여 45°로 한다.
② 수평선에 대하여 60°로 한다.
③ 수평선에 대하여 30°로 긋는다.
④ 수직 또는 수평으로 긋는다.

해설 해칭선은 원칙적으로 수평선에 대하여 45°

등간격(2~3 mm)으로 긋는다. 그러나 45°로 넣기가 힘들거나 필요할 때는 ②, ③, ④항과 같이 쓰기로 하며, 단면의 주변을 색연필 등으로 엷게 칠하기도 한다.

10. 다음 그림과 같은 단면도(빗금친 부분)를 무엇이라 하는가?

① 회전 도시 단면도   ② 부분 단면도
③ 온단면도   ④ 한쪽 단면도

해설 주형을 이용해서 찍어낸 부품들은 모서리가 둥글게 라운드 처리되어 있다. 라운드가 얼마나 큰지 작은지를 표현하기 위해 투상도 하나를 추가하기 곤란할 때는 일부분을 단면한 모양을 그 위치에 회전하여 도시함으로써 라운드 크기를 보여줄 수 있는데 이런 것을 회전 도시 단면도라고 한다.

11. CAD 시스템에서 도면상 임의의 점을 입력할 때 변하지 않는 원점(0, 0)을 기준으로 정한 좌표계는 어느 것인가?

① 상대 좌표계   ② 상승 좌표계
③ 증분 좌표계   ④ 절대 좌표계

해설 CAD의 좌표계는 절대 좌표계와 상대 좌표계로 나뉘는데 원점을 기준으로 수치를 입력하는 것을 절대 좌표계, 이전에 찍은 점을 기준으로 하는 것을 상대 좌표계라고 한다. 상대 좌표계는 증분 좌표계라고 표기하는 때도 있다.

12. 다음에서 스프링강(spring steel)이 갖추어야 할 성질 중 틀린 것은 어느 것인가?

① 탄성 한도가 커야 한다.
② 피로 한도가 작아야 한다.
③ 항복 강도가 커야 한다.
④ 충격값이 커야 한다.

해설 스프링강은 여러 차례 반복되는 하중에 견뎌야 하므로 피로 한도가 커야 한다.

정답 7. ①   8. ④   9. ①   10. ①   11. ④   12. ②

13. 다음 중 인장 강도가 가장 큰 주철은 어느 것인가?

① 미하나이트 주철   ② 구상 흑연 주철
③ 칠드 주철   ④ 가단주철

해설 주철 중에 구상 흑연 주철은 특히 인장 강도를 높인 주철이다.

14. 다음 그림에서 모따기가 C2일 때 모따기의 각도는?

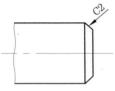

① 15°   ② 30°   ③ 45°   ④ 60°

해설 예리한 모서리를 조립이나 안전 또는 미관을 목적으로 모따기를 하는데 용도에 따라 각도가 다르다. 일반적으로 45°로 모따기 하는 경우가 많기 때문에 C(chamfer)로 표기하고, 그 이외의 각도인 경우는 C를 붙이지 않고 모따기 길이와 각도를 기입해 주어야 한다.

15. 다음 그림과 같은 암나사 관련 부분의 도시 기호의 설명으로 틀린 것은?

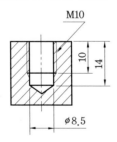

① 드릴의 지름은 8.5mm
② 암나사의 안지름은 10mm
③ 드릴 구멍의 깊이는 14mm
④ 유효 나사부의 길이는 10mm

해설 암나사를 가공했을 때 안지름은 드릴의 지름과 같다.

16. 치수의 허용 한계를 기입할 때 일반사항에 대한 설명으로 틀린 것은?

① 기능에 관련되는 치수와 허용 한계는 기능을 요구하는 부위에 직접 기입하는 것이 좋다.
② 직렬 치수 기입법으로 치수를 기입할 때는 치수 공차가 누적되므로 공차의 누적이 기능에 관계가 없는 경우에만 사용하는 것이 좋다.
③ 병렬 치수 기입법으로 치수를 기입할 때 치수 공차는 다른 치수의 공차에 영향을 주기 때문에 기능 조건을 고려하여 공차를 적용한다.
④ 축과 같이 직렬 치수 기입법으로 치수를 기입할 때 중요도가 작은 치수는 괄호를 붙여서 참고 치수로 기입하는 것이 좋다.

해설 병렬 치수 기입은 개개의 치수가 다른 치수에 영향을 주지 않는다.

17. 중간 끼워 맞춤에서 구멍의 치수는 $50^{+0.35}_{0}$, 축의 치수가 $50^{+0.042}_{-0.017}$일 때 최대 죔새는?

① 0.033   ② 0.008
③ 0.018   ④ 0.042

해설 최대 죔새＝축의 최대 허용치수－구멍의 최소 허용치수
$$= 50.042 - 50 = 0.042$$

18. 18JS7의 공차 표시가 옳은 것은? (단, 기본 공차의 수치는 18μm이다.)

① $18^{+0.018}_{0}$ ② $0.045^{0}_{-0.018}$
③ 18±0.009   ④ 18±0.018

해설 위치수 허용차＝$+\dfrac{기본\ 공차}{2}$

아래치수 허용차＝$-\dfrac{기본\ 공차}{2}$

19. 다음 그림은 스퍼 기어를 나타낸 것이다. 끝부분에는 어떤 기하 공차가 가장 적당한가?

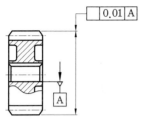

① ◇ ② ▱ ③ ⊥ ④ ⟋

해설 ④는 흔들림 기하 공차의 기호이다. 데이텀 A가 지시하는 구멍을 중심으로 회전시키면서 측정한다.

20. 다음 ϕ100H7/g6의 끼워 맞춤 상태에서 최대 틈새는 얼마인가? (단, 100에서 H7의 IT 공차값=35μm, g6의 IT 공차값=22μm, ϕ100의 g축의 기초가 되는 치수 허용차 값=−12μm이다.)

① 0.025 ② 0.045
③ 0.057 ④ 0.069

해설 최대 틈새=구멍의 최대 허용치수−축의 최소 허용치수
구멍의 최대 허용치수=100+0.035=100.035
축의 최소 허용치수=100−0.12−0.22=99.966
따라서, 최대 틈새=100.035−99.966=0.069

21. 최대 재료 조건(MMC)을 나타내는 형상 공차의 기호는?

① Ⓜ ② Ⓝ
③ Ⓟ ④ Ⓢ

해설 기하 공차를 기입할 때 구멍의 경우 최대 공차를 적용하면 기하 공차가 엄격하더라도 구멍이 크기 때문에 조립이나 가동 범위에 여유가 커지게 되어 기계의 정밀도가 떨어지게 된다. 최대 재료 조건이란 구멍이 최대 재료를 가질 때, 즉 구멍이 제일 작을 때를 말한다.

22. 기하 공차 기호의 기입에서 선 또는 면의 어느 한정된 범위에만 공차 값을 적용할 때 한정 범위를 나타내는 선의 종류는?

① 가는 일점쇄선 ② 굵은 일점쇄선
③ 굵은 실선 ④ 가는 파선

해설 기하 공차가 부품 전체가 아니라 어느 한정된 부분에만 적용되게 할 때는 그 범위를 굵은 일점쇄선으로 표시한다.

23. 다음 중 연삭 가공을 나타내는 약호는?

① L ② D
③ M ④ G

해설 부품 표면을 규정할 때는 표면의 거칠기, 표면의 결 무늬, 표면 가공 방법 등을 표기할 수 있는데 연삭 가공을 나타낼 때는 G라고 표기한다. G는 grinding의 약어이다.

24. 가공에 의한 커터의 줄무늬가 여러 방향으로 교차 또는 무방향을 나타내는 줄무늬 방향 기호는?

해설 표면의 줄무늬를 M으로 표기하는 것은 커터에 의한 가공 무늬가 마치 소문자 m를 연속해서 그려 놓은 것과 같이 둥글게 문질러 놓은 듯한 모양을 나타낸다. 이런 것을 제도 규칙에서는 여러 방향으로 교차 또는 무방향이라고 설명하고 있다.

25. 산술 평균 거칠기 표시 기호는?

① Ra ② Rs
③ Rz ④ Ru

해설 R은 거칠기를 뜻하는 roughness의 약어이고, a는 산술 평균을 뜻하는 average의 약어이다.

26. 다음은 제3각법으로 투상한 투상도이다. 입체도로 알맞은 것은? (단, 화살표 방향이 정면도이다.)

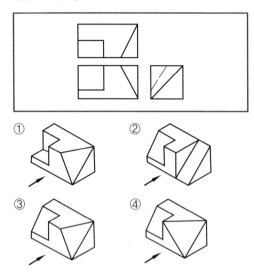

해설 정투상도를 보고 3D 모델링 할 때는 정투상도에 나타나 있는 선들의 상관관계를 파악해야 한다. 측면도에서 사선으로 된 은선을 보면 정면의 홈이 경사면이라는 것을 알 수 있다.

27. CAD에서 기하학적 형상을 나타내는 방법 중 선에 의해서만 3차원 형상을 표시하는 방법을 무엇이라고 하는가?

① line drawing modeling
② shaded modeling
③ cure modeling
④ wireframe modeling

해설 와이어프레임 모델링(wireframe modeling)이라는 말에서 와이어는 선으로만 되어 있다는 의미이다.

28. 다음 중 서피스 모델링의 특징으로 틀린 것은?

① NC 가공 정보를 얻기가 용이하다.
② 복잡한 형상 표현이 가능하다.
③ 구성된 형상에 대한 중량 계산이 용이하다.
④ 은선 제거가 가능하다.

해설 서피스 모델링은 밀도와 같은 내부에 대한 데이터가 없기 때문에 중량 계산이 불가능하다.

29. 다음 보기의 투상도는 오른쪽의 어느 입체도에 해당하는가? (제3각법)

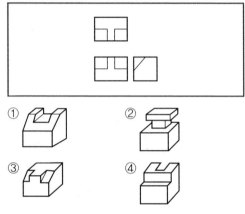

해설 정투상도에 나타나 있는 선들의 상관관계를 생각해서 3D 형상을 알아내야 한다.

30. 측정기의 눈금과 눈의 위치가 같지 않은 데서 생기는 측정 오차(誤差)를 무엇이라 하는가?

① 샘플링 오차　② 계기 오차
③ 우연 오차　④ 시차(時差)

해설 측정할 때는 눈금을 수직으로 내려 보고 읽어야 하지만 그렇지 못할 때 시차가 발생된다.

31. 베어링의 호칭 번호 6304에서 6은?

① 형식 기호　② 치수 기호
③ 지름 번호　④ 등급 기준

해설 베어링 호칭 번호에서 첫 번째 숫자는 베어링의 형식 기호이다. 6은 단열깊은홈형 볼 베어링 형식이라는 의미이다.

32. 다음 중 2D 및 3D CAD 데이터를 서로 다른 CAD 소프트웨어 간에 전송하려고 할 때 사용되는 표준 파일 포맷으로서 확장자가 igs인 것은?

① 3DS   ② IGES

③ IPT   ④ SLDPRT

해설 IGES(Initial Graphics Exchange Specification)는 서로 다른 CAD 소프트웨어 간에 파일 전송을 위해 만든 표준 파일 포맷이며 와이어프레임 모델, 솔리드 모델 등을 ASCII 형식으로 저장한다. 확장자는 igs이다. 3DS는 3D 스튜디오, IPT는 인벤터, SLDPRT는 솔리드웍스에서 사용되는 파일이다.

33. 두 축이 교차하는 경우에 동력을 전달하려면 어떤 기어를 사용하여야 하는가?

① 스퍼 기어   ② 헬리컬 기어

③ 래크   ④ 베벨 기어

해설 두 축이 교차한다는 말은 기어가 꽂혀 있는 두 축의 축선이 90° 또는 특정한 각도로 만난다는 말이다. 베벨 기어는 보통 90°로 만나는 기어이다. 스퍼 기어, 헬리컬 기어, 래크는 모두 두 축이 평행할 때 사용된다.

34. 다음 중 게이지 블록과 함께 사용하여 삼각함수 계산식을 이용하여 각도를 구하는 것은?

① 수준기

② 사인 바

③ 요한슨식 각도 게이지

④ 콤비네이션 세트

해설

수준기	수평 또는 수직을 측정
요한슨식 각도 게이지	지그, 공구, 측정기구 등의 검사
콤비네이션 세트	각도 측정, 중심내기 등에 사용

35. 비교 측정기에 해당하는 것은?

① 버니어 캘리퍼스

② 마이크로미터

③ 다이얼 게이지

④ 하이트 게이지

해설 다이얼 게이지는 스핀들이 눌려져서 움직인 거리를 다이얼이 회전하는 양으로 바꿔서 눈금을 읽을 수 있도록 만들어진 측정기이다. 기준위치에 대한 상대적인 변동 길이를 측정할 때 사용한다.

36. 각도 측정기에 해당되는 것은?

① 버니어 캘리퍼스   ② 나이프 에지

③ 탄젠트 바   ④ 스냅 게이지

해설 나이프 에지는 진직도를 측정하는 도구이며, 스냅 게이지는 한계 게이지의 일종이다.

37. 그림과 같이 접속된 스프링에 100N의 하중이 작용할 때 처짐량은 약 몇 mm인가? (단, 스프링 상수 K_1은 10N/mm, K_2는 50N/mm이다.)

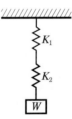

① 1.7   ② 12   ③ 15   ④ 18

해설 2개의 스프링이 직렬로 연결되어 있을 때 합성 스프링 상수 K는 다음과 같다.

$$\frac{1}{K} = \frac{1}{K_1} + \frac{1}{K_2} = \frac{1}{10} + \frac{1}{50} = \frac{6}{50}$$

$$\therefore K = \frac{50}{6}$$

하중을 W, 처짐량을 X라고 하면, $W = K \cdot X$이므로

$$X = \frac{W}{K} = 100 \times \frac{6}{50} = 12 \text{mm}$$

38. 하물(荷物)을 감아올릴 때는 제동 작용은 하지 않고 클러치 작용을 하며, 내릴 때는 하물 자중에 의해 브레이크 작용을 하는 것은?

① 블록 브레이크
② 밴드 브레이크
③ 자동 하중 브레이크
④ 축압 브레이크

해설 하물이 내려올 때 속도가 급격히 빨라지지 않도록 자동으로 제동 작용을 하게 한 것이 자동 하중 브레이크이다.

39. 다음 중 스프로킷 휠에 대한 설명으로 틀린 것은?

① 스프로킷 휠의 호칭 번호는 피치원 지름으로 나타낸다.
② 스프로킷 휠의 바깥지름은 굵은 실선으로 그린다.
③ 그림에는 주로 스프로킷 소재를 제작하는 데 필요한 치수를 기입한다.
④ 스프로킷 휠의 피치원 지름은 가는 일점쇄선으로 그린다.

해설 스프로킷 휠의 호칭 번호는 스프로킷에 거는 체인의 종류를 표시하는 번호인데, 그 스프로킷에 거는 롤러 체인의 피치를 3.175mm로 나눈 수에 0, 5, 1 중 하나의 숫자를 붙인 것이다. 0은 롤러가 있는 것, 5는 롤러가 없는 것, 1은 경량형이라는 의미이다. 예를 들어 피치가 12.7mm인 일반적인 롤러체인인 경우 12.7을 3.175로 나눈 값이 4에 0을 붙여서 호칭을 40으로 표기한다.

40. 기어의 이(tooth) 크기를 나타내는 방법으로 옳은 것은?

① 모듈
② 중심 거리
③ 압력각
④ 치형

해설 기어의 이의 크기는 피치원의 지름을 이의 개수로 나눈 값인 모듈로 나타낸다.

41. 다음 중 벨트 풀리를 도시하는 방법으로 틀린 것은?

① 방사형 암은 암의 중심을 수평 또는 수직 중심선까지 회전하여 도시한다.
② V벨트 풀리의 홈 부분 치수는 호칭 지름에 관계없이 일정하다.
③ 암의 단면 도시는 도형 안이나 밖에 회전 단면으로 도시한다.
④ 벨트 풀리는 축 직각 방향의 투상을 정면도로 한다.

해설 V벨트가 걸리는 풀리의 지름이 작아지면 V벨트의 바깥 부분이 안쪽에 비해 더 많이 늘어나므로 바깥 부분이 많이 얇아진다. 그래서 V벨트 풀리는 호칭 지름이 작아질수록 V홈의 각도도 작게 해야 접촉이 원활해진다. A형의 경우 71mm 이상 100mm 이하이면 34°, 100mm 초과 125mm 이하이면 36°, 125mm를 초과하면 38°로 한다.

42. 다음 용접 이음 중 맞대기 이음은 어느 것인가?

① 　②

③ 　④

해설 맞대기 이음이란 두 모재를 맞대어 붙인 것을 말한다. 맞대기 이음을 할 때는 붙이는 부분에 용재가 넓은 면적에 붙도록 모재를 경사지게 깎아서 용접한다. 경사진 면을 맞대 놓으면 V자 형태가 된다. 이 문제에서는 맞대기 이음을 찾아야 하므로 용접된 부위가 V자 형태인 것을 찾으면 된다.

43. 유니파이 나사에서 호칭 치수 3/8인치, 1인치 사이에 16산의 보통 나사가 있다. 표시 방법으로 옳은 것은?

① 8/3-16UNC
② 3/8-16UNF
③ 3/8-16UNC
④ 8/3-16UNF

해설 UNC는 유니파이 보통 나사, UNF는 유니파이 가는 나사를 말한다.

44. 다음 중 분할 핀의 호칭 지름에 해당하는 것은?

① 분할 핀 구멍의 지름
② 분할 상태의 핀의 단면 지름
③ 분할 핀의 길이
④ 분할 상태의 두께

해설 분할 핀은 꽂은 다음에 끝을 벌려서 고정하는 기계요소이므로 꽂을 때 일반적으로 헐겁게 들어간다. 그래서 분할핀보다 구멍이 약간 클 수밖에 없으므로 핀과 구멍의 지름이 같지 않다. 분할 핀의 호칭을 표기할 때는 분할 핀의 지름이 아니라 핀이 꽂힐 구멍의 지름으로 나타낸다.

45. 원형봉에 비틀림 모멘트를 가하면 비틀림이 생기는 원리를 이용한 스프링은?

① 코일 스프링   ② 벌류트 스프링
③ 접시 스프링   ④ 토션 바

해설 토션 바(torsion bar)는 비틀림 탄성을 이용한 스프링이다.

46. 다음 그림과 같은 베어링의 명칭은 무엇인가?

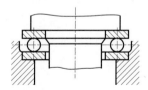

① 깊은 홈 볼 베어링
② 구름 베어링 유닛용 볼 베어링
③ 앵귤러 볼 베어링
④ 평면자리 스러스트 볼 베어링

해설 축 방향으로 하중을 받치고 있으므로 스러스트 베어링이다.

47. 축방향에 큰 하중을 받아 운동을 전달하는 데 적합하도록 나사산을 사각 모양으로 만들었으며 하중의 방향이 일정하지 않고, 교번 하중을 받는 곳에 사용하기에 적합한 나사는?

① 볼나사   ② 사각나사
③ 톱니 나사   ④ 너클 나사

해설 나사산이 사각 모양인 것은 사각나사이다. 교번 하중을 받는다는 말은 양쪽 모두 큰 힘을 받을 수 있는 것을 말한다. 톱니 나사는 한쪽으로 더 큰 힘을 받을 수 있도록 이의 한쪽이 경사져 있다.

48. 보스와 축의 둘레에 여러 개의 같은 키 (key)를 깎아 붙인 모양으로 큰 동력을 전달할 수 있고 내구력이 크며, 축과 보스의 중심을 정확하게 맞출 수 있는 특징을 가지는 것은?

① 반달 키   ② 새들 키
③ 원뿔 키   ④ 스플라인

해설 스플라인은 키가 여러 개 있는 것과 같으므로 큰 동력을 전달할 때 사용된다. 축 둘레에 대칭으로 돌출되어 있으므로 중심이 어긋나지 않는 특징이 있다.

49. 모듈 6, 잇수 $Z_1 = 45$, $Z_2 = 85$, 압력각 14.5°의 한 쌍의 표준 기어를 그리려고 할 때, 기어의 바깥지름 $D_1 \cdot D_2$를 얼마로 그리면 되는가?

① 282mm, 522mm
② 270mm, 510mm
③ 382mm, 622mm
④ 280mm, 610mm

해설 바깥지름(D) = $d + 2m$으로 그린다.
$$d_1 = Z_1 \cdot m = 45 \times 6 = 270$$
$$d_2 = Z_2 \cdot m = 85 \times 6 = 510$$
$$D_1 = d_1 + 2m = 270 + 2 \times 6 = 282mm$$
$$D_2 = d_2 + 2m = 510 + 2 \times 6 = 522mm$$

50. 모듈 6, 잇수 20개인 스퍼 기어의 피치원 지름은?

① 20mm   ② 30mm

③ 60mm   ④ 120mm

해설 $D = m \cdot Z = 6 \times 20 = 120\,\text{mm}$

51. 부품의 위치 결정 또는 고정 시에 사용되는 체결 요소가 아닌 것은?

① 핀(pin)   ② 너트(nut)

③ 볼트(bolt)   ④ 기어(gear)

52. 평 벨트 전동과 비교한 V벨트 전동의 특징이 아닌 것은?

① 고속 운전이 가능하다.

② 미끄럼이 적고 속도비가 크다.

③ 바로걸기와 엇걸기 모두 가능하다.

④ 접촉 면적이 넓으므로 큰 동력을 전달한다.

해설 평 벨트 전동은 바로걸기와 엇걸기 모두 가능하지만 V벨트 전동은 바로걸기만 가능하다.

벨트의 바로걸기   벨트의 엇걸기

53. 모듈이 2이고 잇수가 각각 36, 74개인 두 기어가 맞물려 있을 때 축간 거리는 몇 mm 인가?

① 100mm   ② 110mm

③ 120mm   ④ 130mm

해설 중심 거리$(C) = \dfrac{M(Z_A + Z_B)}{2}$

$= \dfrac{2(36 + 74)}{2} = 110$

54. 구름 베어링의 기호가 7206 C DB P5로 표시되어 있다. 이 중 정밀도 등급을 나타내는 것은?

① 72   ② 06

③ DB   ④ P5

해설 P5는 등급 기호(5급)를 의미한다.

55. 왕복 운동 기관에서 직선 운동과 회전 운동을 상호 전달할 수 있는 축은?

① 직선 축

② 크랭크 축

③ 중공 축

④ 플렉시블 축

해설 크랭크 축은 자동차의 내연 기관에서 피스톤의 왕복 운동을 회전 운동으로 변환할 때 사용된다.

56. 웜 기어의 특징으로 가장 거리가 먼 것은?

① 큰 감속비를 얻을 수 있다.

② 중심 거리에 오차가 있을 때는 마멸이 심하다.

③ 소음이 작고 역회전 방지를 할 수 있다.

④ 웜 휠의 정밀 측정이 쉽다.

해설 웜 휠의 이는 3차원적인 곡면을 갖고 있으므로 정밀 측정이 어렵다.

57. 3줄 나사에서 피치가 2mm일 때 나사를 6회전시키면 이동하는 거리는 몇 mm인가?

① 6   ② 12

③ 18   ④ 36

해설 나사의 이동 거리 = 줄 수 × 피치 × 회전수

정답 50. ④   51. ④   52. ③   53. ②   54. ④   55. ②   56. ④   57. ④

58. 브레이크 슈를 바깥쪽으로 확장하여 밀어 붙이는 데 캠이나 유압 장치를 사용하는 브레이크는?

① 드럼 브레이크
② 원판 브레이크
③ 원추 브레이크
④ 밴드 브레이크

해설 드럼 브레이크

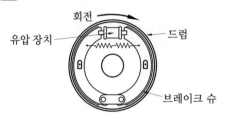

59. 축에는 키 홈을 가공하지 않고 보스에만 테이퍼 키 홈을 만들어서 홈 속에 키를 끼우는 것은?

① 묻힘 키(성크 키)
② 새들 키(안장 키)
③ 반달 키
④ 둥근 키

해설 축의 둥근 면에 말 안장처럼 올라 앉힌 것 같은 모양의 키를 안장 키라고 부른다. 영어로 안장은 새들(saddle)이다.

60. 두 축이 나란하지도 교차하지도 않는 기어는?

① 베벨 기어
② 헬리컬 기어
③ 스퍼 기어
④ 하이포이드 기어

해설 베벨 기어는 직각으로 만날 때, 헬리컬 기어와 스퍼 기어는 평행일 때 사용된다.

제4회 CBT 대비 실전문제

1. 아래는 KS 제도 통칙에 따른 재료 기호이다. 다음의 기호에 대한 설명 중 옳은 것을 모두 고른 것은?

> KS D 3752 SM 45C

> ㄱ. KS D는 KS 분류 기호 중 금속 부문에 대한 설명이다.
> ㄴ. S는 재질을 나타내는 기호로 강을 의미한다.
> ㄷ. M은 기계 구조용을 의미한다.
> ㄹ. 45C는 재료의 최저 인장 강도가 45 kgf/mm를 의미한다.

① ㄱ, ㄴ   ② ㄱ, ㄹ
③ ㄱ, ㄴ, ㄷ   ④ ㄴ, ㄷ, ㄹ

해설 45C는 탄소 함유량 중간값의 100배로 C 0.42~0.48%를 의미한다.

2. 다음 중 SM 55C를 설명한 것으로서 옳지 않은 것은?

① SM은 기계 구조용 탄소강을 뜻한다.
② 55는 인장 강도를 뜻한다.
③ C는 탄소를 뜻한다.
④ S는 강을 뜻한다.

해설 55는 탄소 함유량으로 C 0.52~0.58%를 의미한다.

3. 다음 중 미터 나사에 관한 설명으로 잘못된 것은?

① 기호는 M으로 표기한다.

② 나사산의 각은 60°이다.
③ 호칭 지름을 인치(inch)로 나타낸다.
④ 부품의 결합 및 위치의 조정 등에 사용된다.

해설 미터 나사

단위		mm
호칭 기호		M
나사산 크기 표시		피치
나사산 각도		60°
나사의 모양	산	평평하다.
	골	둥글다.

4. 기어의 약도에서 이뿌리원은 무슨 선으로 표시하는가?

① 굵은 실선   ② 가는 실선
③ 일점쇄선   ④ 이점쇄선

해설 ①은 이끝원을, ③은 피치원, 피치선을 나타낼 때 쓰인다.

5. 다음 중 나사의 도시 방법으로 옳은 것은?

① 암나사의 안지름을 표시하는 선은 가는 실선으로 그린다.
② 완전 나사부와 불완전 나사부의 경계선은 가는 실선으로 그린다.
③ 수나사와 암나사 결합부 단면은 암나사로 나타낸다.
④ 골 부분에 대한 불완전 나사부는 축선에 대하여 30°의 가는 실선으로 나타낸다.

해설 ① 암나사의 안지름은 굵은 실선으로 그린다.
② 완전 나사부와 불완전 나사부의 경계선은 굵은 실선으로 그린다.
③ 수나사와 암나사 결합부 단면은 수나사로 그린다.

정답 1. ③ 2. ② 3. ③ 4. ② 5. ④

6. 다음은 단차를 선반으로 가공할 투상도이다. 옳은 것은?

 ① ②

 ③ ④

해설 선반에서 가공할 부품을 제도할 때는 선반에서 가공할 때의 방향을 고려해서 도시해야 한다. 외면을 가공할 때의 부품은 얇은 쪽이 오른쪽으로 향하게 도시하고, 내면을 가공할 때는 넓은 구멍이 오른쪽으로 향하도록 도시해야 한다.

7. 기어나 체인의 피치선 등은 어느 것으로 표시하는가?

① 일점쇄선　　② 이점쇄선
③ 가는 실선　　④ 굵은 일점쇄선

해설 기계 제도에서 피치선은 가는 일점쇄선을 사용한다.

8. 우리나라의 한국 산업 규격에서 정투상도법은 어느 것을 사용함을 원칙으로 하는가?

① 제1각법　　② 제2각법
③ 제3각법　　④ 제4각법

해설 제3각법은 보는 방향의 투상면에 보이는 모습을 그대로 그리는 것으로서 정투상도를 그릴 때 주로 사용되는 투상 각법이다. 제1각법은 보이는 모습을 반대쪽에 그리는 것이다.

9. 그림 중 치수 기입법이 맞게 된 것은?

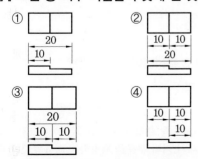

해설 각 치수에 적용되는 공차의 누적이 전체 치수에 적용되는 공차를 초과할 수 없으므로 치수 기입이 없는 부분이 있어야 한다. 1번만 치수 기입이 없는 부분이 있다.

10. 기하 공차 기입 틀에서 B가 의미하는 것은 무엇인가?

//	0.008	B

① 데이텀　　② 공차 등급
③ 공차 기호　　④ 기준 치수

해설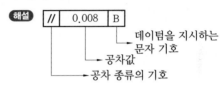

11. 벨트 풀리의 설계에서 림(rim)의 중앙부를 약간 높게 만드는 이유는?

① 제작이 용이하기 때문에
② 풀리의 강도 증대와 마모를 고려하여
③ 벨트가 벗겨지는 것을 방지하기 위하여
④ 벨트의 착·탈이 용이하도록 하기 위하여

해설 벨트 풀리에서 림(rim)이란 벨트가 걸리는 부분이며 벨트가 회전할 때 원심력에 의해 벨트는 림의 지름이 큰 쪽으로 이동하게 된다. 그러므로 림의 중앙 부분이 약간 높으면 벨트가 회전하면서 중앙 부분으로 이동하게 되어 벗겨지는 것이 방지된다.

12. 세 줄 나사의 피치가 3mm일 때 리드는 얼마인가?

① 1mm　　② 3mm
③ 6mm　　④ 9mm

해설 리드=피치×줄 수=3mm×3=9mm

13. 롤러 베어링의 호칭 번호 6302에서 베어링 안지름 호칭을 표시하는 것은?

① 6　　② 63　　③ 0　　④ 02

해설 6 : 형식번호, 3 : 치수계열, 02 : 안지름 번호

14. 피치원 지름이 165mm이고, 잇수가 55인 표준 평기어의 모듈은?

① 2　　② 3　　③ 4　　④ 6

해설 $m = \dfrac{D}{Z} = \dfrac{165}{55} = 3$

15. 인장 시험으로 측정할 수 없는 것은?

① 비례 한도　　② 항복점
③ 탄성 한도　　④ 피로 한도

해설 비례 한도, 탄성 한도, 항복점 등을 측정하는 인장 시험은 시험편이 끊어질 때까지 잡아당기며 시험편의 변형 길이와 가해지는 하중을 동시에 측정하는 것인데, 피로 한도의 측정은 작은 하중이지만 반복될 때 끊어지는 하중을 측정해야 하므로 일반적인 인장 시험으로 측정하지 않는다.

16. 측정 오차의 종류에 해당되지 않는 것은?

① 측정기의 오차　　② 자동 오차
③ 개인 오차　　④ 우연 오차

해설 측정할 때는 측정기 자체의 오차가 있을 수 있고, 측정하는 작업자 개인의 오차, 또는 우연히 발생되는 오차가 있을 수 있다.

17. 그림과 같은 사인 바(sine bar)를 이용한 각도 측정에 대한 설명으로 틀린 것은?

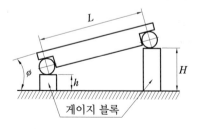

① 게이지 블록 등을 병용하고 3각함수 사인(sine)을 이용하여 각도를 측정하는 기구이다.
② 사인 바는 롤러의 중심 거리가 보통 100mm 또는 200mm로 제작한다.
③ 45°보다 큰 각을 측정할 때에는 오차가 적어진다.
④ 정반 위에서 정반 면과 사인 봉이 이루는 각을 표시하면 $\sin\phi = \dfrac{H-h}{L}$ 식이 성립한다.

해설 사인 바는 각도가 45° 이상이 되면 오차가 커지므로 45° 이하의 각도 측정에 사용해야 한다.

18. 다음 중 나사의 피치를 측정할 수 있는 것은?

① 탄젠트 바　　② 게이지 블록
③ 공구 현미경　　④ 서피스 게이지

해설 공구 현미경은 광학적인 방법으로 나사산을 확대하여 스크린을 통해 측정하는 도구이다.

19. 오차가 +20μm인 마이크로미터로 측정한 결과 55.25mm의 측정값을 얻었다면 실젯값은?

① 55.18mm　　② 55.23mm
③ 55.25mm　　④ 55.27mm

해설 오차가 +20μm라는 말은 측정했을 때 20μm만큼 크게 측정된다는 말이다. 이렇게 측정기의 오차를 알고 있을 때는 측정값에서 오차를 빼주면 실젯값을 구할 수 있다. 20μm은 0.02mm이므로 실젯값은 55.25mm−0.02mm=55.23mm이 된다.

20. 진원도 측정법이 아닌 것은?

① 지름법　　② 수평법
③ 삼점법　　④ 반지름법

해설 진원도를 측정하는 방법에는 마이크로미터로 원둘레의 여러 부분을 측정하는 지름법, V블록

위에 놓고 돌리면서 다이얼 게이지로 측정하는 삼점법, 편심 측정기에 축의 양쪽 끝을 걸어 놓고 돌리면서 다이얼 게이지로 반지름의 변화를 측정하는 반지름법이 있다.

21. 선반을 이용하여 가공할 수 있는 가공의 종류와 거리가 먼 것은?

① 홈 가공 ② 단면 가공
③ 기어 가공 ④ 나사 가공

해설 기어를 가공할 때는 호빙 머신이나 기어 셰이퍼를 사용한다.

22. 다음 중 보통 선반의 심압대 대신 회전 공구대를 사용하여 여러 가지 절삭 공구를 공정에 맞게 설치하여 간단한 부품을 대량 생산하는 데 적합한 선반은?

① 차축 선반 ② 차륜 선반
③ 터릿 선반 ④ 크랭크축 선반

해설 차축 선반 : 철도 차량의 차축을 절삭하는 선반

23. 베드 위에서 일감의 길이에 따라 임의의 위치에서 고정할 수 있으며 드릴, 리머 등을 끼워 가공할 수 있는 선반의 주요 부분은 어느 것인가?

① 주축대 ② 왕복대
③ 심압대 ④ 이송 기구

해설 심압대는 오른쪽 베드 위에 있으며, 작업 내용에 따라 좌우로 움직이도록 되어 있다.

24. 다음 중 절삭 공구의 절삭면과 평행한 여유면에 가공물의 마찰에 의해 발생하는 마모는?

① 크레이터 마모 ② 플랭크 마모
③ 온도 파손 ④ 치핑

해설 플랭크 마모는 측면(flank)과 절삭면과의 마찰에 의해 발생하는데, 주철과 같이 메진 재료를 절삭할 때나 분말상 칩이 발생할 때는 다른 재료를 절삭하는 경우보다 뚜렷하게 나타난다.

25. 지름이 40 mm인 연강을 주축 회전수가 500 rpm인 선반으로 절삭할 때, 절삭 속도는 약 몇 m/min인가?

① 12.5 ② 20.0
③ 31.4 ④ 62.8

해설 $V = \dfrac{\pi DN}{1000} = \dfrac{3.14 \times 40 \times 500}{1000}$
$\qquad = 62.8 \text{m/min}$

26. 선반에서 그림과 같은 가공물의 테이퍼를 가공하려 한다. 심압대의 편위량(e)은 몇 mm인가? (단, $D=35$ mm, $d=25$ mm, $L=400$ mm, $l=200$ mm)

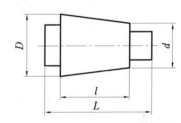

① 2.5 ② 5 ③ 10 ④ 20

해설 가운데가 테이퍼일 경우
$e = \dfrac{(D-d)L}{2} = \dfrac{(35-25) \times 400}{2} = 10 \text{mm}$

27. 선반 가공에서 바깥지름을 절삭할 경우, 절삭 가공 길이 200 mm를 1회 가공하려고 한다. 회전수 1000 rpm, 이송 속도 0.15 mm/rev이면 가공 시간은 약 몇 분인가?

① 0.5 ② 0.91
③ 1.33 ④ 1.48

해설 가공 시간(T) $= \dfrac{l}{nf} = \dfrac{200}{1000 \times 0.15}$
$\qquad = 1.33$분

28. 선반에서 나사 가공 시 주의 사항으로 틀린 것은?

① 나사 바이트의 윗면 경사각은 가능한 한 크게 준다.

② 바이트의 각도는 센터 게이지에 맞추어 정확히 연삭한다.

③ 바이트 팁의 중심선이 나사축에 수직이 되도록 고정한다.

④ 바이트 끝의 높이는 공작물의 중심선과 일치하도록 고정한다.

해설 나사 바이트에 윗면 경사각을 주면 나사산의 각도가 변하므로 경사각을 주면 안 된다.

29. 내경 가공 시 유의 사항이 아닌 것은?

① 드릴 작업 시 공작물의 회전 속도는 지름이 클수록 회전수를 낮게 한다.

② 내경 바이트의 날 끝의 굽힘을 고려하여 가공 구멍의 중심보다 조금 높게 설치한다.

③ 내경 바이트는 떨림이 발생하기 쉬우므로, 날 끝 반지름을 너무 크게 하지 않는다.

④ 바이트 자루는 구멍의 깊이에 비하여 긴 것을 사용한다.

해설 바이트의 자루는 가공에 지장에 없는 한 굵게 하고, 필요 이상 긴 것을 사용하지 않는다.

30. 선반에서 끝면 깎기에 쓰이는 센터는?

① 회전 센터　　② 하프 센터

③ 베어링 센터　④ 파이프 센터

해설 하프 센터는 보통 센터에 선단 일부를 가공하여 단면 가공이 가능하도록 제작한 센터이다.

31. 다음 중 일반적으로 CNC 선반에서 절삭 동력이 전달되는 스핀들 축으로 주축과 평행한 축은?

① X축　　　　② Y축

③ Z축　　　　④ A축

해설 주축 방향이 Z축이고 여기에 직교한 축이 X축이며, 이 X축과 평면상에서 90도 회전된 축을 Y축이라 한다.

32. CNC 공작기계의 정보 흐름의 순서가 맞는 것은?

① 지령펄스열 → 서보구동 → 수치정보 → 가공물

② 지령펄스열 → 수치정보 → 서보구동 → 가공물

③ 수치정보 → 지령펄스열 → 서보구동 → 가공물

④ 수치정보 → 서보구동 → 지령펄스열 → 가공물

해설 CNC 공작기계의 정보 흐름은 수치정보 → 컨트롤러 → 서보 기구 → 이송 기구 → 가공물의 순이다.

33. CNC 선반 작업을 할 때 유의해야 할 사항으로 틀린 것은?

① 소프트 조 가공 시 처킹(chucking) 압력을 조정해야 한다.

② 운전하기 전에 비상시를 대비하여 피드 홀더 스위치나 비상 정지 스위치 위치를 확인한다.

③ 가공 전에 프로그램과 좌표계 설정이 정확한지 확인한다.

④ 지름에 비하여 긴 일감을 가공할 때는 한쪽 끝에 심압대 센터가 닿지 않도록 주의한다.

해설 피드 홀더(feed holder, 이송 정지)는 자동 개시의 실행으로 진행 중인 프로그램을 정지시킬 때 사용하는 스위치이다.

정답 28. ①　29. ④　30. ②　31. ③　32. ③　33. ④

34. 다음 중 CNC 선반에서 스핀들 알람 (spindle alarm)의 원인이 아닌 것은?

① 과전류
② 금지 영역 침범
③ 주축 모터의 과열
④ 주축 모터의 과부하

해설 금지 영역 침범은 오버 트래블(over travel) 알람의 원인이다.

35. CNC 선반에서 간단한 프로그램을 편집과 동시에 시험적으로 실행해 볼 때 사용하는 모드는?

① MDI 모드   ② JOG 모드
③ EDIT 모드   ④ AUTO 모드

해설 • MDI : MDI(manual data input)는 수동 데이터 입력 또는 반자동 모드이며, 간단한 프로그램을 편집과 동시에 시험적으로 실행할 때 사용
• JOG : 축을 빠리 움직일 때 사용
• EDIT : 프로그램을 편집할 때 사용
• AUTO : 자동 가공

36. 좌표계상에서 목적위치를 지령하는 절대 지령방식으로 지령한 것은?

① X150.0 Z150.0   ② U150.0 W150.0
③ X150.0 W150.0   ④ U150.0 Z150.0

해설 X, Z → 절대지령방식이고, U, W→ 증분지령방식이다. 그리고 X, W 및 U, Z를 혼합지령방식이라 하는데 절대지령방식과 증분지령방식을 섞은 것이다.

37. CNC 선반 프로그램에서 사용되는 공구 보정 중 주로 외경에 사용되는 우측 보정 준비 기능의 G코드는?

① G40   ② G41
③ G42   ④ G43

해설 공구 경로

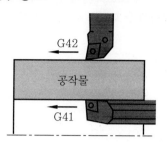

38. 다음 CNC 선반 프로그램에서 분당 이송 (mm/min)의 값은?

```
G30 U0. W0. ;
G50 X150. Z100. T0200 ;
G97 S1000 M03 ;
G00 G42 X60. Z0. T0202 M08 ;
G01 Z-20. F0.2 ;
```

① 100   ② 200   ③ 300   ④ 400

해설 분당 이송(F)
= 회전당 이송(f)×주축 회전수(N)
= $0.2 \times 1000 = 200$ mm/min

39. 다음 프로그램을 설명한 것으로 틀린 것은 어느 것인가?

```
N10 G50 X150.0 Z150.0 S1500 T0300 ;
N20 G96 S150 M03 ;
N30 G00 X54.0 Z2.0 T0303 ;
N40 G01 X15.0 F0.25 ;
```

① 주축의 최고 회전수는 1500 rpm이다.
② 절삭속도를 150 m/min로 일정하게 유지한다.
③ N40 블록의 스핀들 회전수는 3185 rpm이다.
④ 공작물 1회전당 이송 속도는 0.25 mm이다.

해설 $N = \dfrac{1000V}{\pi D} = \dfrac{1000 \times 150}{3.14 \times 15} = 3158$ rpm
이지만 G50에서 주축 최고 회전수를 1500 rpm으로 지정했으므로 회전수는 1500 rpm이다.

정답 34. ②   35. ①   36. ①   37. ③   38. ②   39. ③

40. 다음의 프로그램에서 절삭속도(m/min)를 일정하게 유지시켜 주는 기능을 나타낸 블록은?

N01 G50 X250.0 Z250.0 S2000 ;
N02 G96 S150 M03 ;
N03 G00 X70.0 Z0.0 ;
N04 G01 X−1.0 F0.2 ;
N05 G97 S700 ;
N06　　　X0.0 Z−10.0 ;

① N01　　　　　② N02
③ N03　　　　　④ N04

해설 • G96 : 주축속도 일정 제어
• G97 : 회전수 (rpm) 일정 제어

41. 다음 중 연삭 작업할 때의 유의사항으로 틀린 것은?

① 연삭 숫돌은 사용하기 전에 반드시 결함 유무를 확인해야 한다.
② 테이퍼부는 수시로 고정 상태를 확인한다.
③ 정밀 연삭을 하기 위해서는 기계의 열팽창을 막기 위해 전원 투입 후 곧바로 연삭한다.
④ 작업을 할 때에는 분진이 심하므로 마스크와 보안경을 착용한다.

해설 연삭 작업 시에는 전원 투입 후 공회전을 시킨 다음 안전을 확인하고 나서 작업한다.

42. 다음 도형의 (a) → (b) → (c)로 가공하는 CNC 선반 가공 프로그램에서 (ㄱ), (ㄴ)에 들어갈 내용으로 맞는 것은?

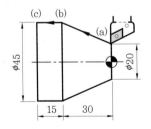

(a) → (b) : G01 (ㄱ) Z−30.0 F0.2 ;
(b) → (c) : (ㄴ) ;

① (ㄱ) X45.0　　　(ㄴ) W−15.0
② (ㄱ) X45.0　　　(ㄴ) W−45.0
③ (ㄱ) X15.0　　　(ㄴ) Z−30.0
④ (ㄱ) U15.0　　　(ㄴ) Z−15.0

해설 a에서 b는 절대좌표로 X45.0이고 b에서 c는 증분좌표로 W−15.0이다.

43. CNC 선반에서 G90 사이클을 이용한 테이퍼 부분의 가공 프로그램이다. (　　)에 들어갈 내용으로 올바른 것은?

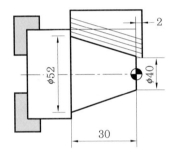

G00 X70. Z2. T0101 M08 ;
G90 X68 Z−30. I−6.4 F0.2
　　X64. ;
　　X60. ;
　　X56. ;
　　(　　) ;
G00 X100. Z100. T0101 M09 ;

① X50.
② X52.
③ Z50.
④ Z52.

해설 테이퍼 가공의 X축 최종값, 즉 지름이 $\phi52$ 이므로 X52.0이다.

44. 평면 연삭 가공의 일반적인 특징으로 틀린 것은?

① 경화된 강과 같은 단단한 재료를 가공할 수 있다.

② 치수 정밀도가 높고, 표면 거칠기가 우수한 다듬질면 가공에 이용된다.

③ 부품 생산의 마무리 공정에 이용되는 것이 일반적이다.

④ 바이트로 가공하는 것보다 절삭 속도가 매우 느리다.

해설 연삭은 표면 조도를 향상시키는 작업이므로 바이트로 작업하는 선반보다 절삭 속도가 빠르다.

45. 연삭 숫돌 입자에 요구되는 요건 중 해당되지 않은 것은?

① 공작물에 용이하게 절입할 수 있는 경도

② 예리한 절삭날을 자생시키는 적당한 파생성

③ 고온에서의 화학적 안정성 및 내마멸성

④ 인성이 작아 숫돌 입자의 빠른 교환성

해설 연삭 숫돌의 구비 조건
㉠ 결합력의 조절 범위가 넓을 것
㉡ 열이나 연삭액에 안정할 것
㉢ 적당한 기공과 균일한 조직일 것
㉣ 원심력, 충격에 대한 기계적 강도가 있을 것
㉤ 성형이 좋을 것

46. 다음은 숫돌의 표시이다. WA 60 K m V 중 m이 의미하는 것은 무엇인가?

① 입도 ② 결합도
③ 조직 ④ 결합제

해설 • WA : 숫돌입자
• 60 : 입도
• K : 결합도
• m : 조직
• V : 결합제

47. 연삭하려는 부품의 형상으로 연삭 숫돌을 성형하거나 성형 연삭으로 인하여 숫돌 형상이 변화된 것을 부품의 형상으로 바르게 고치는 작업을 무엇이라고 하는가?

① 무딤 ② 눈메움
③ 트루잉 ④ 입자 탈락

해설 트루잉(truing)은 연삭 숫돌의 모양을 고치는 것을 말한다.

48. 드릴을 시닝(thinning)하는 주목적은?

① 절삭 저항을 증대시킨다.
② 날의 강도를 보강해 준다.
③ 절삭 효율을 증대시킨다.
④ 드릴의 굽힘을 증대시킨다.

해설 드릴이 커지면 웨브가 두꺼워져서 절삭성이 나빠지게 되면 치즐 포인트를 연삭할 때 절삭성이 좋아지는데, 이를 시닝이라 한다.

49. 이미 뚫어져 있는 구멍을 좀 더 크게 확대하거나, 정밀도가 높은 제품으로 가공하는 기계는?

① 보링 머신 ② 플레이너
③ 브로칭 머신 ④ 호빙 머신

해설 • 브로칭 머신 : 구멍 내면에 키 홈을 깎는 기계
• 호빙 머신 : 절삭 공구인 호브(hob)와 소재를 상대 운동시켜 창성법으로 기어를 절삭

50. 다음 중 기어 절삭에 사용되는 공구가 아닌 것은?

① 호브(hob)
② 피니언 커터(pinion cutter)
③ 래크 커터(rack cutter)
④ 테이퍼 커터(taper cutter)

정답 44. ④ 45. ④ 46. ③ 47. ③ 48. ③ 49. ① 50. ④

해설 기어 절삭에 사용되는 공구로 ①, ②, ③ 이외에 테이퍼 호브(taper hob), 단인 커터(single point tool), 크라운 커터(crown cutter), 더블 커터(double cutter) 등이 있다.

51. 일반적으로 고속 가공기의 주축에 사용하는 베어링으로 적합하지 않은 것은?

① 마그네틱 베어링
② 에어 베어링
③ 니들 롤러 베어링
④ 세라믹 볼 베어링

해설 니들 베어링은 작은 구조로도 오랜 수명이 확보되기 때문에 자동차같이 작으면서 큰 동력을 사용하는 기계에 적용된다.

52. 주로 대형 공작물이 테이블 위에 고정되어 수평 왕복 운동을 하고 바이트를 공작물의 운동 방향과 직각 방향으로 이송시켜서 평면, 수직면, 홈, 경사면 등을 가공하는 공작기계는?

① 플레이너
② 호빙 머신
③ 보링 머신
④ 슬로터

해설 호빙 머신은 기어를 절삭하는 기계이고, 보링 머신은 대형 공작물에 원형 구멍을 가공하는 기계이며, 슬로터는 상하 왕복하며 풀리 구멍에 있는 키 홈이나 스플라인 홈을 가공하는 기계이다.

53. 호닝에 대한 특징이 아닌 것은?

① 구멍에 대한 진원도, 진직도 및 표면 거칠기를 향상시킨다.
② 숫돌의 길이는 가공 구멍 길이의 $\frac{1}{2}$ 이상으로 한다.
③ 혼은 회전 운동과 축방향 운동을 동시에 시킨다.
④ 치수 정밀도는 3~10μm로 높일 수 있다.

해설 숫돌의 길이는 가공할 구멍 깊이의 $\frac{1}{2}$ 이하로 하고, 왕복 운동 양단에서 숫돌 길이의 $\frac{1}{4}$ 정도 구멍에서 나올 때 정지한다.

54. 전극과 가공물 사이에 전기를 통전시켜, 열에너지를 이용하여 가공물을 용융 증발시켜 가공하는 것은?

① 방전 가공
② 초음파 가공
③ 화학적 가공
④ 쇼트 피닝 가공

해설 방전 가공은 일감과 공구 사이 방전을 이용해 재료를 조금씩 용해하면서 제거하는 가공법이다.
• 가공 재료 : 초경합금, 담금질강, 내열강 등의 절삭 가공이 곤란한 금속을 쉽게 가공할 수 있다.
• 가공액 : 기름, 물, 황화유
• 가공 전극 : 구리, 황동, 흑연

55. 다음 중 구멍의 내면을 암나사로 가공하는 작업은?

① 리밍
② 널링
③ 태핑
④ 스폿 페이싱

해설 탭으로는 암나사를 가공하고, 수나사는 다이스를 이용하여 가공한다.

56. 주조성이 우수한 백선 주물을 만들고, 열처리하여 강인한 조직으로 단조를 가능하게 한 주철은?

① 가단 주철
② 칠드 주철
③ 구상 흑연 주철
④ 보통 주철

해설 • 칠드 주철 : 용융 상태에서 금형에 주입하여 접촉면을 백주철로 만든 주철
• 구상 흑연 주철 : 용융 상태에서 Mg, Ce, Mg-Cu 등을 첨가하여 흑연을 구상화시킨 주철
• 보통 주철 : GC 1~3종에 해당되는 주철로 주물 및 일반 기계 부품에 사용

정답 51. ③ 52. ① 53. ② 54. ① 55. ③ 56. ①

57. 탄소강에 대한 설명으로 틀린 것은?

① 탄소강은 Fe와 Cu의 합금이다.

② 공석강, 아공석강, 과공석강으로 분류된다.

③ Fe와 C의 합금으로 가단성을 가지고 있는 2원 합금이다.

④ 모든 강의 기본이 되는 것으로 보통 탄소강으로 부른다.

해설 탄소강은 Fe와 C의 합금이다.

58. 알루미늄의 특성에 대한 설명 중 틀린 것은 어느 것인가?

① 내식성이 좋다.

② 열전도성이 좋다.

③ 순도가 높을수록 강하다.

④ 가볍고 전연성이 우수하다.

해설 알루미늄은 비중 2.7인 경금속으로 열 및 전기의 양도체이며, 표면에 생기는 산화 피막의 보호 성분 때문에 내식성이 좋다.

59. 선반 작업에서 지켜야 할 안전 사항 중 틀린 것은?

① 칩을 맨손으로 제거하지 않는다.

② 회전 중 백 기어를 걸지 않도록 한다.

③ 척 렌치는 사용 후 반드시 빼둔다.

④ 일감 절삭 가공 중 측정기로 외경을 측정한다.

해설 측정을 할 때는 반드시 기계를 정지한다.

60. 드릴 작업 시 주의할 사항을 잘못 설명한 것은?

① 얇은 일감의 드릴 작업 시 일감 밑에 나무 등을 놓고 작업한다.

② 드릴 작업 시 면장갑을 끼지 않는다.

③ 회전을 정지시킨 후 드릴을 고정한다.

④ 작은 일감은 손으로 단단히 붙잡고 작업한다.

해설 공작물을 고정하지 않은 채 손으로 잡고 가공해서는 안 된다.

제5회 CBT 대비 실전문제

1. 다음 중 기계 구조용 탄소강의 기호는?

① SM   ② STC
③ STS   ④ SF

해설 • STC : 탄소 공구강
• STS : 합금 공구강
• SF : 탄소강 단강품

2. 다음 중 합금 공구강은 어느 것인가?

① STS   ② SKH
③ STC   ④ SNC

해설 • SKH : 고속도강
• STC : 탄소 공구강
• SNC : 니켈 크롬강

3. 일반적으로 리벳 작업을 하기 위한 구멍은 리벳 지름보다 몇 mm 정도 커야 하는가?

① 0.5 ~ 1.0   ② 1.0 ~ 1.5
③ 2.5 ~ 5.0   ④ 5.0 ~ 10.0

해설 리벳 작업이란 두 개의 판재에 구멍을 뚫어 겹쳐 놓고 리벳을 넣어 압착함으로써 리벳의 굵기가 늘어나면서 구멍에 밀착되고 양쪽에 리벳 머리가 생겨서 두 판재가 밀착되도록 하는 작업이다. 리벳 구멍은 리벳 지름보다 1~1.5mm 크게 한다.

4. 기어의 제도 시 잇수(Z)가 20개이고 모듈(M)이 2인 보통 치형의 기어를 그리려면 이 끝원의 지름은 얼마인가?

① 38mm   ② 40mm
③ 42mm   ④ 44mm

해설 $D_0 = D_P + 2m = Z \cdot m + 2m$
$= 20 \times 2 + 2 \times 2 = 44$

5. 외부로부터 작용하는 힘이 재료를 구부려 휘어지게 하는 형태의 하중은?

① 인장 하중   ② 압축 하중
③ 전단 하중   ④ 굽힘 하중

해설 하중에는 여러 종류가 있는데 기계요소를 설계할 때는 하중의 종류에 맞게 설계해야 한다. 구부러져서 휘어지면 안 되는 부품은 굽힘 하중에 강하게 설계되어야 한다.

6. 제1각법과 제3각법 설명 중 틀린 것은?

① 제3각법은 정면도를 기준으로 평면도를 위에 그린다.
② 제1각법은 정면도를 기준으로 평면도를 우측에 그린다.
③ 제3각법은 정면도를 기준으로 우측면도를 우측에 그린다.
④ 제1각법은 정면도를 기준으로 우측면도를 좌측에 그린다.

해설 제1각법은 평면도를 정면도의 아래에 그린다.

7. 그림에서 나타내고 있는 단면의 종류는?

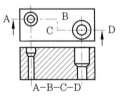

① 온단면도   ② 계단 단면도
③ 한쪽 단면도   ④ 부분 단면도

해설 구멍이 두 개 이상의 단면에 있을 때 하나의 단면도에 모든 구멍을 표시한 것을 계단 단면도라고 한다.

8. 치수 기입에 관한 설명으로 틀린 것은?

① 수직 방향의 치수선에 대해서는 투상도의 오른쪽에서 읽을 수 있도록 기입한다.

② 수치는 치수선 중앙의 위에 약간 띄어서 쓴다.

③ 비례척이 아닌 경우는 치수 수치 위에 선을 긋는다.

④ 한 도면 내의 치수는 일정한 크기로 쓴다.

해설 비례척이 아닌 경우란 말의 뜻은 작도한 길이가 도면에 표기된 비례 척도에 의한 크기와 다르다는 말이다. 이럴 때는 치수 수치 밑에 선을 그어서 비례척도 대로 그린 것이 아님을 표현해야 한다.

9. 다음 기호 중 모따기(chamfering) 기호는 어느 것인가?

① T ② R ③ C ④ □

해설 ④의 □의 기호는 평면을 나타내는 것으로서 치수 숫자와는 같이 써서는 안 된다. 모따기 기호 C는 각도가 45°일 때 쓰인다.

10. 다음 그림에 대한 설명으로 옳은 것은 어느 것인가?

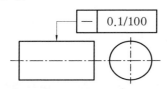

① 지시한 면의 진직도가 임의의 100mm 길이에 대해서 0.1mm만큼 떨어진 2개의 평행면 사이에 있어야 한다.

② 지시한 면의 진직도가 임의의 구분 구간 길이에 대해서 0.1mm만큼 떨어진 2개의 평행 직선 사이에 있어야 한다.

③ 지시한 원통면의 진직도가 임의의 모선 위에서 임의의 구분 구간 길이에 대해서 0.1mm만큼 떨어진 2개의 평행면 사이에 있어야 한다.

④ 지시한 원통면의 진직도가 임의의 모선 위에서 임의로 선택한 100mm 길이에 대해, 축선을 포함한 평면 내에 있어 0.1mm만큼 떨어진 2개의 평행한 직선 사이에 있어야 한다.

해설 화살표 한 원통이 이루는 0.1mm만큼 떨어진 2개의 평행 직선 사이에 있어야 한다.

11. 핀에 대한 설명으로 잘못된 것은?

① 테이퍼 핀의 기울기는 $\frac{1}{50}$이다.

② 분할 핀은 너트의 풀림 방지에 사용된다.

③ 테이퍼 핀은 굵은 쪽의 지름으로 크기를 표시한다.

④ 핀의 재질은 보통 강재이고 황동, 구리, 알루미늄 등으로 만든다.

해설 테이퍼 핀은 가는 쪽의 지름으로 크기를 표시해야 한다.

12. 축과 보스의 둘레에 4개에서 수십 개의 턱을 만들어 회전력의 전달과 동시에 보스를 축 방향으로 이동시킬 필요가 있을 때 사용되는 것은?

① 반달 키 ② 접선 키

③ 원뿔 키 ④ 스플라인

해설 반달 키와 원뿔 키는 1개씩 사용되고 접선 키는 2개를 한 쌍으로 사용되지만, 스플라인은 4개 이상의 돌출 부위를 만들어 사용한다.

13. 일명 우드러프 키(woodruff key)라고도 하며, 키와 키 홈 등이 모두 가공하기 쉽고, 키와 보스를 결합하는 과정에서 자동적으로 키가 자리를 잡을 수 있는 장점을 가지고 있는 키는?

① 성크 키 ② 접선 키

③ 반달 키 ④ 스플라인

해설 우드러프 키라고 하는 것은 반달 키이다.

정답 8. ③ 9. ③ 10. ④ 11. ③ 12. ④ 13. ③

14. 기어를 제도할 때 가는 일점쇄선으로 나타내는 것은?

① 이끝원 ② 피치원
③ 이뿌리원 ④ 기초원

[해설] 이끝원은 굵은 실선, 이뿌리원은 가는 실선으로 그린다. 기초원은 기어 치형의 기초가 되는 원인데 일반적으로 도면에 도시하지 않는다.

15. 도면에 사용한 선의 용도 중 특수한 가공을 하는 부분 등 특별한 요구 사항을 적용할 범위를 표시하는 데 쓰이는 선은?

① 가는 일점쇄선
② 가는 이점쇄선
③ 굵은 일점쇄선
④ 굵은 이점쇄선

[해설] 특수 지정선은 굵은 일점쇄선을 사용한다.

16. 각도 측정용 게이지들로 조합된 것은?

① 오토 콜리메터, 사인 바, 콤비네이션 세트
② 사인 바, 오토 콜리메터, 옵티컬 플랫
③ 직각자, 만능 분도기, 옵티컬 패럴렐
④ 만능 분도기, 옵티컬 플랫, 콤비네이션 세트

[해설] 옵티컬 플랫은 평면도 측정, 옵티컬 패럴렐은 평행도 측정 도구이다.

17. 마이크로미터에서 측정압을 일정하게 하기 위한 장치는?

① 스핀들 ② 프레임
③ 딤블 ④ 래칫 스톱

[해설] 래칫 스톱은 마이크로미터의 조임 손잡이 역할을 하는데 일정한 측정압 이상 조이지 못하도록 헛돌게 되어 있는 장치이다.

18. 머시닝센터에서 공구의 길이를 측정하고자 할 때, 가장 적합한 기구는?

① 다이얼 게이지
② 블록 게이지
③ 하이트 게이지
④ 툴 프리세터

[해설] 툴 프리세터는 머시닝센터의 공구 길이를 측정하는 기구이다. 각각의 공구를 측정하여 보정값에 입력할 때 사용된다.

19. 다음 끼워 맞춤에서 요철 틈새 0.1mm를 측정할 경우 가장 적당한 것은?

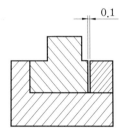

① 내경 마이크로미터
② 다이얼 게이지
③ 버니어 캘리퍼스
④ 틈새 게이지

[해설] 틈새 게이지는 얇은 판을 두께별로 여러 장 겹쳐 놓은 것이다. 구멍에 여러 가지 판을 넣어 보고 맞는 것을 골라 판에 표시된 두께 수치를 읽으면 되는 것이다.

20. 부품의 길이 측정에 쓰이는 측정기 중 이미 알고 있는 표준 치수와 비교하여 실제 치수를 도출하는 방식의 측정기는?

① 버니어 캘리퍼스
② 측장기
③ 마이크로미터
④ 다이얼 테스트 인디케이터

[해설] 다이얼 게이지는 측정하려고 하는 부분에 측정자를 대고 스핀들의 미소한 움직임을 기어 장치로 확대하여 눈금판 위에 지시된 치수를 읽어 길이를 비교하는 길이 측정기이다.

21. 다음 중 특수 밀링 머신이 아닌 것은 어느 것인가?

① 모방 밀링 머신　② 나사 밀링 머신
③ 만능 밀링 머신　④ 공구용 밀링 머신

[해설] 특수 밀링 머신에는 모방 밀링 머신, 나사 밀링 머신, 탁상 밀링 머신, 공구 밀링 머신 등이 있다.

22. 일반적인 방법으로 밀링 머신에서 가공할 수 없는 것은?

① 테이퍼 축 가공　② 평면 가공
③ 홈 가공　④ 기어 가공

[해설] 테이퍼 축 가공은 선반에서 한다.

23. 다음 중 왕복대를 이루고 있는 것은?

① 공구대와 심압대　② 새들과 에이프런
③ 주축과 공구대　④ 주축과 새들

[해설] 새들(saddle)은 밀링 머신에서 전후 이송을 하는 안내면이다.

24. 밀링에서 지름 80 mm인 밀링 커터로 가공물을 절삭할 때 이론적인 회전수는 약 몇 rpm인가? (단, 절삭속도는 100 m/min이다.)

① 398　② 415
③ 423　④ 435

[해설] $N = \dfrac{1000V}{\pi D} = \dfrac{1000 \times 100}{3.14 \times 80} = 398\,\text{rpm}$

25. 다음 중 머시닝센터의 부속장치에 해당하지 않는 것은?

① 칩 처리장치
② 자동 공구 교환장치
③ 자동 일감 교환장치
④ 좌표계 자동 설정장치

[해설] 공구를 자동으로 교환하는 ATC(automatic tool changer), 가공물의 고정 시간을 줄여 생산성을 높이기 위한 자동 팰릿 교환장치 APC(automatic pallet changer)가 머시닝센터의 대표적인 부속장치이다.

26. 밀링 머신에서 밀링 커터의 회전 방향이 공작물의 이송 방향과 서로 반대 방향이 되도록 가공하는 방법은?

① 상향 절삭　② 정면 절삭
③ 평면 절삭　④ 하향 절삭

[해설] • 상향 절삭 : 공구의 회전 방향과 공작물의 이송이 반대 방향인 경우
• 하향 절삭 : 공구의 회전 방향과 공작물의 이송이 같은 방향인 경우

27. 밀링 머신에서 둥근 단면의 공작물을 사각, 육각 등으로 가공할 때에 사용하면 편리하며, 변환 기어를 테이블과 연결하여 비틀림 홈 가공에 사용하는 부속품은?

① 분할대
② 밀링 바이스
③ 회전 테이블
④ 슬로팅 장치

[해설] 분할대는 밀링 머신의 테이블 상에 설치하며, 공작물의 각도 분할에 주로 사용한다.

28. 브라운 샤프형 분할대의 인덱스 크랭크를 1회전시키면 주축은 몇 회전하는가?

① 40회전　② $\dfrac{1}{40}$회전
③ 24회전　④ $\dfrac{1}{24}$회전

[해설] 인덱스 크랭크 1회전에 웜이 1회전하고, 웜 기어가 $\dfrac{1}{40}$회전(웜 기어 잇수가 40개이므로)하며, 스핀들의 회전 각도는 9°이다.

29. 다음 중 밀링 머신에서 깎을 수 없는 기어는 어느 것인가?

① 직선 베벨 기어　　② 스퍼 기어
③ 하이포이드 기어　　④ 헬리컬 기어

해설 밀링 머신에서는 평 기어, 웜 기어, 헬리컬 기어, 직선 베벨 기어 가공이 가능하다.

30. 다음 중 밀링 머신을 이용하여 가공하는 데 적합하지 않은 것은?

① 평면 가공　　② 홈 가공
③ 더브테일 가공　　④ 나사 가공

해설 나사 가공은 일반적으로 밀링 머신보다 선반에서 한다.

31. 밀링 가공의 일감 고정 방법으로 적당하지 않은 것은?

① 바이스는 항상 평행도를 유지하도록 한다.
② 바이스를 고정할 때 테이블 윗면이 손상되지 않도록 주의한다.
③ 가공된 면을 직접 고정해서는 안 된다.
④ 바이스 핸들은 항상 바이스에 부착되어 있어야 한다.

해설 핸들은 사용 후 반드시 벗겨 놓는다.

32. 다음 중 CNC 공작기계에서 속도와 위치를 피드백하는 장치는?

① 서보 모터　　② 컨트롤러
③ 주축 모터　　④ 인코더

해설 인코더는 서보 모터에 부착되어 CNC 기계에서 속도와 위치를 피드백하는 장치이다.

33. 머시닝센터 가공 시의 안전사항으로 틀린 것은?

① 기계에 전원 투입 후 안전 위치에서 저속으로 원점 복귀한다.
② 핸들 운전 시 기계에 무리한 힘이 전달되지 않도록 핸들을 천천히 돌린다.
③ 위험 상황에 대비하여 항상 비상정지 스위치를 누를 수 있도록 준비한다.
④ 급속이송 운전은 항상 고속을 선택한 후 운전한다.

해설 급속이송 운전은 안전을 위하여 처음에는 항상 저속을 선택한 후 운전한다.

34. 머시닝센터에서 G01 Z-10.0 F200 ; 으로 프로그램한 것을 조작 패널에서 이송 속도 조절장치(feedrate override)를 80%로 했을 경우 실제 이송 속도는?

① 100　　② 120
③ 150　　④ 160

해설 100%로 했을 때 F200이므로 80%로 하면 $200 \times 0.8 = 160$이다.

35. 다음 중 수치 제어 밀링에서 증분명령(incremental)으로 프로그래밍한 것은?

① G90 X20. Y20. Z50. ;
② G90 U20. V20. W50. ;
③ G91 X20. Y20. Z50. ;
④ G91 U20. V20. W50. ;

해설 절대좌표는 G90이고 증분좌표는 G91이며, 좌푯값은 X, Y, Z로 표시한다.

36. 머시닝센터에서 공구 길이 보정 준비 기능과 관계없는 것은?

① G42　　② G43
③ G44　　④ G49

해설 • G43 : 공구 길이 보정 +방향
• G44 : 공구 길이 보정 −방향
• G49 : 공구 길이 보정 취소

정답 29. ③　30. ④　31. ④　32. ④　33. ④　34. ④　35. ③　36. ①

37. 머시닝센터의 NC 프로그램에서 T02를 기준 공구로 하여 T06 공구를 길이 보정하려고 한다. G43 코드를 이용할 경우 T06 공구의 길이 보정량으로 맞는 것은?

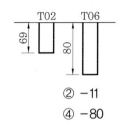

① 11
② −11
③ 80
④ −80

해설 G43을 사용하면 공구길이 보정 +방향이므로 기준 공구보다 긴 길이를 +로 보정하면 80−69=11이 된다.

38. 머시닝센터의 프로그램에 S1000 M03 ; 이라는 프로그램이 되어 있을 때의 설명으로 올바른 것은?

① 주축 회전수가 1000rpm이고 정회전이다.
② 주축 회전수가 1000m/min이고 정회전이다.
③ 주축 회전수가 1000rpm이고 역회전이다.
④ 주축 회전수가 1000m/min이고 역회전이다.

해설 • M03 : 주축 정회전
• M04 : 주축 역회전

39. 다음 중 NC의 어드레스와 그에 따른 기능을 설명한 것으로 틀린 것은?

① F : 이송 기능
② G : 준비 기능
③ M : 주축 기능
④ T : 공구 기능

해설 M은 보조 기능으로 기계의 ON/OFF 제어에 사용한다.

40. 머시닝센터 프로그램에서 원호 보간에 대한 설명으로 틀린 것은?

① R은 원호 반지름값이다.
② I, J는 원호 시작점에서 중심점까지 벡터값이다.
③ R과 I, J는 함께 명령할 수 있다.
④ I, J의 값 중 0인 값은 생략할 수 있다.

해설 R과 I, J는 함께 명령할 수 없다.

41. 머시닝센터 프로그램 후 프로그램을 편집할 때 선택하는 모드는?

① 반자동 운전(MDI)
② 자동 운전(AUTO)
③ 수동 이송(JOG)
④ 편집(EDIT)

해설 • MDI : MDI(manual data input)는 수동 데이터 입력 또는 반자동 모드이며, 간단한 프로그램을 편집과 동시에 시험적으로 실행할 때 사용
• JOG : 축을 빨리 움직일 때 사용
• EDIT : 프로그램을 편집할 때 사용
• AUTO : 자동 가공

42. 다음은 머시닝센터에서 드릴 사이클을 이용하여 구멍을 가공하는 프로그램의 일부이다. 설명 중 틀린 것은?

```
G81 G90 G99 X20. Y20. Z−23. R3. F60.
    M08 ;
G91 X40. ;
```

① 구멍 가공의 위치는 X가 20mm이고, Y가 20mm인 위치이다.
② 구멍 가공의 깊이는 23mm이다.
③ G99는 초기점 복귀 명령이다.
④ 이송 속도는 60m/min이다.

해설 • G98 : 초기점 복귀
• G99 : R점 복귀

43. 래크를 절삭 공구로 하고 피니언을 기어 소재로 하여 미끄러지지 않도록 물리고, 서로 상대 운동을 시켜 인벌류트 치형의 기어를 정확히 가공할 수 있는 방법은 어느 것인가?

① 총형 커터에 의한 방법
② 창성에 의한 방법
③ 형판에 의한 방법
④ 기어 셰이빙에 의한 방법

해설 기어 치형의 절삭날이 래크 형태로 붙어 있는 절삭 공구를 왕복 운동시키며 피니언 기어를 맞물리는 형태로 회전 이송을 주며 가공하면 기어 치형이 만들어진다. 맞물림 원리에 의해 기어의 치형이 저절로 만들어진다는 의미에서 창성법이라고 한다.

44. 다음 중 연삭 가공의 일반적인 특징이 아닌 것은?

① 경화된 강을 연삭할 수 있다.
② 연삭점의 온도가 낮다.
③ 가공 표면이 매우 매끈하다.
④ 연삭 압력 및 저항이 작다.

해설 연삭점의 온도가 높아야만 단단한 재질의 공작물을 연삭할 수 있다.

45. 센터나 척 등을 사용하지 않고, 가늘고 긴 가공물의 연삭에 적합한 연삭기는 어느 것인가?

① 평면 연삭기   ② 센터리스 연삭기
③ 만능 공구 연삭기   ④ 원통 연삭기

해설 원통형 공작물을 만들 때는 선반 작업을 할 때 양쪽 끝에 센터 구멍을 만들어 놓는다. 보통 원통 연삭을 할 때는 양쪽 센터에 걸어 놓고 작업하는데, 센터리스 연삭기는 센터에 걸지 않고 조정 숫돌과 지지대로 받쳐 놓고 연삭한다. 센터리스라는 말이 센터를 사용하지 않는다는 말이다.

46. 다음 중 결합도가 낮은 숫돌을 선택하여 사용해야 하는 경우는?

① 연한 재료를 연삭할 때
② 숫돌바퀴의 원주 속도가 느릴 때
③ 숫돌바퀴의 가공물의 접촉 면적이 작을 때
④ 연삭 깊이가 깊을 때

해설 단단한 재료 연삭, 원주 속도가 빠를 때, 재료 표면이 치밀할 경우에도 결합도가 낮은 숫돌을 선택한다.

47. 다음 중 강의 원통을 거친 연삭할 때의 절삭 깊이는?

① 0.01~0.04 mm
② 0.3~0.5 mm
③ 1 mm
④ 1.2~1.5 mm

해설 숫돌의 절입량(반지름 기준)

가공 정도	절입량(mm)
막다듬질	0.01~0.05
중다듬질	0.015~0.025
상다듬질	0.005~0.01
정밀 다듬질	0.002~0.003
거울면 다듬질	0.0005~0.001

48. 연삭 숫돌 입자에 무딤(glazing)이나 눈메움(loading) 현상으로 연삭성이 떨어졌을 때 하는 작업은?

① 드레싱(dressing)
② 드릴링(drilling)
③ 리밍(reamming)
④ 시닝(thining)

해설 숫돌을 오래 쓰면 숫돌의 외면이 나빠져서 연삭이 잘 되지 않을 때가 있는데 강판이나 다이아몬드 드레서를 이용해서 숫돌의 외면을 긁어내서 새로운 연삭 입자가 나오도록 하는 작업을 드레싱이라고 한다.

정답 43. ②   44. ②   45. ②   46. ④   47. ①   48. ①

49. 드릴의 표준 날 끝 선단각은 몇 도(°)인가?

① 118° ② 135°
③ 163° ④ 181°

해설 드릴의 표준 날끝각은 118°이고, 절삭 여유각은 12~15°이며, 트위스트 드릴이 가장 널리 사용된다.

50. 주조할 때 뚫린 구멍이나 드릴로 뚫은 구멍을 깎아서 크게 하거나, 정밀도를 높게 하기 위한 가공에 사용되는 공작기계는 어느 것인가?

① 플레이너 ② 슬로터
③ 보링 머신 ④ 호빙 머신

해설 • 플레이너 : 비교적 큰 평면을 절삭
• 슬로터(수직 셰이퍼) : 각종 일감의 내면을 가공

51. 셰이퍼에서 끝에 공구 헤드가 붙어 있고 급속 귀환 운동 시 왕복 운동하는 부분을 말하는 것은?

① 크로스 레일
② 램
③ 하우징
④ 테이블 폭

해설 램(ram)은 셰이퍼나 슬로터에서 프레임의 안내면을 수평으로 또는 상하로 왕복 운동하는 부분으로서 공구대가 장치되며 급속 귀환 운동을 한다.

52. 래핑 작업에 쓰이는 랩제의 종류가 아닌 것은?

① 탄화규소 ② 알루미나
③ 산화철 ④ 주철가루

해설 랩제의 종류에는 탄화규소, 산화알루미늄(알루미나), 산화철, 다이아몬드 미분, 산화크롬 등이 있다.

53. 가공면에 숫돌을 접촉시켜 숫돌과 공작물 사이에 진동을 이용 상대 운동으로 표면을 다듬질하는 방법은?

① 액체 호닝
② 쇼트 피닝
③ 슈퍼 피니싱
④ 래핑

해설 슈퍼 피니싱은 숫돌을 사용하는 것이고, 액체 호닝은 연마제가 섞인 액체를 사용한다. 쇼트 피닝은 쇼트 볼을 사용하고, 래핑은 탄화규소 가루나 산화철 가루를 사용한다.

54. 0.02~0.3mm 정도의 금속선 전극을 이용하여 공작물을 잘라내는 가공 방법은 어느 것인가?

① 레이저 가공
② 워터젯 가공
③ 전자 빔 가공
④ 와이어 컷 방전 가공

해설 와이어 컷 방전 가공은 WEDM(wire electric discharge machining)이라고도 하며 와이어의 지름이 0.02~0.3mm 정도로 매우 정교한 작업이 가능하다. NC 제어에 의해 복잡한 형상의 공작물을 잘라낼 수 있다.

55. 다음 중 가공물을 양극으로 전해액에 담그고 전기 저항이 적은 구리, 아연을 음극으로 하여 전류를 흘려서 전기에 의한 용해 작용을 이용하여 가공하는 가공법은?

① 전해 연마 ② 전해 연삭
③ 전해 가공 ④ 전주 가공

해설 전해 연삭은 기계적인 연삭과 전해 용출 작업을 조합한 것이고, 전해 가공은 특별한 형상으로 성형된 공구를 음극으로 하여 특정 부위를 용출해내는 것이다. 전주 가공은 금속의 전착을 이용하여 금속을 쌓아 올리는 방법이다.

56. 금속의 재결정 온도에 대한 설명으로 맞는 것은?

① 가열 시간이 길수록 낮다.
② 가공도가 작을수록 낮다.
③ 가공 전 결정 입자 크기가 클수록 낮다.
④ 납(Pb)보다 구리(Cu)가 낮다.

해설 금속의 재결정 온도
㉠ 금속의 순도가 높을수록 낮아진다.
㉡ 가열 시간이 길수록 낮아진다.
㉢ 가공도가 클수록 낮아진다.
㉣ 가공 전 결정 입자의 크기가 미세할수록 낮아진다.

57. 공구강의 구비 조건 중 틀린 것은?

① 강인성이 클 것
② 내마모성이 작을 것
③ 고온에서 경도가 클 것
④ 열처리가 쉬울 것

해설 공구강은 내마멸성이 커야 한다.

58. 플라스틱 재료의 공통된 성질로서 옳지 못한 것은?

① 열에 약하다.
② 내식성 및 보온성이 있다.
③ 표면 경도가 금속 재료에 비해 강하다.
④ 가공 및 성형이 용이하고 대량 생산이 가능하다.

해설 가볍고 튼튼하나 표면 경도는 약하다.

59. 다음 중 반드시 장갑을 착용하고 작업해야 하는 것은?

① 드릴 작업
② 밀링 작업
③ 선반 작업
④ 용접 작업

해설 절삭 작업에서는 안전을 위하여 절대 장갑을 착용하지 않는다.

60. 머시닝센터의 작업 전에 육안 점검 사항이 아닌 것은?

① 윤활유의 충만 상태
② 공기압 유지 상태
③ 절삭유 충만 상태
④ 전기적 회로 연결 상태

해설 전기적 회로 연결 상태는 테스트기를 사용하여 점검한다.

정답 56. ① 57. ② 58. ③ 59. ④ 60. ④

기계기능사학과

1978년 1월 10일 초판 발행
2007년 2월 20일 개정 23판
2022년 1월 20일 개정 24판 (완전개정)
2024년 4월 20일 개정 25판 (총124쇄)

저   자 : 기계기능사시험연구회
펴낸이 : 이정일

펴낸곳 : 도서출판 **일진사**
www.iljinsa.com
(우) 04317 서울시 용산구 효창원로 64길 6
전   화 : 704-1616 / 팩스 : 715-3536
이메일 : webmaster@iljinsa.com
등   록 : 제1979-000009호 (1979.4.2)

값 **32,000 원**

ISBN : 978-89-429-1935-2